普通高等教育茶学专业教材

中国轻工业优秀教材优秀奖

中国轻工业"十三五"规划教材

茶叶营养与功能

杨晓萍　主编

中国轻工业出版社

图书在版编目（CIP）数据

茶叶营养与功能/杨晓萍主编 . —北京：中国轻工业出版社，
2023.7

普通高等教育"十三五"规划教材　普通高等教育茶学专
业教材

ISBN 978-7-5184-1442-0

Ⅰ.①茶…　Ⅱ.①杨…　Ⅲ.①茶叶—高等学校—教材
Ⅳ.①TS272.5

中国版本图书馆 CIP 数据核字（2017）第 136703 号

责任编辑：贾　磊　　　责任终审：劳国强　　封面设计：锋尚设计
版式设计：锋尚设计　　责任校对：晋　洁　　责任监印：张　可

出版发行：中国轻工业出版社（北京东长安街 6 号，邮编：100740）
印　　刷：三河市万龙印装有限公司
经　　销：各地新华书店
版　　次：2023 年 7 月第 1 版第 9 次印刷
开　　本：787×1092　1/16　印张：17.25
字　　数：370 千字
书　　号：ISBN 978-7-5184-1442-0　定价：39.00 元
邮购电话：010–65241695
发行电话：010–85119835　传真：85113293
网　　址：http://www.chlip.com.cn
Email：club@ chlip.com.cn
如发现图书残缺请与我社邮购联系调换
230998J1C109ZBW

本书编写人员

主　编

　　杨晓萍（华中农业大学）

副主编

　　龚加顺（云南农业大学）

　　李远华（武夷学院）

　　曾　亮（西南大学）

参　编

　　余　志（华中农业大学）

　　余有本（西北农林科技大学）

　　谭　超（云南农业大学）

　　鲍　露（西北农林科技大学）

　　谢煜慧（西南大学）

　　石玉涛（武夷学院）

　　张　伟（信阳师范学院）

前　言

自从人类发现茶叶具有解毒功能以来，茶就得到了人们的重视，并进而逐渐发展成为世界公认的健康饮品。随着社会的发展和人们生活水平的提高，人们对生活品质的要求也越来越高，"天然、健康、回归自然"已成为越来越多的消费者的健康生活方式和消费潮流。茶因为满足了这种消费需求及"健康中国"的战略需要，各种茶及茶产品迅速发展起来。

随着茶产品的迅速发展，茶的化学组成与生理功能研究成为大家关注的热点。茶有哪些功效成分、具有什么生理功能，如何利用茶来造福人类，饮茶有些什么禁忌以及如何正确饮茶才能健康养生等，成为大家关心的问题。《茶叶营养与功能》教材系统地介绍了茶的营养、功能及科学饮茶知识等。

本教材由华中农业大学杨晓萍担任主编，具体编写分工如下：第一章茶的起源与分类由杨晓萍与信阳师范学院张伟编写；第二章茶叶的化学成分由西南大学曾亮编写；第三章茶的保健功能由西北农林科技大学余有本、鲍露编写；第四章茶与常见疾病的防治、第六章茶与美容由杨晓萍编写；第五章茶与精神卫生由武夷学院李远华、石玉涛与西南大学谢煜慧编写；第七章古今茶疗与现代茶养生食品由云南农业大学龚加顺、谭超编写；第八章科学饮茶与健康由华中农业大学余志编写。

本教材在编写过程中参考了国内外大量的相关书籍、期刊和互联网资料等，并引用了部分内容和图片，在此表示衷心感谢！在本教材的编写过程中，华中农业大学黄友谊教授提供了一些资料，在此一并致谢。

需要说明的是，茶未列入原国家卫生和计划生育委员会发布的《我国按照传统既是食品又是中药材物质目录》和原国家食品药品监督管理总局发布的《可用于保健食品的物品名单》中，不能完全作为药物使用，但茶的保健功效早有公论，药学专书《本草纲目》等古代医书中也有以茶治病的相关记载，遂书中部分内容保留了资料所述，以便学生全面了解相关知识。

由于编写时间仓促、编者业务水平有限，书中难免有错漏之处，恳请专家读者批评指正。

杨晓萍

目 录

第一章　茶的起源与分类

第 一 节　茶的起源与传播

一、茶的起源

（一）茶树的起源及原产地

茶树是一种多年生的常绿木本植物（图 1 - 1），在植物分类学上属被子植物门（Angiospermae）、双子叶植物纲（Dicotyledoneae）、山茶目（Theales）、山茶科（Theaceae）、山茶属（*Camellia*）。瑞典植物分类学家林奈在 1753 年出版的《植物种志》中，首次将茶树命名为 "*Thea sinensis* L."，"sinensis" 是中国的意思。德国植物学家孔茨（O. Kuntze）于 1881 年给出茶树的拉丁学名 ［*Camellia sinensis*（L.）O. Kuntze］。按植物分类学的方法追根溯源，经过一系列分析研究后，植物学家认为茶树起源至今已有 6000 万 ~ 7000 万年历史，解决了这个历史学家曾无从考证的问题。

茶树原产于中国，自古以来，一直为世界所公认。公元 200 年左右，我国辞书之祖《尔雅》中就提到野生大茶树；现今的资料表明，全国在 10 个省区的 198 处发现了野生大茶树，其中云南的一株，树龄已达 2700 年左右；云南省内树干直径在 1m 以上的野生大茶树就有 10 多株；有的地区，甚至野生茶树群落大至数千亩（1 亩≈667m²）。由此可见，我国自古至今已发现的野生大茶树，时间之早，树体之大，数量之多，分布之广，性状之异，堪称世界之最。中国是茶树的原产地已成定论。近几十年来，在茶学和植物学研究相结合的基础上，对茶树原产地做了更加细致深入的分析和论证，进一步证明我国西南地区是茶树原产地，其中云南、贵州、四川是茶树原产地的中心。由于地质变迁及人为栽培，茶树开始由此普及全国，并逐渐传播至世界各地。

图 1 - 1　茶树

（二）茶的发现与利用

中国是世界上最早发现茶树和利用茶树的国家，被

1

称为"茶的祖国"。据茶史考证，最早利用茶者为炎帝神农氏（距今 6000～5500 年前生于姜水之岸）。我国现存最早的中药学著作《神农本草经》载有"神农尝百草，日遇七十二毒，得茶而解之。"这里的茶就是指茶，意思是能够以茶解毒。我国茶叶界一致认为茶最初是作为药用，在药用的基础上才发展为主要作为饮用（史念书，1982）。

唐代陆羽《茶经》记载"茶之为饮，发乎神农氏"，如以神农时代开始算起，茶在中国的发现和利用距今已有五六千年的历史了。神农是我国古代传说中农业和医药的始祖。远古人民过着采集和渔猎的生活，神农发现五谷，发明农耕技术，教会人民农业生产；他遍尝百草，发现药材，教会人民医治疾病。神农尝百草的传说反映了中国原始时代由采集渔猎向农耕生产进步的情况，是当时人们集体智慧的集中体现。这是现今有关前人对茶认识的最早描述与记载，应当就是茶的最早发现和利用。

此后，茶树渐被发掘、采集和引种，被人们用作药物、供作祭品、当作菜食和饮料。文字记载表明，我们祖先在 3000 多年前就已经开始栽培和利用茶树了。中国最早的一部地方志书东晋常璩的《华阳国志·巴志》载有"武王（公元前 1066 年）既克殷，以其宗姬于巴，爵之以子……丹、漆、茶、蜜……皆纳贡之……园有芳蒻、香茗。"这一记载表明在周朝的武王伐纣时，巴国就已经以茶与其他珍贵产品纳贡于周武王了，且那时就有了人工栽培的茶园。

二、茶的发展

中国是茶树的原产地。茶在中国有着漫长的发展历史，贯穿于中华民族 5000 年文明的发展进程中。茶之为饮，发乎神农氏，闻于鲁周公，兴于唐，盛于宋，衰落于晚清，复兴于建国，繁荣于当代。

（一）原始社会时期

远古时期我国劳动人民就已发现和利用茶树，神农尝百草之传说当为茶叶药用之始。随着先民们发现茶能解毒的药用价值后，慢慢将茶叶煮汁作为预防疾病之药饮用，久之成为生活习惯；后来发展到将茶煮成茶水作为饮料。

（二）西周时期 （约公元前 1046—前 771 年）

茶从我国西南云贵高原一带的原产地随江河交通流入川地——古巴蜀国地区，并很快发展起来，在先秦时期就将茶以地方特产作为贡品。《华阳国志》记载表明，约公元前 1000 年周武王伐纣时，巴蜀一带已用所产的茶叶作为"纳贡"珍品，这是茶作为贡品的最早记述。巴属产茶历史悠久，有"中国茶的摇篮"之称。

（三）东周时期 （公元前 770—前 256 年）

据《晏子春秋》记载，春秋时期晏婴任齐景公的国相时"食脱粟之饭，炙三弋五卵，茗茶而已。"这里的茗茶就是用茶叶做的菜肴，这是茶叶供人食用的最早记载。

（四）汉朝时期 （公元前 220—公元 206 年）

巴蜀茶业在中国早期茶业史上的突出地位最早见诸记载于西汉时期。著名文学家王褒在《僮约》中记载"烹茶尽具""武阳买茶"。这不仅说明了西汉时期饮茶已成风尚，出现了专门的饮茶器具，还表明四川一带茶叶已作为商品出现，像武阳那样的茶叶集市已经形成了。这是茶叶进行商贸的最早记载。东汉时期，已有名士葛玄在浙江天台山设立"茶之辅"的记载。南阳市麒麟岗汉墓中的两幅饮茶汉画像，表明在东汉中期饮茶习俗已经开始在南阳地区上层贵族地主中出现，茶文化已经开始启蒙。西汉才子司马相如在《凡将篇》中记录了西汉的 20 种药物，其中有"荈诧"，就是指茶。东汉末年至三国时代的医学家华佗在《食论》中提出"苦茶久食，益意思"，这是茶叶药理功效的第一次记述。

（五）三国时期（公元 220—265 年）

江南初次饮茶的记录始于三国。史书《三国志》述吴国君主孙皓（孙权的后代）有"密赐茶荈以代酒"，这是"以茶代酒"最早的记载。三国魏张揖所著的《广雅》载"荆巴间采茶作饼，成以米膏出之，……用葱姜芼之。"反映出巴蜀地区特殊的制茶方法和饮茶方式。

（六）晋南北朝时期（公元 266—589 年）

在三国的基础上，晋南北朝茶业进一步发展。西晋张载的《登成都楼》有"芳茶冠六清，溢味播九区"，说明茶在当时已居所有饮料之冠，声誉也越来越高，饮茶之风向全国各地蔓延。东晋、南朝时，建康（今南京）为当时政治中心，使长江中下游及沿海的茶叶较快地发展起来，茶业重心东移。东晋《华阳国志》记载"涪陵郡，唯出茶、漆；什邡县，山出好茶；南安、武阳，皆出好茶。"表明在三国和西晋时期，由于荆汉地区茶业的明显发展，巴蜀独冠我国茶坛的优势似已不复存在。在东晋时期，建康一带就普遍出现了以茶待客的礼仪。晋南北朝时期，茶已作为日常饮料，用作宴会、待客、祭祀之用。

晋南北朝时期，茶产渐多，郑羽饮茶的记载也多见于史册，茶叶的商品化已到了相当程度，茶不再被视为珍贵的奢侈品了，为了求得高价出售，茶开始从事精工采制，以提高其质量。与此同时，佛教自汉代传入我国，到了南北朝时更为盛行。佛教提倡座禅，夜里饮茶可以驱睡，茶叶因此和佛教结下了不解之缘。一些名山大川僧道寺院所在山地和封建庄园都开始种植茶树，我国许多名茶相当一部分是佛教和道教圣地最初种植的，如四川蒙顶、黄山毛峰、西湖龙井等，都是在名山大川的寺院附近出产。从这方面看，佛教和道教信徒们对茶的栽种、采制和传播也起到一定的作用。

（七）隋朝时期（公元 581—618 年）

隋朝统一全国后，为茶业的进一步发展和茶业重心进一步东移奠定了基础，特别是沟通南北的京杭大运河的修凿，对促进唐代经济文化的发展有重要作用。隋朝时期茶的饮用逐渐开始普及。隋文帝患病，遇俗人告以烹茗草服之，果然见效，于是人们竞相采之，并逐渐由药用演变成社交饮料，但主要还是在社会的上层。

（八）唐朝时期（公元 618—907 年）

唐代尤其是中唐时期，中国茶业有了很大的发展。唐朝一统天下，修文息武，重视农作，茶叶的生产和贸易迅速兴盛起来，成为我国历史上第一个高峰。不仅饮茶的人遍及全国，从社会的上层走向全民，从南方走向北方，有的地方户户饮茶已成习俗，而且茶叶产地几乎达到了与我国近代茶区相当的局面，遍及今四川、陕西、湖北、云南、广西、贵州、湖南、广东、福建、江西、浙江、江苏、安徽、河南 14 个省区。

唐太宗大历五年（公元 770 年）开始在顾渚山（今浙江长兴）建贡茶院，每年清明前兴师动众督制"顾渚紫笋"饼茶，进贡皇朝；唐德宗建中元年（公元 780 年）纳赵赞议，开始征收茶税；公元 764 年（唐代宗时）陆羽《茶经》问世；唐懿宗咸通十五年（公元 874 年）出现专用的茶具。《茶经》是世界上的第一部茶叶专著，分述了茶的起源、采制、烹饮、茶具和茶史，极大地推动了我国茶业和茶文化的发展。唐朝时期的饮茶风气不仅遍及全国，还向国外传播，特别是对朝鲜和日本的影响很大。唐顺宗永贞元年（公元 805 年）日本僧人最澄大师从中国带茶籽茶树回国，这是茶叶传入日本的最早记载。

（九）宋朝时期（公元 960—1279 年）

宋朝时期茶业重心南移，其主要原因是气候的变化。江南早春因气温降低，茶树发芽推迟，不能保证茶叶在清明前贡到京都；而建安（今福建建瓯）的茶叶发芽较早，如欧阳修诗句所说"建安三千里，京师三月尝新茶"。宋太宗太平兴国年间（公元 976 年）开始在建安设贡焙，专造北苑贡茶，龙凤团茶因此有了很大发展，"龙团凤饼，名冠天下"，带动了闽南和岭南茶区的崛起和发展。

宋徽宗赵佶在大观元年间（公元 1107 年）亲著《大观茶论》一书，记载了茶的产制、烹试及品质，以帝王之尊倡导茶学、弘扬茶文化，饮茶之风非常兴盛，盛行"斗茶"的点茶法。宋代的饮茶大概是最为显赫一时的茶时代了，制茶技艺也达到巅峰。因此，人们说"茶兴于唐、盛于宋"。为了适应社会上多数饮茶者的需要，在这一时期，茶叶产品开始由团茶发展为散茶，打破了团茶、饼茶一统天下的局面，同时出现了团茶、饼茶、散茶、末茶，但团茶、饼茶略占优势。

（十）元朝时期（公元 1271—1368 年）

元朝时期茶叶生产有了更大的发展，散茶明显超过团茶、饼茶，成为主要的生产茶类。元朝中期的《王祯农书》记载，当时的茶叶有"茗茶""末茶"和"腊茶"三种，所谓"茗茶"即有些史籍所说的芽茶或叶茶。这三种茶以"腊茶最贵"，制作也最"不凡"，所以"此品惟充贡茶，民间罕见之"。说明此时除贡茶仍采用紧压茶以外，一般只采制和饮用叶茶或末茶。到元朝中期，制茶技术不断提高，制茶功夫愈发讲究，有些地方的茶成为别具特色的茗茶，流传各地。不仅如此，元代开始出现用机械来制茶叶。据《王祯农书》记载，当时有些地区采用了水转连磨的碎茶方法，即利用水力带动茶磨和椎具碎茶，显然较宋朝的碾茶又前进了一步。

（十一）明朝时期（公元 1368—1644 年）

明朝是我国古代制茶技术发展最快、成就最大的一个重要时代，为现代制茶工艺的发展奠定了良好基础。明洪武六年（公元 1373 年），设茶司马，专司茶马事宜。明洪武二十一年（公元 1391 年），明太祖朱元璋下诏，废团茶，兴叶茶。此为茶史上的一个标志性举措，促进了芽茶和叶茶的蓬勃发展。从此，贡茶由团饼茶改为芽茶（散叶茶）。在制茶上，普遍改蒸青为炒青，使炒青等一类制茶工艺达到了炉火纯青的程度。少数地方还采用了晒青；并开始注意到茶叶的外形美观，把茶揉成条索，所以后来一般饮茶就不再煎煮，而逐渐改为泡茶。冲泡法冲饮方便，芽叶完整，极大地增加了饮茶的艺术性。

随着明朝制茶技术的改进，各个茶区出产的名茶品类也日渐繁多；除绿茶外，在明清时期，黑茶、花茶、青茶和红茶等各类茶相继出现和扩大，极大地丰富了茶叶种类，推动了茶业的发展。

（十二）清朝到民国时期 （公元 1644—1949 年）

由于茶叶制作技术的发展，清代基本形成现今的六大茶类，除最初的绿茶之外，出现了白茶、黄茶、红茶、黑茶、青茶（乌龙茶）。茶类的增多，泡茶技艺有别，又加上中国地域和民族的差异，使茶文化的表现形式更加丰富多彩。茶馆作为一种平民的饮茶场所得到迅速发展，清代是我国茶馆鼎盛时期。据记载，当时北京有名的茶馆有30 多家，上海多达 66 家，江浙一带更多，一个小镇就有上百家。

清代海外交通发展，国际贸易兴起，茶叶成为我国主要出口商品。据记载，1880年中国出口茶叶达 254 万担（1 担 = 50kg），1886 年最高达到 268 万担，这是当时中国大陆茶叶出口最好的记载。清末，中国大陆茶叶生产已相当的发达，全国产茶面积为1500 多万亩，居世界产茶国首位，产茶量居世界第二位，出口量惊人。

清代后期，我国茶叶生产开始由盛而衰，到了 20 世纪初，由于帝国主义列强入侵，国运凋敝，百业不兴，中国茶叶生产一落千丈。在民国初期，创立了初级茶叶专科学校，设置茶叶专修科和茶叶系，推广新法种茶、机器制茶，建立茶叶商品检验制度，制订茶叶质量检验标准。

（十三）新中国时期 （公元 1949 年至今）

新中国诞生以后，政府十分重视茶业的发展，茶叶生产又有了飞速发展。1949 年11 月 23 日，专门负责茶业事务的中国茶业公司（中国茶叶股份有限公司前身）成立。自此，茶叶在生产、加工、贸易、文化等多方面蓬勃发展。

三、茶的传播

茶的传播主要是茶的饮用和生产技术的传播。在古代相当长的时期，只有中国饮茶、种茶、制茶且掌握茶的有关知识。经过漫长的历史跋涉，茶现在已是一种饮遍全球、广种五洲的三大无酒精饮料之一。但溯其源，各国饮茶的风俗、制茶和种茶的技术无不都是直接或间接从我国传去的，因此，国外称我国为"茶的祖国"和"茶的故乡"（史念书，1982）。

中国茶业，最初兴于巴蜀，其后向东部和南部逐次传播开来，以致遍及全国。到了唐代，传至朝鲜和日本，16 世纪后才被西方引进。因此，茶的传播史有国内及国外两条线路。

（一）茶在国内的传播

1. 先秦两汉时期，巴蜀是中国茶业的摇篮

顾炎武曾经指出，"自秦人取蜀而后，始有茗饮之事"，认为中国的饮茶，是秦统一巴蜀之后才慢慢传播开来，即中国茶业最初兴于巴蜀。这一说法，已为现在绝大多数学者认同。

秦汉时期，茶业随巴蜀与各地经济文化的交流而传播，尤其是茶的加工与种植，首先向东部、南部传播，如湖南茶陵的命名，就是一个佐证。茶陵邻近江西、广东边

界，是西汉时设的一个县，以其地出茶而名，表明西汉时期茶的生产已经传到了湘、粤、赣毗邻地区。西汉时，成都不但已成为我国茶叶的一个消费中心，由"武阳买茶"的记载看，很可能也已形成了最早的茶叶集散中心。由此可见，秦汉至西晋时期，巴蜀既是我国茶叶生产和技术的重要中心，又是中国茶业由巴蜀走向全国和茶业重心开始东移的重要阶段。

2. 三国西晋时期，长江中游或华中地区成为茶业中心

三国、西晋阶段，随荆楚茶业和茶叶文化在全国传播的日益发展，也由于地理上的有利条件和较好的经济文化水平，在中国茶文化传播的地位上，长江中游或华中地区逐渐取代巴蜀而明显重要起来。

三国时，孙吴拥有东南半壁江山，这一地区也是此时我国茶业传播和发展的主要区域，南方栽种茶树的规模和范围有很大的发展。到西晋时，茶已不独享饮王室，而是遍及一般的官宦之家，并流传到了北方高门豪族。此时长江中游茶业的发展，可从西晋时期的《荆州土记》得到佐证。其载"武陵七县通出茶，最好"，说明荆汉地区茶业发展明显，巴蜀独冠全国的优势似已不复存在。

3. 东晋南朝时期，长江下游和东南沿海茶业的发展

西晋南渡之后，北方豪门过江侨居，建康（今南京）成为我国南方的政治中心。由于上层社会崇茶之风盛行，使得南方尤其是江东饮茶和茶文化有了较大的发展，进一步促进了我国茶业向东南推进。这一时期，我国东南植茶由浙西扩展到了现今的温州、宁波沿海一带。不仅如此，东晋和南朝时长江下游宜兴一带的茶业也著名起来。《桐君采药录》载有"西阳、武昌、庐江、晋陵皆出好茗。巴东别有真香茗"，晋陵即常州，其茶出自宜兴。

三国两晋之后，茶业重心东移的趋势更加明显了。

4. 唐代时期，长江中下游地区成为中国茶叶生产和技术中心

"六朝"以前，茶在南方的生产和饮用已有一定发展，但北方饮者还不多。到唐朝中期后，中原和西北少数民族地区已嗜茶成俗，如《膳夫经手录》所载"今关西、山东、闾阎村落皆吃之，累日不食犹得，不得一日无茶。"于是，南方茶的生产和全国茶叶贸易随之空前蓬勃发展起来，尤其是与北方交通便利的江南、淮南茶区。据史料记载，安徽祁门周围，千里之内，各地种茶，山无遗土，业于茶者七八。长江中下游茶区不仅茶产量大幅度提高，而且制茶技术也达到了当时的最高水平，如湖州顾渚紫笋和常州阳羡茶成为了贡茶。江南制茶技术的提高，也带动了全国各茶区的生产和发展。由《茶经》和唐代其他文献记载来看，这时期茶叶产区达到了与我国近代茶区约略相当的局面。因此，长江中下游地区正式成为茶叶生产和技术的中心，江南茶叶生产集一时之盛。

5. 宋代时期，茶业重心由东向南移

从五代和宋朝初年起，全国气候由暖转寒，致使中国南方南部的茶业迅速发展起来，并逐渐取代长江中下游茶区，成为宋朝茶业的重心。贡茶由顾渚紫笋改为福建建安茶，建安茶的采制逐渐成为中国团茶、饼茶制作的主要技术中心，并带动了唐代还不曾形成气候的闽南和岭南茶区的崛起和发展。

由此可见，到了宋代，茶已传播到全国各地。宋朝的茶区，基本上已与现代茶区范围相符。明清以后，只是茶叶制法和各茶类兴衰的演变问题了。

（二）茶在国外的传播

中国的茶叶、茶树、饮茶风俗及制茶技术等都是随着中外文化交流和商业贸易的开展由我国直接、间接传向全世界的，最早传入朝鲜、日本，其后由南方海路传至印度尼西亚、印度、斯里兰卡等国家，16 世纪传至欧洲各国并进而传到美洲大陆，由北方传入波斯、俄国。

1. 最早的茶向外传播

据史料记载，我国茶叶最早传入朝鲜半岛。公元 4 世纪末至 5 世纪初（南北朝时期），茶叶随佛教由中国传入高丽国（今朝鲜和韩国）。到了唐代，朝鲜半岛已开始种茶。《东国通鉴》载有"新罗（国）兴德王之时，遣唐大使金氏，蒙唐文宗赐予茶籽，始种于金罗道之智异山。"公元 828 年，朝鲜派到中国的使者金大廉由中国携回茶籽，种于智异山下华岩寺周围。到公元 12 世纪，高丽国的松应寺和宝林寺等寺院大力倡导饮茶，使饮茶风气普及民间。

2. 茶东传日本

唐贞元二十年（公元 804 年），日本高僧最澄法师入华求法；公元 805 年，他师满回国时带去茶树种子，种植于近江（今日本滋贺县境内）的比睿山麓。这是中国茶种向外传播的最早记载。次年，日本弘法大师（空海）再度入唐，又携回大量茶籽，分种各地。此后，日本茶叶生产开始繁荣起来，并由寺庙传到民间。

到南宋时期，日本荣西禅师分别于公元 1168 年和 1187 年两次来我国学习佛经，并在我国学茶，亲身体验宋代的茶艺及饮茶的效用。荣西还用汉字撰写了两卷《吃茶养生记》，大力提倡喝茶，被誉为日本的陆羽。南宋开庆元年（公元 1259 年），日僧南浦昭明入宋求法，在径山寺学得径山茶宴、斗茶等饮茶习俗，带回中国茶典籍多部及径山茶宴用的茶台子及茶道器具多种，并在此基础上逐渐形成了日本自己的茶道。

3. 茶南传印度尼西亚

印度尼西亚从公元 7 世纪起即与我国有往来。1684 年，印度尼西亚开始引入我国茶籽试种，以后又引入中国、日本茶种及印度阿萨姆种试种。历经坎坷，直到 1826 年，印度尼西亚的华侨从我国引进茶种，才真正奠定了茶业基础；1827 年由爪哇华侨第一次试制样茶成功。

4. 茶传入印度

印度是红碎茶生产和出口最多的国家，其茶种源于中国。1780 年欧洲人开始提倡印度植茶运动，英属东印度公司几次运去中国茶籽种植，未获成功。1834 年，印度到我国购买茶籽、茶苗种植于大吉岭，并请中国种茶制茶专家指导，其中包括小种红茶的生产技术。在此基础上，红碎茶才开始出现，并成为全球性的大宗饮料。

5. 茶传入俄罗斯

明朝万历四十六年（1618 年），当时的中国公使曾携带几箱茶叶馈赠俄国沙皇；1638 年，俄国派驻蒙古的使节也曾携带茶叶返回俄国。此后，饮茶就在俄国流行起来，茶叶也成为中俄贸易中的主要商品之一。1833 年，俄国向我国购买茶籽、茶苗，栽植于格鲁吉亚的尼基特植物园内，后又扩展其他植物园，并依照我国制法制成茶叶。1884 年索洛左夫从汉口运去茶苗和茶籽，在外高加索巴统附近，开辟茶园，从事茶树栽培。1893 年波波到我国访问了宁波一个茶厂，购买了大量茶种和茶苗，聘请了 10 名茶业工人到高加索，并且完全按照我国形式建设一座小型的茶厂，依照我国的制茶法生产茶叶，从此俄国有了茶业（刘勤晋，2007）。

6. 茶传入斯里兰卡

锡兰（今斯里兰卡）在公元 4 ~ 5 世纪就与中国有文化交流。17 世纪开始，斯里兰卡从我国引入茶籽试种，复于 1780 年试种；1824 年以后又多次引入中国、印度茶种和聘请技术人员；1869 年，斯里兰卡的咖啡业遭受虫灾失败后，决心以茶业来替代，从而茶叶生产迅速发展起来。

7. 茶向其他国家传播

中国茶叶约于公元 5 世纪的南北朝时期开始陆续输出至东南亚邻国及亚洲其他地区。10 世纪时，蒙古商队来华从事贸易时，将中国砖茶从中国经西伯利亚带至中亚地区。宋、元期间，我国对外贸易的港口增加到八九处，这时的陶瓷和茶叶已成为我国的主要出口商品。明代时期，政府采取积极的对外政策，加强与东南亚、阿拉伯半岛、非洲东岸等地的经济联系与贸易，使茶叶输出量大量增加。15 世纪初，葡萄牙商船来中国进行通商贸易，茶叶对西方的贸易开始出现。1610 年荷兰人自澳门贩茶，并转运入欧洲，1616 年中国茶叶运销丹麦，1650 年后传至东欧后再传至俄、法等国，1657 年中国茶叶在法国市场销售。1662 年嗜好饮茶的葡萄牙公主凯瑟琳嫁给英国国王查理二世，提倡皇室饮茶，带动了全国的饮茶之风；1669 年英属东印度公司开始直接从万丹运华茶入英。

17 世纪时，中国茶叶传至美洲。1690 年中国茶叶获得美国波士顿出售特许执照。美国 1776 年独立后，来华的第一条商船"中国皇后"号于 1784 年到达中国，采购的主要商品就是茶叶。1924 年南美的阿根廷由我国传入茶籽种植于北部地区，并相继扩种。

19 世纪 50 年代开始，由英国殖民主义扶持，在东非和南非的尼亚萨兰（今马拉维共和国）、肯尼亚、乌干达、坦桑尼亚等国家先后开展种茶。20 世纪 60 年代，应非洲国家的要求，我国多次派出茶叶专家去西非的几内亚、马里，西北非的摩洛哥等国家指导种茶，非洲才开始有了真正的茶叶栽培。

目前，我国茶叶已行销世界五大洲上百个国家和地区，世界上有 50 多个国家引种了中国的茶籽、茶树，有 160 多个国家和地区的人民有饮茶习俗，饮茶人口 20 多亿。

第 二 节　饮茶的历史

一、茶从食用、 药用到饮茶的演变

在原始社会时期，由于生产力低下，人类的祖先常常食不果腹。当他们发现茶树的叶子无毒能食时，采食茶叶纯粹是为了填饱肚子。这是人类最初利用茶的方式，当时的人以茶当菜，煮作羹饮。茶叶煮熟后，与饭菜调和一起食用。现今我国云南基诺族还保留吃凉拌茶的习俗。在这个阶段，茶为食。

古代人类在直接含嚼茶树鲜叶汲取茶汁时感到芬芳、清口并富有收敛性快感，久而久之，含嚼茶叶成为人们的一种嗜好。该阶段，可说是茶之为饮的前奏。在长期食茶的过程中，人们慢慢发现茶不仅能兴奋精神、祛热解渴，还能医治多种疾病，茶叶作为药用而受到关注。东汉《神农本草经》载"荼味苦，饮之使人益思、少卧、轻身、明目"。随着人类生活的进化，生嚼茶叶的习惯转变为煎服，即鲜叶洗净后，置陶罐中加水煮熟，连汤带叶服用。煎煮而成的茶，虽然苦涩，然而滋味浓郁，风味与功效均胜几筹，日久便养成了煎煮品饮的习惯。煎茶汁治病，这是茶作为饮料的开端，是人类在这个阶段利用茶的主要方式。

从先秦至两汉，茶从药物转变为饮料。顾炎武在《日知录》中说"自秦人取蜀而后，始有茗饮之事。"茶作为饮料，始于巴蜀，将经过简单加工的茶团捣碎放入壶中，注入开水并加上葱姜和橘子调味。秦灭巴蜀后，促进了饮茶知识与风俗向东延伸。从西周至秦，中原地区饮茶的人还很少，茶主要被当作祭品、菜食和药物；西汉时，茶已是宫廷及官宦人家的一种高雅消遣。三国时期，崇茶之风进一步发展，开始注意到茶的烹煮方法，出现了"以茶当酒"的习俗。到了两晋、南北朝时期，茶叶从原来珍贵的奢侈品逐渐成为普通饮料。

二、饮茶方式的演变

我国的饮茶方式在长期的发展中逐步形成了独特的饮茶礼仪和饮用方法，先后经历了烹茶、点茶、泡茶以及当代饮茶法等几个阶段。

（一）唐代以前

唐前饮茶以煎茶汁治病的药饮方式为主，煮出的茶水滋味苦涩，故称茶为"苦茶"。随后，茶逐渐从药物转变为饮料，煮茶时加粟米及调味的作料，煮做粥状，即所谓的"可煮作羹饮"的饮用方式。茶的混煮羹饮，在国人利用茶的历史上存续了相当长的时间，直到元代，羹饮法才渐渐退出历史舞台，煎点法成为了主导。

（二）唐代烹茶

唐代饮茶逐步在民间流传开，尤其在中唐之后，饮茶日益兴盛成为国饮。唐代茶的发展是从以茶为药到以茶为羹、再到茶之为品饮的演变过程，《茶经》就是这个过程的里程碑（图1-2）。唐代饮茶以煎为主，将茶饼经过炙、碾、罗三道工序加工成细末状颗粒的茶末，再进行煎茶。煎茶法包括选茶、选水、烧水、酌茶、品茶等程序。唐代饮茶除煎茶外，还有庵茶、煮茶（图1-3）等方式。将茶叶先碾碎，再煎熬、烤干、舂捣，然后放在瓶子或细口瓦器中，灌上沸水浸泡后饮用的，称为庵（yan淹）茶，即夹生茶的意思。煮茶法在唐以前就盛行，即把葱、姜、枣、橘皮、薄荷等物与茶放在一起充分煮沸，或者使汤更加沸腾以求汤滑，或者煮去茶沫。这种方法在唐代已经过时。

唐人饮茶讲究鉴茗、品水、观火、辨器，注重品饮艺术。可见，唐代饮茶开启了品饮艺术的先河，使饮茶成为精神生活的享受。

图1-2　陆羽品茶

图1-3　煮茶图

（三）宋代点茶

点茶法比唐代煎茶更讲究，追求茶的色、香、味之纯及动作技艺的优美。点茶法包括备器、洗茶、炙茶、碾罗、侯汤、熁盏、点茶等程序。宋代点茶用茶饼，饮茶时先炙茶，再将团茶敲碎、碾细、细筛，茶末要求很细，置于盏杯之中，然后冲入沸水，这就是所谓的"研膏团茶点茶法"。整个过程点茶尤为不易，先要将适量的茶粉放入茶盏中，点泡一些沸水将茶粉调和成膏状；再添加沸水，边添边用茶筅击拂。点泡后，如果茶汤的颜色呈乳白色，茶汤表面泛起的

图1-4　斗茶图

"汤花"能较长时间凝住杯盏内壁不动，这样才算点泡出一杯好茶。点茶追求茶的真香、真味，注重点茶过程中的动作优美协调。宋代饮茶之风炽盛，风行评比调茶技术和茶质优劣的斗茶（图1-4），也称茗战。

（四）明清瀹饮法

瀹有浸、渍的意思。瀹饮法，即以沸水直接冲泡茶叶的方法。瀹饮无须经过以往的炙茶、碾茶、罗茶三道工序，只要有干燥的叶茶即可。

饮茶发展到明代，发生了具有划时代意义的变革。随着茶叶加工方法的简化，饼茶被散茶代替，茶的品饮方式也走向简单，加上宋元时期的斗茶之风衰退，占主导地位的唐烹宋点逐渐被瀹饮法取代。明末清初，瀹饮法成为品饮的主要方式。瀹饮法主要包括备器、备茶、涤具、洗茶、侯汤、投茶、品茶等程序。瀹饮法多适合清饮，有利于品尝茶之真香、真色、真味。散茶品质极佳，饮之宜人，引起饮者的极大兴趣。随着冲泡散茶的兴起，茶具中出现了茶壶，且以窑器为上，窑器中又以宜兴紫砂为最。古朴雅致的紫砂茶具由于瀹饮法的兴盛而发展起来；由于瀹饮对茶汤色、香、味的追求，也刺激了白瓷以及青花瓷的发展。

（五）当代饮茶

当代饮茶主要有清饮、调饮、袋泡茶、罐装茶及冷饮等几种方式。清饮是目前我国大部分人的主要饮茶方式。通过选茶、用开水冲泡，讲究泡茶的水质、水温和茶炉、茶具，茶中不加乳、糖等作料，在清饮品尝中欣赏茶的色香味形。调饮是当代比较流行的饮茶方式之一，即在茶汤中添加其他物品，如乳、糖、酒、果汁等，一般现调现饮。

由于科技的进步、社会生活的发展以及与世界其他国家的交流不断加深，当代的饮茶出现了一些新的内容和形式，如袋泡茶、罐装茶、冷饮等。袋泡茶是将茶叶装在滤纸袋中，连袋冲泡饮用的一种小包装茶。罐装茶是将成品茶经过萃取、过滤、调配、灭菌、装罐后制成的液体茶。冷饮是相对于传统的热饮而言，冷饮茶是指用冷开水冲泡茶叶、或待沸水冲泡茶冷却、或在冲泡好的茶饮中加冰饮用等。

三、茶类的演变

茶叶是从茶树上采摘的茶鲜叶经过加工制作而成的成品茶，茶类是指茶叶的分类。从我国发现利用茶叶发展至现今丰富多彩的茶类，经历了几千年的历史演变。从最初的采食茶树鲜叶开始，发展至生煮羹饮、晒干收藏，到南北朝开始把鲜叶加工成茶饼，唐代制出了蒸青团茶，宋代创制了蒸青散茶，明代创制了炒青绿茶、黄茶、黑茶和红茶，清代创制了白茶、青茶（乌龙）以及花茶。至此，六大茶类品种齐全。

（一）采食茶树鲜叶

《神农本草经》记载了神农尝百草的传说"日遇七十二毒，得茶而解"，证明了茶叶最初被利用是从采食茶树鲜叶开始的。

（二）从生煮羹饮到晒干收藏

随着人类的发展，对茶叶从最原始的生嚼逐渐发展为把采来的茶叶煮成羹汤来饮用。煮茶叶就像今天的煮菜汤。以茶作菜，现在云南的基诺族仍保留了吃凉拌茶的习俗。《尔雅》载有"槚，苦茶"，晋代郭璞注"树小如栀子，冬生，叶可煮作羹饮。"

随着茶医药功能的发现，茶被用作药治病。茶树生长有季节性，必须晴天晒干或雨天阴干收藏，以便随时取用。由于光热的作用，茶叶品质起了很大的变化。这可以说是制茶的起源时期。

（三）从蒸青造型到龙团凤饼

唐代以前已有蒸青作茶饼的制法，三国魏人张揖所著《广雅》载有"荆巴间采茶作饼"。到了唐代，制法逐渐完善，形成了"蒸青团茶"的制法。陆羽所著《茶经·三之造》记述"晴采之、蒸之、捣之、拍之、焙之、穿之、封之。茶之干矣。"唐代饼茶中间有孔可串穿，有大有小。

北宋年间龙团凤饼茶盛行。在团饼茶的表面有龙凤之类的纹饰，谓之龙团凤饼，为上层社会专用饼茶。宋太宗太平兴国年间（公元976年）在建安设宫焙，专造北苑贡茶，使龙凤团茶有了很大发展。宋·熊蕃所著《宣和北苑贡茶录》记述"宋太平兴国初，特置龙凤模，遣使即北苑造团茶，以别庶饮，龙凤茶盖始于此。"宋徽宗所著《大观茶论》称"岁修建溪之贡，龙团凤饼，名冠天下。"

（四）从团饼茶到散叶茶

陆羽《茶经》记载"饮有觕茶、散茶、末茶、饼茶者"，说明唐代已有散茶。到了宋代，除蒸青团茶外，还研制蒸青散茶。在蒸青饼茶的生产中，为了改善苦味难除、香味不正的缺点，逐渐采取蒸后不揉不压，直接烘干的做法，将蒸青饼茶改造为蒸青散茶，以保持茶的香味，同时还出现了对散茶的鉴赏方法和品质要求。《宋史·食货志》载"茶有两类，曰片茶、曰散茶。"片茶即饼茶，散茶即芽叶散茶。到了明代，散茶生产更为普遍，明太祖朱元璋为适应潮流，也下达诏令改贡饼茶为芽茶。

（五）从蒸青到炒青

唐宋时代以蒸青茶为主，但也开始萌发炒青茶技术。唐代刘禹锡《西山兰若试茶歌》中就有"斯须炒成满室香"的诗句；宋代陆游在吟赞日铸茶的《安国院试茶》诗后注云"日铸则越茶矣，不团不饼，而曰炒青"。相比于饼茶，茶叶的香味在蒸青散茶中得到了较好的保留，但是依然存在香味不够浓郁的缺点，因此，利用干热发挥茶叶优良香气的炒青技术开始流行。经唐代、宋代、元代的发展，到了明代，炒青制法日趋完善，炒青绿茶的加工方法已正式形成。

（六）从绿茶发展至其他茶

绿茶是我国最早创制的茶类，是茶鲜叶经过杀青（蒸青或炒青）、揉捻、干燥等工序制成的成品茶，冲泡后绿汤绿叶。从公元8世纪发明蒸青绿茶制法开始，到12世纪经推广应用炒青绿茶制法，绿茶加工技术已比较成熟，一直沿用至今，并不断完善（余孚，1999）。

黄茶起源较早，据史料推测，公元7世纪就已出现了。当时黄茶是由一种自然发黄的黄芽茶树的芽叶制成的。据《寿州志》记载，产于霍山县（古称寿州）的霍山黄芽茶，唐初时已闻名遐迩，中唐时已远销西藏。黄茶全套生产工艺，大约是在明隆庆年间（公元1570年）形成的。当时人们在绿茶炒青制造实践中发觉杀青或揉捻后不及时干燥或干燥程度不足，叶质就会变黄，而黄汤黄叶的茶叶也别具一格。因此，炒制过程中就采取有意"闷黄"的做法，经过反复实践、不断积累经验而创制出黄茶。

黑茶是我国特有的茶类，以销往边疆地区为主，历史上多称为"边销茶"。黑茶产生于11世纪前后，当时运往边疆的茶叶都是绿茶，大都通过四川远销到西南、西北地区。由于路途遥远，交通不便，运输困难，为了方便运输必须将茶叶压制成团块状。这些团块茶经过一路的"湿堆作用"，便形成了自然黑茶。随着边销茶需求量日益增多，这种自然黑茶已远不能满足边销需求，到了宋代出现了"做色黑茶"。"做色黑茶"是将茶树鲜叶经过蒸压和渥堆作用制成黑茶，此时黑茶加工方法已基本形成（赵和涛，1991）。到了明代，黑茶已经开始正式生产了。

白茶起源于宋代。其名称的记载最早见于宋子安在公元1064年前后所著的《东溪试茶录》，当时白茶是指一种茶树品种，芽叶白毫多且披满全叶，称作"白叶茶"。据熊蕃的《宣和北苑贡茶录》记述，在宋哲宗绍圣年间（公元1094—1098年）白茶已充为贡品，称"瑞云翔龙""白茶遂为第一"。此时的白茶，其制法与绿茶制法大体相同。作为白茶加工方法正式的形成，是在清朝嘉庆年间。由于当时红茶市场不畅，导致大量积压，政和县的茶农就改制白茶外销，从而使白茶作为一类茶类正式形成。

红茶是在绿茶、黑茶和白茶制作的基础上创制出来的。红茶按制法不同分为小种红茶、工夫红茶和碎红茶。首先创制的是小种红茶。小种红茶是由福建省崇安县星村乡茶农在 1650 年前后研制而成的。茶农在晒制白茶的过程中突遭日光萎凋、从绿茶揉捻后来不及干燥而变红和黑茶渥堆变黑等实践中逐步探索，认识到制红茶渥红（俗称"发酵"）等技术措施，从而创造出红茶（余孚，1999）。不久，工夫红茶也在闽南研制成功，并开始外销。光绪元年（1875 年），皖南黟县人余干臣从福建罢官回乡经商，仿效福建方法试制红茶并获成功。随后在祁门县制成的工夫红茶品质特优，很快畅销海外，并在 1915 年的巴拿马万国博览会获金奖。为了满足国际市场对工夫红茶的大量需求，我国相继在湖南、江西、湖北等地生产工夫红茶。为了适应国际市场对碎红茶的新需求，我国在 20 世纪 50 年代才开始正式生产碎红茶。

青茶又称乌龙茶，是由福建省安溪县茶农在清雍正三年至十三年（1725—1735 年）间创制的。当时人们在制绿茶、黑茶、红茶的基础上，经过无数次的实践和反复认识，发明了青茶制法。青茶既有红茶的色香，又有绿茶的爽快味感，但没有绿茶的苦味和红茶的涩味，因此成为我国几大茶类中独具鲜明特色的茶叶品类。青茶首先传入闽北，后传入台湾，接着发展到广东、广西，最终形成了以福建、台湾为中心，并连接广东、广西、江西、湖南等地的青茶产区。

（七）花茶的出现

花茶是一种选用品质优良的毛茶（一般多用绿茶）原料作茶坯，用各种香花窨制而成的香型茶。早在宋代就有添加龙脑的加香茶，也有以茉莉花焙制的花茶。北宋蔡襄所著《茶录》载有"茶有真香。而入贡者微以龙脑和膏，欲助其香。"说明当时为增加贡茶的香气，开始掺入名贵香料"龙脑香"。南宋陈景沂的《全芳备祖》云"茉莉熏茶及烹茶尤香。"说明当时用香花窨茶的花茶制作方法已经出现。至明代花茶窨制技术有了较大发展，明代钱椿年的《茶谱》记述"木樨、茉莉、玫瑰、蔷薇、兰惠、橘花、栀子、木香、梅花皆可作茶"。大规模窨制花茶则始于清咸丰年间（公元 1851—1861 年），至光绪年间（公元 1890 年前后）花茶生产已较普遍（余孚，1999）。

四、我国饮茶风俗习惯的发展

茶最初是作为食物被巴蜀地区的人们利用的。从先秦至两汉，茶慢慢从药物转变为饮料。秦汉时期，茶叶的简单加工已经开始出现。鲜叶用木棒捣成饼状茶团，再晒干或烘干以存放；饮用时，先将茶团捣碎放入壶中，注入开水并加上葱姜和橘子调味。此时，茶不仅是人们待客之饮品，还是日常生活之解毒药品。随着秦对巴蜀的统一，促进了饮茶知识与风俗向东延伸。至西汉时，茶已是宫廷及官宦人家的一种高雅消遣。

三国时期，崇茶之风进一步发展。此时，人们开始注意到茶的烹煮方法，并出现了"以茶当酒"的习俗。到了两晋、南北朝，茶叶从原来珍贵的奢侈品逐渐成为普通饮料。

至唐代时，饮茶在我国已普及到民间，成为人们的日常生活习俗。唐代以前多加调味品烹煮汤饮，烹茶时一般都要加入芝麻、食盐、瓜仁、桃仁等佐料，故茶名也都以主要佐料冠称。到了唐代，饮茶蔚然成风，饮茶方式有了较大进步。此时，为了改善茶叶的苦涩味，饮茶时开始加入薄荷、盐、红枣调味，并已使用专门的烹茶器具，论茶之专著《茶经》已出现。陆羽《茶经》的问世不仅促进了世间饮茶之风盛行，也导致人们对茶和水的选择、烹煮方式以及饮茶环境和茶的质量越来越讲究。

至宋代时，以品为主的唐代煎茶发展成了"斗茶"，达到了更高的艺术性品茶的阶段。宋初茶叶多制成团茶、饼茶，饮用时辗碎，加调味品烹煮，也有不加的。自唐代陆羽始提出煮茶不加佐料，谓之见"真茶"，以表明茶之真香味。随茶品的日益丰富与品茶的日益考究，宋代逐渐重视茶叶原有的色香味，调味品逐渐减少。同时，出现了用蒸青法制成的散茶，且茶类生产由团饼为主趋向以散茶为主，烹饮工序逐渐简化。唐以前的饮茶，属于粗放煎饮时代，是或药饮或解渴式的粗放饮法。到了唐宋以后，则为细煎慢啜式的品饮，以至形成了绵延千年的饮茶艺术。

明代以后，由于制茶工艺的革新，团茶、饼茶已多改为散茶，烹茶方法由原来的煎煮为主逐渐向冲泡为主发展。茶叶以开水冲泡，然后细品缓啜，清正、袭人的茶香，甘洌、醇醇的茶味以及清澈的茶汤，更能领略茶之天然色香味品性。此后，品茶方法日臻完善而讲究。至清代，乡村市肆茶馆林立，饮茶之风盛于明代。无论公事来往，还是私家应酬，客来献茶，端茶送客，已成为特定的礼节和排场。

第三节　茶叶的分类与品质特征

中国产茶历史悠久，产茶区域辽阔，在漫长的生产实践中积累了丰富的茶叶采制经验，茶类繁多。安徽农业大学陈椽教授（1908—1999 年）提出的按制法和品质为基础，以茶多酚的氧化程度为序把初制茶分为绿茶、黄茶、白茶、青茶、红茶、黑茶 6 大类，已被国内外茶叶科技工作者广泛应用。各类初制茶称为毛茶，毛茶精制后称精茶或成品茶，部分精茶经再加工成为再加工茶，如各种花茶、压制茶及速溶茶等。

一、绿茶

绿茶是一种不经发酵制成的茶，是我国产量最大的茶叶类别，因其叶片及汤呈绿色而得名。绿茶初制过程中，鲜叶先经杀青再揉捻后炒干或烘干、晒干。初制中由于高温湿热作用，多酚类物质部分氧化、热解、聚合和转化，使其含量适当减少和转化，不但使绿茶呈"清汤绿叶"，还减少了茶汤的苦涩味，使滋味变得醇和爽口。

我国绿茶种类繁多。虽然制作方法各有不同，但都具有共同的基本工艺，即杀青、揉捻、干燥三道工序，尤其是杀青工序，都要求鲜叶通过杀青，在高温的作用下，破坏叶内酶的结构，丧失催化能力，从而形成"清汤绿叶"的品质特征。不同类型的绿茶虽然外形各具特色，但高品质的绿茶具有共同的总体品质特点：干茶一般呈绿色，汤色绿明，香气醇正带炒栗香或炒豆香或花果香，滋味鲜爽，有收敛性，叶底嫩绿匀亮，具有香高、味醇、形美、耐冲泡等特点。绿茶代表产品有西湖龙井、六安瓜片、都匀毛尖、信阳毛尖、庐山云雾等。

绿茶按其干燥和杀青方法的不同，一般可分为炒青、烘青、晒青、蒸青。

（一）炒青绿茶

炒青绿茶是我国绿茶产区最广、产量最多的一种绿毛茶，由于在制法上常需要长时间在锅中炒干，故称"炒青"。我国各产茶省几乎都生产炒青，但由于各地鲜叶质量不同及做法上的差异，品质略有不同。高级炒青绿茶均具有的品质特征主要有：外形条状紧直、匀整，有锋苗、不断碎，色泽绿润，调和一致，净度好；内质要求香高持久，最好能有熟板栗香，汤色清澈，黄绿明亮；滋味浓醇爽口，忌苦涩味；叶底嫩绿明亮，忌红梗、红叶、焦斑、生青及闷黄叶。炒青绿茶代表性产品主要有西湖龙井（图1-5）、洞庭碧螺春（图1-6）、南京雨花茶（图1-7）等。

图1-5　西湖龙井　　　　图1-6　洞庭碧螺春　　　　图1-7　南京雨花茶

（二）烘青绿茶

烘青绿茶是锅炒杀青后用烘笼进行烘干的绿茶，因此外形条索比炒青稍松、形好，香气清香。普通烘青采用一芽二、三叶制成，主要用于窨制各种花茶的茶坯。烘青绿茶品质特征主要有：外形完整稍弯曲、锋苗显露、干色墨绿、香清味醇、汤色叶底黄绿明亮。特种烘青一般都在清明节前后采用一芽一叶或二叶初展的幼嫩芽叶制成，代表性产品主要有太平猴魁（图1-8）、黄山毛峰（图1-9）、六安瓜片（图1-10）等。

图1-8　太平猴魁　　　　图1-9　黄山毛峰　　　　图1-10　六安瓜片

（三）蒸青绿茶

蒸青是通过蒸汽杀青和炒干，利用蒸汽来破坏鲜叶中酶的活力，形成干茶色泽深绿、茶汤黄绿色和叶底青绿的"三绿"品质特征，但香气不及锅炒杀青绿茶那样鲜爽。蒸青绿茶品质特征主要有：外形条索紧细，匀称挺直，形似松针，光泽油润，呈鲜绿豆色，汤色清绿明亮，香气清高鲜爽，滋味甜醇，叶底翠绿。蒸青绿茶代表性产品主要有恩施玉露（图1-11）、日本煎茶。

图1-11　恩施玉露

（四）晒青绿茶

晒青绿茶因干燥方式采用晒干而得名，主要用作制紧压茶的原料，如砖茶、沱茶等。晒青绿茶可分为滇青、川青、陕青等，其中以云南大叶种的滇青品质最好。晒青绿茶品质特征主要有：外形条索粗壮肥硕，白毫显露，色泽深绿油润，香味浓醇，极具收敛性，耐冲泡，汤色黄绿、明亮，叶底肥硕。

二、黄茶

黄茶为我国特产，属轻发酵茶。黄茶初制工艺与绿茶近似，只是在干燥过程的前或后增加了一道"闷黄"的工艺，促使多酚、叶绿素等物质部分氧化。黄茶品质的主要特点黄叶黄汤就是在闷黄过程中形成的。

黄茶制造基本工艺为杀青、闷黄、干燥三个基本工序。揉捻不是黄茶的必经工序，如君山银针、蒙顶黄芽就不揉捻；霍山黄芽、远安鹿苑只是在锅内边炒边轻揉，也没有独立的揉捻工序。闷黄是黄茶加工的关键工序，也是黄茶的制法特点，在闷黄过程中由于湿热作用促进叶内的化学变化，从而形成黄色黄汤的品质特征。闷黄是在杀青破坏酶活力、制止多酚类化合物酶促氧化的基础上进行的，因此杀青是黄茶品质形成的基础。黄茶品质特征主要有干茶色泽带黄，汤色黄亮，叶底黄亮、灰绿，香气清悦，味厚爽口。黄茶代表性产品主要有君山银针、蒙顶黄芽等。

黄茶按鲜叶老嫩的不同分为黄芽茶、黄小茶和黄大茶。黄芽茶是采用肥壮的茶芽加工成的，如湖南君山银针、四川蒙顶黄芽和安徽霍山黄芽等。黄小茶的采摘标准为一芽一二叶，主要有湖南岳阳北港毛尖、湖北远安鹿苑黄茶等。黄大茶的采摘标准为一芽三四叶或一芽四五叶，主要有安徽霍山黄大茶、广东大叶青等。

（一）君山银针

君山银针是中国名茶之一，产于湖南岳阳洞庭湖中的君山，形细如针，故名君山银针。君山银针品质特征主要有外形芽头肥壮挺直，匀齐，满披茸毛，色泽金黄光亮，雅称"金镶玉"；内质香气清鲜，汤色杏黄明净，滋味甜爽，叶底嫩黄匀亮，冲泡后芽尖冲向水面，悬空竖立，继而徐徐下沉杯底，状如群笋出土，又似金枪直立，汤色茶影，交相辉映，极为美观（图1-12）。

（二）蒙顶黄芽

蒙顶黄芽产于四川雅安蒙顶山，为黄茶之极品。蒙顶黄芽品质特征为外形芽条匀整、扁平挺直，色泽嫩黄，芽毫显露；内质香气清纯，汤色黄亮透碧，滋味鲜醇回甘，叶底全芽嫩黄（图 1 – 13）。

图 1 – 12　君山银针　　　　　　　　图 1 – 13　蒙顶黄芽

三、白茶

白茶属轻微发酵茶，为我国特产，主要产于福建省。白茶选用细嫩、叶背多茸毛的芽叶，不经杀青或揉捻，用晒干或文火烘干，使白茸毛在茶的外表完整地保留下来，看上去呈白色，故称"白茶"。白茶制造基本工艺为萎凋与干燥两道工序。萎凋是形成白茶品质的关键工序，分为室内萎凋和室外日光萎凋两种。鲜叶随着萎凋过程失水，外形与内含物产生缓慢而有控制的变化，逐步形成白茶特有的品质。

白茶对鲜叶要求极高，不仅要求芽头肥壮，而且对茶树品种要求也高。白茶按茶树品种不同可分为大白、水仙白和小白三种；按鲜叶嫩度又可分为银针、白牡丹、贡眉和寿眉四种。

白茶品质的优次主要是由鲜叶原料不同所造成的，其次与制茶技术有很大关系。白茶具有外形完整，满身披毫，毫香清鲜，汤色黄绿清澈，滋味清淡回甘的品质特点。白茶的主要品种有白毫银针、白牡丹、寿眉、贡眉等，其中以白毫银针最为名贵，其次为白牡丹。市售的安吉白茶大都是以安吉白茶茶树品种按绿茶工艺加工而成的，有白茶之名，缺白茶之实。

1. 白毫银针

白毫银针属芽形白茶，对鲜叶要求是纯的肥壮茶芽。其品质特征是外形肥壮，色泽鲜艳，遍披白毫，挺直如针，色白似银，汤色晶亮，呈浅杏黄色，滋味鲜爽微甜，香气清鲜（图 1 – 14）。

2. 白牡丹

白牡丹对鲜叶要求是一芽二叶，茶芽肥壮，叶张肥厚。其品质特征是叶张灰绿或暗绿，稍呈银白光泽，毫心肥壮，叶张肥嫩，绿叶夹银毫，成叶片抱心形似花朵状，故有白牡丹之称（图 1 – 15），内质毫香显、味鲜醇，汤色杏黄、清澈明亮，叶底浅灰，绿面白底，叶脉微红。

图1-14　白毫银针　　　　　　　　图1-15　福建白牡丹

四、青茶

青茶也称为乌龙茶，属半发酵茶。其特征是叶片中心为绿色，边缘为红色，俗称绿叶红镶边。乌龙茶制造基本工序为萎凋（晒青）、做青、炒青、揉捻、干燥，其中做青是形成乌龙茶特有品质的关键工序，是奠定乌龙茶香气和滋味的基础，乌龙茶的绿叶红镶边也是在做青过程中形成。乌龙茶做青通过摇青与静置，促使叶片互相摩擦，破坏叶缘细胞，有效地控制鲜叶内多酚类化合物局部缓慢地酶促氧化生成茶黄素和茶红素等物质，形成绿叶红边的特征，并散发出一种特殊的芬芳香味；再经高温炒青彻底破坏氧化酶活性，经揉捻使青茶形成紧结粗壮的条索，最后经烘焙使茶香进一步发挥，形成乌龙茶香气馥郁、滋味浓厚（或浓醇）的特殊品质风格。品尝乌龙茶后齿颊留香，回味甘鲜。

乌龙茶香味独特，具天然花果香气和品种的特殊香韵。高级乌龙茶必须具备该品种特有的香型和韵味，称为"品种香"，如武夷岩茶的"岩骨花香"称"岩韵"，安溪铁观音的"音韵"及凤凰单枞的天然花香等，都属品种香。

乌龙茶产于福建、台湾、广东三省，以福建省所产历史最悠久，花色最丰富，品质最佳。乌龙茶的花色品种众多，皆以茶树品种命名，如乌龙品种采制的称之为乌龙茶，水仙品种采制的称之为水仙茶，铁观音品种采制的称之为铁观音茶。同一茶树品种因生长地区不同质量大不一样，因此乌龙茶花色品种之前都冠以地区名加以区别，如安溪铁观音、台湾冻顶乌龙等。

乌龙茶品质特征的形成，与它所选择的特殊的茶树品种（如水仙、铁观音、肉桂、黄旦、梅占、乌龙等）、特殊的采摘标准和特殊的初制工艺是分不开的。乌龙茶按产区来分主要有闽北乌龙（如大红袍、水仙、肉桂等）、闽南乌龙（如铁观音、奇兰、水仙、黄金桂等）、广东乌龙（如凤凰单枞、凤凰水仙等）、台湾乌龙（如冻顶乌龙、文山包种等），其中以崇安武夷岩茶、安溪铁观音的品质最优。乌龙茶均具有外形条索粗壮，色泽青灰有光，内质香气馥郁芬芳，汤色清沏金黄，滋味醇厚、鲜爽回甘，叶底绿叶红镶边的品质特征。

（一）武夷大红袍

武夷大红袍是中国十大名茶之一，是武夷岩茶中品质最优者，产于福建武夷山地区。品质特征是外形条索紧结，色泽绿褐鲜润；内质香气馥郁，有兰花香，香高而持久，汤色橙黄明亮，滋味浓醇清活，生津回甘，虽浓饮而不见苦涩，叶片红绿相间，典型的叶片有绿叶红镶边之美感，"岩韵"明显。大红袍很耐冲泡，冲泡七八次仍有香味（图1-16）。

（二）安溪铁观音

铁观音既是茶名，又是茶树品种名，因身骨沉重如铁，形美似观音而得名，是闽南青茶中的极品。品质特征是外形条索圆结匀净，多呈螺旋形；身骨沉重，色泽油润带砂绿、红点明，俗有"青蒂、绿腹、蜻蜓头"之称；内质香气清高馥郁，具天然的兰花香，"音韵"（品质特征）明显；汤色橙黄明亮，滋味醇厚鲜甜，入口微苦，瞬即转甘；叶底肥软、亮，红边均匀，耐冲泡，有着"七泡有余香"的美誉（图1-17）。

图1-16 武夷大红袍　　　　　　图1-17 安溪铁观音

（三）冻顶乌龙

冻顶乌龙产于台湾南投县的鹿谷乡，被誉为"茶中圣品"。冻顶乌龙茶的采制工艺十分讲究，主要是以青心乌龙为原料，经晒青、凉青、浪青、炒青、揉捻、初烘、多次反复的团揉（包揉）、复烘、再焙火而制成。品质特征是外形卷曲呈半球形，色泽墨绿油润，冲泡后汤色黄绿明亮，香气高，有花香略带焦糖香，滋味甘醇浓厚，耐冲泡（图1-18）。

（四）凤凰单枞

凤凰单枞主要产于广东省潮州市凤凰山，因经单株（丛）采收、单株（丛）加工而得名。单丛茶系在凤凰水仙群体品种中选拔优良单株茶树，经培育、采摘、加工而成。因成茶香气、滋味的差异，当地习惯将单丛茶按香型分为黄枝香、芝兰香、桃仁香、玉桂香、通天香等多种。凤凰单枞茶是凤凰茶中之极品，其品质特佳，成茶素有"形美、色翠、香郁、味甘"四绝。品质特征是外形条索粗壮，匀整挺直，色泽黄褐，油润有光，并有朱砂红点；内质香气清高悠深，有天然的花香，汤色清澈黄亮，滋味浓醇鲜爽，润喉回甘，耐冲泡；叶底肥厚，绿腹红边，素有"绿叶红镶边"之称（图1-19）。

图1-18　冻顶乌龙　　　　　　　　图1-19　凤凰单枞

五、红茶

红茶属于全发酵茶，因其干茶色泽和冲泡的茶汤呈红色，故名红茶。红茶制造是通过萎凋提高鲜叶中酶系的活力，并在揉捻和发酵中利用酶促氧化作用，促使茶叶中叶绿素的氧化降解和儿茶素及多酚类化合物的氧化聚合，生成茶黄素（TF）、茶红素（TR）等有色物质，形成红叶红汤的基本色泽。中国红茶按制造方法的不同可分为小种红茶、工夫红茶和红碎茶三类。虽然制作方法各有不同，但具有共同的基本工艺，即萎凋、揉捻（切）、发酵、干燥。发酵是形成红茶品质的关键工序。我国著名的红茶有安徽祁红、云南滇红、湖北宜红、四川川红等。

（一）小种红茶

小种红茶是我国福建省特产，初制工艺是萎凋、揉捻、发酵、过红锅（杀青）、复揉、薰焙等六道工序。由于采用松柴明火加温萎凋和干燥，干茶带有浓烈的松烟香。小种红茶包括正山小种、烟小种，以崇安（现武夷山市）星村桐木关所产的品质最佳，称"正山小种"（图1-20）。正山小种品质特征：外形条索肥壮、紧结圆直，不带芽毫；色泽乌黑，油润有光；香气高爽，有纯松烟香；汤色红艳，滋味浓厚、甜醇回甘，具桂圆汤和蜜枣味，叶底红亮，呈古铜色。

图1-20　正山小种红茶

（二）工夫红茶

工夫红茶是我国独特的传统产品，因初制揉捻工序特别注意条索的紧结完整，精制时颇费工夫而得名。初制工艺包括萎凋、揉捻、发酵、干燥四道工序。因产地、茶树品种等不同，品质也有差异。工夫红茶可分为祁红、滇红、闽红（金骏眉等）、宜红、川红、宁红等，其中以安徽祁红的香高味醇、云南滇红的色深味浓驰名中外。工夫红茶总体主要品质特征为：鲜叶细嫩、匀净、新鲜；外形条索紧结匀直，色泽乌润，毫尖金黄；内质香气馥郁，滋味甜醇，汤色红亮，叶底红明，具有形质兼优的品质特征。祁红是我国传统工夫红茶的珍品，以外形苗秀、色有"宝光"（色泽乌褐泛灰光）和香气浓郁（独特的蜜糖香，俗称"祁门香"）而享誉国内外（图1-21）。滇红是我国工夫红茶的后起之秀，外形条索肥硕、满披金黄色芽毫，汤色红艳明亮，香气鲜郁高长，滋味浓厚鲜爽，叶底红匀鲜亮，享有极高盛誉（图1-22）。

图 1-21　祁门红茶

图 1-22　滇红

（三）红碎茶

红碎茶是我国外销红茶的大宗产品，亦是国际市场的主销品种，目前主要以袋泡茶形式流行于市场。红碎茶初制工艺包括萎凋、揉切、发酵、干燥四道工序。揉切是塑造红碎茶外形、内质的关键工序，也是传统制法费工最多、劳动强度最大的工序。因揉切方法不同，红碎茶可分为传统红碎茶（采用普通揉捻机与圆盘式揉切机联用）、C. T. C. 红碎茶（采用 C. T. C. 揉切机）、转子红碎茶（采用转子式揉切机）、L. T. P. 红碎茶（采用 L. T. P. 锤切机）和不萎凋红碎茶五种。由于初制叶经过充分揉切，细胞破坏率高，有利于多酚类物质的酶促氧化和冲泡，形成香气高锐持久，滋味浓强鲜爽，加牛奶白糖后仍有较强茶味的品质特征。各种红碎茶因叶形不同分为叶茶、碎茶、片茶和末茶四类，因产地、品种等不同，品质特征也有很大差异。叶茶条索紧结挺直匀齐，色泽乌润；内质香气芬芳，汤色红亮，滋味醇厚，叶底红亮多嫩茎。碎茶外形颗粒重实匀齐，色泽乌润或泛棕；内质香气馥郁，汤色红艳，滋味浓强鲜爽，叶底红匀。片茶外形全部为木耳形的屑片或皱折角片，色泽乌褐；内质香气尚纯，汤色红亮，滋味尚浓略涩，叶底红匀。末茶外形全部为砂粒状末，色泽乌黑或灰褐；内质汤色深暗，香低味粗涩，叶底红暗。

六、黑茶

黑茶属后发酵茶，是我国特有的茶类。黑茶生产历史悠久，品种花色丰富，产区辽阔，产销量大。因其成品茶的外观呈黑色，故得名。传统黑茶采用的黑毛茶原料较为粗老，是压制紧压茶的主要原料。由黑毛茶加工的成品主要有黑砖茶、花砖茶、茯砖茶、青砖茶、康砖茶、六堡茶、紧茶等，以湖南、四川、湖北、云南、广西等省区为主要产区。黑茶产销量仅次于红茶与绿茶，占全国总产量的 1/5 以上，以边销为主，部分内销与侨销，习惯上又称为"边销茶"，常加工成砖形产品，也称为"紧压茶""砖茶"。按照产区的不同和工艺上的差别，黑茶可以分为湖南黑茶（如安化黑茶等）、湖北老青茶（蒲圻老青茶等）、四川边茶（南路边茶、西路边茶等）和滇桂黑茶（六堡茶、普洱茶等）。

黑茶初制基本工艺为杀青、揉捻、渥堆、干燥四道工序，其特殊的色、香、味就是在这四个工序中逐步形成的。渥堆是黑茶独有的工序，也是其关键工序，黑茶内质色香味的品质形成，主要在初制的渥堆工序。黑茶渥堆的实质，是以微生物的活动为中心，通过生化动力（胞外酶）、物化动力（微生物热）、茶内含化学成分分解产生的热以及微生物自身代谢的协调作用，使茶的内含物质发生极为复杂的变化，塑造了黑茶特殊的品质风味。黑茶品质特征主要有香味醇和，汤色深橙黄带红，干茶和叶底色泽都较暗褐。

（一）湖南黑毛茶

湖南黑毛茶一般以一芽四五叶的鲜叶为原料制成。外形条索尚紧、圆直，色泽尚黑润；内质香气纯正，汤色橙黄，滋味醇和，叶底黄褐。

（二）湖北老青茶

湖北老青茶别称青砖茶，又称川字茶，主要产于湖北省内蒲圻、咸宁、通山、崇阳、通城等市（县）。老青茶原料较粗老，老青毛茶经堆积之后成为黑毛茶。外形条索卷折，色泽黄褐；内质香味纯正，汤色橙黄，叶底黄褐。

（三）广西六堡茶

广西六堡茶因产于广西壮族自治区苍梧县的六堡乡而得名。一般以一芽二三叶至一芽三四叶为原料，外形条索粗壮，长整不碎，色泽黑润光泽；内质香气陈醇，汤色红浓；滋味甘醇爽口，叶底呈铜褐色，并带有松木烟味和槟榔味。

（四）云南普洱茶

云南普洱茶主要产于云南省的西双版纳、临沧、普洱等地区，以云南大叶种晒青毛茶为原料，经过渥堆发酵加工成的散茶和紧压茶。其品质特征为外形条索肥壮、重实，色泽褐红，呈猪肝色或灰白色；内质汤色橙黄明亮；香气高锐持久，具独特的陈香；滋味浓醇，经久耐泡，叶底厚实呈褐红色。

七、再加工茶

以各种毛茶或精制茶为原料进行再加工而成的茶称为再加工茶，包括花茶、紧压茶（黑砖、茯砖、饼茶等）、萃取茶（速溶茶、浓缩茶等）、果味茶（柠檬红茶、猕猴桃茶等）、药用保健茶（减肥茶、杜仲茶等）和含茶饮料（罐装茶、茶汽水等）等。

（一）花茶

花茶又称熏制茶、香花茶或香片，是我国独特的一种茶叶品种。花茶是以精加工的茶叶，配以香花窨制而成。用于窨制花茶的茶坯主要是烘青，还有少量珠茶、红茶、乌龙茶等；用于窨制花茶的鲜花有茉莉花、白兰花、珠兰花、玳玳花、柚子花、桂花、玫瑰花等。花茶既保持了纯正的茶香，又兼具鲜花的馥郁香气，花香茶味，别具风韵。花茶总的品质特征是芬芳的花香加上醇和的茶味；高级花茶要求香气鲜灵，浓厚持久，滋味醇厚鲜爽，绿茶汤色黄绿或淡黄，清澈明亮，叶底匀亮。

花茶的品质取决于茶坯、香花质量的优次和窨制技术是否合理。花茶窨制是利用鲜花吐香和茶坯吸香的特性，将鲜花与茶坯拼合，控制一定的温度、湿度条件，达到茶引花香、增益香味的目的。

花茶依窨制的香花种类不同可分为茉莉花茶、白兰花茶、珠兰花茶、玳玳花茶、桂花花茶、玫瑰花茶等。每种花茶都有其独特之处，如茉莉花茶馥郁芬芳，珠兰花茶清雅幽长，白兰花茶浓厚强烈，玳瑁花茶香浓温和等。其中以茉莉花茶产量最大，品种丰富，销路最广。

1. 茉莉花茶

茉莉花茶又称茉莉香片，因香气清新愉快、滋味醇和清远而深受国内外消费者喜爱。茉莉花茶主要产于福建省的福州、宁德，江苏省的苏州，浙江省的金华，广西南宁市横县等地。加工茉莉花茶的茶坯以烘青绿茶为主，鲜花以茉莉花（图1-23）为主，玉兰花为辅。茉莉花茶因所采用窨制的茶坯原料不一，有茉莉烘青、花龙井、花大方、特种茉莉花茶等。大宗茉莉花茶以烘青绿茶为主要原料，统称茉莉

图1-23　茉莉花

烘青；用龙井、大方、毛峰等特种绿茶作茶坯窨制花茶的，则分别称花龙井、花大方、茉莉毛峰等。

茉莉花茶的传统加工工艺较为复杂，其工艺流程为茶坯处理、鲜花处理、茶花拌和、静置窨花、通花、续窨、起花、烘焙、新窨、提花、匀堆、装箱等多道工序。茉莉花茶的品质特点是香气清高芬芳、浓郁、鲜灵，香而不浮，鲜而不浊，滋味醇厚，汤色黄绿明亮。品啜之后唇齿留香，余味悠长。茉莉花茶具有安神、解抑郁、健脾理气、抗衰老、防辐射、提高机体免疫力等功效。

2. 白兰花茶

白兰花茶是除茉莉花茶外的又一大宗花茶产品，主产于广州、福州、苏州、金华、成都等地。白兰花（图1-24）香浓郁持久，但其芬芳不及茉莉花，清雅不及珠兰花，因此，除作茉莉花茶"打底"外，一般只窨制中低档茶、茶片和茶末。白兰花茶产品主要为白兰烘青，其品质特征为外形条索紧实，色泽黄绿尚润；香气鲜浓持久，滋味浓厚尚醇，汤色黄绿明亮。具有利尿化痰、镇咳平喘的功效。

3. 珠兰花茶

珠兰花茶是我国主要花茶产品之一，主要产于安徽歙县。珠兰花（图1-25）茶清香幽雅、鲜爽持久，浓醇甘爽。具有生津止渴、醒脑提神、助消化、减肥等功效。

图1-24 白兰花

图1-25 珠兰花

图1-26 桂花

4. 桂花茶

桂花茶是由桂花和茶叶窨制而成的，以广西桂林、湖北咸宁、四川成都、重庆等地产制最盛。桂花香味馥郁、高雅、持久，无论是窨制绿茶、红茶、乌龙茶均能取得较好的窨花效果，是一种多适性茶用香花（图1-26）。根据所采用的茶坯不同可分为桂花烘青、桂花乌龙、桂花龙井、桂花红碎茶，其中桂花烘青是桂花茶中的大宗品种，以广西桂林、湖北咸宁产量最多。桂花茶香味馥郁持久，汤色绿而明亮。具有温补阳气、美白肌肤、排解体内毒素、止咳化痰、养生润肺等功效。

5. 玫瑰花茶

玫瑰花茶是由茶叶和玫瑰鲜花窨制而成，主产于云南、广东、福建、浙江等省。广东多用红茶来窨制玫瑰花茶，而福建则用绿茶来窨制，故玫瑰花茶有玫瑰红茶与玫瑰绿茶之分。鲜花除玫瑰花外，蔷薇和现代月季也具有甜美、浓郁的花香，也可用来窨制花茶，其中以半开放的玫瑰花品质最佳。玫瑰花茶香气浓郁、甜香扑鼻，滋味甘美；具有滋阴养颜美容、调理血气、促进血液循环、消除疲劳、愈合伤口、保护肝脏胃肠等功能，长期饮用也有助于促进新陈代谢。

（二）紧压茶

紧压茶是由黑毛茶、老青茶及其他适合压制的毛茶为原料，经过渥堆、蒸、压等典型工艺过程加工而成的砖形或其他形状的茶叶。紧压茶的原料比较粗老，干茶色泽黑褐，汤色橙黄或橙红。紧压茶具有防潮性能好，便于运输和贮藏，茶味醇厚，适合减肥等特点，在少数民族地区非常流行。紧压茶根据加工工艺不同分为篓装黑茶和压制茶两类。篓装黑茶是把整理后的茶叶用高压蒸汽将茶蒸软，装入篓包内紧压而成，产品分湖南湘尖、广西六堡茶和四川方包等。压制茶是把整理后的毛茶采用高压蒸汽将茶蒸软，放在模盒内紧压成砖形或其他形状，其中压制成砖形的又称砖茶。压制茶根据所采用的原料又可分为压制黑茶、压制红茶和压制白茶等。压制黑茶主要有湖南的黑砖茶、花砖茶，湖南与四川的茯砖茶，湖北的青砖茶，云南的紧茶、七子饼茶、普洱沱茶等；压制白茶由白毛茶经整理后压制而成，产品主要有政和白茶饼等；压制红茶由红碎茶压制而成，产品主要有湖北的米砖。

（三）袋泡茶

袋泡茶起源于20世纪初，最初是将茶叶装于手工缝制的丝绸棉布袋中，现多装于专用滤纸袋中。将茶叶或茶叶与其他材料组合后的原辅料，经粉碎、过筛、称量、装袋、压袋、装盒等工艺后制成的产品称为袋泡茶。由于所采用的专用滤纸性能不一，袋泡茶可分为热封型和冷封型两种。袋泡茶以红碎茶袋泡茶为主，此外还有绿茶、花茶、乌龙茶及保健袋泡茶等。袋泡茶具有冲泡快速、饮用方便、用量标准、便于调味饮用，无环境污染，便于携带等优点。

（四）速溶茶

速溶茶是一种以成品茶、半成品茶、茶叶副产品或鲜叶为原料，提取其水可溶性组分，精制而成的一种没有茶渣，不需开水，用冷水或冰水就可冲泡的茶制品，既有茶的风味和功效，又便于和其他食品调配。国际上的速溶茶主要为速溶红茶，还有速溶绿茶、速溶乌龙茶、速溶黑茶等。根据其溶解性的差异，速溶茶有冷溶和热溶两种类型。速溶茶基本工艺流程为提取、净化、浓缩、干燥四道工序。

思考题

1. 简述茶是如何被发现和利用的。
2. 简述茶叶是如何在国内传播的。
3. 简述饮茶方式的演变。
4. 简述中国茶的分类及其主要品种特征。

参考文献

［1］史念书. 茶业的起源和传播［J］. 中国农史，1982（2）：95－105.

［2］刘勤晋. 茶文化学［M］. 北京：中国农业出版社，2007.

［3］赵和涛. 我国茶类发展与饮茶方式演变［J］. 农业考古，1991（2）：193－195.

［4］余孚. 中国茶类演变概述［J］. 古今农业，1999（3）：67－73.

［5］余孚. 中国茶类演变概述（续）［J］. 古今农业，1999（4）：61－65.

第二章 茶叶的化学成分

在茶鲜叶中,水分占75%~78%,干物质占22%~25%。茶叶干物质是由93.0%~96.5%的有机物和3.5%~7.0%的无机物组成(表2-1)。到目前为止,茶叶中经分离、鉴定的已知有机化合物有700多种,其中包括初级代谢产物蛋白质、糖类、脂肪及茶树中的二级代谢产物——多酚类、色素、茶氨酸、生物碱、芳香物质、皂苷等(宛晓春,2003)。茶叶中的无机化合物总称灰分(茶叶经550℃灼烧灰化后的残留物)。茶叶灰分主要是矿质元素及其氧化物。

表2-1 茶叶的化学成分组成

分类	占鲜叶质量/%		成分	占干物质量/%
水分	75~78			
干物质	22~25	有机化合物	蛋白质	20~30
			氨基酸	1~4
			生物碱	3~5
			茶多酚	18~36
			碳水化合物	20~25
			有机酸	3左右
			脂类	8左右
			色素	1左右
			芳香物质	0.005~0.030
			维生素	0.6~1.0
		无机化合物	水溶性部分	2~4
			水不溶性部分	1.5~3.0

第一节 与茶叶品质有关的化学成分

一、茶多酚类化合物

茶多酚(tea polyphenols)是茶叶中所有多酚类物质的总称,又称"茶鞣质""茶单宁"。茶多酚是茶叶中主要化学成分之一，在茶鲜叶中含量一般为18%～36%（干重）。茶多酚在茶树体内分布广泛，全株各器官均有；但茶多酚主要集中分布在茶树新梢生长旺盛部位，含量由芽、叶、老叶、茎、根依次减少。不同品种、不同季节和不同环境条件下茶多酚含量变化非常明显，对茶叶品质影响最显著。

茶树新梢中所发现的茶多酚主要由儿茶素类（黄烷醇类）、黄酮及黄酮苷类、花青素及花白素类、酚酸及缩酚酸类组成，其中以儿茶素类含量最高，约占茶多酚总量的70%～80%。除酚酸及缩酚酸类外，均具有2－苯基苯并吡喃为主体的结构，统称为类黄酮物质。

（一）儿茶素类

茶叶中的儿茶素属于黄烷醇类化合物，是茶多酚的主体成分，在茶叶中的含量为12%～24%。儿茶素为白色固体，亲水性强，易溶于热水。儿茶素是茶汤主要滋味物质之一，具有苦、涩味及收敛性。

茶叶儿茶素类主要包括表儿茶素（EC）、表没食子儿茶素（EGC）、表儿茶素没食子酸酯（ECG）和表没食子儿茶素没食子酸酯（EGCG）等。在茶叶加工过程中，这些顺式儿茶素也会转化形成儿茶素（C）、没食子儿茶素（GC）、儿茶素没食子酸酯（CG）、没食子儿茶素没食子酸酯（GCG）。C、GC、EC、EGC称为非酯型儿茶素或简单儿茶素，CG、GCG、ECG、EGCG称为酯型儿茶素或复杂儿茶素。

（二）黄酮及黄酮苷类

茶树体内的黄酮类化合物又称为花黄素类，主要是黄酮醇及其苷类物质。苷类物质主要为黄酮醇与糖在C3位结合形成。茶叶黄酮醇类物质主要有山奈素、槲皮素和杨梅素；茶叶中含量较多的苷类物质主要有芸香苷、槲皮苷和山奈苷。黄酮及黄酮醇一般都难溶于水，而黄酮苷类在水中的溶解度比苷元大，其水溶液为绿黄色。

茶叶中的黄酮醇及其苷类物质在茶鲜叶中的含量占干物质量的3%～4%，一般春茶含量高于夏茶。黄酮类物质是茶叶水溶性黄色素的主体物质，是绿茶汤色的重要组分。

（三）花青素及花白素类

花青素类又称花色素，是一类重要的水溶性色素。一般茶叶中花青素占干物质量的0.01%左右，而在紫芽茶中则可达0.5%～1.0%。花青素滋味苦涩，其含量高低对茶叶品质有很大影响。

花白素又称"隐色花青素"或"4－羟基黄烷醇"，是一类所谓还原的黄酮类化合物，茶树新梢中含量约为干物质量的2%～3%。在红茶发酵过程中，花白素可完全氧化成为有色氧化产物。

（四）酚酸及缩酚酸类

酚酸是一类分子中具有羧基和羟基的芳香族化合物；缩酚酸是由酚酸上的羧基与另一分子酚酸上的羟基相互作用缩合而成。茶叶中的酚酸及缩酚酸类化合物主要有没食子酸、咖啡酸、绿原酸、鸡纳酸的缩合衍生物等。酚酸及缩酚酸类物质易溶于水，约占茶鲜叶干重的5%。

二、茶叶中的蛋白质与氨基酸

茶叶中的蛋白质含量丰富，占茶叶干重的20%～30%，但能溶于水的蛋白质很少，占1%～2%。茶叶可溶性蛋白质不仅有助于茶汤清亮和茶汤胶体溶液的稳定，也可增进茶汤滋味和营养价值。茶鲜叶的蛋白质在加工过程中水解生成的各种氨基酸与茶叶品质密切相关，对茶叶滋味、香气和营养价值有不同影响。随着茶树新梢的生长，蛋白质含量逐渐下降，因此，蛋白质含量在一定程度上可作为茶叶老嫩的指标之一。

茶叶中的氨基酸含量非常丰富，目前发现并已鉴定的氨基酸有26种，除20种组成蛋白质的氨基酸外，还有6种非蛋白质氨基酸，属于植物次生物质，其中含量最高的是茶氨酸。氨基酸是构成茶叶品质的重要因素，各种氨基酸的呈味特征不同，一些氨基酸具有鲜味、甜味，是茶叶主要的鲜爽滋味成分，对茶叶的香气形成以及汤色形成起重要作用。一般茶树嫩叶中氨基酸的含量高于老叶，春茶高于夏秋茶。

茶叶氨基酸含量占茶叶干重的1%～4%，安吉白茶氨基酸含量可高达7%左右。茶氨酸是茶叶中的特有氨基酸，也是茶叶中游离氨基酸的主体部分，约占茶叶游离氨基酸总量的50%以上。茶氨酸主要分布于芽叶、嫩茎及幼根中，在茶树新梢部位约70%的氨基酸为茶氨酸。茶氨酸极易溶于水，水溶液具有焦糖的香味和类似味精的鲜爽滋味，味觉阈值低，为0.06%。茶氨酸可以抑制茶汤的苦、涩味。低档绿茶添加茶氨酸可以提高其滋味品质。

三、茶叶中的生物碱

目前茶叶中已发现的生物碱主要有咖啡碱、可可碱、茶叶碱、腺嘌呤、鸟嘌呤等。其中含量最多的是咖啡碱，占茶叶干重的2%～4%，其次是可可碱，约占总量的0.05%，再其次是茶叶碱，约占0.002%。

咖啡碱在茶树体内分布广泛，除种子外，其他部位均含有咖啡碱；咖啡碱在茶树各部位的含量差异很大，集中分布在新梢部位，以嫩的芽叶含量最多；夏茶咖啡碱比春茶和秋茶含量高，适度遮荫和施肥的，常比露天和不施肥的含量高。

咖啡碱是茶叶重要的滋味物质，味苦，泡茶时80%以上的咖啡碱可溶于水中，是茶汤主要的苦味成分之一。咖啡碱苦味阈值低，且温度和pH对其苦味敏感性有影响；随着pH升高和温度升高，阈值降低，敏感性增加（陈宗道等，1999）。茶汤中氨基酸含量增加，对咖啡碱的苦味有消减作用；而茶多酚含量增加则可增强咖啡碱的苦味。在茶汤中，咖啡碱可以与儿茶素等通过氢键缔合形成配合物而使其呈味特性发生改变。在红茶汤中，咖啡碱与茶黄素以氢键缔合后形成的复合物具有鲜爽味，能提高茶汤的鲜爽度，因此，茶叶咖啡碱含量是影响茶叶品质的重要因素。

四、茶叶中的色素

色素是一类存在于茶树鲜叶和成品茶中的有色物质，是构成茶叶外形色泽、汤色及叶底色泽的成分，其含量及变化对茶叶品质起着至关重要的作用。茶叶中的色素按其来源及溶解性可进行分类，见表2-2。

表 2 - 2 茶叶中的色素

来源	溶解性	组成		
天然色素	脂溶性	叶绿素类		叶绿素 a、叶绿素 b
		类胡萝卜素	胡萝卜素类	α - 胡萝卜素、β - 胡萝卜素、γ - 胡萝卜素、δ - 胡萝卜素和六氢番茄红素等
			叶黄素类	叶黄素、玉米黄素、隐黄素、新叶黄素、5,6 - 环氧隐黄素、堇黄素等
	水溶性	花黄素类		山奈素、槲皮素、杨梅素等
		花青素类		飞燕草花青素及其苷、芙蓉花青素及其苷等
加工形成的色素	水溶性	茶黄素类		茶黄素、茶黄素单没食子酸酯、茶黄素双没食子酸酯等
		茶红素类		
		茶褐素类		

（一）叶绿素类

叶绿素是吡咯类绿色色素。茶叶叶绿素由蓝绿色的叶绿素 a 和黄绿色的叶绿素 b 组成，主要存在于茶树叶片中。茶鲜叶中叶绿素占茶叶干重的 0.3% ~ 0.8%，且叶绿素 a 含量为叶绿素 b 的 2 ~ 3 倍。叶绿素总量依茶树品种、季节、叶片成熟度的不同差异较大，叶色黄绿的大叶种含量较低，叶色深绿的小叶种含量较高。

叶绿素的组成和含量对茶叶品质有一定影响。一般而言，加工绿茶以叶绿素含量高的品种为宜，组成上以叶绿素 b 的比例大为好，因为叶绿素是形成绿茶外观色泽和叶底颜色的主要物质。加工红茶、乌龙茶、白茶、黄茶等对叶绿素含量的要求比绿茶低。

（二）类胡萝卜素

类胡萝卜素是一类具有黄色到橙红色的多种有色化合物。茶叶中的类胡萝卜素主要为胡萝卜素和叶黄素两大类。胡萝卜素不溶于水，多为橙红色，是茶叶中重要的脂溶性色素，分为 α - 胡萝卜素、β - 胡萝卜素、γ - 胡萝卜素、δ - 胡萝卜素等。茶叶中胡萝卜素含量约 0.06%，其中主要组分为 β - 胡萝卜素，约占胡萝卜素总量的 80%。胡萝卜素在高山茶中含量较多，在成熟叶中含量比在嫩叶中多。在茶叶加工过程中，尤其是红茶加工过程中，胡萝卜素类会大量氧化降解，形成 α - 紫罗酮、β - 紫罗酮（紫罗兰香）、二氢海葵内酯（温和淡香，能衬托出其他香气）、茶螺烯酮等香气物质，对红茶香气的形成起十分重要的作用。

叶黄素类是一类黄色色素，不溶于水。茶叶中叶黄素类化合物主要有叶黄素、玉米黄素、隐黄素、新叶黄素、5,6 - 环氧隐黄素等，在茶叶中含量一般为 0.01% ~ 0.07%，且随茶叶新梢成熟度的提高，总含量增加。叶黄素类化合物与红茶香气、外形色泽和叶底色泽的形成有关。

（三）茶多酚氧化产物

茶叶中还有一类色素，它们不是鲜叶中原有的，而是在加工过程中形成的，即由茶多酚氧化聚合而形成的茶多酚氧化产物——茶黄素（TF）、茶红素（TR）和茶褐素（TB）等色素。

茶黄素类（theaflavins，TFs）是红茶中色泽橙黄、具有收敛性的一类水溶性色素，是多酚类物质氧化形成的、具有苯骈卓酚酮结构的化合物的总称，包括茶黄素、茶黄素-3-没食子酸酯（TF-3-G）、茶黄素-3′-没食子酸酯（TF-3′-G）、茶黄素-3，3′-双没食子酸酯（TF-3，3′-DG，TFDG）等9种。红茶中茶黄素类含量占固形物的1%~5%，是红茶滋味和汤色的主要品质成分，对红茶的色、味及品质起着重要的作用，是红茶汤色"亮"的主要成分，是红茶滋味强度和鲜度的重要成分，也是形成茶汤"金圈"的主要物质。

茶红素类（thearubigins，TRs）是一类复杂的红褐色的不均一性酚性化合物，是茶黄素类等的进一步氧化产物，是红茶氧化产物中最多的一类物质，含量占红茶干重的6%~15%。茶红素呈棕红色，能溶于水，水溶液呈酸性，深红色，刺激性较弱，是构成红茶汤色的主体物质，对茶汤滋味与汤色浓度起极重要的作用。茶红素参与红茶"冷后浑"的形成，还能与碱性蛋白质结合生成沉淀物存于叶底，从而影响红茶的叶底色泽。

茶褐素类（theabrownine，TBs）是水溶性非透析性高聚合的褐色物质，其主要组分是多糖、蛋白质、核酸和多酚类物质，由茶黄素和茶红素进一步氧化聚合而成。茶褐素类呈深褐色，溶于水，含量占红茶干重的4%~9%。茶褐素类是导致红茶茶汤发暗、无收敛性的重要因素；其含量与红茶品质呈高度负相关（$r = -0.979$）。红茶加工过程中长时间重度萎凋、长时间高温缺氧发酵，是导致茶褐素积累的重要原因；红茶贮藏过程中，茶红素和茶黄素也会进一步氧化聚合形成茶褐素。

五、茶叶中的芳香物质

茶叶中的芳香物质是茶叶中挥发性物质的总称。在茶叶化学成分的总含量中，芳香物质含量并不多，一般鲜叶中含量约占干重的0.02%，在绿茶中占0.02%~0.05%，在红茶中占0.01%~0.03%。茶叶中芳香物质的含量虽不多，但其种类却很复杂，迄今为止已发现并鉴定的香气成分约有700种，有醇类、醛类、酮类、羧酸类、酯类、内酯类、酚及其衍生物、杂氧化合物、含硫化合物、含氮化合物十大类。一般而言，茶鲜叶中含有的芳香物质种类较少，约80余种；绿茶中有260余种；红茶则有400多种。

茶叶的香气是决定茶叶品质的重要因子之一，不同茶类因加工方法不同形成了其风格各异的香气特征。茶树鲜叶中的芳香物质以醇类化合物为主，且多以香气配糖体的形式存在。成品绿茶的芳香物质以吡嗪、吡喃及吡咯类具烘炒香的化学成分为主，形成"板栗香""焦糖香"等；红茶香气成分以醛、酮、酸、酯等香气化合物为主，形成红茶特有的甜花香。

六、茶叶中的糖类

糖类又称碳水化合物。茶鲜叶中的糖类包括单糖、寡糖和多糖三类，含量占茶叶干重的 20% ~25%。单糖和双糖易溶于水，含量为 0.8% ~4%，是组成茶叶滋味的物质之一。茶叶中单糖和双糖多存于老叶中，嫩叶较少。在茶叶加工中，由于酶、热或氨基化合物的存在，这些糖类会发生水解作用、焦糖化作用及美拉德反应，生成单糖类、多聚色素及香气物质等。

茶叶中的多糖类物质主要包括纤维素、半纤维素、淀粉和果胶等，约占茶叶干物质总量的 20% 以上。一般来说茶叶纤维素含量少，鲜叶嫩度好，制茶成条、做形较容易，能制出优质名茶。随叶子成熟度增加，纤维素含量增大，因而纤维素含量是茶叶老嫩的标志成分之一。

淀粉是茶树体内的一种贮藏物质，以茶籽中含量最多，叶片含量较少，且老叶含量高于嫩叶。淀粉难溶于水，冲泡时通常不能被利用，营养价值不大。但在茶叶加工中由于酶或水热作用，可被水解转化成可溶性糖类，对提高茶的滋味、香气和汤色有一定意义。

原果胶是由果胶素与阿拉伯聚糖等形成的带支链的结构，与纤维素、半纤维素黏合在一起，成为植物细胞壁的构成物质，不溶于水。茶鲜叶中果胶多以原果胶形式存在，一芽三叶的鲜叶中原果胶含量一般在 8% 左右。在原果胶酶的作用下，原果胶水解形成水溶性果胶。水溶性果胶可增加茶汤的甜味、香味和厚度；且水溶性果胶有黏稠性，能帮助揉捻卷曲成条、茶叶外观油润。

果胶的含量与茶树品种及新梢成熟度有关，新梢中以第三、四叶果胶含量较高，而水溶性果胶的含量则随茶新梢成熟度提高而下降。加工绿茶时，较高的杀青温度有利于水溶性果胶含量的增加；加工红茶的萎凋过程中，由于果胶酶活性提高，有利于鲜叶水溶性果胶含量的增加。

第 二 节　茶叶的营养成分与营养功能

一、茶叶中的蛋白质与氨基酸

蛋白质是生物体细胞和组织的基本组成成分，是各种生命活动中起关键作用的物质，且在遗传信息的控制、高等动物的记忆和识别等方面具有十分重要的作用。可以说没有蛋白质就没有生命。由于疾病或营养不当，甚至因贫穷和饥饿都可能导致蛋白质缺乏，尤其是处于生长发育阶段的儿童更为敏感。人体缺乏蛋白质会导致水肿或消瘦，蛋白质严重不足的儿童会出现腹、腿水肿，生长迟缓，虚弱，表情淡漠，头发变色等。

茶叶蛋白质与茶树的新陈代谢、生长发育及茶叶中的自然品质形成密切相关；蛋白质含量与原料的老嫩度、成品茶品质的优劣也有关。从外形来看，蛋白质含量高的原料叶色嫩绿、叶质柔软，具备制各种外形的高档茶；从内质来看，蛋白质含量高的鲜叶游离氨基酸、咖啡碱和核酸的代谢旺盛，代谢过程的中间产物含量高，有利于茶叶滋味、香气的形成（顾谦等，2002）。

茶叶蛋白质占茶叶干重的 20% ~30%，主要由谷蛋白、清蛋白、球蛋白、醇溶蛋白四种蛋白质组成，其中谷蛋白为茶叶蛋白质的主要组成成分，约占茶叶蛋白质总量的80%。茶鲜叶的蛋白质中还包括多种酶，如多酚氧化酶，在茶叶加工过程中对形成各类茶，尤其是红茶、乌龙茶等发酵茶的独特品质起重要作用。

除清蛋白（又称白蛋白）外，茶叶蛋白质都难溶于水。茶叶中清蛋白含量较低，约占总蛋白含量的4%。在制茶过程中，由于热的作用，茶鲜叶中大部分蛋白质都凝固变性，只有占茶鲜叶蛋白质总量1%~2%的蛋白质不因热作用而凝固，从而进入茶汤，增进茶汤滋味，也能增稠茶汤。由于茶叶蛋白质大都不溶于水，饮茶很难利用，但是食茶可充分利用茶叶蛋白质。

组成人体蛋白质的20种氨基酸中，有赖氨酸、亮氨酸、异亮氨酸、蛋氨酸、苏氨酸、缬氨酸、色氨酸和苯丙氨酸这8种氨基酸是人体自身不能合成或合成速度远不能满足机体需要的，必需从食物中获得，为人体的必需氨基酸。组氨酸也是婴幼儿的必需氨基酸。

茶叶蛋白质中氨基酸组成丰富，含有人体所需的8种必需氨基酸，其中苯丙氨酸、异亮氨酸、亮氨酸、缬氨酸、组氨酸的含量都明显高于联合国粮农组织/世界卫生组织/联合国大学（FAO/WHO/UNU）1985年的推荐值；按照世界卫生组织以鸡蛋蛋白所含有的氨基酸比例为参考，茶叶蛋白质的氨基酸评分略低于牛乳和母乳蛋白质的氨基酸评分，但高于大豆蛋白质的氨基酸评价。茶蛋白属于植物蛋白，不含胆固醇，非常适合特殊人群食用；且茶蛋白还具有显著的降血脂、抗氧化等作用（陆晨，2012）。

茶叶中的氨基酸不仅是组成蛋白质的基本单位，也是活性肽、酶及其他一些生物活性物质的重要组成成分。茶叶中的氨基酸除组成蛋白质的20种氨基酸外，还有6种非蛋白质氨基酸，即茶氨酸、豆叶氨酸、谷氨酰甲胺、γ-氨基丁酸、天冬酰乙胺、β-丙氨酸，属于植物次生物质。

茶叶中的氨基酸含量占干物质总量的1%~4%。茶叶中含量较多的氨基酸有茶氨酸，占氨基酸总量的50%以上，其次分别为谷氨酸（9%）、精氨酸（7%）、丝氨酸（5%）、天冬氨酸（4%）等。氨基酸，尤其是茶氨酸是形成茶叶香气和鲜爽度的重要成分，对形成绿茶香气关系极为密切。

二、茶叶中的碳水化合物

碳水化合物也称糖类，是自然界中广泛分布的一类重要的有机化合物。日常食用的蔗糖、粮食中的淀粉、植物体中的纤维素、人体血液中的葡萄糖等均属糖类。糖类在生命活动过程中起着重要的作用，是一切生命体维持生命活动所需能量的主要来源。植物中最重要的糖是淀粉和纤维素。

糖类是人体重要的营养素，主要分为单糖、寡糖和多糖三类。所有的单糖都能被人体直接吸收、参与供能；寡糖、多糖能被生物体分解成葡萄糖而吸收，但大部分生物都不能消化纤维素。植物中常见的单糖有葡萄糖和果糖，常见的寡糖有蔗糖、麦芽糖等，重要的多糖有淀粉和膳食纤维等。淀粉大量贮藏于植物的种子、块茎和块根内，是植物中能量贮存的主要形式，也是人类最主要的能量来源。膳食纤维根据其溶解性不同可分为水溶性膳食纤维和水不溶性膳食纤维两大类。不溶性膳食纤维主要包括纤维素、半纤维素和木质素。纤维素是植物细胞壁的主要成分，一般不能被肠道微生物分解；半纤维素在小肠中不能被消化，但能被肠道微生物分解；木质素是植物木质化过程中形成的非碳水化合物，食物中含量较少。水溶性膳食纤维常存在于植物细胞液和细胞间质中，主要包括果胶物质、树胶等。

茶叶中的糖类含量为20%～25%，泡茶时能被沸水冲泡溶出的糖类为2%～4%。因此，茶叶有低热量饮料之称，适合于糖尿病和其他忌糖患者饮用（杨克同，1984）。茶叶中的糖类多以膳食纤维的形式存在；越粗老的茶叶，膳食纤维含量越高。茶叶膳食纤维是茶鲜叶细胞壁的重要组成，也是支撑茶树正常生长发育的重要生理物质，含量约占茶叶干物质量的15%，砖茶中可高达38%，由纤维素、半纤维素、果胶类物质和木质素等组成（王淑芳等，1995）。茶叶膳食纤维因产地、茶类、季节等不同而含量差异显著，一般而言，黑茶、青茶含量要高于红茶、绿茶，粗老茶含量要高于名优茶，夏秋茶要高于春茶。

三、茶叶中的脂类物质

由脂肪酸和醇作用生成的酯及其衍生物统称为脂类，是一类不溶于水而溶于脂溶性溶剂的化合物。营养学上重要的脂类主要有甘油三酯和类脂。类脂包括磷脂、糖脂和固醇类，也包括脂溶性维生素和脂蛋白。甘油三酯也称脂肪或中性脂肪，是由一个甘油分子和三个脂肪酸化合而成。动物脂肪中饱和脂肪酸较多，常温下呈固态，称为脂（fat）；植物脂肪中不饱和脂肪酸较多，常温下呈液态，称为油（oil）。

脂类是人体需要的重要营养素之一，其最重要的生理功能就是贮存能量和供给能量。脂类也是人体细胞组织的组成成分，如细胞膜、神经髓鞘等都必须有脂类参与。高等动物和人体内的脂肪，还有减少身体热量损失、维持体温恒定、减少内部器官之间摩擦和缓冲外界压力等作用。

脂类中必需脂肪酸是人体不可缺少而自身又不能合成，必须通过食物供给的脂肪酸，如亚油酸、α-亚麻酸等。这些必需脂肪酸是磷脂的重要组成成分，是合成前列腺素的前体，与胆固醇的代谢有关，有防治高血脂和动脉粥样硬化的作用。植物油是必需脂肪酸亚油酸的主要来源。必需脂肪酸缺乏可引起生长迟缓、生殖障碍、皮肤损伤等多种疾病。因此，人体膳食中必需脂肪酸含量高，脂溶性维生素含量高，被认为营养价值高。膳食中饱和脂肪太多会引起动脉粥样硬化，因为脂肪和胆固醇均会在血管内壁上沉积而形成斑块，这样就会妨碍血流，产生心血管疾病。

茶树的各个部分，包括根、茎、叶、花、种子中均含有类脂。除茶籽中脂类物质含量较高（约40%）外，茶叶中类脂的含量约占干物质量的8%，且含有丰富的脂肪酸。茶树体内的脂肪酸类型与高等植物类似，且不饱和脂肪酸超过饱和脂肪酸。

类脂物质在茶叶品质的形成中起着重要作用。很多茶叶香气成分是类脂物质，如具有玫瑰花香的香叶醇、具有玉兰花香的芳樟醇等；有些香气成分如己烯醇等就是由类脂物质中的亚油酸等转化而来的；茶叶的色泽也与叶绿素、胡萝卜素密切相关等。

四、茶叶中的维生素

维生素是维持人体正常生理功能所必需的营养素。这类物质在人体内的含量很少，不能为人体提供能量，也不是构成机体组织和细胞的组成成分，但它们却在人体生长、代谢、发育过程中发挥着重要的作用。维生素是存在于食物中的天然物质，体内不能合成或合成量不足，必须要从食物中摄取；如果摄取不足，人体缺乏维生素就会出现维生素缺乏症。

维生素种类很多，根据其溶解性不同，可分水溶性维生素和脂溶性维生素两大类。水溶性维生素主要有维生素 C 和 B 族维生素（维生素 B_1、维生素 B_2、烟酸、泛酸、维生素 B_6、维生素 B_{12}、叶酸等）；脂溶性维生素主要有维生素 A、维生素 D、维生素 E 和维生素 K 等。

茶叶含有丰富的维生素类，其含量占干物质总量的 0.6% ~ 1%，其中维生素 C 的含量最高，其次为 B 族维生素和维生素 A 原；此外，茶叶还含有维生素 P、维生素 K 以及叶酸等。因此，适量饮茶能在一定程度上补充人体对多种维生素的需要。但是，由于饮茶主要是采用冲泡饮汤的形式，脂溶性维生素难以溶出而被人体吸收。

（一）维生素 C

维生素 C 又称抗坏血酸，是人体必需的营养素，人体主要的食物来源是新鲜蔬菜与水果。维生素 C 易溶于水，在酸性环境中稳定，遇空气中氧、热、光、碱性物质，特别是有氧化酶及痕量铜、铁等金属离子存在时，会促进其氧化破坏。

天然存在的抗坏血酸有 L 型和 D 型两种，只有 L 型的抗坏血酸才具有生理功能。维生素 C 的生理功能主要有：在体内参与多种反应，如参与氧化还原过程，在生物氧化和还原作用以及细胞呼吸中起重要作用；促进胶原的生物合成，利于组织伤口的愈合；促进氨基酸中酪氨酸和色氨酸的代谢，延长机体寿命；增强机体对外界环境的抗应激能力和免疫力，预防感冒；促进铁和叶酸的吸收，预防贫血；改善钙的吸收利用，促进牙齿和骨骼的生长等。维生素 C 还是一种抗氧化剂，能捕获各种自由基，抑制脂质过氧化，从而有防癌、抗衰老等功能；维生素 C 能抑制肌肤上色素的沉积，有预防色斑生成等美容的效果；维生素 C 也可改善脂肪和类脂特别是胆固醇的代谢，预防心血管病等。

茶叶含有丰富的维生素 C。一般来说，绿茶中维生素 C 的含量为 100 ~ 250mg/100g，有的高档名优绿茶可高达 500mg/100g；乌龙茶中维生素 C 的含量约为 100mg/100g；红茶因在发酵过程中维生素 C 损失较大，一般在 50mg/100g 以下。维生素 C 易溶于水，泡茶时几乎全部溶出进入茶汤，因而，可通过饮茶部分补充人体每日所需的维生素 C。

维生素 C 在茶汤中的含量高低与冲泡水温有密切关系，即水温越高，维生素 C 保持量越低，因此，泡茶水温不宜过高、泡茶时间不宜过长，以减少茶汤中维生素 C 的氧化损失。在茶叶贮藏中，维生素 C 易受光、热、氧的影响，发生氧化而使含量渐渐降低。

（二）维生素 B 族

B 族维生素包括维生素 B_1（硫胺素）、维生素 B_2（核黄素）、维生素 B_3（烟酸、尼克酸）、维生素 B_5（泛酸）、维生素 B_6（吡哆素）、维生素 B_7（生物素）、维生素 B_{11}（叶酸）、维生素 B_{12} 等，是人体组织必不可少的营养素，在体内滞留时间短，必须每天补充。B 族维生素都是辅酶，参与体内糖、蛋白质和脂肪的代谢。

茶叶中 B 族维生素含量一般为干物质量的 10 ~ 15mg/100g，其中烟酸含量最高，为 3.5 ~ 7mg/100g，占到 B 族维生素含量的一半；其次为泛酸和维生素 B_2。茶叶中泛酸含量为干重的 1 ~ 2mg/100g；维生素 B_2 的含量为干重的 1.2 ~ 1.7mg/100g，茶叶中维生素 B_2 含量比一般植物要高；茶叶中叶酸含量为干重的 50 ~ 75μg/100g；茶叶中维生素 B_1 的含量较低，但也较蔬菜含量高。茶叶中 B 族维生素的含量因茶类而异，一般成熟叶含量略高于嫩芽，老叶较低；春夏茶较高，秋茶较低。

1. 维生素 B_3

维生素 B_3 又名烟酸、抗癞皮病因子或维生素 PP。在体内主要以酰胺形式存在，是人体必需的 13 种维生素之一。烟酸在人体内转化为烟酰胺，烟酰胺是辅酶Ⅰ和辅酶Ⅱ的组成部分，参与体内脂质代谢、组织呼吸的氧化过程和糖类无氧分解的过程。烟酸能促进消化系统的健康，减轻胃肠障碍；使皮肤更健康；预防和缓解严重的偏头痛；促进血液循环，使血压下降等。

缺乏：可引起癞皮病，典型症状为皮炎、腹泻和痴呆，又称"3D"症状。初期症状有食欲不振、体重减轻、失眠、头痛、记忆力减退等，继而出现皮肤、消化系统和神经系统症状。皮肤病变包括急性红斑、急性褶烂、慢性肥厚、色素沉着等；消化系统症状包括舌炎、口角炎、恶心呕吐、腹泻等；神经系统症状包括神经错乱、神志不清，甚至痴呆等。烟酸缺乏常与维生素 B_1 和维生素 B_2 同时存在。

2. 维生素 B_2

维生素 B_2 又名核黄素，在人体内以黄素腺嘌呤二核苷酸（FAD）和黄素单核苷酸（FMN）两种形式参与氧化还原反应，是机体一些重要的氧化还原酶的辅酶。维生素 B_2 参与体内的生物氧化和能量代谢，是机体组织代谢和修复的必需营养素；参与烟酸和维生素 B_6 等代谢；参与体内的抗氧化防御系统，提高机体对环境应激的适应能力。

缺乏：可导致物质代谢紊乱，表现为唇炎、口角炎、舌炎、阴囊皮炎、脂溢性皮炎等症状；眼怕光、易流泪、视物模糊、引起结膜炎等。核黄素的缺乏会影响维生素 B_6 和烟酸的代谢。由于核黄素缺乏影响铁的吸收，易出现继发性缺铁性贫血。

3. 维生素 B_5

维生素 B_5 又名泛酸，是辅酶 A 的重要组成成分，是大脑和神经必需的营养物质。泛酸参与代谢的多种生物合成和降解；可加强脂肪代谢；保持皮肤和头发的健康；帮助细胞的形成，维持正常发育和中枢神经系统的发育；对维持肾上腺的正常机能非常重要等。

缺乏：会导致低血糖症，食欲不振、消化不良，疲倦、忧郁、失眠，皮肤炎、毛发脱色等。

4. 维生素 B_{11}

维生素 B_{11} 又名叶酸，是体内一碳单位转移系的辅酶，参与核糖核酸和脱氧核糖核酸的生物合成，参与氨基酸、蛋白质代谢和丝氨酸 – 甘氨酸转换等。

叶酸缺乏会导致巨幼细胞贫血，表现为头晕、乏力、精神萎靡、面色苍白，并可出现舌炎、食欲下降及腹泻等消化系统症状。

（三）维生素 A

维生素 A（vitamin A）又称视黄醇或抗干眼病因子，是一类具有视黄醇生物活性的物质，包括动物性食物来源的维生素 A_1（视黄醇）和维生素 A_2（3 – 脱氢视黄醇）两种。维生素 A_1 多存于哺乳动物及海水鱼的肝脏中，维生素 A_2 常存于淡水鱼的肝脏中。由于维生素 A_2 的活性比较低，所以通常所说的维生素 A 是指维生素 A_1。

天然的维生素 A 多由鱼肝油提取。植物组织中尚未发现维生素 A，但植物中存在一些维生素 A 原，如类胡萝卜素，它在人体内能形成维生素 A。维生素 A 分子结构中含有多个共轭双键，性质活跃，在光、氧等因素作用下易发生氧化、聚合等反应，尤其是在高温和紫外线的照射下，可引起维生素 A 的严重破坏。如果食物中含有维生素 C、维生素 E 和多酚类等抗氧化剂时，则对维生素 A 有保护作用，能阻止和减少其氧化。

茶叶中含有丰富的维生素 A 原——类胡萝卜素（包括胡萝卜素类和叶黄素类）。绿茶中含有 16～25mg/100g 的胡萝卜素，高山茶树上芽叶中含量可高达 50mg/100g；乌龙茶中胡萝卜素含量约为 8mg/100g；红茶加工中由于发酵等工艺导致类胡萝卜素损失较多，胡萝卜素含量仅为 0.5～1mg/100g。茶叶中约 80% 的胡萝卜素为 β – 胡萝卜素，其余为 α – 胡萝卜素等。类胡萝卜素在人体内可转换为维生素 A，其中 β – 胡萝卜素转换为维生素 A 的效率为 α – 胡萝卜素的 2 倍。

维生素 A 是维持正常视觉功能所不可缺少的物质，它能预防虹膜退化，增强视网膜的感光性，有"明目"的作用。维生素 A 可预防夜盲症；维持上皮组织细胞健康，促进免疫球蛋白的合成；促进骨骼生长，促进生长发育；增加对传染病的抵抗力；防治脱发；有抗氧化作用，对于防止脂质过氧化，预防心血管疾病、肿瘤，以及延缓衰老均有重要意义。

维生素 A 缺乏可致夜盲症、干眼病，机体上皮组织干燥、增生及角质化，食欲降低，易感染。儿童缺乏时会使免疫功能低下、生长发育迟缓。

（四）维生素 E

维生素 E 也称生育酚，不溶于水；对热、酸稳定，对碱不稳定；对氧敏感，极易氧化，尤其是在光照、热、碱等情况下。维生素 E 在体内体外都有抗氧化活性，是机体非酶抗氧化防御体系的主要成员之一，有抗衰老、美容的作用。维生素 E 能促进生殖，促进性激素分泌，使男子精子活力和数量增加；使女子雌性激素浓度增高，提高生育能力，预防流产。维生素 E 还能增强机体免疫功能，维持中枢神经和血管系统的完整，有抗动脉粥样硬化、抗癌等功能。

茶叶维生素 E 的含量一般为 50～70mg/100g，含量高的可达 200mg/100g，比一般蔬菜、水果的含量高，可以与柠檬媲美。茶叶中含有大量的生物类黄酮，可对维生素 E

的氧化起保护作用，故制茶中维生素 E 的保留量较高；但红茶由于要经过萎凋和发酵过程，维生素 E 的氧化相对较多，因此，绿茶中维生素 E 的含量比红茶高。

（五）维生素 K

维生素 K 最初是作为与血液凝固有关的维生素被发现的。它不但是凝血酶原的主要成分，而且还能促使肝脏制造凝血酶原。维生素 K 缺乏时，血液凝固力下降。此外，维生素 K 还参与体内骨的代谢。缺乏维生素 K 时，容易骨折，现在它已被用作骨质疏松症的治疗药。维生素 K 主要存在于绿色植物中，茶叶中含量为 1 ~ 4mg/100g。

（六）维生素 P

维生素 P 是一组与保持毛细血管壁正常通透性有关的黄酮类化合物，其中以芸香苷为主，这些物质也可以称为生物类黄酮（biofiavonoids）。维生素 P 也是水溶性的，能防止维生素 C 被氧化，增强维生素 C 的效果；并能促进维生素 C 的消化、吸收。维生素 P 的主要功能是增强毛细血管壁，维持微血管的正常透性，有助于预防和治疗牙龈出血；预防和治疗血管硬化、高血压等病；且有抗衰老和抗癌之功效等。

茶叶中维生素 P 含量较高、种类多，儿茶素和黄酮类中的很多物质都具有维生素 P 的作用，其中最典型的是芸香苷。维生素 P 在茶叶中含量分别为春茶 340mg/100g、夏秋茶 415mg/100g。

（七）维生素 F

维生素 F 也称亚麻油酸、花生油酸，属于一种脂溶性维生素。维生素 F 参与体内重要的生理代谢过程，是前列腺素的前体物质，体内前列腺素缺乏或不足，可引起多种疾病。维生素 F 主要功效有防止动脉中胆固醇的沉积；促进皮肤和毛发健康生长；有助于钙的吸收，能促进成长；可转化饱和脂肪酸，帮助减肥。维生素 F 在植物种子中含量较高。茶叶中维生素 F 含量甚微，但茶籽中含有 30% ~ 35% 的油脂，其中含有大量的亚油酸和亚麻油酸，含量为 65% ~ 85%。

五、茶叶中的矿物质元素

矿物质，又称无机盐，是人体内无机物的总称。与维生素一样，矿物质也是维持人体正常生命活动所必需的营养素。根据人体内的含量和所需量，矿物质分为两类：一类是常量元素，体内含量大于 0.01%，需求量大于 100mg/d，主要有钙、磷、钾、钠、镁、硫等；另一类是微量元素，体内仅含微量或超微量，主要有铁、锌、铜、锰、硒、氟和碘等。

矿物质在人体内含量不高，一般不超过 5%，但却与人体健康密切相关。一旦缺少了必需的矿质元素，人体就会出现疾病，甚至危及生命。茶叶中有近 30 种矿质元素，含有人体所需的常量元素和微量元素，饮茶可以补充人体需要的矿物质元素。与一般食物相比，因茶树中钾、氟、锰、锌等元素含量较高，饮茶对它们的摄入最有意义。

（一）钾

在人体所含的矿物质中，钾的含量仅次于钙、磷。钾在人体内的主要作用是维持细胞内的正常渗透压和酸碱平衡，维持碳水化合物、蛋白质的正常代谢，维持心肌的正常功能，维持神经肌肉的应激性和正常功能，降低血压等。缺钾会造成心跳加快、心律不齐、肌肉衰弱、精神萎靡，甚至可引起低血钾，严重者可导致心脏停止跳动。当人体出汗时，钾和钠一样会随汗水排出，所以在炎炎夏日出汗多时，除了补充钠外，也要补充钾，否则会出现浑身无力、精神不振等现象。

钾在干茶中含量较高，为 2% ~2.8%，占茶叶灰分总量的 50% 左右，相当于紫菜和海带中的含量，较一般的蔬菜、水果、谷类中钾含量高 10 倍及以上，并且其在茶汤中的溶出率几乎达 100%。芽、嫩叶新梢中钾的含量较老叶高。

（二）锌

锌是人体内含量仅次于铁的微量元素，也是人体必需的一种重要微量元素，被称为"生命的火花"，又称抗衰老元素。锌是人体很多酶的组成成分或酶的激活剂，人体约有 200 多种酶与锌有关，因此，锌在人体内的主要作用是催化功能。锌还能促进人体的生长发育，维持人体正常食欲，增强人体的免疫力，影响维生素 A 的代谢和正常视觉。此外，锌还与蛋白质的合成、DNA 和 RNA 的代谢有关；骨骼的正常钙化、生殖器官的发育和正常功能、创伤及烧伤的愈合、胰岛素的正常功能与敏锐的味觉等也都需要锌。人体缺锌时，会出现味觉障碍、食欲不振、精神忧郁、生育功能下降等症状；儿童缺锌会导致生长发育停滞，免疫能力低下，性成熟产生障碍，味觉减退，出现异食癖等。

动物性食品是人体锌的主要来源，坚果（如核桃、松子等）中含锌也较高；一般植物性食物含锌很低，且吸收率低。茶叶中锌含量较高，高于鸡蛋和猪肉中的含量，为 2 ~6mg/100g，有的高达 10mg/100g。一般来讲，级别高的茶叶中锌含量明显高于级别低的茶叶。锌在茶汤中的浸出率较高，为 75% 以上，且易被人体吸收，因而，茶叶可被列为锌的优质营养源。

（三）锰

锰是人体必需的微量元素之一，在人体内起着极其重要的作用。锰参与体内若干种有重要生理作用的酶的构成，是构成正常骨骼所必需的物质，也是合成甲状腺素的重要物质。缺锰尚无太多报道，主要是由于食用缺乏维生素 K 的精制食物而又忽视锰的补充所致。缺锰症状主要有体重减轻、恶心呕吐、头发和胡须变色、生长缓慢；缺锰还与骨质疏松、糖尿病、动脉粥样硬化等疾病有关。

茶树是一种富锰植物，一般含量不低于 30mg/100g；高的可达 120mg/100g，比水果、蔬菜约高 50 倍；老叶中含量更高，可达 400 ~600mg/100g。茶汤中锰的浸出率为 35% 左右。成人每天需锰量为 2.5 ~3.5mg，一杯浓茶中锰的最高含量可达 1mg。

（四）氟

氟是人体必需的微量元素，在骨骼和牙齿的形成中有重要作用。缺氟会使钙、磷的利用受影响，导致骨质疏松及牙齿的釉质不能形成抗酸性强的氟磷灰石保护层，导致牙釉质易被微生物、酸等侵蚀而发生蛀牙。但是，氟过量会引起氟中毒，导致氟斑牙，使骨骼失去正常的颜色和色泽，并容易折断。

茶树是一种富氟植物，其氟含量比一般植物高十倍至几百倍，且粗老叶中氟含量比嫩叶更高。一般茶叶中氟含量为 10mg/100g 左右，用嫩芽制成的高级绿茶含氟量可低至 2mg/100g，而较成熟枝叶加工而成的黑茶中氟含量可高达 30 ~60mg/100g。茶叶中的氟较易浸出，热水冲泡时浸出率达 60% ~ 80%。因此，喝茶是摄取氟的有效方法之一；而长期大量饮黑茶的人应注意氟的摄取量过高。

（五）铁

铁是人体必需微量元素中含量最高的一种。人体内铁主要与蛋白质结合在一起，其中约 70% 存在于血红蛋白中。如果人体内缺铁会引起贫血，还可引起含铁酶减少或铁依赖酶活性降低，导致细胞供氧不足，进而引发器官组织的生理功能异常、抗感染能力降低等。茶叶中铁含量为 10 ~ 40mg/100g，但溶出率不高，约为 10% 左右，因此，通过饮茶摄入铁意义不大，但可通过食茶来补充。

（六）硒

硒是人体必需的微量元素之一，在人体内绝大部分与蛋白质结合，称为"含硒蛋白"。硒的营养功能主要是通过与蛋白质特别是酶蛋白结合而发挥抗氧化作用。硒是机体多种抗氧化酶的必需组分，具有很强的抗氧化能力，能保护细胞膜的结构和功能免受活性氧自由基的伤害，因而具有抗癌、防癌、防衰老、防治心血管疾病和维持人体免疫功能的效果。此外，硒还可以调节人体内的糖分，参与糖尿病的防治；有保护视神经，预防白内障，增强视力的功能；能防治铅、镉、汞等有害重金属对肌体的毒害，起到解毒作用；能保护肝脏，抑制酒精对肝脏的损害等多种药理活性。与缺硒密切相关的疾病有克山病、大骨节病，缺硒也易患癌症。

茶树也是一种富硒植物，茶叶中硒含量的高低主要取决于各茶区茶园土壤中含硒量的高低。一般茶叶中硒含量为 20 ~ 200μg/100g，富硒地区茶叶含硒量可高达 500 ~ 600μg/100g。就茶树不同部位而言，老叶老枝的硒含量较高，嫩叶嫩枝的硒含量较低。茶叶中硒主要为有机硒，易被人体吸收；硒在茶汤中的浸出率为 10% ~ 25%，在缺硒地区普及饮用富硒茶是解决硒缺乏问题的最佳方法。

第三节　茶叶中的重要功效成分及其功能

随着现代科学技术的发展，茶的保健功能及茶之所以成为"万病之药"的作用机理也日渐明朗，茶叶保健功能的物质基础也逐一被揭示，这一切源于茶叶含有大量的生物活性成分，包括茶多酚、茶色素、生物碱、茶多糖、芳香物质、维生素、茶氨酸、膳食纤维及微量元素等。

一、茶多酚类化合物及其氧化产物

茶多酚是茶树中多酚类化合物的总称，是茶叶最主要的品质成分和功能成分之一，主要包含黄烷醇类、黄酮及黄酮苷类、花青素及花白素类、酚酸和缩酚酸类等，其中以黄烷醇类含量最高，约占茶多酚总量的 70% 以上。茶多酚的分子结构中存在多个酚性羟基，易氧化聚合，尤其是儿茶素分子结构中 B 环上的邻位酚羟基，具有较强的供氢活性，极易被氧化而表现出较强的抗氧化活性。茶多酚在酸性环境中较稳定，但在碱性、光照、潮湿条件下易氧化聚合形成有色物质；在红茶加工中，在多酚氧化酶的作用下，茶多酚也易被氧化形成茶黄素、茶红素和茶褐素等有色物质。茶黄素、茶红素和茶褐素既是红茶内质特有风味的重要来源，也是红茶重要的功能成分，具有与茶多酚类似的生物活性。

（一）抗氧化

茶多酚及其氧化产物的抗氧化作用多指其清除自由基的活性。茶多酚是一类含有多个酚性羟基的化合物，较易氧化而提供活泼的氢，具有酚类抗氧化剂的通性。茶多酚及其氧化产物通过提供活泼的氢与自由基结合，从而达到直接清除自由基的目的，避免自由基的氧化损伤。茶多酚及其氧化产物还可作用于产生自由基的相关酶类、配合过渡金属离子，起到间接清除自由基的作用。

（二）抗肿瘤

茶多酚及其氧化产物能够有效地降低肺癌、肠癌、前列腺癌、乳腺癌、口腔癌及肝癌等的发生率，并能够抑制肿瘤发展，具有较好的抗肿瘤作用。目前认为茶多酚及其氧化产物的抗肿瘤作用机制可以概括为以下五个方面：①抗氧化作用；②对致癌过程中关键酶的调控；③阻断信息传递；④抗肿瘤血管形成；⑤诱发癌细胞凋亡（陈宗懋，2003）。

（三）预防、治疗心脑血管疾病

茶多酚及其氧化产物对心肌、血管等具有明显的保护作用，可通过调节血脂代谢、抗脂质过氧化，抑制血小板聚集、抗凝和促纤溶作用，增强毛细血管弹性、降低血管的脆性，改善血液流变学特性及抑制血栓形成的作用，抑制动脉平滑肌细胞增生等多种机制，来达到预防、治疗心脑血管疾病的作用。

（四）抗菌和抗病毒作用

茶多酚具有抗菌广谱性，具有较强的抑菌活性和极好的选择性，对自然界中几乎所有的动、植物病原细菌都有一定的抑制活性，且茶多酚抗菌不会使细菌产生耐药性。不仅如此，茶多酚还能够抵抗流感病毒、轮状病毒和牛冠状病毒、人免疫缺陷病毒（HIV）、腺病毒、Epstein-Barr（EB）病毒和人乳头状瘤病毒（HPV）等致病微生物，具有天然、低毒、高效的抗病毒作用（张文明等，2007）。

茶色素具有与茶多酚类似的抗菌和抗病毒作用。

（五）调节免疫功能作用

茶多酚不仅可增强机体的细胞免疫功能，还可使机体非特异性免疫功能大大提高，从而达到对机体整体免疫功能的促进作用。

（六）其他作用

研究表明茶多酚及其氧化产物还具有降血糖、抗辐射、抗过敏、降脂减肥、消炎解毒等作用。

二、茶叶咖啡碱

咖啡碱既是茶叶的特征化学物质之一，也是重要的生物活性物质，对人体脑部、心脏、血管、胃肠、肌肉及肾脏等部位功能产生影响。适量的咖啡碱会刺激大脑皮层，促进感觉判断、记忆、感情活动，使心肌机能变得较活泼，血管扩张，血液循环增强，并提高新陈代谢功能；咖啡碱也可减轻肌肉疲劳，促进消化液分泌。咖啡碱的主要生物活性表现在以下几个方面。

（一）对中枢神经系统的兴奋作用

研究表明咖啡碱有兴奋中枢神经的作用。咖啡碱主要作用于大脑皮层，使大脑外皮层易受反射刺激，使思维敏捷、精神振奋，工作效率和精确度提高，睡意消失，疲乏减轻。较大剂量的咖啡碱还能兴奋下级中枢和脊髓。过量饮茶则可引起失眠、心悸、头痛、耳鸣、眼花等不适。

（二）利尿作用和解酒作用

茶叶咖啡碱的利尿作用是通过肾促进尿液中水的滤出和刺激膀胱而实现的。咖啡碱的这种利尿作用有助于醒酒，解除酒精的毒害。因为咖啡碱能提高肝脏对物质的代谢能力，增强血液循环，促进酒精从血液中排除；咖啡碱的利尿作用则能刺激肾脏将酒精从尿液中迅速排出体外，从而达到缓和与消除由酒精所引起的刺激，解除酒毒。

（三）助消化

茶咖啡碱可通过刺激胃肠，促使胃液的分泌，从而增进食欲，帮助消化。茶咖啡碱还可以直接影响胃酸的分泌，增强消化道蠕动，有助于食物消化，预防消化器官疾病的发生。

（四）强心解痉，松弛平滑肌

研究表明，如果给心脏病人喝茶，能使病人的心脏指数、脉搏指数、氧消耗和血液的吸氧量显著提高。这些均与咖啡碱的松弛平滑肌作用密切相关。咖啡碱具有的松弛平滑肌作用，可使冠状动脉松弛，促进血液循环，因而，可通过饮茶来辅助治疗心绞痛和心肌梗死。

（五）影响呼吸

咖啡碱对于呼吸的影响主要是通过调节血液中咖啡碱的含量而影响呼吸率。咖啡碱已经被用作防止新生儿周期性呼吸停止的药物。在哮喘病人的治疗中，咖啡碱已被用作一种支气管扩张剂。但是，咖啡碱治疗支气管扩张的效果仅为茶叶碱的40%。茶叶碱具有极强的舒张支气管平滑肌的作用，有很好的平喘作用。

（六）对心血管的影响

咖啡碱对心血管的影响比较复杂。一方面，咖啡碱可以引起血管收缩；另一方面，咖啡碱对血管壁的直接作用又可使血管扩张，这是咖啡碱的中枢作用和周围作用在此的对抗性。咖啡碱直接兴奋心肌的作用，可使心动幅度、心率及心输出量增高；但是，咖啡碱兴奋延髓的迷走神经核又使心跳减慢，最终效果则为此两种影响相互对消的总结果。因此，不同个体可能出现轻度的心动过缓或过速；长期摄入咖啡碱，可能会导致由此而产生的对咖啡碱的耐受性。不合理地摄入咖啡碱对血压升高有促进作用，有造成高血压的危险性，甚至会对整个心血管系统造成危害。

（七）对代谢的影响

咖啡碱能促进机体代谢，使循环中的儿茶酚胺含量升高，拮抗由腺嘌呤引起的脂肪分解的抑制作用，导致游离脂肪酸含量升高，进而影响到血清中游离脂肪酸含量。

三、茶氨酸

茶氨酸属酰胺类化合物，化学名为 N – 乙基 – L – 谷氨酰胺，化学结构与谷氨酸相似，是茶树体内特有的氨基酸，也是茶叶中最主要的氨基酸，约占茶树体内游离氨基酸总量的 50% 以上。茶氨酸可引起脑内神经传达物质的改变，具有预防帕金森病、老年痴呆症及传导性神经功能紊乱等疾病的功效，还可降压安神、改善睡眠等。

（一）保护神经细胞

茶氨酸的神经细胞保护作用最早是由 Nozawa 等（1998）发现的：将体外培养的鼠中枢神经细胞暴露于一定浓度的谷氨酸中出现 50% 的神经细胞死亡，但是若加入茶氨酸则神经细胞死亡明显被抑制。随后研究发现，茶氨酸可明显保护海马区神经细胞迟发性死亡，且存在剂量依赖关系。在鼠慢性青光眼模型中，用茶氨酸预处理或早期大剂量应用茶氨酸，视网膜神经节细胞能得到明显的保护。因此，茶氨酸的神经保护作用引起了人们的关注。

谷氨酸作为大脑中主要的兴奋性神经递质在突触活动中具有重要作用，然而过多的谷氨酸会引起神经兴奋毒性，导致神经细胞死亡。茶氨酸是兴奋性神经递质谷氨酸的类似物，茶氨酸的神经保护作用可能是通过与谷氨酸竞争神经细胞中的谷氨酸受体，从而抑制谷氨酸的兴奋毒性（吕毅等，2003）。

（二）降血压作用

Yokogoshi 等（1995）给高血压自发症大鼠腹腔注射 1500mg/kg 或 2000mg/kg 的茶氨酸后，大鼠血压显著降低，且降低程度与剂量有关；进一步研究发现，当大鼠给予茶氨酸处理后，茶氨酸可在脑中积累，而脑中的 5 – 羟色胺及其代谢产物含量明显下降，表明茶氨酸可能是通过影响末梢神经或血管系统而不是脑中的 5 – 羟色胺水平来实现的。

（三）辅助抗肿瘤作用

研究表明茶氨酸本身虽无抗肿瘤活性，但却能提高多种抗肿瘤药物的疗效。如 Sugiyama 等（1999）研究表明茶氨酸与抗肿瘤药物阿霉素联用时，可抑制阿霉素从肿瘤细胞中渗出，维持阿霉素在肿瘤组织中的浓度，从而增强阿霉素的抗肿瘤活性；但是，茶氨酸没有增加阿霉素在正常组织内的浓度，因而，对阿霉素的毒副作用没有影响。

茶氨酸与抗肿瘤药物合用还能减轻抗癌药物引起的白血球及骨髓细胞减少等副作用（Sadzuka 等，2000）。

（四）调节脑内神经传达物质的变化

Terashima 等（1999）研究发现茶氨酸的主要受体是脑。茶氨酸通过血脑屏障进入大脑后，可使脑内神经递质多巴胺显著增加。多巴胺是肾上腺素和去甲肾上腺素的前驱体，是传达脑神经细胞兴奋程度的重要物质，它的释放会大大影响人的情绪。脑内多巴胺缺乏时会引发帕金森病、精神分裂症。

大脑神经递质的变化还会影响学习能力、记忆力等。动物试验研究表明老鼠服用茶氨酸 3 ~ 4 个月后，学习能力和记忆力明显提高，表明茶氨酸可通过调节神经递质来改善学习能力和记忆力。

（五）镇静、安神作用

咖啡碱具有提神兴奋功效。茶叶咖啡碱含量高，但人们饮茶后感到平静、心情舒畅，而不会产生引入等量咖啡碱的兴奋作用。这除了茶汤中咖啡碱与茶多酚配合，使其吸收缓慢外，主要还是因为茶氨酸的镇静作用拮抗了由咖啡碱产生的兴奋效果。Kakuda 等（2000）研究也证明了茶氨酸对咖啡碱产生的兴奋有拮抗作用。

茶氨酸的镇静安神效果可通过测定脑波的变化来确认。人体脑波有 α 波、β 波、δ 波和 θ 波四种。α 波在大脑安静时出现，表明大脑处于放松状态；β 波在兴奋时出现，为紧张状态；δ 波为熟睡状态；θ 波为浅睡状态。Kakuda 等（2000）动物试验研究发现，大鼠注射 $5\mu mol/kg$ 以上的咖啡碱后，其大脑 β 波增强，δ 波减弱，α 波与 θ 波无变化，表现处于兴奋状态，且这种兴奋作用可持续 180min 以上；大鼠先注射咖啡碱，10min 后再给其注射 $5\sim50\mu mol/kg$ 的茶氨酸，15min 后可观察到大鼠脑中的 β 波减弱，δ 波增强，表明咖啡碱的兴奋作用受到抑制；且在同样摩尔浓度时，茶氨酸就显示出这种拮抗作用。

临床试验研究表明，服用茶氨酸 40min 后，试验者脑中出现 α 波，而饮用水后脑电波没有变化，表明茶氨酸能使人镇静、放松。研究还发现茶氨酸没有引起睡眠状态时发生的 θ 波数量的增加，说明茶氨酸在使人情绪稳定的同时还能使注意力更集中。

（六）改善经期综合征

经期综合征是女性在月经前 $3\sim10$ 日出现的精神及身体上的不舒适症状。Juneja 等（2002）研究发现茶氨酸可改善女性经期出现的头痛、腰痛、胸部胀痛、无力、易疲劳、精神无法集中、烦躁等症状，其作用机理可能与茶氨酸的镇静作用有关。

四、γ–氨基丁酸

γ–氨基丁酸（γ–aminobutyric acid，GABA）是由谷氨酸脱羧而生成的一种非蛋白质氨基酸，广泛分布于动植物体内。在高等动物体内，γ–氨基丁酸几乎只存在于神经组织中，是一种重要的抑制性神经递质，参与多种神经功能调节，并与多种神经功能疾病有关，如帕金森病、癫痫、阿尔茨海默病等。

γ–氨基丁酸在茶树鲜叶中含量极低，因此，用普通方法加工的茶叶中氨基丁酸含量很小。1987 年日本津志田藤二郎博士将采摘的茶鲜叶经 6h 的充 N_2 厌氧处理后产生了大量的 γ–氨基丁酸，由此而生产出新型保健茶即 γ–氨基丁酸茶（Gabaron 茶，氨基丁酸茶）。氨基丁酸茶中氨基丁酸含量一般在 1.5mg/g 以上，有显著的降血压等保健功能（津志田藤二郎，1987）。

氨基丁酸的药理功能主要有以下几项。

（一）降血压

氨基丁酸是中枢神经系统的一种重要抑制性神经递质，可通过作用于脊髓的血管运动中枢，有效促进血管扩张，及抑制血管紧张素 I 转移酶（ACE）活力而达到降低血压的目的。

（二）镇静神经、抗焦虑

氨基丁酸可降低神经元活性，防止神经细胞过热；氨基丁酸能结合抗焦虑的脑受体并使之激活，然后与另外一些物质协同作用，阻止与焦虑相关的信息抵达脑指示中枢，达到镇静神经、抗焦虑的作用。

（三）治疗癫痫与抗惊厥

癫痫是大脑功能失调引起的一种临床综合征，与氨基丁酸的缺乏有一定关系，提高脑中氨基丁酸浓度能有效控制癫痫的发作。许多能升高脑内氨基丁酸水平的化合物也都显示出一定的抗惊厥活性。帕金森病人、阿尔茨海默病人等脊髓中氨基丁酸的浓度也较低，提升神经组织中氨基丁酸的水平有助于预防和治疗这类疾病。

（四）提高脑活力

氨基丁酸能进入脑内三羧酸循环，促进脑细胞代谢；同时还能提高葡萄糖代谢时葡萄糖磷酸酯酶的活力，增加乙酰胆碱的生成，扩张血管增加血流量，并降低血氨，从而促进大脑的新陈代谢，活化脑血流，增加氧供给量，恢复脑细胞功能。因而，氨基丁酸对脑血管障碍引起的症状，如偏瘫、记忆障碍、儿童智力发育迟缓等有很好的疗效。

五、茶多糖

茶叶中具有生物活性的复合多糖，一般称为茶多糖（tea polysaccharide，TPS），是一类与蛋白质结合在一起的酸性多糖或酸性糖蛋白。茶多糖的组成与含量因茶树品种、茶园管理水平、采摘季节、原料老嫩度及加工工艺的不同而不同，进而影响其生物活性。一般而言，原料越老，茶多糖的含量越高；乌龙茶中茶多糖的含量高于红茶、绿茶。

茶多糖的药理功能主要有如下几项。

（一）降血糖

在中国及日本民间早就有用粗老茶治疗糖尿病的经验，现代研究显示茶叶降血糖的有效成分主要是水溶性的茶多糖。药理研究证实茶多糖有明显的降血糖功效，能够显著对抗肾上腺素和四氧嘧啶所致的高血糖，减轻肾上腺素和四氧嘧啶对胰岛 β 细胞的损伤。王黎明等（2010）研究表明茶多糖可通过增强葡萄糖激酶和己糖激酶活性而达到降血糖效果。

（二）抗血凝、抗血栓

血栓的形成主要包括血小板黏附和聚集→血液凝固→纤维蛋白形成三个阶段。王淑如等（1992）研究表明茶多糖能显著降低血液黏度，抑制血小板的黏附，从而直接影响血栓形成的第一步；茶多糖能减小血小板数量，从而延长凝血时间，在体内、体外均显示有显著的抗凝血作用；此外，茶多糖还能提高纤维蛋白溶解酶的活性。由此可见，茶多糖可作用于血栓形成的三个环节，从而抑制血栓的形成。

（三）增强机体免疫功能

研究表明茶多糖有增强机体免疫功能的作用，可通过激活巨噬细胞、激活网状内皮系统、激活 T 细胞和 B 细胞、激活补体及促进各种细胞因子（干扰素、白细胞介质、肿瘤坏死因子）的产生等途径而发挥作用。

（四）降血脂

茶多糖有降血脂作用，可通过降低血液中总胆固醇、中性脂肪、低密度脂蛋白胆固醇浓度，升高高密度脂蛋白胆固醇浓度而达到降血脂目的。茶多糖可通过调节血液中胆固醇及中性脂肪的浓度，起到预防高血脂、动脉硬化的作用；茶多糖还能与脂蛋白脂酶结合，促进动脉壁脂蛋白脂酶入血而起到抗动脉粥样硬化的作用。

（五）抗氧化

研究表明茶多糖有抗氧化作用。茶多糖对超氧阴离子自由基、羟自由基和 DPPH 自由基等有显著的清除作用；且能明显增强机体超氧化物歧化酶、谷胱甘肽过氧化物酶等抗氧化酶的活力。

（六）抗辐射

茶多糖不仅有明显的抗放射性伤害作用，且对造血功能有明显的保护作用。如给照射过 γ 射线的小白鼠服用茶多糖，可以保持小鼠血色素平稳，红细胞下降较少，血小板的波动也比较正常。

六、茶叶膳食纤维

茶叶膳食纤维可根据溶解性不同而分为水溶性膳食纤维和水不溶性膳食纤维两大类。水溶性茶叶膳食纤维主要包括树胶、果胶、原果胶等物质，吸水膨胀后形成凝胶体，具有黏滞性，可增加茶汤的黏稠度，使口感顺滑、回甘，韵味悠长。水不溶性茶叶膳食纤维主要包括纤维素、半纤维素、木质素等。虽然茶叶膳食纤维不能被人体吸收，但能刺激胃肠蠕动，增加粪便体积，减少有毒或有害物质的吸收，具有特殊的生理保健功能。茶叶膳食纤维的功能主要有以下几个。

（一）控制体重，预防肥胖

茶膳食纤维具有较强的吸水力和膨胀力，能吸收相当于自身质量数倍甚至数十倍的水分；茶膳食纤维在肠胃中吸水后膨胀形成高黏度的溶胶或凝胶，使人产生饱腹感，减少进食量，从而达到预防肥胖的目的。

（二）防止便秘

茶膳食纤维的强持水力能保留粪便的水分，避免粪便干结；膳食纤维吸水后形成的凝胶有利于软化粪便，润滑肠道，继而刺激、推进排粪；同时，茶膳食纤维在胃肠道内与其他食物残渣混合，增加容量，形成较大粪团，促进肠道蠕动，从而起到润肠通便的作用。

（三）改善肠道菌群，预防肠道疾病

茶膳食纤维可改变肠道系统中微生物的群系组成。在人体结肠中，可发酵的膳食纤维能促进乳酸菌和双歧杆菌等益生菌迅速繁殖。膳食纤维发酵产生的短链脂肪酸（如乙酸、乳酸、丁酸等），一方面降低了肠道的 pH，抑制肠道有害菌群的生长繁殖；另一方面，也有益于减少毒素和致癌物的产生，如丁酸能抑制肿瘤细胞的生长增殖。

此外，膳食纤维在肠道内还对在代谢过程中产生的有毒代谢物具有吸附、螯合作用，通过促进肠道蠕动排出体外，从而减少其对肠壁的刺激。

（四）调节血脂，预防心血管疾病

膳食纤维具有降低血脂和胆固醇的作用。研究表明水溶性膳食纤维可以有效控制脂肪酶活力，阻止食物脂肪的消化；可以配合胆固醇和胆汁酸，阻止胆固醇和胆汁酸在肠内的吸收，从而降低血清低密度脂蛋白胆固醇水平，防止冠状动脉硬化、胆结石、高脂血症等疾病。Guo 等（2016）动物试验研究表明茶叶膳食纤维有降血脂功效，可以抑制高脂膳食小鼠血脂升高，缓解肝脏脂质的蓄积，这种作用可能是通过促进小鼠粪脂排出，影响脂类代谢，提高机体抗氧化酶活性，降低机体脂质过氧化而实现的。

（五）其他生理功能

膳食纤维具有较强的结合和交换能力，能吸附螯合 NO_2^-，阻碍亚硝胺的形成，防止癌症的发生；能吸附 Cd^{2+}、Pb^{2+}、Hg^{2+} 等重金属离子，缓解重金属中毒现象。膳食纤维还能够延缓糖类物质在肠道的吸收，有效降低餐后血糖升高幅度；还可改善神经末梢对胰岛素的感受性，降低血清胰岛素水平，从而调节患者血糖水平。

七、茶皂素

茶皂素，又称茶皂苷，是一类齐墩果烷型五环三萜类皂苷的混合物，其基本结构由皂苷元（即配基）、糖体和有机酸三部分组成。茶皂素广泛分布于茶树的叶、根、种子等各个部位，其中以茶籽中含量较高，为 4% ~6%。不同部位茶皂素的化学结构也有差异。纯的茶皂素固体为白色微细柱状结晶，茶皂素结晶易溶于含水的甲醇、乙醇、正丁醇及冰醋酸中，能溶于水、热醇，难溶于冷水、无水乙醇，不溶于乙醚、氯仿、石油醚及苯等非极性溶剂。

茶皂素味苦而辛辣，是一种性能良好的天然表面活性剂。与其他药用植物的皂苷化合物一样，茶皂素也有许多生理活性。

（一）溶血和鱼毒作用

通常所说的皂苷毒性，是指皂苷类化合物对动物的红细胞有破坏作用，产生溶血现象。茶皂素对动物的红细胞也有溶血作用。其溶血机理是它能引起含胆固醇的细胞膜通透性改变，使细胞质外渗，从而导致红细胞解体。因此，茶皂素不能静脉注射。

茶皂素对冷血动物毒性较大，尤其是对鱼类，即使在低浓度也显示毒性。朱全芬等认为茶皂素的鱼毒作用机理是通过破坏鱼鳃的上皮细胞进入鳃血管，与鱼的血液接触产生溶血中毒，并且随着呼吸作用和血液循环，导致心脏血液溶血而使鱼中毒死亡（朱全芬等，1993）。对其他动物以及人，茶皂素静脉注射时皂苷化合物会显示较大的毒性，但口服时不显示毒性。因此，人喝茶时不必担心茶皂素的溶血性，原因可能是茶皂素不能被胃肠吸收或在胃肠中被水解。

（二）抗菌、抗病毒活性

茶皂素有较好的抗菌活性，对白色念珠菌、引发多种皮肤病的真菌（如红色毛癣菌、黄癣菌、紫癣菌、絮状表皮癣菌等）、植物致病菌（如稻瘟病菌、茶叶枯病菌、苹果轮斑病菌等）及大肠杆菌等细菌均有抑制作用。

茶皂素也有较好的抗病毒活性，对人类 A 型和 B 型流感病毒、疱疹病毒、麻疹病毒、人免疫缺陷病毒（HIV）等有抑制作用；对植物病毒也有一定的抑制作用。

（三）抗渗消炎作用

抗渗消炎作用是皂苷化合物的通性。茶皂素具有明显的抗渗漏与抗炎症特征，在炎症初期阶段能使受障碍的毛细血管通透性正常化；对过敏引起的支气管痉挛、浮肿有效，其效果与多种抗炎症药物相匹敌。

（四）生物激素样作用

茶皂素有生物激素样作用。用提纯的茶皂素和茶根皂素处理茶苗时，能刺激其生长，促进茶叶增产。茶皂素也能促进动物生长，尤其在促进对虾生长上得以较好的体现。目前已开发了茶皂素对虾养殖保护剂。

（五）抑制酒精吸收作用

Tsukamoto 等（1994）研究表明茶皂素有抑制酒精吸收的活性。在老鼠的试验中，鼠服用酒精前 1h 先口服茶皂素，服用酒精后 0.5 ~ 3h 老鼠血液和肝脏中酒精含量均比对照有意义的降低，且血液中的酒精在较短时间中消失，血液、肝、胃中的乙醛含量也较对照低，表明茶皂素不但能抑制酒精的吸收，并能促进体内酒精的代谢，对肝脏有保护作用。

（六）杀虫、驱虫作用

研究表明茶皂素对鳞翅目昆虫有直接杀灭和拒食活性，已在园林花卉上用作杀虫剂，还可用作杀虫剂防治蚯蚓、线虫等地下害虫。

八、茶叶芳香物质

植物的香气成分有镇静、镇痛、安眠、放松、抗菌、杀菌、消炎、除臭等多种效果。茶叶中已发现并鉴定的香气成分约有 700 种，它们不仅是形成茶叶风味特征的重要组成成分，且与茶叶的保健功能密切相关。各类茶的香气成分的种类及含量各不相同，这些成分的不同组合形成了不同茶类独特的品质风味。喝茶时，这些香气成分经口、鼻进入人体内，引起脑波的变化、神经传达物质与其受体亲和性的变化以及血压的变化等。不同成分会引起大脑不同的反应，有的为兴奋作用，有的为镇静作用等。由于茶叶的香气成分相当复杂，其相关研究有望进一步深入。

思考题

1. 从茶叶品质化学组成的角度浅谈如何提高茶叶的品质？
2. 如何充分利用茶叶的营养价值？
3. 茶叶有哪些主要功能成分？主要有哪些功能？
4. 关于茶叶的采摘，从我国制茶的传统角度出发，如何解释茶叶"早采三天是个宝，迟采三天是棵草"？
5. 从茶叶保健的角度出发，如何解释茶叶"早采三天是个宝，迟采两天是仙草"？

参考文献

［1］宛晓春. 茶叶生物化学［M］. 北京：中国农业出版社，2003.

［2］陈宗道，周才琼，童华荣. 茶叶化学工程学［M］. 重庆：西南师范大学出版社，1999.

［3］顾谦，陆锦时，叶宝存. 茶叶化学［M］. 合肥：中国科学技术大学出版社，2002.

［4］陆晨. 茶渣中蛋白质的提取、脱色及改性研究［D］. 无锡：江南大学，2012.

［5］杨克同. 茶叶的主要化学成分及其营养价值［J］. 食品科学，1984（6）：2.

［6］陈宗懋. 茶多酚类化合物抗癌的生物化学和分子生物学基础［J］. 茶叶科学，2003，23（2）：83－93.

［7］张文明，陈朝银，韩本勇，等. 茶多酚的抗病毒活性研究［J］. 云南中医学院学报，2007，30（6）：57－59.

［8］NOZAWA A, UMEZAWA K, KOBAYASHI K, et al. Theanine, a major flavorous amino acid in green tea leaves, inhibits glutamate－induced neurotoxicity on cultured rat cerebral cortical neurons［J］. Society for Neuroscience, 1998, 24：382－386.

［9］吕毅，郭雯飞，倪捷儿，等. 茶氨酸的生理作用及合成［J］. 茶叶科学，2003，23（1）：1－5.

［10］YOKOGOSHI H, KATO Y, SAGESAKA Y M, et al. Reduction effect of theanine on blood pressure and brain 5－hydroxyindoles in spontaneously hypertensive rats［J］. Bioscience, Biotechnology, and Biochemistry, 1995, 59（4）：615－618.

［11］SUGIYAMA T, SADZUKA Y. Combination of theanine with doxorubicin inhibits hepatic metastasis of M5076 ovarian sarcoma［J］. Clinical Cancer Research, 1999, 5（2）：413－416.

［12］SADZUKA Y, SUGIYAMA T, SONOBE T. Improvement of idrarubicin induced antitumor activity and bone marrow suppression by theanine, a component of tea［J］. Cancer Letter, 2000, 158（2）：119－124.

［13］TERASHIMA T, TAKIDO T, YOKOGOSHI H. Time－dependent changes of amino acids in the serum, liver, brain and urine of rats adminnistered with theanine［J］. Bioscience Biotechnology & Biochemistry, 1999, 63（4）：615－618.

［14］KAKUDA T, NOZAWA A, UNNO T, et al. Inhibiting effects of theanine on caffeine stimulation evaluated by EEG in the rat［J］. Bioscience Biotechnology & Biochemistry, 2000, 64（2）：287－293.

［15］JUNEJA L R, 大久保勉. 绿茶テァニンの驚くべき效果［J］. Ryokucha, 2002（1）：29－31.

［16］津志田藤二郎，村井敏信，大森正司，等. γ－アミノ酪酸を蓄積させた茶の製造とその特徴［J］. 日本农芸化学会志，1987，61：817－822.

［17］王黎明，夏水文. 茶多糖降血糖机制的体外研究 ［J］. 食品与生物技术学报，2010，29（3）：354－358.

［18］王淑如，王丁刚. 茶叶多糖的抗凝血及抗血栓作用 ［J］. 中草药，1992，23（5）：254－256.

［19］王淑芳，赖建辉. 茶叶中的膳食纤维及其健身作用 ［J］. 中国茶叶加工，1995（2）：37－38.

［20］GUO W X, SHU Y, YANG X P. Tea dietary fiber improves serum and hepatic lipid profiles in mice fed a high cholesterol diet ［J］. Plant Foods for Human Nutrition，2016，71：145－150.

［21］朱全芬，夏春华，樊兴土，等. 茶皂素的鱼毒活性及其应用的研究. Ⅴ. 茶皂素的溶血性与鱼毒作用 ［J］. 茶叶科学，1993，13（1）：69－78.

第三章　茶的保健功能

　　无论是"柴米油盐酱醋茶"还是"琴棋书画诗酒茶"，茶自古以来就是中国人民生活不可缺少的必需品。茶最早是以药用的身份出现，被认为是一种可以保健和预防人类疾病的"药"。《神农本草经》记载"神农尝百草，日遇七十二毒，得茶而解之。"这里的茶就是今天所指的茶，说明人类在很早的时候就已经发现茶有解毒功能。人类在长期食用茶的过程中，对茶的保健功能有了一定的认识，许多古代的著作都记录了饮茶对人体许多疾病的疗效。如三国时期魏张揖编写的《广雅》"其饮醒酒，令人不眠"，说明茶可用来醒酒、解酒精之毒；唐人孟诜在《食疗本草》中描述"茗，主下气，除好睡，消食"；陈藏器在《本草拾遗》记载"茶久食令人瘦，去人脂，使不睡"；明代顾元庆在《茶谱》中记载"饮茶能止渴、消食、除痰、少睡、利尿、明目益思、除烦、去腻，人故不可一日无茶。"等等。由此可见，茶作为一种饮品，具有多种保健功能。随着茶的保健功能被越来越多的人所认识，它必将成为21世纪最具潜力的健康饮品。

第一节　茶的保健机制

　　唐代陈藏器在《本草拾遗》中有"诸药为各病之药，茶为万病之药"的论述，表明茶具有防治疾病、延年益寿的功能。随着科学技术的发展，茶的功能及茶之所以成为"万病之药"的机理也日渐明朗，茶叶保健功能的物质基础也逐一被揭示。本节主要对茶的抗氧化、清除自由基，抗疲劳、兴奋，防治心脑血管疾病，抗癌、抗辐射、抗突变，降血糖，减肥，杀菌、抗病毒、抗过敏等功能进行阐述。

一、抗氧化与清除自由基

（一）自由基与抗氧化

1. 自由基

　　自由基，化学上也称为"游离基"，是指化合物的分子在光、热等外界条件下，共价键发生均裂而形成的具有不成对电子的原子或基团，如氢自由基（$H\cdot$），氯自由基（$Cl\cdot$），甲基自由基（$CH_3\cdot$）等。生物体内的自由基主要是氧自由基，如超氧阴离子自由基（$\cdot O_2^-$）、羟自由基（$\cdot OH$）、脂氧自由基（$RO\cdot$）、二氧化氮和一氧化氮自由基等。氧自由基极不稳定，具有高度的氧化活性，可以直接或间接地发挥强氧化剂作用。氧自由基主要攻击细胞膜、线粒体膜，与膜中的不饱和脂肪酸反应，导致膜脂质过氧化。

生物体内的自由基对机体健康有双重作用。一方面，自由基在正常细胞新陈代谢中不断地产生，并且参与正常机体内各种有益的作用，如参与生物活性物质的合成（如花生四烯酸合成前列腺素）、解毒反应以及吞噬细胞、杀灭细胞、动植物胚胎发育、机体防卫作用等。另一方面，由于自由基（尤其是氧自由基）具有未成对电子，性质非常活跃，攻击力很强，可以直接或间接地发挥强氧化剂作用或过氧化作用，而对机体产生一系列危害。当生物体受生理（如疾病）或外界因素（如辐射）等影响，自由基代谢失去平衡，体内积累过多的氧自由基，会引起膜脂质过氧化、蛋白质变性、酶活性降低和 DNA 损伤等危害，导致人体正常细胞和组织的损坏，从而引起心脑血管病、白内障、老年痴呆症、帕金森病和癌症等多种疾病和人体衰老（图 3-1）。体内氧自由基积累越多，衰老的进程就越快。老年人脸上常见的寿斑就是由于脂类受氧自由基的氧化分解作用形成丙二醛所致。外界环境中的阳光辐射、空气污染、吸烟、农药等都会使人体产生更多的活性氧自由基，这是人类衰老和患病的根源。

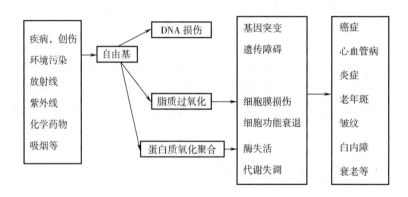

图 3-1　自由基与疾病

在正常生理条件下，机体内自由基的产生与消失是处于动态平衡的。机体在正常生命活动过程中不断地产生自由基，体内存在的防御体系——非酶和酶防御体系能及时将其清除，从而保持自由基的动态平衡而不产生危害；但在某些异常条件下，体内自由基暴发性发生，或机体内清除自由基的能力减弱，导致自由基的产生和清除失去平衡，自由基浓度过高，从而引发各种疾病和人体衰老，这时就需要外源的抗氧化剂清除多余自由基，保护机体正常运转。

2. 抗氧化

狭义的氧化是指氧元素与其他的物质元素发生化学反应。广义的氧化是指物质失电子（氧化数升高）的过程。生物体内的抗氧化是指抗氧化自由基的简称。抗氧化剂就是任何以低浓度存在就能有效抑制自由基氧化反应的物质，其作用机理可以是直接作用于自由基，或是间接消耗掉容易生成自由基的物质，防止发生进一步反应。

根据抗氧化剂清除自由基作用性质的不同，通常可将其分为两大类：第一类为预防型抗氧化剂。这一类抗氧化剂可以清除链引发阶段的自由基，如超氧化物歧化酶（SOD）、过氧化氢酶（CAT）等酶以及金属离子配合剂等。第二类抗氧化剂是断链型抗氧化剂，可以捕捉自由基反应链中的过氧自由基，阻止或减缓自由基链反应的进行。这类自由基清除剂包括超氧化物歧化酶、过氧化氢酶、谷胱甘肽过氧化物酶（GSH - P_x）、维生素 A、维生素 E、维生素 C 和茶多酚等。

（二）抗氧化与清除自由基作用

1. 茶叶含有丰富的具有抗氧化作用的维生素

茶叶富含多种有抗氧化作用的维生素。一般绿茶中维生素 C 的含量为 100 ~ 250mg/100g，在高级绿茶中维生素 C 的含量可达 500mg/100g；乌龙茶中维生素 C 的含量约为 100mg/100g；红茶因经过发酵工艺导致维生素 C 损伤较大，含量一般在 50mg/100g 以下。茶叶中维生素 E 含量比普通水果和蔬菜高，一般为 50 ~ 70mg/100g，含量高的可达 200mg/100g；绿茶中维生素 E 含量比红茶高。茶叶不含有维生素 A，但含有丰富的维生素 A 源——类胡萝卜素。绿茶中含 16 ~ 25mg/100g 的胡萝卜素，高山茶树的芽叶中含量可高达 50mg/100g；乌龙茶中约为 8mg/100g；红茶中仅含 0.5 ~ 1mg/100g（屠幼英，2011）。

维生素 C、维生素 E 和类胡萝卜素都是生物体内天然的抗氧化剂，具有很强的抗氧化活性，能减少自由基的产生，抑制自由基反应，保护机体免受自由基的损伤，抑制脂质过氧化，使脂褐质的产生减少，延缓细胞氧化衰老等。

2. 茶叶含有大量具有抗氧化作用的微量元素

茶树是富锌（Zn）、锰（Mn）、硒（Se）等微量元素的植物，茶叶中 Zn、Mn、Se 等微量元素的含量丰富。茶叶 Zn 含量为 20 ~ 60mg/kg，有的高达 100mg/kg（屠幼英，2011）；茶叶 Se 含量为 0.017 ~ 6.590mg/kg（翁蔚等，2005）；成品茶 Mn 含量一般不低于 300mg/kg，有的可高达 2500mg/kg（Falandysz 等，1990）。茶叶含铜量一般较低。

Zn、Cu、Mn、Se 均具有很好的抗氧化作用。Zn、Cu、Mn 是超氧化物歧化酶的重要组成成分。Cu/Zn - SOD、Mn - SOD 是机体清除自由基的重要酶，如果体内 Zn、Cu、Mn 含量减少，则该类酶活力随之降低，机体组织细胞就会受到自由基的损伤。Zn 和 Cu 还能促进人体合成金属硫蛋白（MT），金属硫蛋白也具有清除自由基的作用。Se 是谷胱甘肽过氧化物酶的重要组成成分与活性中心，谷胱甘肽过氧化物酶也是体内重要的抗氧化酶，具有较强的自由基清除活性，其清除活性是维生素 E 的 50 ~ 500 倍；且谷胱甘肽过氧化物酶在体内与维生素 E 抗氧化的机制不同，两者具有协同抗氧化作用。如果机体缺硒，谷胱甘肽过氧化物酶的活力降低，机体抗氧化能力下降，各种疾病就会产生。

3. 茶叶含有大量茶多酚及其氧化产物

茶多酚是一类含有多个酚羟基的化学物质，极易被氧化为醌类，具有很强的抗氧化作用。茶多酚的抗氧化能力是人工合成抗氧化剂 BHT（2，6 - 二叔丁基对甲酚）、BHA（丁基羟基茴香醚）的 4 ~ 6 倍，是维生素 E 的 6 ~ 7 倍，是维生素 C 的 5 ~ 10 倍。茶多酚氧化产物的抗氧化作用与茶多酚类似。茶多酚及其氧化产物的抗氧化作用多指其清除自由基活性。茶多酚及其氧化产物的抗氧化、清除体内自由基的作用机理主要有以下几条途径。

（1）抑制自由基的产生　茶多酚可通过抑制氧化酶系来抑制自由基的产生。自由基的生成离不开氧化酶的酶促作用，如黄嘌呤氧化酶、脂氧化酶和环氧化酶均可催化体内自由基的生成。茶多酚是蛋白质的天然沉淀剂，可通过配合沉淀使机体内的氧化酶变性失活，减少酶促氧化产生自由基，从而起到抗氧化作用。茶多酚还可通过与诱导氧化的过渡金属离子配合来抑制自由基的产生。机体内的过渡金属离子大都含有未配对电子，可以催化自由基的形成。茶多酚及其氧化产物可配合诱导氧化的过渡金属离子，如 Fe^{3+}、Cu^{2+} 等，从而抑制金属离子的自由基催化作用。

（2）直接清除自由基　茶多酚对于机体内固有的自由基具有直接清除效果。茶多酚及其氧化产物是一类含有多个酚羟基的化合物，较易氧化而提供氢，具有酚类抗氧化剂的通性；尤其是 B 环上的邻位酚羟基或连位酚羟基有较高的还原性，易发生氧化生成邻醌类物质，而提供的 H^+ 与自由基结合，可使之还原为惰性化合物或较稳定的自由基，从而直接清除自由基，避免氧化损伤。研究表明，绿茶、乌龙茶、红茶中的茶多酚均能有效地清除超氧阴离子自由基、羟自由基、单线态氧及过氧化氢等活性氧，起着预防性抗氧化效果（杨贤强等，1993）。

茶多酚的抗氧化能力与茶多酚的组成和结构有关。儿茶素的羟基数目和羟基位置与其抗氧化能力有关，因为儿茶素的主要还原部位是邻位酚羟基，连苯三酚型的抗氧化能力大于邻苯二酚型。相对分子质量越大的茶多酚其多酚自由基越稳定，越不易引发新的氧化链式反应（Perron 等，2009）。杨贤强等（1993）有关自由基清除动力学研究结果也表明每分子非酯型没食子儿茶素可清除 2 分子自由基，每分子酯型儿茶素可清除 6 分子自由基；酯型儿茶素大于非酯型儿茶素，连苯三酚型儿茶素大于邻苯二酚型儿茶素，因此，EGCG 具有最强的清除自由基活力。

（3）对抗氧化体系的激活作用　正常情况下，机体存在严密的抗氧化防御系统。酶类抗氧化剂主要有超氧化物歧化酶、谷胱甘肽过氧化物酶和过氧化氢酶等，非酶类抗氧化剂主要有维生素 C、维生素 E、β - 胡萝卜素和还原型谷胱甘肽（GSH）等。它们的重要生理功能在于都能有效地清除体内的自由基与活性氧，且维生素 E 还是生物膜表面脂质过氧化的阻断剂。不仅如此，生物体的抗氧化系统之间有协同作用、互补作用、代偿作用等，它们彼此保护，共同维护和增强细胞的抗氧化系统。

生物体内的酶易受各种因素诱导的自由基攻击而失活。茶多酚是高效自由基清除剂，可通过清除自由基而保护抗氧化酶免受自由基损伤，从而保护生物体内生物酶系整体功能的正常发挥。不仅如此，茶多酚对维生素 C、维生素 E 和谷胱甘肽等这几种抗氧化剂也有保护或再生作用，且茶多酚与 β - 胡萝卜素、维生素 C 和维生素 E 配合还具有协同抗氧化作用。由此可见，茶多酚能够保护和修复机体的抗氧化体系，通过激活机体自身的抗氧化防御系统，达到清除自由基的效果。

4. 茶多糖

与茶多酚相似，茶多糖也具有较强的抗氧化、清除自由基活性。聂少平等（2005）研究发现茶多糖可清除 $\cdot O_2^-$ 与 DPPH 自由基，并对 β - 胡萝卜素 - 亚油酸氧化体系也有抑制作用。全吉淑（2007）等研究表明茶多糖对脂过氧自由基（ROO·）、$\cdot O_2^-$、

·OH 及 H_2O_2 等均有清除作用，可增强血浆及脂蛋白的抗氧化能力，因此能够起到预防心血管疾病和延缓衰老的积极作用。

二、防癌与抗癌

茶叶是备受人们喜爱的饮料之一，与人们的生活息息相关，其中存在众多有效成分，表现出令人兴奋的药理效应，尤其是茶叶的防癌抗癌作用一直是茶叶药理学研究最活跃的领域。流行病学研究也表明，某些肿瘤的发生与茶叶的消费呈明显负相关。

（一）茶多酚及其氧化产物

目前的研究表明，茶多酚及其氧化产物的抗癌机理是多方面的，在癌症形成的各个时期均有抑制作用。其抗癌机理主要体现在以下几个方面。

1. 抗氧化和清除自由基作用

研究表明，体内过剩的自由基是癌症发生的主要原因之一。人体内的许多代谢反应都可以产生自由基，如活性氧自由基（reactive oxygen species，ROS）和活性氮自由基（reactive nitrogen species，RNS），这些自由基可造成细胞的 DNA 损伤，尤其是 DNA 结构和功能的破坏，最终使细胞发生突变、癌变或病变死亡。及时有效地清除体内过量自由基是抗癌的一个重要机制。

茶多酚及其氧化产物作为一种高效低毒的自由基清除剂，具有极强的抗氧化和清除自由基作用，能抑制致癌物的代谢活化；抑制或阻断自由基造成的细胞 DNA 断裂；改变活性氧所诱发的与生长有关的基因表达，直接影响转录因子活性，以消除氧化损伤所带来的信息道路上的障碍，减少肿瘤的异常增生。

2. 抑制肿瘤细胞的增殖和转移

茶多酚及其氧化产物在体外具有细胞毒作用，对肿瘤细胞的生长具有明显的抑制作用，能显著抑制癌细胞的增殖。谢冰芬等研究发现茶多酚对体外培养的人鼻咽癌细胞（CNE_2）、人肺肿瘤 A549 细胞、GLC-82 细胞及乳腺癌细胞 MCF-7 都显示了较强的抑制作用，抑制率随茶多酚浓度增加而增强，其半数抑制浓度（IC_{50}）依次为 102.72、35.76、70.0μg/mL 及 63.10μg/mL。

茶多酚及其氧化产物的细胞毒作用可以通过影响肿瘤细胞生长周期的正常进程而抑制肿瘤细胞的生长，使肿瘤细胞停留在某一期。当癌细胞生长阻滞在 G_1 期达到某一程度和时间仍不能被解除、使细胞无法进入 S 期和 M/G_2 期时，将激活细胞内的某机制启动程序，导致细胞无法正常分化而死亡。谢冰芬等研究茶多酚（TP）对 CNE_2 细胞周期的影响发现，随茶多酚浓度增加，G_1 期细胞所占细胞周期的百分比也相应增加，而 S 期、G_2/M 期细胞逐渐减少，同时细胞分裂指数也随茶多酚浓度增加而逐渐降低；进一步研究茶多酚作用时间对 CNE_2 细胞在细胞周期分布的影响发现，随茶多酚作用时间的延长，细胞周期分布也显示了相同的趋势，证明茶多酚对肿瘤细胞生长周期具有一定的抑制作用，且存在有一定的量效和时效关系。茶多酚特别是 EGCG 还可调节有丝分裂过程中的信号传导，从而抑制肿瘤增生。

体内抗肿瘤作用研究表明茶多酚及其氧化产物可抑制多种肿瘤的形成，缩小肿瘤体积，抑制肿瘤细胞的浸润和转移。

3. 诱导肿瘤细胞凋亡

细胞凋亡是细胞在形态学和生物学上的积极死亡，正常的细胞凋亡在维持生物机体细胞增殖与死亡的平衡过程中起重要作用。一般认为恶性肿瘤细胞是肿瘤细胞丧失自发凋亡能力的最终结果，所以最有效的抗癌治疗可能是诱导肿瘤细胞的凋亡。

茶多酚及其氧化产物可诱导多种肿瘤细胞（包括肺癌细胞、胃癌细胞、结肠癌细胞、上皮癌细胞、白血病细胞和前列腺癌细胞等）的凋亡；且不同的儿茶素诱导肿瘤细胞凋亡的强弱程度不一，通常 EGCG 诱导肿瘤细胞凋亡的种类较多，诱导凋亡程度较强。诱导肿瘤细胞凋亡是茶多酚及其氧化产物抗癌的机理之一。

4. 影响癌基因的表达

细胞癌基因是正常细胞基因组的固有成员，在正常生理情况下，它们不表达或有限表达，其表达产物对正常细胞的生长、分化和发育等过程有调节作用；当受一定因素刺激后细胞癌基因得以表达或大量表达，产生异常的蛋白质，从而引起细胞的恶性转化。

EGCG 可影响致癌物诱导的癌基因表达。中南大学茶与健康研究室首次运用基因芯片技术揭示了茶中多酚类化合物 EGCG 可抑制癌基因的表达，诱导抗癌基因的高表达，通过改变这些基因的表达来诱导癌细胞"自杀"。

5. 调节致癌物的代谢

杂环胺类、芳香胺类、苯并芘、亚硝胺、黄曲霉毒素等都是强烈的化学致癌物，它们可以引发正常的细胞转变为癌细胞。Weisburger 等研究表明茶多酚（尤其是 EGCG）对这些化学致癌物质产生癌症的诱发作用具有强烈的抑制效果，且这种抑癌作用主要是通过增强这些致癌物的新陈代谢而实现的。

中国预防医学科学院研究表明茶叶对人体致癌性亚硝基化合物的形成均有不同程度的抑制和阻断作用，不仅能阻断 N - 亚硝基化合物在体内、体外合成，并能阻断 N - 亚硝基化合物合成有效成分，其中以绿茶的活性最高，其次为紧压茶、花茶、乌龙茶和红茶。茶叶的这种抑制作用主要是通过亚硝酸盐与儿茶素的快速反应达到的；6 种儿茶素均能阻止亚硝基化，且其作用强于维生素 C。6 种儿茶素的阻断能力为：EGCG > ECG、EGC > EC。

6. 抑制肿瘤新生血管的形成

Cao 等（1999）研究指出饮茶可以抑制肿瘤血管生成；徐力研究也发现绿茶及 EGCG 能够明显阻止肿瘤新生血管生长（徐力等，2006）。由于所有实体瘤的生长都依赖于血管发生，因此，茶多酚可通过抑制肿瘤新生血管的形成，将癌细胞周围的血管阻断，使生长快速的癌细胞无法获得营养和氧气，使癌细胞"饿死"而达到抗癌的目的。

7. 增强抗肿瘤药物的作用及抗肿瘤多药耐药性

茶多酚能增强抗肿瘤药物的抗肿瘤作用，如商悦等（2015）研究 EGCG 与西妥昔单抗联用抗食管癌结果表明，EGCG 能够明显促进西妥昔单抗的抗肿瘤作用。茶多酚还能逆转肿瘤细胞的多药耐药性，如朱爱芝等（2001）用免疫组化法和流式细胞仪对人乳腺癌细胞株（MCF - 7）和人乳腺癌阿霉素耐药细胞株（MCF - 7/Adr）的 P - 糖蛋白（多耐药基因编码的蛋白）表达水平进行了研究，并与 P - 糖蛋白的抑制剂奎尼丁进行了比较，结果表明茶多酚、奎尼丁的加入明显增加了 MCF – 7/Adr 对阿霉素的敏感性，说明茶多酚与奎尼丁一样具有多药耐药性逆转作用。

8. 增强机体免疫功能

机体免疫功能与肿瘤的发生发展关系密切。当宿主免疫功能低下或受抑制时，肿瘤发病率高；随着肿瘤的发展，肿瘤患者的免疫功能可能受到抑制。杨贤强通过研究茶多酚对机体免疫功能的影响，发现接受化疗和放疗的癌症病人服用茶多酚后血浆中免疫球蛋白（Ig）的含量增加，使机体非特异性免疫功能大大提高；同时，茶多酚还能显著提高机体巨噬细胞的吞噬功能，促进外周淋巴细胞转化，增强机体的细胞免疫功能。不仅如此，Sakagami 等（1995）研究表明 EGCG 能刺激人外周血单核细胞产生白细胞介素 – 1（IL – 1）和肿瘤坏死因子（TNF），且 EGCG 诱导胞内产生的 IL – 1β 和 IL – 1α 量明显高于胞外；EGCG 还可刺激贴壁细胞产生 IL – 1。白细胞介素和肿瘤坏死因子都是调节细胞免疫功能的细胞因子。由此可见，茶多酚能通过影响免疫系统，增强或调节机体免疫能力，从而抑制癌细胞的增殖和生长，对抗机体肿瘤的发生。

（二）胡萝卜素、维生素 C 和维生素 E

茶叶含有丰富的胡萝卜素、维生素 C、维生素 E，这些维生素均具有较好的抗癌活性。胡萝卜素对一些肿瘤的发生和发展可起到预防延缓作用。胡萝卜素可通过选择性细胞毒作用，抗脂质过氧化和清除自由基反应，及增强免疫效应细胞和免疫细胞因子活力，提高机体免疫力等发挥抗癌作用。胡萝卜素在人体内能转化成维生素 A。维生素 A 对肿瘤具有抑制作用，如维生素 A 可抑制化学致癌物诱发动物黏膜、皮肤与腺体肿瘤的形成，维生素 A 酸可抑制亚硝胺类化合物引起的小鼠前胃鳞状上皮增生和癌的发生，大量维生素 A 醋酸酯可抑制亚硝胺类化合物致大鼠食管乳头状肿瘤的作用，维生素 A 的代谢中间产物维甲酸对亚硝胺及多环芳烃诱发的小鼠前胃癌、膀胱癌、结肠癌、乳腺癌及大鼠的肺癌、鼻咽癌等均有明显的抑制作用等。

维生素 C 能增强机体对肿瘤的抵抗力，抑制强致癌物亚硝胺的合成，也可促使已形成的亚硝胺分解。维生素 C 进入人体后，与亚硝基形成亚硝基和维生素 C 的中间产物，从而抑制亚硝胺的形成。维生素 C 结合亚硝酸盐的能力比二级胺强得多，且维生素 C 很易取代二级胺，阻碍亚硝胺的形成。同时，维生素 C 还可降低 3，4 – 苯并芘、黄曲霉毒素的致癌作用，防癌于未然。

维生素 E 能够阻断某些脂质过氧化反应，从而表现出某些抗癌特性，也是最有效的自由基清除剂。维生素 E 与其他化合物相互作用，可提高细胞的抗氧化防御机能，这种机能对于维持细胞膜的完整性，减少脂质过氧化物的蓄积很重要。维生素 E 也可明显提高机体的免疫功能，增加微粒体过氧化氢酶活性，此酶在抑制肿瘤发生方面可能起作用。维生素 E 还可阻断致癌物亚硝胺的形成，对其他化学物质诱导的肿瘤形成也有抑制作用。

研究证明维生素 A、维生素 C、维生素 E 同时服用能使机体吸收达到最佳水平。茶叶中不仅含有丰富胡萝卜素、维生素 C、维生素 E，且恰好具备了这种天然的组合，因此，茶叶被认为是一种纯天然抗癌药物，能有效达到抗癌作用。

（三）硒

硒是人和动物体内必需的微量营养元素，也是一种很好的抗氧化剂，具有抗癌作用。硒可预防不同种类致癌物的致癌作用，能作用于致癌过程的不同阶段，预防不同组织部位的癌变过程。Allaway 的调查统计资料表明血硒含量与癌症死亡的关系呈极高度负相关。Vivtoma 等经过 9 年随访也认为硒能降低致癌物质的诱癌性，选择性地抑制癌细胞。

茶叶是一种硒含量较高的植物，尤其是富硒茶，具有较好的抗癌作用。如陕西紫阳县生产的紫阳富硒绿茶，其平均含硒量比一般茶叶高 5～10 倍。体外试验结果表明，紫阳富硒绿茶对人喉癌细胞的抑制作用大小与茶叶剂量密切相关；对亚硝胺形成有明显阻断作用，体外阻断率为 53.8%～84.44%。Ames 试验也证明，紫阳富硒绿茶可不同程度地减少细胞突变，从而对遗传损伤起保护作用。

（四）茶氨酸

茶氨酸本身无抗肿瘤活性，但能提高多种抗肿瘤药的活性。茶氨酸与抗肿瘤药并用时，能阻止抗肿瘤药从肿瘤细胞中流出，增强了抗肿瘤药的抗癌效果。茶氨酸还能减少抗肿瘤药的副作用，如调节脂质过氧化水平，减轻抗肿瘤药引起的白血球及骨髓细胞的减少等副作用。癌细胞浸润是癌细胞扩散的必要途径，茶氨酸还具有抑制癌细胞对周围组织浸润的作用，使癌细胞的扩散转移受到抑制而发挥抗癌作用。

三、抗突变

癌的发生理论研究表明机体和环境中致癌物的致癌性与其致突变性存在着极大的相关性，基因突变在肿瘤形成中起着重要的作用。因此，从某种意义上来说，减少人体基因突变就可以减少肿瘤的形成（山村雄一，1983）。

研究表明茶叶及其提取物有抗突变作用。Kada 等（1985）利用高频率自发回复突变株（*Bacillus subtilis* NIG1125 菌株）进行的研究显示，绿茶具有良好的抗突变效果；王刚等（2009）采用 Ames 实验研究表明，绿茶和白茶均有抗突变效果，且白茶的抗突变效果要好于绿茶；Shimoi 等（1986）研究也报道，（-）-EC、（-）-EGC、（-）-EGCG 及没食子酸等联苯三酚化合物都能降低紫外线诱致的 *Escherichia coli* β/γWP2的诱变率。

曹明富等（1993）采用 *E. coil* SOS 显色法、小鼠骨髓细胞微核及染色体畸变试验和体外自由基清除实验等方法测定了脱咖啡碱的高纯度茶多酚的抗突变和清除自由基作用，结果表明在 TP 的终浓度为 2.5mg/mL、5.0mg/mL 时，茶多酚对由阳性致突变物 N-甲基-N'-硝基-N-亚硝基胍（MNNG）、甲基磺酸乙酯（EMS）和叠氮化钠（NaN_3）诱导的 *E. coil* SOS 应答反应均具有明显的抑制作用；小鼠每日口服 40mg/mL、80mg/mL 和 120mg/mL 茶多酚均能显著抑制由环磷酰胺诱发的骨髓细胞微核、由丝裂霉素 C 诱发的骨髓细胞染色体畸变；且茶多酚具有很强的清除自由基活性。这些研究表明茶多酚清除有害自由基、中断或终止自由基的氧化反应是其抗突变作用的主要机制。

四、抗辐射

辐射分为电离辐射和非电离辐射。电离辐射包括核辐射、X 射线、γ 射线、中子辐射等，危害较大；非电离辐射包括紫外线、可见光、微波、手机、电脑、高压线、变电站、电视广播等产生的电磁场，危害性较弱。人们通常所说的"电磁辐射"属于非电离辐射。随着科学技术的发展、全球环境污染的日益严重及人们生活的现代化，人们暴露于辐射源和放射性等物质的可能性越来越多，如臭氧层的破坏导致到达地球表面的紫外线逐步增强。过量的紫外线辐射是造成人体皮肤衰老、皮肤光老化、皮肤癌变、免疫抑制等一系列病变产生的主要原因。

1945 年，日本广岛原子弹袭击幸存者中受辐射伤害较轻的大都是爱饮茶者，这一事实开启了茶是一种有希望的辐射解毒剂。苏联学者用 ^{90}Sr 照射小鼠，然后定期给小鼠喂浓缩的儿茶素，结果发现服用儿茶素的小鼠仍然存活，而对照组却因患放射病而死亡。王舟等（2003）探讨了绿茶对 ^{60}Co γ 射线诱发小鼠辐射损伤的保护作用。小鼠经 5Gy ^{60}Co γ 射线进行一次全身照射后饮绿茶，饮茶一周后饮茶组小鼠血清丙二醛（MDA）含量、骨髓嗜多染红细胞微核率显著低于辐射对照组，血清超氧化物歧化酶活力、骨髓细胞 DNA 含量和有核细胞数显著高于辐射对照组，表明绿茶对辐射损伤有一定的防护作用。这些研究表明茶多酚等活性物质具有抗辐射作用，能有效地阻止放射性物质侵入骨髓，并可使 ^{90}Sr 和 ^{60}Co 迅速排出体外，被健康及医学界誉为"辐射克星"。

茶叶之所以有抗辐射作用，是因为茶叶所含的茶多酚类物质，其含量占茶叶干物重的 18%～36%，有较强的清除自由基活性，能有效地避免辐射产生的过多自由基对生物机体大分子的损伤。Katiyar 等（2010）研究表明绿茶多酚能修复紫外线辐射受损的 DNA 片段，且在一定程度上抑制炎症的发生。郝述霞等（2011）研究表明茶多酚可通过清除自由基来达到抗 γ 射线照射所致的辐射损伤的作用。

茶多酚及其氧化产物还可吸收放射性物质，阻止其在人体内扩散。如茶多酚对波长为 200～330nm 的紫外线有较强的吸收，可减少皮肤受日光中紫外线辐射造成的伤害，减少皮肤黑色素的形成，被称为天然的紫外线"过滤器"。茶多酚及其氧化产物的抗辐射作用还表现在它们能有效地维持白细胞、血小板、血色素水平的稳定；改善由于放化疗造成的不良反应；有效地缓解射线对骨髓细胞增重的抑制作用；有效地减轻放化疗药物对机体免疫系统的抑制作用。

五、兴奋作用

茶叶早期是寺庙中的饮料，因为茶能驱除睡意，使僧侣道士在坐禅打坐时能保持较好的精神状态。1827 年茶叶中的咖啡碱被发现，人们终于认识了茶能使人兴奋的原因。咖啡碱是强有力的中枢神经兴奋剂，能兴奋神经中枢，尤其是大脑皮层。当血液中咖啡碱浓度在 5～6mg/L 时，会使人精神振奋，注意力集中，大脑思维活动清晰，感觉敏锐，记忆力增强。古人称之为"令人少眠""使人益思"。

咖啡碱刺激中枢神经的机制如下：神经递质（第一信使）作用于细胞膜上的受体，

激活了膜另一侧的腺苷酸环化酶，被激活的腺苷酸环化酶催化三磷酸腺苷（ATP）形成环磷酸腺苷（cAMP）。cAMP又称作第二信使，能引起细胞内一系列生化反应。磷酸二酯酶能水解cAMP生成5-磷酸腺苷（5-AMP）而失活。咖啡碱的作用在于能抑制磷酸二酯酶的活力，从而提高了cAMP的浓度水平和细胞内生化反应的水平（宛晓春，2003）。

茶叶碱和可可碱与咖啡碱类似，也有兴奋功能。

六、抗疲劳

茶叶抗疲劳的功效与茶叶所含咖啡碱、茶氨酸、茶多酚、茶多糖等成分密切相关。运动疲劳产生的机理主要有三种学说：能量枯竭学说、乳酸堆积学说和神经疲劳学说。因此，主要采用肝糖原、肌糖原、血乳酸等指标对疲劳程度进行衡量。王小雪等（2002）研究表明经口给予小鼠不同剂量的L-茶氨酸30d后，能明显延长小鼠负重游泳时间，减少肝糖原的消耗量，降低运动时血清尿素氮水平；对小鼠运动后血乳酸升高有明显的抑制作用，且能促进运动后血乳酸的消除，说明L-茶氨酸具有抗疲劳作用。

杜云（2012）研究表明，300mg/kg的茶多酚可增加大鼠跑台力竭时间，提高运动后大鼠血乳酸脱氢酶活力，同时降低大鼠运动后血乳酸及尿素氮水平，说明茶多酚对运动大鼠有明显的抗疲劳作用。蒋成砚等（2012）研究表明给小鼠饲喂普洱茶多糖能显著降低其血清尿素氮的形成，显著提高小鼠的运动耐力，延长其游泳时间，表明茶多糖具有一定的抗疲劳作用。

神经疲劳学说认为人体疲劳是由于神经系统衰弱，中枢神经兴奋降低，使肌肉收缩力减退而不能充分伸缩。茶所含咖啡碱能兴奋神经中枢，因此人们在感到疲劳的时候喝上一杯茶，能够刺激机能衰退的大脑中枢神经，使之由迟缓转化为兴奋，集中思考力，达到抗疲劳的功效。

七、降血脂

血脂是血浆中性脂肪（甘油三酯和胆固醇）和类脂（磷脂、糖脂、固醇、类固醇）的总称，其中甘油三酯和胆固醇是血脂的主要成分。所谓降脂主要是指降低血液中胆固醇的含量。胆固醇是人体制造胆汁酸、皮质激素、性激素所不可缺少的物质；但如果胆固醇摄取过多，导致血液中胆固醇含量增加，血液即变成沉重黏糊的状态而易于黏着在血管内壁，损害血管并使血管狭窄，影响正常的血液循环，严重地会导致动脉硬化、高血压、冠心病、心肌梗死等病变。

饮茶有降低血脂的效果。Imai等（1995）研究了日本1371位居民的饮茶习惯和他们的血脂状况。研究结果表明饮茶可以降低人体血浆总胆固醇（TG）、甘油三酯（TC）、低密度脂蛋白（LDL）水平，增加高密度脂蛋白（HDL）水平。

饮茶降血脂主要是因为茶所含茶多酚、茶色素和茶多糖等成分有降血脂功效，它们能减少血液中脂肪的水平，促进总脂和胆固醇的代谢，降低体内胆固醇含量；还能阻止食物中不饱和脂肪酸的氧化，减少血清胆固醇在血管壁上的沉积；茶多酚等物质还具有促进脂类化合物从粪便中排出的效果。茶叶中所含的维生素 C 和维生素 P 也具有改善微血管功能和促进胆固醇排出的作用。茶降血脂作用机理主要有以下几个。

（一）调节饮食中脂肪的消化和吸收

胰脂肪酶是水解膳食脂肪最重要的酶。茶叶提取物和儿茶素可以抑制胰脂肪酶活性，从而抑制肠道脂质消化。Ikeda 等（2005）研究表明高 EGCG 和 ECG 含量的混合儿茶素可以在体外抑制胰脂肪酶活力，且可以在体内剂量依赖性地抑制餐后总胆固醇升高。范志飞等（2012）研究报道 EGCG 对胰脂肪酶具有较强的荧光猝灭作用，并通过疏水键、氢键及 Pi－Pi 堆积作用与胰脂肪酶结合，阻碍底物进入酶活中心，从而抑制其催化活性。

（二）调节脂蛋白

脂类在体内的转运主要依赖于脂蛋白。低密度脂蛋白是体内运输内源性胆固醇从肝脏到机体各组织的脂蛋白，而高密度脂蛋白是运输外源性胆固醇到肝脏进行代谢，从而减少体内胆固醇含量。Bahorun 等（2012）研究表明茶叶及其提取物可以降低血清低密度脂蛋白水平，升高血清高密度脂蛋白水平。

吞噬细胞吞噬了氧化的低密度脂蛋白后，形成充满脂质堆积的泡沫细胞堆积在血管壁上；持续的堆积使得血管壁增厚、弹性减低、血流量减少，进而硬化。如果能将血液中氧化的低密度脂蛋白减少，那就可以降低动脉硬化的发生。Miura 等和 Vinson 等分别研究发现儿茶素可抑制低密度脂蛋白的氧化反应，且不同儿茶素的抑制效果不同，抑制大小顺序为 EGCG＞ECG＞EC＞C＞EGC。

（三）调节肝脏和脂肪组织中脂质的代谢

Ikeda 等（2005）研究表明膳食补充 1% 的茶叶儿茶素和热处理的儿茶素 23d，可以显著降低 Sprague Dawley（SD）大鼠肝脏中脂肪酸合成酶和苹果酸酶的活力，并有降低 6－磷酸葡萄糖脱氢酶和酰基辅酶 A 氧化酶活力的趋势。这些酶都与脂肪合成相关，脂肪酸合成的减少将导致肝脏和脂肪组织中甘油三酯的沉积减少，表明茶有抑制肝脏脂肪合成的作用。

茶及其提取物还可促进体内脂肪的分解。体内能量主要以甘油三酯的形式贮存在脂肪组织中，激素敏感性脂肪酶（HSL）参与贮存的甘油三酯水解为单酰甘油和游离脂肪酸的限速阶段。Lee 等（2009）研究表明 EGCG 可以增加激素敏感性脂肪酶和甘油三酯酶的 mRNA 水平，从而增强激素敏感性脂肪酶和甘油三酯酶活力，促进体内脂肪的分解。

八、降血压

茶有降血压的功效，这在我国传统医学界早有报道。现代研究也表明饮茶对高血压患者有降血压作用。Zhen 等（2002）调查了 964 名 30 岁以上的男子饮茶情况与高血压之间的关系，发现喝茶的人平均高血压的发病率（6.2%）显著低于不饮茶的人群的发病率（10.5%）。

高血压的形成是受血管紧张素类物质所调节的。当血管紧张素 I 在血管紧张素转换酶（ACE）的作用下转变为血管紧张素 II 后，才具有升压的活性。研究表明儿茶素及其氧化产物对血管紧张素 I 转移酶的活力有明显的抑制作用，能有效地抑制血管紧张素 I 转变为血管紧张素 II，起到直接降血压的作用（陈宗懋等，2014），其中以 EGCG、ECG 和游离儿茶素的抑制作用最强。茶多酚还能降低外周血管阻力，直接扩张血管；可促进内皮依赖性松弛因子的形成，松弛血管平滑肌，增强血管壁和调节血管壁透性而起到抗高血压作用。

茶氨酸也有降压作用。Yokogoshi 等（1995）研究报道，给高血压自发症大鼠腹腔注射不同剂量的茶氨酸（1500 ~ 2000mg/kg）后，大鼠收缩压、舒张压和平均血压均显著下降；与茶氨酸结构相似的谷氨酰胺却没有发现有降低血压的作用。血压的调节主要是通过中枢及末梢神经系统的儿茶酚胺和 5 - 羟色胺浓度的增减来实现的。Yokogoshi 等研究还发现当大鼠给予茶氨酸处理后，茶氨酸可在脑中积累，而脑中的 5 - 羟色胺及其代谢产物含量会明显下降，且这种下降也存在剂量依赖性，表明茶氨酸是通过影响末梢神经或血管系统而不是脑中的 5 - 羟色胺水平来实现的。

茶所含的其他成分也有降血压的功效。茶叶中的咖啡碱、茶叶碱等可使血管平滑肌松弛，扩张血管，使血液不受阻碍而易流通，具有直接降压作用。钠的摄入量与血压密切相关，咖啡碱、茶叶碱等具有的利尿、排钠作用，可起到间接降压作用。茶的利尿、排钠效果很好，若与饮水比较，要大 2 ~ 3 倍。茶叶中的维生素 C、维生素 P 等也能改善血管功能，增强血管的弹性和通透性，达到降血压目的；维生素 P 还能扩张小血管，起到直接降血压作用。

九、降血糖

血液中的葡萄糖称为血糖。体内各组织细胞活动所需的能量大部分来自葡萄糖，所以血糖必须保持一定的水平才能维持体内各器官和组织的需要。空腹时血糖浓度超过 6.1mmol/L 或餐后 2h 血糖浓度超过 7.8mmol/L 时称为高血糖。如果血糖浓度超过 8.96 ~ 10.08mmol/L，就有一部分葡萄糖随尿排出，这就是糖尿。糖尿病是由于胰岛素不足和血糖过多而引起的糖、脂肪和蛋白质等的代谢紊乱。

研究已证实饮茶能够降血糖。饮茶降血糖机理主要有以下几个。

（一）茶多酚及其氧化产物的降糖作用机制

茶多酚对人体的糖代谢障碍有调节作用，能降低血糖，从而有效地预防和治疗糖尿病。丁仁凤等（2005）研究了茶多酚对四氧嘧啶致糖尿病大鼠的降血糖作用和机制，结果表明茶多酚有显著抑制糖尿病大鼠血糖升高的作用。茶多酚的降糖作用机理主要体现在提高胰岛素敏感性、抑制葡萄糖运转载体活性、抑制肠道内相关酶类的活性、降低胰岛 β - 细胞的氧化损伤以及下调控制葡萄糖异生作用基因的表达五个方面。

1. 提高胰岛素敏感性

持续高血糖可直接损伤细胞功能及胰岛素敏感性，导致血糖进一步升高，形成恶性循环。茶多酚及其氧化产物能在一定程度上增加胰岛素的活性，以 EGCG 效果最好。胰岛素具有抑制肝糖原降解、刺激肝脏和肌肉合成糖原的作用。胰岛素活性的增加对于减少肝脏中葡萄糖的生成量、降低血糖具有直接作用。

俞河松等（2009）研究了茶多酚对 II 型糖尿病大鼠胰岛素抵抗的影响，采用链脲佐菌素所致的Ⅱ型糖尿病大鼠模型组血糖、胰岛素水平均高于正常对照组，胰岛素敏感指数显著低于正常对照组；灌服茶多酚10周后，大鼠的血糖、胰岛素水平显著低于模型组，胰岛素敏感指数显著升高，表明茶多酚具有增加胰岛素敏感性的作用，可明显改善胰岛素抵抗。

2. 抑制相关酶的活力

复杂的碳水化合物必须在体内经过相关酶水解成小分子物质才能被吸收。大量研究发现茶多酚能抑制 α - 淀粉酶、蔗糖酶和 α - 葡萄糖苷酶等消化酶的活力，干扰碳水化合物的消化，进而达到降低血糖的目的。

3. 降低胰岛 β - 细胞的氧化损伤

胰岛素是一种蛋白质类激素，是维持血糖水平正常的主要激素之一。体内胰岛素是由胰岛 β - 细胞分泌的，而胰岛 β - 细胞极易受自由基的损害。茶叶中的茶多酚是高效自由基清除剂，可直接清除自由基及激活机体自身的抗氧化体系，通过提高机体的抗氧化能力直接或间接保护胰岛 β - 细胞免受自由基的伤害，增加胰岛素的分泌，防止氧化应激诱导的糖尿病，或降低血糖，一定程度地改善糖尿病病情。

4. 抑制肠道中 Na^+ 依赖性葡萄糖运转载体活性

肠道内葡萄糖的吸收主要是通过钠依赖性的 Na^+ - 葡萄糖共转运载体（SGLT1）的运载作用实现的。这种葡萄糖运转载体上有 Na^+ 的结合位点，Na^+ 与 SGLT1 结合以后使其构象发生变化，使葡萄糖结合到 SGLT1 的结合位点上，然后葡萄糖和 Na^+ 一起被转运到细胞膜的另一侧。茶多酚中的 EGCG 和 ECG 虽然并不通过 SGLT1 转运，但它们可作为一类似于拮抗物的分子结合到 SGLT1 上，从而竞争性抑制了小肠内葡萄糖的运输，从而抑制了 SGLT1 的活性。

5. 减弱肝脏糖异生功能，促进肝糖原合成

茶多酚可以通过胞内磷脂酰肌醇激酶（PI3K）途径调节肝脏糖异生作用，减少肝糖原输出，促进糖原合成，降低血糖水平；茶多酚也能通过腺苷酸活化蛋白激酶（AMPK）信号通路减弱糖异生作用，促进糖原合成，降低血糖水平。

（二）茶多糖的降糖作用及机制

中国和日本民间很早就使用粗老茶治疗糖尿病。1987 年，日本学者清水岑夫研究发现茶多糖是粗老茶治疗糖尿病的主要成分，随后兴起茶多糖降血糖的研究。

目前研究证明茶多糖有降低血糖的作用，但是茶多糖降血糖的机制比较复杂，可能是通过不同途径来达到降低血糖目的的。

1. 保护胰岛细胞，促进胰岛素分泌

茶多糖可通过提高机体抗氧化能力，保护胰岛 β - 细胞，促进胰岛素分泌。吴建芬等（2003）研究表明茶多糖对四氧嘧啶所致高血糖小鼠有显著的降血糖作用，其降血糖机制为提高了肝脏的抗氧化能力。

2. 提高胰岛素敏感性

薛长勇等（2005）探讨了绿茶茶多糖对 KKAy 遗传性糖尿病小鼠血糖和过氧化物增殖体激活型受体 γ（PPAR - γ）活性的影响，结果表明茶多糖不仅能改善糖尿病小鼠的葡萄糖耐量，还能降低空腹血糖、餐后血糖、果糖胺；绿茶茶多糖也能抑制糖异

生和提高胰岛素敏感性，剂量依赖性地激活 PPAR－γ。这些表明茶多糖具有良好的降血糖作用，其作用机制可能是通过激活 PPAR－γ 而使其介导的胰岛素敏感性增高所致。

3. 调节糖代谢有关酶的活力

葡萄糖激酶是己糖激酶的同工酶，主要存在于成熟肝实质细胞和胰岛 β－细胞中，催化葡萄糖转变为 6－磷酸葡萄糖，在肝脏糖代谢中起着重要作用。吴建芬等（2003）研究表明茶多糖对四氧嘧啶所致高血糖小鼠有显著的降血糖作用，其降血糖作用机制可能与增强肝葡萄糖激酶活力有关。

抑制糖的消化分解及葡萄糖转运活性是降低餐后血糖的重要环节之一。茶多糖可抑制糖降解相关酶活力（α－葡萄糖苷酶、α－淀粉酶）和小肠刷状缘囊泡葡萄糖转运能力，从而延缓小肠对糖的消化吸收。丁仁凤等（2005）研究报道，茶多糖能显著抑制四氧嘧啶所致糖尿病大鼠的血糖升高，其作用机制可能是抑制小肠糖降解酶活性。

十、减肥

肥胖是指机体由于生理生化机能的改变而引起体内脂肪沉积量过多，造成体重增加，导致机体发生一系列病理生理变化的病症。肥胖属于代谢失调症，能影响整个机体的正常功能。

我国古医书里早就有茶叶减肥功效的记载，"去腻减肥、轻身换骨""解浓油""去人脂""久食令人瘦"等，且各种茶叶均有一定的减肥功能。现代研究表明茶叶具有良好的减肥功效是由于它所含的多种有效成分的综合作用，尤以茶多酚及其氧化产物、咖啡碱等最为重要。如茶多酚和茶黄素，特别是 EGCG，能显著抑制前脂肪细胞3T3－L1 的增殖、分化，抑制细胞内脂质的积累（Kim 等，2010）；儿茶素对肥胖受试对象机体的脂类代谢过程具有调节作用，能通过刺激机体热生成、降低机体对食物营养成分的吸收等作用而减少机体的能量摄入和存贮。脂肪酸合成酶（FAS）是肥胖症的重要治疗靶标，茶叶减肥的机理之一就是抑制脂肪酸合成酶活力。Wang 等（2003）研究报道 EGCG 是一种天然的脂肪酸合成酶抑制剂。

咖啡碱具有促进体内脂肪分解的作用，使其转化为能量，产生热量以提高体温，促进出汗等，提高人体消耗热量的速率。一项研究发现 100mg 的咖啡碱能使人体的新陈代谢率增加 3%～4%，增加热能的消耗，适量饮用，有减重效果。茶叶咖啡碱可能通过与儿茶素的协同作用，促进机体热生成，具有减肥作用。Dulloo 等（1999）研究发现含咖啡碱和儿茶素的茶叶提取物的热生成作用大于等量咖啡碱的作用，表明茶叶刺激机体热生成而产生的减肥作用是咖啡碱和儿茶素的协同作用。杨丽聪等（2011）研究表明咖啡碱与茶多酚组合可通过抑制小鼠肝脏内脂肪酸合成，提高脂肪氧化，减少脂肪在体内沉积，达到减肥效果。

茶叶减肥的作用机制归纳起来主要有：促进脂类物质的代谢；抑制食物中脂肪物质的分解，减少食物利用率；促进能量消耗，产生热量；抑制脂肪沉积，促进脂肪分解。

十一、抗过敏

人在患上过敏症时，抗原侵入体内，引起淋巴细胞发生反应而释出抗体；当抗原再次侵入体内时，就会引起细胞内发生复杂的抗原与抗体反应，引起过敏症状的出现。

茶有抗过敏的作用。早期研究表明茶多酚可以有效抑制肥大细胞释放组胺。组胺是一种活性胺化合物，可以影响许多细胞的反应，对过敏反应有重要调节作用。Yamashita 等（2000）研究报道，儿茶素中的 EC 和 EGCG 能抑制嗜碱性白血病（RBL－2H3）细胞受抗原刺激诱发的组胺释放，EGCG 的抑制活性更强。江涛等（1999）研究表明，茶多酚能明显抑制小鼠被动性皮肤过敏反应、组胺所引起的回肠平滑肌收缩而使组胺收缩曲线右移，并能抑制豚鼠 Schultz－Dale 反应的回肠收缩及致敏豚鼠肺组织中慢反应物质（SRS－A）的释放，表明茶多酚的抗过敏作用可能与抗组胺及抑制慢反应物质生成有关。茶多酚还能抑制活性因子如抗体、肾上腺素、酶等引起的过敏反应，对哮喘、花粉症等过敏病症有显著疗效。

Akagi 等（1997）研究表明茶皂素也有抗过敏活性。通过动物试验发现茶皂素可以抑制大鼠试验过程中诱发的过敏性哮喘，还可以抑制 48h 的同源被动过敏反应，其效果与传统抗过敏药物曲尼斯特相似；茶皂素还可以抑制大鼠腹膜肥胖细胞诱发的组胺释放，说明茶皂素是一种对临床过敏有效的保护剂。

十二、抗菌与抗病毒

早在神农时期，茶就被用于杀菌消炎。现研究发现茶具有杀菌、抗病毒作用是由于茶所含的茶多酚、茶皂素等成分。

（一）抗菌作用

茶多酚及其氧化产物具有抗菌广谱性，对自然界中几乎所有的动、植物病原细菌都有一定的抑制能力，其中包括肉毒芽孢杆菌、肠炎弧菌、霍乱弧菌、鼠伤寒沙门菌、黄色弧菌、副溶血弧菌、嗜水气单胞菌嗜水亚种、金黄色葡萄球菌、肠炎沙门菌、蜡状芽孢杆菌、大肠杆菌、肉毒杆菌等。茶多酚及其氧化产物的抑菌具有极好的选择性，通过干扰病菌的代谢而发挥抑菌活性，同时能维持正常菌群的平衡，且对某些有益菌的增殖有促进作用。茶多酚及其氧化产物的抑菌还不会使细菌产生耐药性。

茶多酚及其氧化产物对某些真菌也有抑菌活性。利用浓茶水洗脚来治疗脚气就是利用茶叶中的茶多酚、茶皂素等来对抗致人皮肤病的病原真菌，对斑状水泡白癣真菌、头状白癣真菌、汗泡状白癣真菌均有较强的抑制作用。

茶皂素也有很好的抗菌活性，已在利用茶籽饼作为防治某些皮肤病的应用中得到体现。研究表明茶皂素对大肠杆菌，白色链球菌，红色毛癣菌、黄色癣菌、紫色癣菌、絮状表皮癣菌等多种皮肤瘙痒病菌，及稻瘟病菌、水稻纹枯病菌等多种植物病原菌均有很好的抗菌活性。

不仅如此，茶多酚及其氧化产物、茶皂素与其他杀菌剂联用还具有抑菌增效功能。张慧勤（2011）研究表明，茶皂素分别与代森锰锌、多菌灵混用可显著增强它们对茶树轮斑病菌的抑菌活性，具有抑菌增效的作用。茶黄素与 5 种唑类药物（氟康唑、酮康唑、咪康唑、伏立康唑、伊曲康唑）及 2 种多烯类药物（制霉菌素、两性霉素 B）联合作用于临床耐药白念珠菌，结果表明有明显的协同作用，与单独用药相比，可将抗真菌药物的有效浓度降低至 1/35 ~ 1/10。

（二）抗病毒作用

Weber 等（2003）研究表明儿茶素有抗腺病毒作用，四种儿茶素组分抗腺病毒活性，以 EGCG 的抑制活性最高；在含 EGCG 的培养基中培养受腺病毒感染的细胞，病毒数量减少至 1/100。彭慧琴等（2003）研究表明将流感病毒 A3 在含一定剂量茶多酚的培养基中培养，流感病毒 A3 的活性和繁殖速率显著下降，说明茶多酚具有降低病毒活性、抑制病毒增殖的作用。

研究表明茶多酚及其氧化产物对流感病毒（引起急性呼吸道感染）、人类免疫缺陷病毒（HIV）、腺病毒（引起呼吸道、胃肠道、尿道和膀胱、眼、肝脏等感染发病的病毒）、人 EB 病毒（人类疱疹病毒，主要感染人类口咽部的上皮细胞和 B 淋巴细胞）、人轮状病毒（引起人感染病毒性腹泻）等均有抗病毒活性，对 SARS 病毒（引起严重急性呼吸系统综合征，即"非典"）也有一定的抗病毒活性。

十三、明目

茶的明目功效，自古以来就为人所乐道。现代研究表明茶的明目功能主要是因为茶含有丰富的维生素及茶多酚类物质。

维生素 C 是人眼晶状体的重要营养物质，眼内晶状体对维生素 C 的需求量比其他组织要高得多；若维生素 C 摄入不足，易致晶状体浑浊而患白内障。维生素 B_1 是维持神经（包括视神经）生理功能的营养物质，可以防止因患视神经炎而引起的视力模糊和眼睛干涩。维生素 B_2 对人体细胞起着氧化和还原作用，可营养眼部上皮组织，是维持视网膜正常功能所必不可少的活性成分，对防止角膜炎、角膜浑浊、眼干惧亮、视力衰退等有效；维生素 B_2 缺乏易引起角膜浑浊，眼干羞明，视力减退及角膜炎的发生等。维生素 A 在视网膜内与蛋白质合成视紫红质，视紫红质可以增强视网膜的感光性，因此有明目的功效；当维生素 A 缺乏时，视网膜内视紫红质的合成会大大减少，暗适应力即大为降低，就会出现在暗处或黄昏时视物不清的症状，即夜盲；维生素 A 还能维持上皮组织的结构完整和功能健全，当维生素 A 缺乏时，可使泪腺上皮受影响，泪液分泌减少，而产生干眼病；维生素 A 缺乏还可导致角膜和结膜易于感染、化脓，甚至发生角膜软化、穿孔等严重疾病。

茶多酚是一种高效抗氧化剂，可维持晶状体的正常功能，对眼部疾病有好的预防和治疗之效，如 EGCG 对视紫红质的降解有一定的保护作用，对过氧化氢和紫外线诱导的视网膜神经节细胞氧化应激损伤有明显的保护和修复作用；茶多酚还是一种有效的抑菌剂，对各种病原菌引起的眼部疾患有防治作用，这些功能都决定了茶多酚对眼睛有保护作用。

十四、利尿

人的尿液是血液通过肾小球毛细血管的过滤作用而产生的。肾脏滤过的血液数量相当大，大部分由肾小管重新吸收回血液中，只有一小部分形成尿液经肾盂、输尿管进入膀胱后排出。人体代谢过程中形成的尿素等废物是以尿液的形式通过泌尿系统排出体外的。

咖啡碱具有强大的利尿作用。其作用机理为通过扩张肾脏的微血管，使肾脏血流量增加，肾小球过滤速度增加，抑制肾小管的再吸收，从而促进尿的排泄。咖啡碱对膀胱的刺激作用也协助利尿。与喝水相比，喝茶时排尿量要多 1.5 倍左右。

咖啡碱的利尿作用能增强肾脏的功能，防治泌尿系统感染。通过排尿，能促进许多代谢物和毒素的排泄，其中包括酒精、钠离子、氯离子等，因此咖啡碱有排毒的效果，对肝脏起到保护作用。咖啡碱的利尿作用还有利于结石的排出。

茶叶碱和可可碱与咖啡碱类似，也有利尿功能。

十五、解毒

茶有解毒的功能，可有效缓解和防治重金属、化学药物等的毒副作用。重金属包括铅、砷、镉、镍、锑、铍、铅、汞等可由呼吸、饮食进入身体。重金属在体内积蓄会导致头昏眼花、腹部疼痛、呕吐和休克，损害胃、肠、肝、肾等器官，损害神经系统，引起衰老。茶多酚对铅、镉、镍等多种重金属离子有配合、还原等作用，能减轻重金属离子对人体的毒害（张白嘉等，2007）。朴宰日等（2003）研究报道，儿茶素能改善铅诱导的细胞氧化损伤，使细胞活力升高，丙二醛水平下降；铅中毒小鼠体内蓄积的 Pb 含量显著增加，茶多酚对小鼠肝脏排 Pb 有显著作用。

吸烟者因尼古丁的吸入可致血压上升、动脉硬化及维生素 C 的减少而加速人体衰老；烟气还会导致肺细胞膜脂质过氧化损伤。茶中所含的茶多酚和维生素 C 有助于缓解香烟的这些毒害作用。不仅如此，茶具有的兴奋、改善肝功能和利尿等作用，还有助于缓解酒精、烟碱、吗啡等的麻醉和中毒症状。茶所含的茶多酚类物质对蛇毒液中含有的活性蛋白酶的活力有较强的解毒性和抑制性，因此，茶也能解蛇毒。

十六、解酒

茶有解酒的功效。一方面，茶所含的咖啡碱等物质能提高肝脏对物质的代谢能力，增强血液循环，把血液中的酒精排除，缓和和消除由酒精所引起的刺激，解除酒毒；另一方面，茶所含的咖啡碱、茶叶碱和可可碱有利尿作用，能刺激肾脏使酒精从小便中迅速排出，解除酒精的毒害；同时，酒精经肝脏分解时需要维生素 C、维生素 B 等参加，饮茶补充维生素 C、维生素 B，有利于酒精在肝脏中解毒。

十七、其他作用

茶所含的咖啡碱和茶多酚类物质可增强消化道的蠕动，因而有助于食物的消化，预防消化器官疾病的发生；咖啡碱还可刺激交感神经，提高胃液分泌。

茶树是一种富氟植物，含氟量比一般植物高十倍至几十倍；氟元素有固齿防龋的作用。另一方面，茶叶中的茶多酚类化合物有很强的抑菌作用，可有效杀灭口腔中的多种细菌，降低龋齿的可能性，对牙周炎、口臭等口腔疾病也有一定疗效。

第二节 不同茶类的保健功能

随着现代科学技术的发展，茶叶的多种成分被发现，茶叶的生化特性被剖析，茶叶的功效之谜逐步被解开。茶叶具有的多种功效与其所含的多种成分密切相关，且各成分间存在着相互促进、协调、牵制等复杂的关系。由于茶叶的加工工艺不同，不同茶类所含的化学成分也有差异，导致不同茶类的保健功能也有所不同。

一、绿茶的保健功能

绿茶，属不发酵茶，是将采下的茶鲜叶经摊放、杀青、揉捻、做形、干燥等工序加工而成的。杀青是绿茶加工的关键工序，通过杀青，钝化了多酚氧化酶的活性，抑制了多酚氧化等各种酶促反应，较多地保留了鲜叶内的天然成分。因此，绿茶中茶多酚、氨基酸、咖啡碱、维生素 C 等主要功效成分含量较高，绿茶的抗氧化、抗衰老、抗辐射、抗癌、降血压、抑菌消炎等保健作用比较突出。

（一）保健机制

1. 抗衰老

绿茶多酚（green tea polyphenols，GTP）有较强的抗氧化和清除自由基活性，可减轻自由基的损伤作用，延缓衰老。日本研究人员研究发现有规律地饮用绿茶，能在人变老时延缓大脑老化，降低人患老年痴呆症的风险，这是首次在人身上发现绿茶有预防老年痴呆症的作用。罗基花等（2004）研究发现绿茶多酚对 D – 半乳糖所诱导的衰老小鼠学习记忆障碍有较好的改善作用，推测其改善学习记忆的作用可能与其提高体内超氧化物歧化酶活力有关。李军等（2013）研究也表明绿茶多酚具有一定的抗衰老作用，其抗衰老机制与其提高衰老小鼠机体抗氧化能力，提高衰老小鼠机体免疫功能，提高衰老小鼠脑组织中单胺类递质含量，提高衰老小鼠脑组织一氧化氮合酶（NOS）的活力等有关。

2. 抑菌

绿茶可防治口腔疾病。绿茶所含的茶多酚是一种广谱天然抑菌剂，有较强的抑菌、杀菌活性。茶多酚对变形链球菌、边缘链球菌、血链球菌等口腔主要致龋菌，肺炎球菌、表皮葡萄球菌、乙型链球菌等口腔咽喉主要致病菌，坏死梭杆菌、牙龈卟啉菌等牙周病相关细菌均具有不同程度的抑制和杀伤作用。饮绿茶后 1 h 内，口腔中残留的毫克级茶多酚类化合物能有效预防口腔疾病（包括龋齿、牙周疾病和口腔癌等）和清除口臭。

茶多酚对肠道菌群具有极好的选择性，即抑制有害菌和促进有益菌，有调整胃肠道菌群的作用。茶多酚对肠杆菌科许多属的有害细菌表现较强的抑菌能力和极好的选择性，如杆菌属（大肠杆菌，伤寒杆菌，甲、乙副伤寒杆菌，肠炎杆菌，志贺、福氏、宋氏痢疾杆菌，产气杆菌，肉毒杆菌，蜡样芽孢杆菌）、弧菌属（霍乱弧菌、金黄弧菌、副溶血弧菌）及金黄色葡萄球菌、肠炎沙门菌、嗜水气单胞菌嗜水亚种、小肠结肠炎耶尔森菌等致病菌，且茶多酚抗菌不会使细菌产生耐药性。茶多酚对肠道中某些有益菌（如乳酸杆菌、双歧杆菌及乳酸球菌）的生长和增殖有促进作用，可以改善肠内微生物菌群状况。

3. 抗癌

茶多酚有很强的抗癌活性，在癌细胞的各个时期均对其有抑制作用，且对多种癌均有抗癌活性。研究表明绿茶能够比红茶更有效地减少吸烟者患上肺癌的危险，能防止实性肿瘤（乳腺癌、肺癌和胃肠癌等）的发生，能减缓前列腺癌的发展速度，能预防皮肤癌、淋巴癌和肝癌的发生，能够提高患卵巢癌妇女的生存率，且有可能减少60%患子宫癌的机会等。

4. 防治心血管疾病

药理学研究表明，绿茶所含的茶多酚具有潜在的抗慢性心血管疾病的作用。长期摄取绿茶提取物可以预防和缓解动脉粥样硬化及阻止动脉硬化（AS）进一步发展，且与动脉硬化引起的冠心病、心肌梗死和中风导致的死亡呈负相关。饮用绿茶越多，冠状动脉显著性狭窄患者的发生率也越低。

高脂血症是冠心病的一个主要危险因素，绿茶可以使总胆固醇和低密度脂蛋白水平出现显著降低，提高血清抗氧化活性，并且可以通过有效地抑制低密度脂蛋白的氧化修饰来预防动脉粥样硬化。绿茶多酚还可通过抗血小板聚集的作用发挥其抗血栓的保护作用。随机临床实验结果还表明绿茶保护心血管的作用还体现在茶多酚的降血压、降血脂和对心、脑的保护作用等方面。

5. 预防阿尔茨海默病

胆碱酯酶抑制剂是治疗阿尔茨海默病（AD，老年痴呆症的一种）的主要药物。研究发现乙酰胆碱酯酶和丁酰胆碱酯酶存在于早期老年性痴呆症患者大脑的病变神经斑块中。绿茶提取物能抑制乙酰胆碱酯酶和丁酰胆碱酯酶的活力，抑制 β - 促分泌酶活力，从而减少大脑中 β 淀粉样蛋白蓄积。

6. 抗病毒

艾滋病（AIDS），又称获得性免疫缺陷综合征，是一种危害性极大的传染病，是世界上最难治愈的三大疾病之首。艾滋病是一种免疫缺陷病，是因感染人类免疫缺陷病毒（HIV）即艾滋病病毒而引起的。艾滋病病毒传染性很强，把人体免疫系统中最重要的 CD4 T 淋巴细胞作为主要攻击目标，即 CD4 是艾滋病毒的受体。艾滋病毒外层囊膜系双层脂质蛋白膜，其中嵌有 gp120 和 gp41，分别组成刺突和跨膜蛋白。当艾滋病毒的囊膜蛋白 gp120 与细胞膜上的 CD4 结合后，由 gp41 介导使病毒穿入易感细胞内，造成免疫淋巴细胞破坏。

现代研究表明绿茶具有抗艾滋病病毒的作用，多饮绿茶可预防感染艾滋病的风险。绿茶多酚的主成分 EGCG 能够与 CD4 结合，降低细胞表面 CD4 的表达，竞争性抑制了艾滋病毒膜糖蛋白 gp120 与 CD4 的结合，保护部分免疫淋巴细胞免受攻击（Kawai 等，2003）。

乙肝是由乙肝病毒感染引起的，绿茶有抗乙肝病毒的作用。Xu 等（2008）研究报道，绿茶提取物通过有效抑制乙肝病毒 DNA 的复制、降低复制中间产物的量、干扰乙肝病毒 mRNA 的转录来达到抗乙肝病毒的作用。Zhong 等（2006）报道，绿茶提取物还对葡萄糖苷酶有抑制作用，而葡萄糖苷酶是乙肝病毒加工合成糖蛋白和糖脂必不可少的。

许君等（2009）表明绿茶提取物还对流感病毒（引起急性呼吸道感染）、腺病毒（引起呼吸道、胃肠道、尿道和膀胱、眼、肝脏等感染发病的病毒）、人 EB 病毒（人类疱疹病毒，主要感染人类口咽部的上皮细胞和 B 淋巴细胞）、人轮状病毒（引起人感染病毒性腹泻）等有抗病毒活性。绿茶也有抗"非典"病毒的作用。美国西弗吉尼亚大学医学院专家认为常饮绿茶是有效预防"非典"的手段之一，因为绿茶中含有大量的茶多酚等抗氧化活性物质，能够很好地增强人体的免疫系统。绿茶现已成为世界卫生组织提出的可预防非典的 10 种食物之一。

（二）饮绿茶的注意事项

绿茶不耐贮藏，易氧化变质。因此，贮藏绿茶时要低温、避光、防潮、避氧、避异味。夏季贮藏绿茶时，最好将茶叶装在密封容器内，放入冰箱低温保存。绿茶性微寒，容易刺激肠胃，属于寒凉性体质的人或疾病患者（虚寒、内寒、胃寒）应少饮或不饮绿茶；患有胃溃疡、慢性胃炎等消化道疾病的患者也要尽量少饮或不饮绿茶；然而，患有肠炎、痢疾等消化道疾病的患者较宜饮绿茶。女性在经期、孕期、哺乳期和更年期等特殊时期也要尽量少饮绿茶。

二、黄茶的保健功能

黄茶为我国特有的茶类，由绿茶加工工艺发展而来，特殊的闷黄工艺造就了其独特的"三黄"品质（干茶黄、汤色黄、叶底黄）。黄茶香气清悦醇和，富含茶多酚、氨基酸、可溶性糖、维生素等丰富的营养物质，鲜叶中天然物质保留达 85% 以上，这些物质对提神醒脑、消除疲劳、消食化滞、防癌抗癌、杀菌、消炎等均有特殊效果，被茶叶专家推荐为适宜饮用的茶类。

（一）保健机制

1. 助消化

黄茶在闷黄过程中，微生物的类群和数量会发生显著变化，这些微生物在生长繁殖过程中分泌大量的胞外酶，这些胞外酶能帮助食物的消化，刺激脾胃的功能。消化不良、食欲不振、懒动肥胖等都可饮黄茶而化之。

2. 防癌抗癌

绿茶的抗癌活性已被人们所公认，但有关黄茶抗癌方面研究较少。黄茶富含茶多酚、氨基酸、可溶性糖、维生素等营养物质，对防治食道癌有明显功效。赵欣等（2009）采用噻唑蓝（MTT）比色法对绿茶（龙井绿茶、云雾绿茶）和黄茶（蒙顶黄茶、蒙顶黄芽）体外抗癌试验研究表明，两种黄茶、绿茶均能抑制胃癌细胞（AGS）和结肠癌细胞（HT－29）的生长，且黄茶抑制效果优于绿茶，表明黄茶具有很强的体外抗癌效果。进一步研究表明，$400\mu g/mL$ 的蒙顶黄芽对结肠癌细胞的生长抑制效果最强，抑制率达 80%；RT－PCR 检查 *Bax*、*Bcl－2* 基因表达情况及 4，6－联脒－2－苯基吲哚（DAPI）染色分析显示，蒙顶黄芽、龙井绿茶对结肠癌细胞的凋亡均有较强的诱导作用，且蒙顶黄芽的诱导效果强于龙井绿茶。这些研究表明黄茶对胃癌细胞和结肠癌细胞比绿茶具有更好的抗癌效果。

3. 其他作用

黄茶也有抑菌功效，且对有害菌的抑制效果大于红碎茶、乌龙茶、砖茶和普洱茶。此外，黄茶还具有提神、化痰止咳、清热解毒等功效。

（二）饮黄茶的注意事项

黄茶属于轻发酵茶，制作工艺与绿茶相似，也含有大量的咖啡碱、茶多酚等成分，能刺激胃部的蠕动，因此胃部有炎症或不适者不适宜饮用黄茶。

三、白茶的保健功能

白茶属微发酵茶，是我国六大传统茶中的珍稀品种，也是我国独有的茶类。白茶是发酵茶中发酵程度最低的一类茶，大多为自然萎凋及风干而成。有关白茶的保健功能及其作用机制的研究报道甚少，祖国传统中医学认为白茶性寒，具有清热、解毒、降火、治牙痛等功效，尤其是陈年白毫银针可用作患麻疹幼儿的退烧药，其退烧效果比抗生素更好。传统用途中常将白茶作为抗菌食物，对抗葡萄球菌感染、链球菌感染、肺炎和龋齿的细菌，青霉菌和酵母菌等。最近美国的研究发现，白茶有防癌、抗癌的作用。

（一）保健机制

1. 抗氧化

白茶具有很好的抗氧化活性。白茶的抗氧化活性主要是由白茶茶多酚所决定的，白茶茶多酚可作为潜在的天然抗氧化剂应用于食品和医药工业中。Gordana 等（2008）采用 FRAP 和 ABTS 分析法研究了不同提取溶剂和提取条件下提取的绿茶和白茶酚类物质的抗氧化活性，结果显示白茶和绿茶都有抗氧化作用，但是绿茶的抗氧化活性比白茶强。Almajano 等（2008）采用 ABTS 法分析红茶、绿茶、黑茶、白茶中的 TEAC 值（氧化值）分别为 3771、1215、6344、4546，表明白茶的抗氧化能力仅次于绿茶、红茶，高于黑茶。Venditti 等（2010）通过采用 ABTS 和 DMPD 法分析冷泡和热泡方式对不同茶抗氧化活性的影响，结果表明，除白茶外，不同的浸泡处理方式对茶的抗氧化活性无影响；冷泡白茶具有更好的抗氧化活性，是一种很好的防止体外低密度脂蛋白共轭二烯烃形成和色氨酸荧光性缺失的抑制剂，而且其抗氧化活性与茶多酚含量和金属螯合能力具有相关性。

2. 抗癌、防癌与抗突变

王刚等（2009）以西湖龙井茶和云雾绿茶两种茶作参照，对白牡丹和白毫银针两种白茶的抗突变和体外抗癌效果进行了评价，Ames 实验结果表明白茶的抗突变效果好于绿茶；MTT 实验验证绿茶、白茶均有抗癌效果，在 $400\mu g/mL$ 质量浓度处理下，白牡丹和白毫银针表现出对胃癌细胞和结肠癌细胞的生长抑制效果好于龙井绿茶和云雾绿茶，表明白茶的抗突变和体外抗癌效果好于绿茶。

3. 抗菌与抗病毒

白茶具有抗细菌、抗真菌、抗病毒的作用。Almajano 等（2008）研究了红茶、绿茶、黑茶、白茶的抗微生物活性，结果发现白茶和红茶具有相似的抑制微生物活性。近年的相关研究表明白茶提取物可能对导致葡萄球菌感染、链球菌感染、肺炎和龋齿的细菌生长具有预防作用；白茶能有效杀灭细菌病毒、人类致病病毒；研究还表明白茶对真菌具有很好的抗菌效果，白茶提取物能完全杀灭产青霉素菌丝体、酿酒酵母等真菌（张应根等，2010）。

4. 抗疲劳

茶叶中的咖啡碱和黄烷醇类可促进肾上腺素垂体的活动，是强有力的中枢神经兴奋剂，能加强肌肉收缩，消除机体疲劳，使人头脑清醒，助于思维，可促进血液循环，扩张血管，降低血压，并有显著的利尿效应。根据陈椽报道，六大茶类中白牡丹的咖啡碱含量位居各类茶之首，其鲜叶中的黄烷醇总量最高，毛茶中黄烷醇的含量仅次于炒青绿茶，可以说白茶的兴奋、抗疲劳、利尿等作用比其他茶类显著。

5. 降血糖

由于白茶特殊的加工工艺，较好地保留了人体所必需而其他茶类含量较少的活性酶，长期饮用白茶可以显著提高人体内脂蛋白脂肪酶，促进脂肪分解代谢，有效控制胰岛素分泌量，延缓葡萄糖的吸收，分解体内多余的糖分，促进血糖平衡。

6. 抗辐射

茶叶中的茶多酚、茶多糖等具有抗辐射的作用，对预防和治疗因辐射损伤而造成的血液白细胞下降有明显的升白作用；研究也表明外用白茶或者绿茶提取物能保护紫外线对人体皮肤免疫力的不利影响。这种保护作用并不是因为白茶或绿茶提取物直接吸收紫外线或者防晒，而是因为白茶或绿茶提取物能对紫外线照射引发的氧化损伤具有很好的保护作用（张应根等，2010）。

7. 保肝护肝

白茶对肝脏具有一定的保护作用。林秀菁（2009）研究表明白茶提取物能显著减轻 CCl_4 对肝的肝损伤作用；袁弟顺等（2009）研究表明白茶加工工艺中长时间萎凋是白茶具有护肝作用的关键加工工艺，烘干温度对白茶减轻 CCl_4 肝损伤的影响差异不显著。

（二）饮白茶的注意事项

白茶一般情况下对胃壁没有刺激作用，但其性寒凉，胃"寒"者不宜空腹饮用，胃"热"者可在空腹时适量饮用。白茶不宜饮太浓，太浓会对胃有刺激，老年人更不宜饮太多。

四、乌龙茶的保健功能

乌龙茶为半发酵茶。乌龙茶特殊的加工工艺，使其品质特征介于红茶与绿茶之间。传统经验为隔年的陈乌龙茶具有治感冒、消化不良的作用，其中佛手还有治痢疾、预防高血压的作用。现代医学证明乌龙茶有降血脂、减肥、抗炎症、抗过敏、防蛀牙、防癌、延缓衰老等作用。

（一）保健机制

1. 抗氧化

乌龙茶中含有大量的茶多酚、茶色素等抗氧化物质，其分子结构中具有活泼的羟基氢，能捕获过量的自由基，终止自由基的连锁反应。体外抗氧化研究表明，茶叶中茶多酚含量与其自由基的清除能力呈现良好的量效关系。乌龙茶的茶多酚含量介于绿茶与红茶之间，其体外抗氧化活性亦介于绿茶与红茶之间。

2. 减肥

1997 年中国预防医学科学院 Ge Keyou 在 *Asia Pacific J Clin Nutr* 杂志上发表了一篇有关中国人肥胖指数的调查报道，表明中国各省、市、自治区的食用脂肪消费与肥胖指数成一定的正比关系，但乌龙茶产区的福建省却在相同水平食用脂肪的条件下肥胖指数偏低，推测乌龙茶具有减肥功效。

福建省中医药研究院陈文岳等（1998）对 102 名单纯性肥胖成年人（男 52 例，女 50 例）进行乌龙茶减肥实验，受试者在日常生活和饮食条件下，每天饮用 4g 乌龙茶，连续 6 周后，受试者体重减轻有效 52 例，显效 14 例，总有效率达 64.71%，临床证实了乌龙茶的减肥作用。

乌龙茶的减肥作用并不是通过饮用乌龙茶影响食欲而实现的，其控制体重的功效来源于乌龙茶所含的有效成分对脂肪代谢的干预，或控制脂肪的消化吸收，或促进脂肪的分解代谢，或是改变肠道菌群的结构来实现的。如日本女子营养大学的岩田多子教授研究表明饮用乌龙茶可以促进体内脂肪的分解代谢，进而发挥减肥作用；郑毅男等（2001）研究报道乌龙茶的抗肥胖作用可能是通过抑制胰脂肪酶的活性、进而抑制小肠对食物脂肪的吸收，及通过促进去甲肾上腺素诱导脂肪细胞中脂肪组织分解的作用来实现的。乌龙茶中含有的咖啡碱具有增强去甲肾上腺素诱导脂肪细胞中脂肪分解的作用；乌龙茶中含有的儿茶素及其氧化产物和茶皂素等均具有抑制胰脂肪酶活力的功效。

3. 防治心脑血管疾病

乌龙茶中的茶多酚可减少引起动脉粥样硬化的脂肪累积，乌龙茶多糖也具有一定的调节血脂作用。大量临床研究表明饮用乌龙茶能降低低密度脂蛋白浓度，体外研究也表明乌龙茶可以有效延迟低密度脂蛋白被氧化作用的时间，预防动脉粥样硬化及心、脑血管疾病的发生。Shimada 等（2004）临床观察也发现 11 名冠心病患者在饮用乌龙茶 1 个月后，血浆脂联素水平显著升高，低密度脂蛋白颗粒显著变大，推测乌龙茶可能对冠心病患者的动脉粥样硬化形成过程起到预防作用。

4. 防癌、抗癌与抗突变

福建省中医药研究所自 1983 年起展开了乌龙茶的防癌抗癌作用研究，结果表明乌龙茶对 $N-$ 甲基 $-N'-$ 硝基 $-N-$ 亚硝基胍（MNNG）诱发的恶性肿瘤有明显抑制作用，对 $N-$ 亚硝基二乙胺（DENA）诱发的小鼠肺癌有明显的抑制作用。中国预防医学科学院吴永宁等于 1986 年展开了茶阻断 $N-$ 亚硝基化合物合成作用的研究，结果表明乌龙茶有阻断 $N-$ 亚硝基化合物合成的作用，平均阻断率为 65%；1988 年的研究表明乌龙茶也能阻断 $N-$ 亚硝基吗啉的体外形成，平均阻断率为 55% ~ 89%。阮景绰等研究也表明乌龙茶对 MNNG 诱发的大鼠肠道恶性肿瘤有抑制作用，抑制率达 84.76%。英国 Stavric 等 1996 年研究结果表明乌龙茶能强烈抑制肉类加热过程产生的具致癌致突变活性的杂环芳香胺类化合物（HAA）诱致的突变作用。相关研究还表明乌龙茶可以明显地抑制黄曲霉毒素诱致的大鼠肝癌和由 MNNG 诱致的大鼠胃肠癌，以及抑制由苯并芘、亚硝酸钠和甲基苯甲胺诱致的大鼠食道癌。

上述报道显示乌龙茶对一些广谱化学致癌物和黄曲霉毒素 B、亚硝基化合物等的致癌、致突变均有明显的抑制作用，对一些未明确化合物如香烟浓缩物、烤鱼等所生成的致突变物也有抑制作用。

5. 预防糖尿病

尽管目前已有一些乌龙茶降血糖的研究报道，如 Hosoda 等（2003）对 32 名糖尿病患者开展的一项临床研究表明，饮用乌龙茶可降低 II 型糖尿病患者血浆葡萄糖和果糖胺水平；浙江大学博士邵淑宏由安溪铁观音、凤凰单枞、武夷大红袍为原料制备的乌龙茶提取乌龙茶多糖，体内研究显示乌龙茶多糖能缓解由四氧嘧啶诱导的糖尿病小鼠"三多一少"症状、减轻胰岛损害、增加胰岛数目、降低空腹血糖，表明乌龙茶多糖有降血糖功效。然而，乌龙茶的抗糖尿病功效存在一些争议。Shino Oba 等在日本开展的一项流行病学研究表明，在男性中乌龙茶的饮用与患糖尿病风险无显著相关性，而趋势分析发现在女性中乌龙茶的饮用量与糖尿病患病风险有正相关关系。因此，有关乌龙茶对糖尿病的作用还需要设计更合理的干预试验，开展更深入的流行病学和临床研究。

（二）饮乌龙茶的注意事项

乌龙茶不宜空腹饮用，因为冲泡乌龙茶用水相对较少，茶汤较浓，空腹饮用，可能会导致肠胃吸收大量的咖啡碱，感到饥肠辘辘，甚至会头晕目眩，即俗称的"茶醉"。乌龙茶也不宜冷后饮用，冷后的乌龙茶寒性重，易使脾胃受寒，脾胃较弱的人空腹喝冷的乌龙茶后可能出现腹痛、腹泻等状况。睡前最好也不要饮乌龙茶，以免影响睡眠，尤其是神经衰弱患者。

五、黑茶的保健功能

黑茶是经过渥堆、陈化加工而成的后发酵茶。由于渥堆过程中微生物的生长繁殖，可能产生了一些具有更高活性的物质，导致黑茶具有自己特殊的药理活性。目前有关黑茶的研究还非常有限，对其有效成分的探索还进展不大。黑茶中的特异成分及其保健作用机理在现代科学发展的洪流中还如一块未开发地，闪烁着神秘的光彩。

（一）保健机制

1. 减肥

叶小燕（2012）动物模型研究表明，茯砖茶、普洱茶、六堡茶和青砖茶等黑茶提取物都具有显著的减肥作用，能明显降低营养性肥胖大鼠体重、Lee's 指数、食物利用率、脂肪组织质量等指标；而且，茯砖水提物的减肥作用比绿茶水提物和绿婷减肥胶囊都强。Fu 等（2011）对黑茶减肥作用的临床研究结果表明，10 位高脂血症白种人服用茯砖茶水提物 120d 后，所有受试者的血脂水平都得到改善，体重有所下降。

黑茶的减肥作用与黑茶品种、贮存时间等密切相关。黑茶品种包括茯砖茶、青砖茶、康砖茶、六堡茶和普洱茶等，虽然制作过程基本相似，但具体生产工艺仍有差异（如茯砖茶有独特的"发花"工序），导致不同品种黑茶的物质组成和减肥作用具有较大差异（2010）。叶小燕研究报道茯砖茶的减肥效果最优，普洱茶次之，六堡茶的减肥作用相对较弱（2012）。

不同贮存时间对黑茶的减肥作用也有影响，随着贮存时间的增加，黑茶的减肥作用先升后降。以四川边茶（康砖茶）为例，贮存 5 年的康砖茶对脂肪酸合成酶的抑制能力最强，新茶的抑制能力较弱；贮存时间大于 5 年的康砖茶，抑制能力随保存时间延长而缓慢下降，贮存 30 年以上的康砖茶的抑制能力显著降低（姜波，2007）。这可能与茶褐素的形成和氧化过程有关，因为茶褐素在黑茶贮存过程中的含量也是先升后降（2003）。

2. 降血脂

我国边疆少数民族同胞长期食用高脂食物，但肥胖和高脂血症患病率却较低，这与黑茶作为他们的日常生活必需品的习惯密不可分。国内外许多学者通过动物实验研究已表明黑茶有很强的降血脂功效，如吴文华报道普洱茶水提浓缩液能有效地抑制高脂饮食小鼠血脂的升高（2005）；赵丽萍等（2010）报道普洱茶对高脂饮食大鼠引起的高脂血症和脂肪肝有辅助治疗作用等。用食饵性高胆固醇血症家兔进行造模研究，以玉米花粉的降血脂效果进行比较，观察康砖茶浸提液对高胆固醇血症的影响，结果表明花粉组血脂水平无降低趋势，而砖茶组有降低趋势。

用黑茶浸提液对高脂血症患者进行临床研究也显示黑茶有降血脂功能。临床观察选用解放军某干休所的 50 位高脂血症患者离退休军队男干部（年龄 60~70 岁），饮茶前进行血液生化检查（如高密度脂蛋白、总胆固醇、甘油三酯和脂质过氧化物等），在不改变饮食结构的前提下，每日服黑茶 3 次，每次 4g（3 袋），沸水冲泡，服用 1 个月后，50 位病人的上述血液生化指标均有不同程度的显著下降（$P < 0.01$），由此表明黑茶有明显的降血脂作用。杨家林等（1997）临床研究也显示，健康老人饮用普洱茶，不服任何降脂药，正常饮食，饮茶一段时间后血脂水平较饮茶前有所降低；翟所强等（1994）报道患有高血脂的老人在饮用黑茶后，血液中的总胆固醇、甘油三酯水平得到降低，且体内过氧化脂质的活性也降低。

黑茶降血脂功效成分主要有茶多酚、茶色素、茶多糖等。多酚类物质调节脂质代谢的主要机制：①调节脂质代谢相关基因的表达。Way 等（2009）研究发现经分离纯化得到的普洱茶 PR-3-5s 组分（主要成分为 EGCG、ECG、GCG、CG）可明显降低脂肪酸合成酶基因的表达，抑制乙酰辅酶 A 羧化酶（ACC）的活力，使脂肪酸合成途径受限，从而抑制细胞脂质形成。②调节脂肪细胞相关基因的表达。揭国良等（2006）从普洱茶中分离出的特异多酚类组分 PEF8 可以通过改变细胞内活性氧的含量，诱导肿瘤坏死因子 α（TNFα）和核转录因子-κB（NF-κB）的表达增加，降低磷酸化氨基末端蛋白激酶（P-JNK）的表达，从而引起汇合前的前脂肪细胞的活力降低，抑制前脂肪细胞的增殖，诱导前脂肪细胞的凋亡。③抑制胆固醇体内合成途径，增加粪便中胆固醇的排出。④抑制消化酶活性，减少对外源性脂肪的消化吸收。黑茶茶多酚通过抑制胰脂肪酶的活性使食物中脂肪的分解减少，从而减少小肠对脂质的吸收，增加外源脂肪的排出。

黑茶中的茶褐素类物质可显著降低高脂血症大鼠血清中总胆固醇、甘油三酯及低密度脂蛋白水平，升高高密度脂蛋白水平，减少大鼠肝脏脂肪沉积，预防脂肪肝形成

（王秋萍等，2012）。然而，黑茶茶黄素与茶红素的降脂活性研究则鲜见报道，关于茶色素降脂机理的研究也主要围绕茶褐素展开。茶色素调节脂质代谢的主要机制：①提高脂肪分解代谢酶活性，促进体内脂肪分解。高斌等研究发现普洱茶茶褐素能显著增强大鼠肝脏和附睾脂肪组织中激素敏感性脂肪酶的活力及其 mRNA 的表达，表明茶褐素能促进体内脂质，特别是甘油三酯的降解，起到降血脂效果；②抑制脂肪酸合成酶活性，减少脂肪合成。姜波等（2007）研究表明以茶褐素为主的四川边茶提取物能抑制脂肪酸合成酶的活力，造成丙二酸单酰辅酶 A 浓度的升高，阻滞生脂通路以减少脂肪的合成。

吴文华等（2006）发现普洱茶中的茶多糖能使高脂饮食小鼠血清中甘油三酯、总胆固醇、低密度脂蛋白胆固醇（LDL－C）水平全面降至正常值范围，同时升高高密度脂蛋白胆固醇（HDL－C）水平，且茶多糖用量与其降脂效果之间可能存在量效关系。关于黑茶茶多糖的降脂机理还有待进一步研究。

3. 对人体消化系统的促进作用

黑茶加工过程中有大量的黑曲霉、青霉、假丝酵母等参与作用，这些微生物在生长过程中均能分泌纤维素酶、蛋白酶、果胶酶、糖苷酶等酶类，有的还能产生柠檬酸、草酸等有机酸。这些微生物及其分泌的酶对茶叶中的有机物进行分解、氧化与转化，形成黑茶特有的品质风味，同时也使黑茶具有促进人体消化的作用。

屠幼英等（2005）研究发现，经过微生物发酵的紧压茶中有机酸含量明显高于非发酵绿茶，高效液相色谱检测显示茯砖茶中含有乳酸、乙酸、苹果酸、柠檬酸等 10 多种有机酸；研究紧压茶、绿茶、儿茶素及有机酸对胰酶活性的影响，结果显示它们均对胰蛋白酶和胰淀粉酶有很高的激活作用，其中云南砖茶的促活作用最强，绿茶次之，儿茶素的促活效果高于有机酸；云南紧压茶对胰蛋白酶和胰淀粉酶的促活效果大于儿茶素、有机酸单独作用效果之和，其原因可能是紧压茶所含的茶多酚和有机酸能起到协同增效的作用（2002）。研究结果还显示云南紧压茶、绿茶的酵母发酵液及绿茶对乳酸杆菌均有促生作用，且绿茶的酵母发酵液与云南紧压茶的促生效果明显优于绿茶，这可能也是由于云南紧压茶和绿茶的酵母发酵液中由于微生物发酵后产生了较丰富的有机酸，因此，对乳酸杆菌显示了比绿茶更高的激活作用。以上结果可以推测，饮用黑茶可以加速人体胰蛋白酶和胰淀粉酶的活性，促进人体对蛋白质及淀粉的消化吸收，并且可以通过肠道有益菌群的调节进而改善人体胃肠道功能。

吴香兰（刘仲华教授课题组，2013）以茯砖、六堡、千两、青砖四种具有代表性的黑茶为材料，展开了黑茶改善小鼠胃肠道功能的实验研究，结果表明这四种黑茶水提取液对双歧杆菌、乳杆菌均无明显抑菌效果，但对几种常见致病细菌和肠道有害菌（枯草芽孢杆菌、沙门菌、金黄色葡萄球菌、大肠杆菌和肠球菌）的抑制效果明显，且以青砖茶和六堡茶抑制效果相对较好，表明黑茶能调整肠道菌群。给正常小鼠灌服高（3334mg/kg）、中（1667mg/kg）、低（834mg/kg）三个剂量的千两茶、茯砖茶、青砖茶和六堡茶水提取液，14d 后四种黑茶的三个剂量组均能显著促进小肠蠕动作用，增大小肠推进功能；四种黑茶的高、中剂量组均能使肠道菌群数量朝有利于人体健康的方向改变，而低剂量组效果不显著；四种黑茶的高剂量均能有效减少小鼠胃内容物残留率，促进胃排空。以注射用氨苄青霉素灌胃小鼠 5d，导致小鼠肠道菌群失调及免疫功能紊乱，给这些小鼠灌服茯砖茶水提物 10d 后，小鼠肠道菌群得以调整，小肠黏液 sI-gA、血清中 IL - 2、血清白蛋白和总蛋白均有所升高，且与自然恢复组相比具有显著性差异。这些研究表明黑茶水提物能修复受损黏膜，有调节肠道免疫功能和调整肠道菌群的作用。

4. 降血糖

研究发现，普洱茶具有显著抑制糖尿病相关生物酶的作用，对糖尿病相关生物酶的抑制率达 90% 以上。糖尿病动物模型试验结果表明，随着普洱茶浓度增加，其降血糖效果越发显著，而正常老鼠血糖值却不发生变化。由普洱市普洱茶研究院、吉林大学生命科学学院、长春理工大学共同合作完成的一项课题，初步解释了普洱茶降血糖功能的机制。

（二）饮黑茶的注意事项

黑茶中氟的含量较高，长期大量饮用黑茶易导致人体氟中毒，形成氟斑牙和氟骨症。黑茶具有良好的降脂减肥效果，还能阻碍人体对蛋白质的吸收，因此，太瘦、营养不良及蛋白质缺乏的人，饮黑茶要有所节制。黑茶所含成分可阻碍人体对维生素 B、铁、钙等营养成分的吸收，导致人体缺乏维生素 B、铁、钙等营养，故素食者饮黑茶要适量。黑茶能在很短的时间内迅速降低人体血糖，空腹及低血糖患者应慎重饮黑茶。

六、红茶的保健功能

红茶为全发酵茶，茶鲜叶中的儿茶素类化合物于发酵过程中在酶的作用下进行了一系列的酶促化学变化，被氧化、聚合形成了茶黄素类、茶红素类及相对分子质量更大的聚合物，这些氧化聚合物也具有强的抗氧化性，导致红茶也有抗氧化、抗癌、抗心血管疾病等作用。由于发酵导致红茶的主要化学成分和特性与绿茶差异很大，从中医的角度上说，红茶性温，绿茶性凉，因此，红茶具有其独特的保健作用，民间多将红茶作为暖胃驱寒、化痰、消食、开胃的良药，陈年红茶用于治疗、缓解哮喘病。

（一）保健机制

1. 养胃护胃，预防胃肠道疾病

人在空腹的情况下饮用绿茶会感到胃部不舒服，因为绿茶所含的茶多酚具有收敛性，对胃有一定的刺激作用。红茶是全发酵茶，在发酵过程中茶多酚在氧化酶的作用下发生酶促氧化反应，含量减少，对胃部的刺激性就随之减小。不仅如此，茶多酚的氧化产物还能够促进人体消化，因此红茶不仅不会伤胃，反而具有养胃作用。经常饮用加糖的红茶或加牛乳的红茶，能消炎、保护胃黏膜，对治疗溃疡也有一定效果。红茶中含有的丰富蛋白质和糖类，以及其他丰富的营养元素，能够增强人体的御寒能力，蓄养阳气，具有生热暖胃、增强人体抗寒能力的作用，因此，红茶宜脾胃虚弱者饮用，更适合胃寒的人饮用。

近年来中国胃病专业委员会组织全国消化界开展茶色素的临床应用研究，研究发现口服茶色素 6 周，溃疡病胃镜复查愈合；慢性胃炎（包括慢性萎缩性胃炎）茶色素治疗组食欲恢复正常，精神明显好转，上腹疼痛消失者达 96%，腹胀消失者达 90%，中度与重度肠化明显好转，证明茶色素是治疗胃癌前期病变的较好药物。

茶色素治疗慢性腹泻（小肠吸收不良综合征、肠易激综合征、肠道菌群失调），总有效率为 86%，这与茶色素促进小肠对糖类的吸收，消除肠道多种抗原，提高红细胞免疫活性的作用相关。

茶色素治疗胃癌前期病变，总有效率达 93.75%；血液流变学的检测结果显示，全血黏度、血浆黏度、血沉、红细胞变形能力有显著改善（$P < 0.01$）；治疗消化系统肿瘤（肝癌、消化管癌、胰腺癌），茶色素有缩小肿块、消退胸腹水和降黄疸的作用，能明显改善血流变和微循环（$P < 0.01$）。

红茶茶色素还可以改善人体（特别是中老年人）肠道微生物结构，维持生理平衡。因为红茶茶色素中的茶黄素类化合物、茶红素类化合物和茶多酚一样对肠道菌群有选择性抗菌活性，有抑制有害菌和促进有益菌的作用，且茶黄素类化合物和茶红素类化合物对有害菌的抑制效应有协同作用。原征彦等报道粗茶黄素或单一茶黄素单体对肉毒芽孢杆菌的萌发和增殖都有抑制作用，对食物中毒细菌中的肠炎弧菌属菌株、黄色葡萄球菌、荚膜杆菌、蜡质芽孢杆菌和志贺杆菌均有明显的抑制作用。Toda 等研究报道红茶提取物对引起急性烈性肠道传染病的霍乱弧菌有较强的杀菌活性，且红茶提取物还具有在体外和体内破坏霍乱毒素的作用。

2. 降血脂

给轻度高胆固醇血症患者每天 5 杯红茶和不含咖啡碱的安慰剂饮料，在试验的第 3 阶段，向安慰剂中加入与红茶中含量相当的咖啡碱。结果显示：与添加了咖啡碱的安慰剂组相比，每天饮用 5 杯红茶能使血浆胆固醇水平下降 6.5%，低密度脂蛋白胆固醇下降 11.1%，载脂蛋白 B 下降 5%，载脂蛋白 A 下降 16.4%；与未添加咖啡碱的安慰剂组相比，血浆胆固醇水平下降了 3.8%，低密度脂蛋白胆固醇下降了 7.5%，而血浆载脂蛋白 A、载脂蛋白 B、高密度胆蛋白胆固醇和甘油三酯浓度没有改变。本研究表明饮用红茶对轻度高胆固醇血症患者的血脂和血浆脂蛋白浓度有调节效果。

据 1764 名沙特阿拉伯妇女摄入红茶后血脂水平的资料表明，每天饮红茶超过 6 杯者其血浆胆固醇、甘油三酯、低密度脂蛋白和极低密度脂蛋白升高的风险性要低于不饮茶者，表明饮红茶有降血脂功效。

3. 预防心脑血管疾病

研究表明每天喝一杯红茶的人比不喝茶的人患心脏病的风险要低 40%；每天喝 3 杯以上红茶的人患冠心病的发病率明显低于不喝茶的人；每天喝 5 杯红茶的人，发生脑卒中的危险性比不喝红茶的人降低了 69%；长期饮用红茶能降低心脑血管疾病的发生。荷兰科学家通过对 3454 名 55 岁以上老年人的跟踪调查发现，饮茶量和动脉粥样硬化之间呈显著负相关，每天喝 1~2 杯红茶可使患动脉粥样硬化的危险性降低 46%，每天喝 4 杯以上红茶其危险性则降低 69%；对 340 名心脏病患者调查发现，每天饮茶 1 杯（200~250mL）以上的患者心脏病发作的危险性比不饮茶的患者减少 44%（Sesso 等，1999）。

日本大阪市立大学研究指出饮用红茶 1h 后，心脏血管的血流速度改善，证实红茶有较强的防治心肌梗死的效果，因为红茶富含茶色素（茶黄素、茶红素等），这类物质具有很强的抗脂质过氧化作用，能抑制血管脂质过氧化和血小板的凝集，从而预防冠心病或中风，降低对人体不利的低密度脂蛋白含量，达到预防心脏病的作用。

楼福庆（1987）研究发现茶色素具有显著的抗凝、促进纤溶、防止血小板黏附、抑制动脉平滑肌细胞增生的作用，能有效地预防动脉粥样硬化症。近阶段的基础研究和临床试验也表明茶黄素类有显著抗凝、促纤溶、防止血小板黏附和聚集的作用，能显著降低高脂动物血清中的甘油三酯，其作用机制是通过改善红细胞变形性、调整红细胞聚集性及血小板的黏附聚集性，降低血浆黏度，改善微循环，保障组织血液和氧的供应，提高机体整体免疫力和组织代谢水平，达到防病和治病的目的。这些研究表明茶色素具有降低血液黏滞度，预防和治疗心血管疾病、高脂血症、脂代谢紊乱、脑梗死等疾病，改善微循环及血液流变性等功效。

4. 抗癌

世界各地的研究人员关于茶叶的抗癌作用做过许多的探索，但是一般认为茶叶的抗癌作用主要表现在绿茶方面。现阶段研究发现红茶与绿茶一样具有很强的抗癌功效。

红茶抗癌方面的流行病学研究受限于调查者在饮食习惯、生活模式、遗传基因、性别和生活环境等因素的干扰，很难得出红茶对抗癌具有显著性影响的结论，也很难总结出红茶与某一种特定的癌症防治作用具有统计学上的显著性意义。在乌干达的调查表明饮用红茶可以预防肺癌的发生，每天饮用 2 杯以上红茶可降低危险系数，且这种作用对小细胞肺癌和鳞癌型肺癌更为明显；每天饮用大于 1.5 杯红茶可以降低结肠癌的发病率。

红茶抗癌作用的主要有效成分为茶多酚和茶色素。刘泽等（2005）研究了茶多酚和茶色素的防癌作用，用一组体外短期试验，检测茶多酚和茶色素在肿瘤的"启动"、"促癌"和"增殖"3 个不同阶段的作用。结果表明茶多酚和茶色素对丝裂霉素的致突变性及致微核形成均有明显的抑制作用，可明显阻断促癌物十四烷酰佛波醇乙酸酯（TPA）的促癌作用，明显抑制 Hela 细胞在软琼脂中形成集落的能力和降低 Hela 细胞的存活率，对荷瘤小鼠体内瘤体生长有一定的抑制作用，表明茶多酚和茶色素对癌症形成 3 个阶段均有抑制作用。

动物实验研究表明红茶提取物、茶色素及茶黄素单体均显示有抗癌活性。美国研究人员观察了脱咖啡因的绿茶、红茶提取物对亚硝酸胺类致癌物诱发小鼠癌变的抑制作用，结果表明喂食绿茶和红茶提取物的小鼠肿瘤繁殖量分别减少 67.5% 和 65%，0.6% 的红茶提取物约减少肿瘤发生率 63%。美国印第安纳州立大学的实验报道称脱咖啡因的绿茶和红茶提取物对小鼠肺和肝肿瘤有化学预防作用，并存在剂量 - 效应关系。还有研究发现红茶提取物在浓度 0.1 ~ 0.2mg/mL 时，能够强烈抑制纯合子型鼠肝癌细胞和 DSl9 小白鼠白血病细胞中的 DNA 合成；红茶提取物对急性早幼粒白血病细胞有较强的细胞毒性。

屠幼英等（2004）采用高速逆流色谱技术分离了茶黄素 - 3 - 没食子酸酯（TF - 3 - G）、茶黄素双没食子酸酯（TFDG）和茶黄素 - 3' - 没食子酸酯（TF - 3' - G）等茶黄色单体，并用茶黄素单体对人胃癌细胞株（MKN - 28）、人肝癌细胞株（BEL -

7402）和人急性早幼粒白血病细胞株（HL-60）的生长抑制进行了生物活性研究，结果表明 3 种茶黄素单体都表现出一定程度的抑制人肝癌细胞和人胃癌细胞存活的作用，且呈明显的剂量依赖关系。江和源等（2007）研究表明 TFDG 具有良好的抑制 H1299 细胞生长的活性，IC_{50} 为 $25\mu mol/L$；有调节细胞周期活性的作用，可增加 HCT-116 细胞 G1 期细胞的比例；有促进 HCT-116 细胞凋亡的作用，浓度为 $50\mu mol/L$ 时效果显著，48h 凋亡率达到 40% 以上；Western 杂交技术分析结果表明，它可降低 HCT-116 细胞中促癌蛋白质因子 Bcl-xL 的表达量，可增加抑癌蛋白质因子 Bax 的表达量。

茶黄素类的抗癌作用机理是茶黄素对肿瘤细胞起始阶段的抑制。研究表明，茶黄素类可能通过抑制细胞色素 P_{450} 酶系的作用，而将肿瘤遏制在起始阶段，还可以促进各种细胞的凋亡，抑制癌细胞的增殖和扩散。

茶色素还是一种安全有效的免疫调节剂。乔田奎等（1997）对 80 例恶性肿瘤患者进行茶色素加放化疗和单纯放化疗的对比研究，结果显示，恶性肿瘤患者放化疗前 T_3、T_4、T_4/T_8、IgG、IgA 和 IgM 均低于正常人，抑制性淋巴细胞 T_8 上升；单纯放化疗后 T_3、T_4、T_4/T_8 及 IgG 进一步下降，T_8 继续上升，表明放化疗抑制了患者的免疫功能；而茶色素加放化疗组各项指标较疗前改变不明显，表明茶色素对放化疗中恶性肿瘤患者的免疫功能有保护作用。

5. 有利于骨骼健康

2002 年 5 月 13 日，美国医师协会发表了一份对 497 名男性、540 名女性进行了 10 年以上的跟踪调查报告，报告指出饮用红茶的人骨骼强壮，因为红茶所含的茶黄素能防止破骨细胞的形成，如果在红茶中加上柠檬，那么强壮骨骼的效果更强。英国对 1256 名 65～78 岁妇女调查也发现，有持续喝茶（英国主要饮红茶）习惯的人与不喝茶的人相比有更高的骨质密度，表明持续喝茶有利于维持骨质密度。地中海地区人口骨质疏松症研究表明，红茶可降低当地居民髋部骨折概率，而且无论加乳或者不加乳的红茶都有利于骨骼健康，没有显著性差异（因为奶茶使人体对钙的摄入量仅提高 3%）。为了防治女性常见骨质疏松症，建议每天服用一小杯红茶，坚持数年效果明显。如在红茶中加上柠檬，强壮骨骼，效果更强，在红茶中也可加上各种水果，能起协同作用。

6. 预防帕金森病和老年痴呆症

帕金森病是一种常见的神经功能障碍疾病，其症状为病人静止时手、头或嘴不由自主地震颤，肌肉僵直，运动表现缓慢，姿势平衡障碍等。新加坡国立大学杨潞龄医学院和新加坡国立脑神经医学院的研究人员调查了 6.3 万名 45～74 岁的新加坡居民，发现每月至少喝 23 杯红茶的受调查者患帕金森病的概率比普通人低 71%。喝红茶之所以能降低饮茶的人患帕金森病的风险，是因为红茶中的抗氧化物起到了很大的保护作用。实验证明，2 杯红茶释出的抗氧化物分量，相等于 4 个苹果、7 杯橙汁、5 个洋葱或 12 杯白酒等。研究人员希望今后能从红茶中提取出有效成分制成预防帕金森病的药物。

阿尔茨海默病（AD）是一种常见的中老年神经退行性疾病，它会引起人记忆、认知及行为障碍，一般认为淀粉样蛋白病变对大脑产生的毒性是阿尔茨海默病发生的主要病因。熊哲等体外研究发现红茶茶黄素类物质可抑制毒性 β 淀粉样蛋白的形成、聚集，抵抗 β 淀粉样蛋白聚集引起的脂质膜不稳定，减弱 β 淀粉样蛋白纤维诱导的神经毒性，抵抗 β 淀粉样蛋白诱导的活性氧自由基伤害，从而对预防和调控阿尔茨海默病有非常好的前景（熊哲等，2015）。

2008 年，新加坡报道了老龄化人群中 1438 名年龄在 55 岁以上、认知能力完整的中国成年人饮茶与认知能力修复之间关系的研究，结果显示，相比不喝茶或者几乎不喝茶的对照组，喝茶组尤其是饮用红茶者的认知能力相对较好。2009 年，在挪威对 2031 位年龄在 70 ~ 74 岁之间的老年人（其中 55% 为女性）进行饮茶对认知能力影响的试验，结果显示喝红茶者相比不喝茶者，认知能力的测定得分显著较高。这些流行病学研究表明红茶对认知能力降低具有一定的预防和修复效果。

7. 抗氧化与延缓衰老

王昱筱等（2016）研究报道，红茶、绿茶和普洱熟茶体外均显示较好的清除自由基活性，其中绿茶清除 DPPH 自由基活性最强，普洱熟茶清除超氧阴离子自由基最强，红茶清除羟自由基活性最强。

除茶多酚外，茶黄素是红茶具有抗氧化活性的重要成分。茶黄素抗氧化作用的结构基础是除了其前体儿茶素 A 环上的两个酚羟基外，由两个 B 环形成的苯骈卓酚酮结构也具有 3 个羟基，还有没食子酸酯所带的酚羟基，这些羟基保证了它同样具有很强的提供质子的能力，具有很好的抗氧化活性。茶黄素主要通过调节体内的生物酶系的活性、直接消除自由基、与金属离子配合，以及防止低密度脂蛋白的氧化等途径来实现它的抗氧化作用（陈虎等，2005）。

8. 预防口腔疾病

龋齿是被世界卫生组织公认的世界大疾病之一，是口腔细菌（主要是变形链球菌 *Streptococcus mutans*）所致的牙齿硬组织（珐琅质）脱钙与有机分解导致牙齿破坏、崩解的一种感染性疾病。致龋变形链球菌可以分泌一种葡糖基转移酶（Gtase，GTF），该酶可将口腔中的蔗糖转变为不溶性黏性葡聚糖，这种葡聚糖具有和牙齿表面相反的电荷，很易黏附于牙齿表面，使得牙齿表面电荷性发生改变，这样变形链球菌就可以黏附上去，利用葡聚糖作为营养源，形成菌斑，导致龋齿的产生。

红茶中的茶多酚及其氧化物具有较好的抑菌或杀菌作用，可以抑制变形链球菌在口腔的生长繁殖；而且，茶色素是葡糖基转移酶的抑制剂，对葡糖基转移酶催化的胞外多糖 - 葡聚糖的合成有明显的抑制作用。研究表明 1 ~ 10mmol/L 的茶黄素及其单没食子酸酯、双没食子酸酯对葡糖基转移酶有很强的抑制作用，其抑制强度超过了儿茶素的各个单体。来自 1990 年日本不同研究机构的研究结果也证实红茶提取物抑制胞外葡糖基转移酶活力的效果优于绿茶。

在龋齿的发生、发展过程中，α - 淀粉酶也是一个重要因素，因为这种酶能使淀粉分解，转化成葡萄糖，而这是胞外葡糖基转移酶转化葡聚糖的重要前提。研究表明红茶提取物能够显著降低 α - 淀粉酶活力；茶色素的主要成分茶黄素对 α - 淀粉酶活力抑制作用的强弱顺序为 TF3 > TF2A > TF2B > TF > EGCG。

绿茶、包种茶、乌龙茶和红茶提取物均有除口臭的效果，但除口臭作用强度为红茶＞乌龙茶＞包种茶＞绿茶。除口臭的作用机制主要在于抑菌和沉淀蛋白质，红茶在几种茶中的抑菌作用和沉淀蛋白质作用最强。不仅如此，茶黄素对主要恶臭成分甲硫醇表现出较强的去除活性，而绿茶水提取物、儿茶素、EGCG 的去除效果不明显。

9. 对流感、"非典"（SARS）和艾滋病的作用

流行性感冒简称流感，是由流感病毒引起的一种常见的急性呼吸道传染病。降温时人体最容易感冒，多喝红茶可以有效预防流感，因为红茶中的茶黄素具有抗病毒、使流感病毒失去传染力等作用。日本研究者实验也证明了红茶稀释到日常饮用浓度的1/5 以下仍能使 99.999% 流感病毒丧失活性，因此，每天用红茶漱口可预防感冒和流感。研究表明红茶提取物对流感病毒 A 或 B 一般只有预防效果，感染后无治疗作用；红茶提取液可降低因流感病毒 B 引起的肺部感染。

在"非典"流行期间，有许多通过喝茶来预防"非典"感染的例子，说明茶内有能够抗"非典"病毒的成分。3CL 蛋白酶被认为是 SARS - CoV 在宿主细胞内复制的关键，对绿茶、乌龙茶、普洱茶及红茶提取物进行 3CL 蛋白酶抑制活性研究发现，普洱茶和红茶提取物比绿茶和乌龙茶提取物对 3CL 蛋白酶的抑制活性高；进一步对茶内已知成分进行 3CL 蛋白酶抑制活性测定，发现茶叶咖啡碱、EGCG、EC、C、ECG、EGC这些成分对 3CL 蛋白酶都没有抑制活性，而只有茶黄素 - 3，3′ - 双没食子酸酯（TF3）是 3CL 蛋白酶的抑制剂。红茶中含有大量的 TF3，表明饮红茶有很好的预防"非典"的作用。

人类免疫缺陷病毒（HIV）是一种感染人类免疫系统细胞的慢病毒，通过破坏人体的 T 淋巴细胞，进而阻断细胞免疫和体液免疫过程，导致免疫系统瘫痪，从而致使各种疾病在人体内蔓延，最终导致艾滋病。由于 HIV 的变异极其迅速，难以生产特异性疫苗，至今无有效治疗方法，对人类健康造成极大威胁。Nakane 等研究发现茶黄素及其没食子酸酯对 HIV - 1 逆转录病毒的逆转录酶活性有很强的抑制作用，其抑制活性的 IC_{50} 浓度分别为 0.5μg/mg 和 0.1μg/mg。

10. 对过敏的作用

人在患上过敏症时，抗原侵入体内，引起淋巴细胞发生反应而释出抗体；当抗原再次侵入体内时，就会引起细胞内发生复杂的抗原与抗体反应，引起过敏症状的出现。红茶能抑制抗过敏抗体的发生，预防过敏症。饮用红茶可以预防由花粉引起的过敏性鼻炎、支气管哮喘，并能缓解由过敏引起的病症。

通过对几种云南大叶茶及同种茶叶加工的红茶和绿茶水提取液进行透明质酸酶体外抑制实验和肥大细胞组胺抑制实验，评价它们的抗过敏活性，结果表明，不同加工方式加工的同种鲜叶，抗过敏活性存在差异，红茶的抗过敏作用较绿茶强，但是红茶中儿茶素含量远低于绿茶。日本杉山清报道，在肥大细胞脱粒试验及被动皮肤过敏反应（PCA）中，红茶、乌龙茶、绿茶及儿茶素类提取物均显示了抗过敏作用，且红茶抗过敏持续时间（12h）远远大于其他茶类（6h），推测红茶中的茶黄素、茶红素等物质可能对抗过敏起到了重要作用。美国克罗拉多大学的一项在小鼠身上的研究也有类似的发现：红茶特有的茶黄素能减少皮肤敏感的人的相关过敏性反应条件。这些研究表明红茶中的茶色素比茶多酚具有更好的抗过敏作用。

（二）饮红茶的注意事项

红茶性温，具有暖胃的功效，饮红茶易导致上火。因此，属于温热性体质的人或疾病患者（虚热、内火、炎症性病变）不易饮红茶。红茶也不宜凉饮，冷饮会影响红茶的暖胃效果；而且，茶汤放置时间过长可能会降低茶汤的营养成分和功效成分的含量。

七、其他茶的保健功能

花茶是再加工茶，由茶坯配以香花窨制而成，既保持了纯正的茶香，又兼备鲜花馥郁的香气，使花茶具有特殊的品质特征，也具有特殊的药理功能。用于窨制花茶的香花有茉莉花、白兰花、珠兰花、桂花、玫瑰花等，其中以茉莉花为主。窨制花茶的茶坯主要是绿茶，其次是青茶、红茶。不同的花茶由于窨制的茶坯与香花不同，功效也不相同。

（一）茉莉花茶

茉莉花茶是由绿茶与茉莉鲜花窨制而成的，其香气鲜灵持久、滋味醇厚鲜爽、汤色黄绿明亮、叶底嫩匀柔软；具有安神、解抑郁、健脾理气、抗衰老、防辐射、提高机体免疫力的功效，是一种健康饮品。茉莉花茶既保持了茶叶的苦甘凉功效，又兼具茉莉花清热解毒、利湿、安神、镇静等功效，融茶与花香保健作用于一身，"去寒邪、助理郁"。茉莉花茶的功效主要有如下几个。

（1）行气开郁　茉莉花所含的挥发油性物质，具有行气止痛，解郁散结的作用，可缓解胸腹胀痛，下痢里急后重等病状；对妇女"痛经"有一定疗效。

（2）抗菌消炎　茉莉花茶对多种细菌有抑制作用，内服外用，可治疗目赤、疮疡、皮肤溃烂等炎性病症。

（3）疏肝明目、润肤养颜　茉莉花茶有排毒养颜的功效。

（4）茉莉花茶还有提神、清火、消食、利尿等保健作用。

（二）玫瑰花茶

玫瑰花茶是由茶叶和玫瑰鲜花窨制而成的，成品茶甜香扑鼻、香气浓郁、滋味甘美。鲜花除玫瑰外，蔷薇和现代月季也具有甜美、浓郁的花香，也可用来窨制花茶，其中以半开放的玫瑰花品质最佳。玫瑰花茶所采用的茶坯有红茶、绿茶。广东主要生产玫瑰红茶，福建主要生产玫瑰绿茶，浙江主要生产玫瑰九曲红梅（图3-2）。

玫瑰花味甘微苦、性温，最明显的功效就是理气解郁、活血散淤和调经止痛。玫瑰花茶具有降火气、滋阴美容、调理血气、促进血液循环、养颜美容、消除疲劳、保护肝脏胃肠功能等功效。

（1）消除疲劳、增强体质　常饮玫瑰花茶可以有效地缓解疲劳，舒散心情，散发郁气，减散腰酸背痛等不良症状，对增强体质有良好的作用。

（2）改善肠胃、调理气血　玫瑰花茶具有调节内

图3-2　玫瑰花茶

分泌、增强血液循环、健脾养肝、增强气血等功效，常饮玫瑰花茶可明显增强身体机制。

（3）美容养颜、调经止痛　玫瑰花茶有美容养颜的功效，常饮玫瑰花茶可以滋润皮肤、祛除黑斑、改善肤色，同时对女性痛经、月经不调等症状都有辅助治疗作用。

尽管玫瑰花茶有诸多功效，但由于玫瑰花茶有收敛作用，会减缓肠道蠕动，因此便秘者不宜饮用此茶；玫瑰花的活血散瘀作用比较强，月经量过多的人在经期也不宜饮用；玫瑰花茶属于温热特性，虚火旺盛者饮用会加重症状，导致面红、口干、喉咙疼等症状，所以虚火旺盛者也不宜饮用。

（三）桂花茶

桂花茶是由桂花和茶叶窨制而成的。桂花香味浓厚而高雅、持久，无论窨制绿茶、红茶、乌龙茶均能取得较好的效果，是一种多适性茶用香花。以广西桂林、湖北咸宁、四川成都、重庆等地产制桂花茶最盛。茶叶用鲜桂花窨制后，既不失茶的性味，又带浓郁桂花香气，饮后有通气和胃的作用，很适合于胃功能较弱的老年人饮用（图3-3）。

桂花茶具有温补阳气、养颜美容、排解体内毒素、止咳化痰、养生润肺的功效；常饮桂花茶可舒畅精神，养阴润肺，净化身心，平衡神经系统。桂花茶对于口臭、视觉不明、荨麻疹、十二指肠溃疡、胃寒胃疼等也有预防和治疗作用。

（四）珠兰花茶

珠兰花茶是选用黄山毛峰、徽州烘青、老竹大方等优质绿茶作茶坯，与珠兰鲜花混合窨制而成的花茶。珠兰花茶清香幽雅、鲜爽持久，是中国主要花茶品种之一。珠兰花茶具有生津止渴、醒脑提神、助消化、减肥等功效；对治疗风湿疼痛、精神倦怠、癫痫等有一定作用，对跌打损伤、刀伤出血也有一定疗效（图3-4）。

图3-3　桂花茶　　　　　　　图3-4　珠兰花茶

思考题

1. 简述茶的抗氧化作用机制。
2. 简述茶的抗癌作用机制。
3. 简述茶的降血脂作用机制。
4. 茶为什么能降血糖？

5. 简述茶的减肥作用机制。

6. 茶为什么具有解酒功能？

7. 茶为什么有健齿的功效？

8. 简述茶的主要保健功能。

9. 比较绿茶与红茶保健功能的异同。

10. 简述黑茶主要的保健功能有哪些。

参考文献

［1］屠幼英. 茶与健康［M］. 西安：世界图书出版公司，2011.

［2］翁蔚，白堃元. 中国富硒茶研究现状及其开发利用［J］. 茶叶，2005，31（1）：24－27.

［3］FALANDYSZ J，KOTECKA W. Contents of manganese，copper，zinc and iron in black tea［J］. Frzemysl Spozywczy，1990，44（9）：223－233.

［4］杨贤强，曹明富，沈生荣. 茶多酚生物学活性的研究［J］. 茶叶科学，1993，13（1）：51－59.

［5］PERRON N R，BRUMAGHIM J L. A review of the antioxidant mechanisms of polyphenol compounds related to iron binding［J］. Cell Biochemistry Biophysics，2009，53（2）：75－100.

［6］聂少平，谢明勇，罗珍，等. 茶叶多糖的抗氧化活性研究［J］. 天然产物研究与开发，2005，17（5）：549－551.

［7］全吉淑，尹学哲，金泽武道. 茶多糖抗氧化作用的研究［J］. 中药材，2007，30（9）：1116－1118.

［8］CAO Y，CAO R. Angiogenesis inhibited by drinking tea［J］. Nature，1999，398（6726）：381.

［9］徐力，李冬云，张燕明，等. 茶多酚抗肿瘤效应机制研究进展［J］. 癌症进展杂志，2006，4（1）：61－64.

［10］商悦，刘旭杰，陈淑珍. 表没食子儿茶素没食子酸酯与西妥昔单抗联用体内外抗食管癌细胞 Eca－109 的作用研究［J］. 中国医药生物技术，2015，10（1）：18－24.

［11］朱爱芝，王祥云，金山，等. 茶多酚对肿瘤细胞多药耐药性逆转作用的研究［J］. 北京大学学报：自然科学版，2001，37（4）：496－501.

［12］SAKAGAMI H，TAKEDA M，SUGAYA K，et al. Stimulation by epigallocate-chin gallate of interleukin－1 production by human peripheral blood mononuclear cells［J］. Anticancer Research，1995，15（3）：971－974.

［13］山村雄一. 癌的分子生物学［M］. 北京：人民卫生出版社，1983.

［14］KADA T，KANEKO K，MATSUZAKI S，et al . Detection and chemical identification of natural bio－antimutagens A case of the green tea factor［J］. Mutation Research，1985，150（1－2）：127－132.

［15］王刚，赵欣. 两种白茶的抗突变和体外抗癌效果［J］. 食品科学，2009，30（11）：243－246.

［16］SHIMOI K，NAKAMURA Y. The pyrogallol related compound reduce UV－induced mutations in Escherichia coli β／γWP2［J］. Mutation Research，1986，173（4）：224－239.

［17］曹明富，杨贤强，沈生荣. 茶多酚抗突变和消除自由基作用的研究［J］. 癌症·畸变·突变，1993，5（6）：57.

［18］KATIYAR S K，VAID M，VAN STEEG H，et al. Green tea polyphenols prevent UV－induced immunosuppression by rapid repair of DNA damage and enhancement of nucleotide excision repair genes［J］. Cancer Prevention Research，2010，3（2）：179－189.

［19］王舟，曾令福，肖元梅等. 绿茶抗辐射损伤作用研究［J］. 四川大学学报（医学版），2003，34（2）：303－305.

［20］郝述霞，佟鹏，王春燕，等. 5 种天然植物提取物清除自由基和茶多酚抗辐射作用研究［J］. 中国职业医学，2011，38（1）：30－33.

［21］宛晓春. 茶叶生物化学［M］. 北京：中国农业出版社，2003.

［22］王小雪，邱隽，宋宇，等. 茶氨酸的抗疲劳作用研究［J］. 中国公共卫生，2002，18（3）：315－317.

［23］杜云. 茶多酚对运动大鼠抗疲劳作用的实验研究［J］. 西北大学学报：自然科学版，2012，42（5）：783－786.

［24］蒋成砚，谢昆，薛春丽，等. 普洱茶多糖抗疲劳作用研究［J］. 安徽农业科学，2012，40（1）：154－155.

［25］IMAI K，NAKACHI K. Cross sectional study of effects of drinking green tea on cardiovascular and liver diseases［J］. BMJ，1995，310（6981）：693－696.

［26］IKEDA I，TSUDA K，SUZUKI Y，et al. Tea catechins with a galloyl moiety suppress postprandial hypertriacylglycerolemia by delaying lymphatic transport of dietary fat in rats［J］. The Journal of Nutrition，2005，135（2）：155－159.

［27］范志飞，曾维才，戴吉领，等. 表没食子儿茶素没食子酸酯与猪胰脂肪酶的相互作用［J］. 食品科学，2012，34（7）：20－23.

［28］BAHORUN T，LUXIMON-RAMMA A，NEERGHEEN-BHUJUN V S，et al. The effect of black tea on risk factors of cardiovascular disease in a normal population［J］. Preventive Medicine，2012，54：98－102.

［29］IKEDA I，HAMAMOTO R，UZU K，et al. Dietary gallate esters of tea catechins reduce deposition of visceral fat，hepatic triacylglycerol，and activities of hepatic enzymes related to fatty acid synthesis in rats［J］. Bioscience，Biotechnology，and Biochemistry，2005，69（5）：1049－1053.

［30］LEE M S，KIM C T，KIM Y. Green tea（－）－epigallocatechin－3－gallate reduces body weight with regulation of multiple genes expression in adipose tissue of diet－induced obese mice［J］. Annals of Nutrition & Metabolism，2009，54（2）：151－157.

［31］ZHEN Y S, CHEN Z M, CHENG S J, et al. Tea：Bioactivity and Therapeutic Potential ［M］. New York：Taylor & Francis Publishers, 2002：151 – 169.

［32］陈宗懋, 甄永苏. 茶叶的保健功能 ［M］. 北京：科学出版社, 2014.

［33］YOKOGOSHI H, KATO Y, SAGESAKA Y M, et al. Reduction effect of theanine on blood pressure and brain 5 – hydroxyindoles in spontaneously hypertensive rats ［J］. Bioscience, Biotechnology, and Biochemistry, 1995, 59 (4)：615 – 618.

［34］丁仁凤, 何普明, 揭国良. 茶多糖和茶多酚的降血糖作用研究 ［J］. 茶叶科学, 2005, 25 (3)：219 – 224.

［35］俞河松, 竹剑平. 茶多酚对 2 型糖尿病大鼠胰岛素抵抗的影响 ［J］. 海峡药学, 2009, 21 (5)：31 – 32.

［36］WOLFRAM S, WANG Y, RIEGGER C, et al. Epigallocatechin gallate supplementation alleviates diabetes in rodents ［J］. Journal of Nutrition, 2006, 136：2512 – 2518.

［37］吴建芬, 冯磊, 张春飞, 等. 茶多糖降血糖机制研究 ［J］. 浙江预防医学, 2003, 15 (9)：10 – 12.

［38］薛长勇, 邱继红, 滕俊英, 等. 增殖体激活型受体 – γ 活性的影响 ［J］. 营养学报, 2005, 27 (3)：231 – 234.

［39］KIM H, HIRAISHI A, TSUCHIYA K, et al. (–) Epigallocatechin gallate suppresses the differentiation of 3T3 – L1 preadipocytes through transcription factors FoxOl and SREBPlc ［J］. Cytotechnology, 2010：62 (3)：245 – 255.

［40］WANG X, SONG K S, GUO Q X, et al. The galloyl moiety of green tea catechins is the critical structural feature to inhibit fatty – acid synthsae ［J］. Biochemical Pharmacology, 2003, 66 (10)：2039 – 2047.

［41］DULLOO A G, DURET C, ROHRER D, et al. Efficacy of a green tea extract rich in catechin polyphenols and caffeine in increasing 24 – h energy expenditure and fat oxidation in humans ［J］. American Journal of Clinical Nutrition, 1999, 70 (6)：1040.

［42］杨丽聪, 郑国栋, 蒋艳, 等. 咖啡碱与茶多酚组合对小鼠肝脏脂肪代谢酶活性的影响 ［J］. 中国食品学报, 2011, 11 (3)：14 – 19.

［43］YAMASHITA K, SUZUKI Y, MATSUI T, et al. Epigallocatechin gallate inhibits histamine release from rat basophilic leukemia (RBL – 2H3) cells：role of tyrosine phosphorylation pathway ［J］. Biochemical and Biophysical Research Communication, 2000, 274：603 – 608.

［44］江涛, 徐为人. 茶多酚抗过敏作用的研究 ［J］. 中药药理与临床, 1999, 15 (2)：19 – 21.

［45］AKAGI M, FUKUISHI N, KAN T, et al. Anti-allergic effect of tea-leaf saponin (TLS) from tea leaves (*Camellia sinensis* var. sinensis) ［J］. Biological & Pharmaceutical BULL, 1997, 20 (5)：565 – 567.

［46］张慧勤. 茶皂素对两种杀菌剂抗茶树轮斑病菌的增效作用及其机制研究 ［D］. 武汉：华中农业大学, 2011.

［47］WEBER J M, RUZINDANA-UMUNYANA A, IMBEAULT L, et al. Inhibition of adenovirus infection and adenain by green tea catechins ［J］. Anticiral Research, 2003, 58（2）: 167 – 173.

［48］彭慧琴, 蔡卫民, 项哨. 茶多酚体外抗流感病毒 A3 的作用 ［J］. 茶叶科学, 2003, 23（1）: 79 – 81.

［49］张白嘉, 刘亚欧, 刘榴. 茶多酚的解毒作用研究进展 ［J］. 中国药房, 2007, 18（25）: 1985 – 1986.

［50］朴宰日, 王岳飞, 杨贤强, 等. 儿茶素对铅诱导 HepG2 细胞氧化损伤及茶多酚对铅毒小鼠体内铅含量的影响 ［J］. 茶叶科学, 2003, 23（2）: 119.

［51］罗基花, 苏畅. 茶多酚抗 D – 半乳糖致衰老小鼠学习记忆减退作用的研究 ［J］. 中国老年学杂志, 2004, 24（10）: 970 – 971.

［52］李军, 林丽文, 辛勤, 等. 绿茶多酚抗衰老作用研究 ［J］. 食品与药品, 2013, 15（2）: 106 – 109.

［53］KAWAI K, TSUNO N H, KITAYAMA J, et al. Epigallocatechin gallate, the main component of tea polyphenol, binds to CD4 and interferes with gp120 binding ［J］. Journal of Allergy & Clinical Immunology, 2003, 112（5）: 951 – 957.

［54］XU J, WANG J, DENG F, et al. Green tea extract and its major component epigallocatechin gallate inhibits hepatitis B virus in vitro ［J］. Antiviral Research, 2008, 78: 242 – 249.

［55］ZHONG L, FURNE J K, LEVITT M D. An extract of black, green, and mulberry teas causes malabsorption of carbohydrate but not of triacylglycerol in healthy volunteers ［J］. American Journal of Clinical Nutrition, 2006, 84（3）: 551 – 555.

［56］许君, 高振兴, 宋淑红, 等. 绿茶提取物及其抗病毒研究进展 ［J］. 中国农学通报, 2009, 25（16）: 79 – 82.

［57］赵欣. 黄茶的 HT – 29 人体结肠癌细胞的体外抗癌效果 ［J］. 北京联合大学学报: 自然科学版, 2009, 23（3）: 11 – 13.

［58］赵欣, 郑妍菲, 冯柳瑜. MTT 法评价黄茶的体外抗癌效果 ［J］. 重庆教育学院学, 2008, 21（6）: 23 – 24.

［59］GORDANA R, DRAŽENKA K, SAŠA L, et al. Phenolic content and antioxidative capacity of green and white tea extracts depending on extraction conditions and the solvent used ［J］. Food Chemistry, 2008, 110（4）: 852 – 858.

［60］ALMAJANO M P, CARBÓ R, JIMÉNEZ J A L, et al. Antioxidant and antimicrobial activities of tea infusions ［J］. Food Chemistry, 2008, 108（1）: 55 – 63.

［61］VENDITTI E, BACCHETTI T, TIANO L, et al. Hot vs. cold water steeping of different teas: Do they affect antioxidant activity? ［J］. Food Chemistry, 2010, 119（4）: 1597 – 1604.

［62］王刚, 赵欣. 两种白茶的抗突变和体外抗癌效果 ［J］. 食品科学, 2009, 30（11）: 243 – 245.

［63］张应根，陈林，王振康. 白茶药理作用研究进展［C］. 北京：中国科学技术协会年会，2010.

［64］陈椽. 茶药学［M］. 北京：中国展望出版社，1987.

［65］陈文岳，林炳辉，陈岭，等. 福建乌龙茶治疗单纯性肥胖症的临床研究［J］. 中国茶叶，1998，（1）：20-21.

［66］郑毅男，李想，韩立坤，等. 乌龙茶减肥作用机制的研究［J］. 营养学报，2001，23（4）：342-345.

［67］林秀菁. 研究白茶提取物的抗氧化及肝保护作用［J］. 中国民族民间医药，2009，18（14）：4.

［68］袁弟顺，林丽明，杨志坚，等. 烘干温度对白茶护肝作用效果影响研究［J］. 中国茶叶，2009（5）：16-18.

［69］SHIMADA K，KAWARABAYASHI T，TANAKA A，et al. Oolong tea increases plasma adiponectin levels and low-density lipoprotein particle size in patients with coronary artery disease［J］. Diabetes Research and Clinical Practice，2004，65（3）：227-234.

［70］HOSODA K，WANG M F，LIAO M L，et al. Antihyperglycemic effect of oolong tea in type 2 diabetes［J］. Diabetes Care，2003，26（6）：1714-1718.

［71］叶小燕. 黑茶减肥作用及其机理研究［D］. 长沙：湖南农业大学，2012.

［72］王蝶，黄建安，叶小燕，等. 茯砖茶减肥作用研究［J］. 茶叶科学，2012，32（1）：81-86.

［73］FU D H，ELIZABETH P R，HUANG J N，et al. Fermented Camellia sinensis，Fu Zhuan Tea，regulates hyperlipidemia and transcription factors involves in lipid catabolism［J］. Food Research International，2011，44：2999-3005.

［74］雷雨. 我国不同类别黑茶品质差异的研究［D］. 长沙：湖南农业大学，2010.

［75］姜波，田维熙，齐桂年，等. 四川边茶提取物对脂肪酸合酶的抑制作用［J］. 中国科学院研究生院学报，2007，24：291-299.

［76］吴文华. 晒青毛茶和普洱茶降血脂作用比较实验［J］. 中国茶叶，2005（1）：15.

［77］赵丽萍，邵宛芳. 普洱茶对高脂血症大鼠的降脂和预防脂肪肝作用［J］. 西南农业学报，2010（2）：579-583.

［78］杨家林，窦薇. 普洱红茶和普洱绿茶降低老年人血脂的对比观察［J］. 中国老年学杂志，1997（3）：174.

［79］翟所强，顾瑞，仇春燕，等. 黑茶对老年人血脂和听力影响的临床观察［J］. 听力学及言语疾病杂志，1994，2（1）：22-23.

［80］WAY T D，LIN H Y，KUO D H，et al. Pu-erh tea attenuates hyperlipogenesis and induces hepatoma cells growth arrest through activating AMP-activated protein kinase（AMPK）in human HepG2 cells［J］. Journal of Agricultural & Food Chemistry，2009，57：5257-5264.

［81］JIE G L, LIN Z, ZHANG L Z, et al. Free radicals scavenging and protective effect ofPu – erh tea extracts on the oxidative damage in the HPF – 1 cell ［J］. Journal of Agricultural & Food Chemistry, 2006, 54（21）：8058 – 8064.

［82］王秋萍, 龚加顺. "紫娟"普洱茶茶褐素对高脂饮食大鼠生长发育的影响 ［J］. 茶叶科学, 2012, 32（1）：87 – 94.

［83］姜波. 四川边茶对脂肪酸合酶抑制作用的研究 ［D］. 雅安：四川农业大学, 2007.

［84］吴文华, 吴文俊. 普洱茶多糖降血脂功能的量效关系 ［J］. 福建茶叶, 2006（2）：42 – 43.

［85］TU Y Y, XIA H L, WATANABE N. Changes in catechins during the fermentation of green tea ［J］. Applied Biochemistry and Microbiology, 2005, 41（6）：574 – 577.

［86］屠幼英, 须海荣, 梁惠玲, 等. 紧压茶对胰酶活性和肠道有益菌的作用 ［J］. 食品科学, 2002, 23（10）：113 – 116.

［87］吴香兰. 黑茶改善小鼠胃肠道功能的实验研究 ［D］. 长沙：湖南农业大学, 2013.

［88］SESSO H D, GAZIZNO J M, BURING J E. Coffee and tea intake and the risk of myocardial infarction ［J］. American Journal of Epidemiology, 1999, 149：162 – 167.

［89］楼福庆. 茶色素与动脉粥样硬化症 ［J］. 中国茶叶, 1987（3）：5 – 7.

［90］刘泽, 韩驰. 茶色素和茶多酚防癌作用的研究 ［J］. 中国食品卫生杂志, 2005, 17（4）：312 – 314.

［91］TU Y Y, TANG A B, WATANABE N. The theaflavin monomers inhibit the cancer cells growth *in vitro* ［J］. Acta Biochimica et Biophysica Sinicsa, 2004, 36（7）：508 – 512.

［92］江和源, HANG X, 衰新跃, 等. 茶色素双没食子酸酯的抗癌活性及其作用机理研究 ［J］. 茶叶科学, 2007, 27（1）：33 – 38.

［93］乔田奎, 辛立, 赵建香, 等. 茶色素对放化疗中肿瘤患者免疫功能的作用 ［J］. 中国新药杂志, 1997, 6（5）：339 – 340.

［94］熊哲, 袁沛, 童杰文, 等. 红茶预防及调控阿尔茨海默病作用研究进展 ［J］. 食品安全质量检测学报, 2015, 6（4）：1219 – 1223.

［95］王昱筱, 周才琼. 红茶、绿茶和普洱熟茶体外抗氧化作用比较研究 ［J］. 食品工业, 2016, 37（4）：64 – 68.

［96］陈虎, 胡英, 周睿, 等. 茶黄素的抗氧化机理的研究进展 ［J］. 茶叶科学, 2005, 25（4）：237 – 241.

第四章 茶与常见疾病的防治

茶叶最初被认识时就被当成一种可以解毒治病的药。唐代陈藏器在《本草遗失》中强调"茶为万病之药"。明代李时珍在《本草纲目》中更是辩证地论述了茶的药理功效："茶苦而寒，最能降火，火为百病，火降则上清矣。温饮则火因寒气而下降，热饮则茶借火气而升散，又兼解酒食之毒，使人神思爽，不昏不睡，此茶之功也。"说明古人已注意到茶叶在疾病防治中的作用。现在临床实验也证明茶叶有防病治病的功效。

第一节 茶与癌症的防治

癌症是威胁人类健康最严重的疾病之一，是目前世界上第二高病死率的疾病。2012 年世界卫生组织公布全世界每年新增癌症患者数已超过 1400 万人，癌症患者的死亡人数也增到 820 多万人。《2012 中国肿瘤登记年报》公布我国每年新增癌症患者数约为 120 万，死亡人数约为 100 万。导致癌症患者人数突飞猛进的原因主要在于工业化国家对于人类生存环境的影响以及发展中国家人们生活方式的快速转变；不断增加的吸烟人数、肥胖人数以及人们寿命的不断增长也是重要原因。如 WHO 称众多癌症中，肺癌是最普遍和最致命的癌症，专家表示吸烟、长期遭受空气污染和职业中接触致癌物，是增大患肺癌风险的主要因素。

一、癌症的概念

癌症（cancer）是一组可影响身体任何部位的多种疾病的通称，在医学上称为恶性肿瘤（malignant tumor）。肿瘤是指机体局部组织的细胞发生了持续性异常增殖而形成的赘生物（neoplasia），是机体自身细胞在各种内外致癌因素作用下发生恶性转化产生的，由实质细胞、血管、支持性基质与结缔组织所组成。肿瘤分良性肿瘤（benign tumor）与恶性肿瘤两种。良性肿瘤为纤维包膜所包被，只有局部生长，在正常状态下不破坏宿主，或仅由于所占体积的原因而对宿主产生破坏作用。良性肿瘤不产生浸润与转移，不会侵入到周围组织。恶性肿瘤则能产生浸润与转移，病体一般无包膜，即使有假性包膜也可被穿透，对宿主有很大的破坏作用，不但危害健康，而且威胁生命。

癌症是由人体内正常细胞恶变和外部各种因素长期影响的结果，除头发、指甲外，任何部位的组织器官都有可能发生癌变。一般说来，常见的癌症有鼻咽癌、肺癌、食管癌、胃癌、肝癌、乳腺癌、结肠癌、直肠癌、淋巴癌、口腔癌、前列腺癌、子宫癌、皮肤癌等。我国比较常见的有胃癌、食管癌、肝癌、肺癌、淋巴癌、乳腺癌和大肠癌等。

二、肿瘤的发生过程

近年来人们对癌症形成机制的研究取得了重大进展，逐步了解癌症的发生与发展是一个多因素、多步骤的复杂过程，各有不同的细胞与遗传机制。一般情况下，正常细胞向癌细胞的转变分为 3 个阶段：①启动期（initiation）：致癌剂或其他因素导致靶细胞 DNA 的损伤，形成启动细胞；②促进期（promotion）：受致癌因素促进，开始细胞异常分裂和增殖，细胞内发生一系列的细胞水平上的变化；③演变期（progression）：癌细胞恶性化，从出现第一个癌细胞至发展为病灶。

癌症的发生都经历着由正常细胞通过各种致癌因素的引发而变成变异细胞，再通过各种内在和外在的因素进一步促发，变成前癌细胞，然后再发展成癌细胞。因此，从正常细胞发展成癌细胞都要经过引发和促发两个阶段。变异细胞如果没有经过促发阶段就不会变成前癌细胞和癌细胞，所以具有抑制引发和促发作用的化合物一般也具有防癌、抗癌的效应。

癌细胞是一种变异细胞，是产生癌症的病源。癌细胞与正常细胞不同，有无限增殖、可转化和易转移三大特点。能够无限增殖并破坏正常的细胞组织，因此难以消灭。转移也是癌症致死的主要原因。

三、癌症的发病原因

癌症源自于一个单细胞。从一个正常细胞转变为一个癌细胞要经过一个多阶段过程，通常是从癌前病变发展为恶性肿瘤。影响这些变化的因素主要有遗传因素和一些外部因素及其因素间的相互作用。

（一）遗传因素

癌症的发生与遗传因素有关，但癌症是不会先天遗传的。比较公认的看法是，基因和染色体异常产生对癌症的易感性。所谓的肿瘤遗传，实际上并不是肿瘤本身在遗传，而是患肿瘤的易感性在遗传。宿主的遗传易感性是肿瘤发生的基础。某些个体由于体内具有某些特殊的基因，如乳腺癌的 BRCA1、肺癌的细胞色素 P450CYP1A1、膀胱癌的细胞色素 P450CYP1A2，因而具有易感某些肿瘤的较高危险性。但这些基因只有在充分表达的条件下才能使人体发生癌症，而基因的表达与否在很大程度上取决于包括膳食与营养在内的环境因素的影响。有家族癌症病史的常见肿瘤有乳腺癌、结肠癌、黑色素瘤、前列腺癌、子宫内膜癌、大肠癌、胃癌等。

（二）年龄因素

许多肿瘤的发生与年龄密切相关。如急性淋巴细胞白血病的发病高峰位于儿童期，30 岁时达最低峰，自 40 岁后又逐年增高；而急性非淋巴细胞白血病的发病于 10 ~ 15 岁时为最低峰，自 40 岁后每十年增长一倍。

老龄化是癌症形成的另一个基本因素。癌症发病率随年龄增长而显著升高，极可能是由于生命历程中特定癌症危险因素的积累，加上随着一个人逐渐变老，细胞修复能力逐渐走向下坡路而致。

（三）环境因素

肿瘤的发生尽管与遗传、年龄有关，但主要是由环境因素引起的。环境因素归纳起来主要有：①化学致癌物质：如 3,4 - 苯并芘、亚硝胺、黄曲霉毒素、烟草烟雾成分、石棉和砷等；②物理致癌物质：如电离辐射、射线辐射及各种自然环境中的辐射等；③生物致癌物质：指由某些病毒、细菌或寄生虫引起的感染，如乙肝病毒、丙肝病毒和一些种类的人乳头状瘤病毒分别增加罹患肝癌和宫颈癌的风险，感染艾滋病毒会大大增加患宫颈癌的风险；④营养：肿瘤就是外界环境中的生物、化学、物理与营养等因素与个体内在因素相互作用的结果。

在诸多环境因素中，吸烟与癌症的关系极为密切。80% 的肺癌死亡和 50% ~ 70% 的口腔癌死亡与吸烟有关；烟焦油中含有的多种致癌物质和促癌物质对口腔、咽喉、食管、胃、肾、膀胱、胰腺等组织均有一定的致癌或促癌作用。吸烟导致癌症的发生主要是由于吸烟者体内抗氧化剂水平降低，产生大量自由基，导致体内自由基的产生与清除失去平衡，过量的自由基直接或间接损伤机体细胞而导致癌变。营养与膳食被认为是除吸烟之外的最重要因素，人类约 35% 的肿瘤与膳食有关。膳食和营养主要是影响肿瘤发生、发展过程中的促癌阶段，膳食不当或营养不平衡会导致促癌过程的加快，合理膳食和平衡营养则可延缓和阻碍促癌过程的进展。

四、茶叶的防癌抗癌作用

茶叶有防癌抗癌的作用。目前，世界各国的科学家围绕着这个主题开展了大量的研究，先后发现茶叶或茶叶提取物对皮肤癌、肺癌、食道癌、肠癌、胃癌、肝癌、血癌、胰脏癌、乳腺癌、前列腺癌等多种癌症的发生具有抑制作用。

（一）对皮肤癌的抑制作用

皮肤受到紫外线的照射可引起多种生物反应，包括炎症的诱发、皮肤免疫细胞的改变和接触超敏反应的削弱，容易引起皮肤病变。过度地暴露在太阳射线下，尤其是紫外线 B（UVB），易导致皮肤癌的发生。口服和外用茶或茶多酚能抵抗紫外线 B 的致癌作用。美国新罕布什尔州达特茅斯医学院对 1400 多名年龄在 25 ~ 74 岁的患有各种肿瘤的患者分析发现，早晚各饮一杯茶能大幅度降低患皮肤癌的风险；经常喝茶的人患鳞状细胞癌的概率降低了 65%，患基底细胞癌的概率降低了约 80%，表明茶可以保护人体对抗鳞状细胞癌和基底细胞癌。喝茶能够阻止皮肤癌的发生，但采用局部涂抹的方法可能更有效。Wang 等（1992）研究报道小鼠饮茶可明显地抑制促癌物（TPA）的促癌作用；Katiayr 等（1992）研究表明小鼠皮肤上涂茶叶防癌有效成分 EGCG 可有效地抑制促癌物诱发皮肤组织中鸟氨酸脱羧酶（ODC）的活力。

胡贵舟等（1995）研究了在小鼠皮肤上涂抹儿茶素 EGCG 对促癌物诱发小鼠皮肤组织某些癌症发生有重要关系的基因（c - myc、鸟氨酸脱羧酶、蛋白激酶 c 即 PKc 基因）表达水平的影响。将 40 只雌性昆明小鼠随机分为阴性对照组、阳性对照组、EGCG1 和 EGCG2 组，在小鼠背部剪去 1cm × 1cm 的皮毛，并在 EGCG 1 组和 EGCG 2 组动物的皮肤上分别涂以 1μmol 和 5μmol EGCG，1h 后在阳性对照组和 EGCG 组的相同部位涂上 10nmol TPA（溶于 0.2mL 丙酮），阴性对照组涂以 0.2mL 丙酮。阳性小鼠皮肤涂 10nmol TPA4h 后，上皮组织中 ODC 基因表达水平比阴性组高出 4.5 倍，阳性组 $c-myc$ 与 PKc 基因表达水平也有明显的升高，比阴性组分别升高 5.0 和 1.9 倍。EGCG 对这些升高有明显的抑制作用，且有一定的量效关系；$1\mu mol$ 和 $5\mu mol$ EGCG 剂量组对 ODC 基因表达水平的抑制率分别为 16% 和 56%，对 $c-myc$ 基因表达水平的抑制率分别为 20% 和 24%，对 PKc 基因表达水平的抑制率分别为 5% 和 21%。

（二）对肺癌的抑制作用

王婧（2013）研究表明茶多酚及其主要成分 EGCG 对非小细胞肺癌（NSCLC）细胞系具有一定抑制作用，能够在一定程度上抑制肺癌生长及肺癌血管生成。莫贵艳等（2012）研究结果也表明茶氨酸能通过抑制裸鼠移植肺癌新生血管的形成而抑制肺癌生长。Chung 对烟草特异性亚硝胺（NNK）诱发的啮齿类动物肺癌的研究表明，绿茶和红茶可抑制特异性亚硝胺诱发的 DNA 氧化性损伤，抑制肺癌的发生。谢珏等（2005）研究了茶多酚体外诱导人肺癌细胞凋亡及相关蛋白表达的影响，结果表明不同浓度的茶多酚（50、100、200、$400\mu g/mL$）对肺癌细胞均有抑制作用，且呈剂量依赖关系；在肺癌细胞增殖受到明显抑制时，细胞被阻滞于 G0/G1 期，不能进入 S 期及 G2/M 期；同时，茶多酚还诱导肺癌细胞凋亡，随着茶多酚浓度的增高，细胞内 Ca^{2+} 浓度、Annexin V 表达和蛋白酪氨酸磷酸酶基因（PTEN）蛋白表达逐渐增高，细胞周期调控蛋白 D1（Cyclin D1）蛋白表达水平则逐渐下降。这些表明茶多酚可诱导人肺癌细胞的凋亡，其作用机制与改变细胞内 Ca^{2+} 浓度、PTEN 蛋白和 Cyclin D1 蛋白表达有关。

朱楠楠（2013）研究了 EGCG、ECG、茶黄素 $-3,3'-$ 双没食子酸酯（TFDG）对肺癌细胞的作用，香烟烟雾提取物对正常细胞系的损伤和 EGCG、ECG、TFDG 对 CSE 致损细胞的修复作用，结果表明 EGCG 可不同程度地抑制人肺腺癌细胞系 H1299、人肺腺癌细胞系 A549、人肺鳞癌细胞系 HTB-182、人肺巨细胞癌细胞系 95C 的增殖，且呈剂量依赖关系，其中 EGCG 对 H1299 细胞的抑制作用最显著；EGCG、ECG、TFDG 对 H1299 细胞的抑制作用强度不同，其中 EGCG 的抑制作用最强，ECG 的抑制作用最弱；香烟烟雾提取物（CSE）处理正常细胞系人胚肾细胞系 HEK293 细胞后，细胞存活率随处理浓度的增加而下降，且呈剂量依赖关系；EGCG、ECG、TFDG 对 0.5% CSE 处理致损的 HEK293 细胞模型具有修复作用。这些研究表明 EGCG、ECG、TFDG 在体外实验中对肺癌细胞有抑制作用，对香烟烟雾诱发的正常细胞损伤具有逆转修复作用。

（三）对肝癌的抑制作用

日本科学家 1996 年报道了使用 4 个儿茶素单体、茶色素、乌龙茶提取物对大鼠肝癌致癌过程的抑制效应，结果表明它们均能显著减小肝脏中肿瘤前期病变谷氨酰转肽酶的数量和面积，表明茶色素与儿茶素单体一样具有对肝癌的化学预防作用。Shen 等（2014）研究表明 EGCG 能够抑制肝癌细胞生长，诱导肝癌细胞凋亡，引起肝癌细胞周期阻滞，这些与 EGCG 抑制 Akt 信号通路相关。

谭晓华等（2000）研究表明，EGCG 以剂量依赖的方式抑制肝癌 BEL-7402 细胞的生长，其 IC_{50} 值为 $264.53\mu g/mL$；$200\sim300\mu g/mL$ 的 EGCG 处理 BEL-7402 细胞 $24\sim36h$ 后，在琼脂糖凝胶电泳上可见凋亡细胞特征性的"梯状"带，PI 染色流式细胞仪直方图上可见亚二倍体峰；流式细胞术显示 EGCG 以时间依赖的方式下调 Bcl－2 蛋白的表达，表明 EGCG 对肝癌 BEL－7402 细胞生长具有抑制作用，其作用机制之一是诱导细胞凋亡，即 EGCG 通过下调 Bcl－2 蛋白的表达水平来诱导细胞凋亡。

赵志成（2004）研究表明 EGCG 可明显抑制肝癌细胞 HepG2 的增殖；50mg/mL EGCG 对裸鼠肝癌模型中肿瘤的生长有明显抑制，且 EGCG 剂量越大，抑制肿瘤生长效果越明显；肿瘤组织的病理学检查发现，对照组肿瘤组织中存在丰富的新生血管，而在 50mg/mL EGCG 组中血管的生成较少，尤其在肿瘤坏死的区域，但对机体的生长影响较小。这表明 EGCG 既能直接抑制肝癌细胞 HepG2 的生长，又可通过抑制肿瘤血管的形成抑制肿瘤的生长，是一个具有很大潜力的抗肿瘤药物。

（四）对口腔癌的抑制作用

李宁等（1999）对二甲基苯并蒽（DMBA）诱发的金黄色地鼠口腔癌的研究表明，绿茶、茶色素以及绿茶水提物、茶多酚和茶色素的混合物均可显著减少口腔癌的发生率、口腔黏膜细胞中银染核仁组织区（AgNOR）颗粒数目和表皮生长因子受体（EGFR）的表达等。表明饮茶对 DMBA 诱发的动物口腔癌有明显的预防作用，茶能预防 DMBA 引起的黏膜细胞 DNA 损伤和抑制黏膜细胞增殖可能是其预防口腔癌的重要作用机制。进一步研究表明绿茶水提取物、茶多酚和茶色素的混合物可改善口腔黏膜白斑的病损，预防口腔黏膜组织的 DNA 损伤和抑制其增殖，从而降低口腔癌前病变癌变的危险性，对人类口腔癌有预防作用（李宁等，2002）。

（五）对食道癌的抑制作用

李克等（2002）在中国潮汕地区调查了工夫茶与食管癌的关系，结果表明工夫茶可降低饮酒者特别是吸烟者患食管癌的危险度。张如楠等（2015）研究证实茶多酚对食管癌 Eca－109 细胞生长有抑制作用，且呈剂量－效应关系，其作用机制可能与降低食管癌 Eca－109 细胞的增殖指数、阻滞细胞及诱导细胞凋亡有关。商悦等（2015）研究了表没食子儿茶素没食子酸酯（EGCG）与西妥昔单抗联用体内外抗食管癌 Eca－109 的作用，结果表明 EGCG 能够剂量依赖性地抑制食管癌 Eca－109 细胞增殖，其 IC_{50} 值为 43.22μmol/L；EGCG 能够明显抑制 Eca－109 细胞的克隆形成，IC_{50} 值为 28.49μmol/L；EGCG 能够显著引起 Eca－109 细胞凋亡，60μmol/L 和 80μmol/L EGCG 诱导的凋亡百分率分别为（21.70±0.62）%、（57.13±9.09）%；EGCG 能抑制 Eca－109 裸鼠移植瘤的生长，抑制裸鼠移植瘤的血管形成；EGCG 和西妥昔单抗联用在体内外均具有增强作用。张润华等（2014）研究表明，EGCG 体外能够增强顺铂（DDP）对食管癌 CaEs－17 细胞的化疗敏感性，这种作用部分是通过下调 Bcl－2 蛋白实现的。

（六）对前列腺癌的抑制作用

前列腺癌是老年男性高发的恶性肿瘤，在欧美等西方国家是男性仅次于肺癌的第二大癌症，而中国、日本等长期具有饮茶习惯的亚洲国家居民前列腺癌的发病率要远远低于上述国家。Gupta 等（1999）进行的流行病学和动物实验结果均表明，饮用绿茶可有效抑制前列腺癌的发生。毛小强等（2010）研究报道茶多酚对人前列腺癌 PC－3M 细胞具有抑制增殖、促进凋亡的作用，该作用与其上调 *caspase*－3 基因的转录与表达有关。

卢强（2010）研究表明 EGCG 对人前列腺癌 PC3 细胞的增殖有明显抑制作用，且呈明显的剂量效应关系及时间效应关系；EGCG 能明显诱导 PC3 细胞凋亡，其诱导凋亡作用也呈显著的剂量效应关系及时间效应关系；外源性胰岛素样生长因子 IGF－Ⅰ和 IGF－Ⅱ作用于 PC3 细胞后，可明显刺激细胞增殖，抑制细胞凋亡，而 EGCG 可以阻断外源性 IGF－Ⅰ和 IGF－Ⅱ的这种作用。进一步研究表明 PC3 细胞生长过程中可以向细胞培养基分泌 IGF－Ⅰ和 IGF－Ⅱ，EGCG 可以减少 PC3 细胞 IGF－Ⅰ和 IGF－Ⅱ的自分泌水平，并呈明显的时间和剂量效应关系；EGCG 可以抑制 PC3 细胞的 IGF－Ⅰ和 IGF－Ⅱ mRNA 表达，EGCG 还能抑制 PC3 细胞 IGF 信号通路系统中的关键因子 p－IGF－lβR 及 p－Akt 的蛋白表达。这些研究表明 EGCG 可以通过抑制 IGF 信号通路，减少细胞自分泌 IGF 量等机制来发挥作用，调节 IGF 系统下游癌基因的表达，从而促进癌细胞凋亡，抑制癌细胞生长，起到抗癌作用。

（七）对胃癌的抑制作用

徐国平等（1991）研究表明绿茶提取物可完全阻断胃癌高发人群体内过高的强致癌物 N－亚硝基脯氨酸（NPRO）的合成，其机理可能是茶多酚与 N－亚硝基化合物结合或使其分解，降低了 NPRO 的致癌活性。Okabe 对胃癌细胞系的体外实验表明，多酚及其氧化产物可通过抑制肿瘤坏死因子（TNF）基因表达和释放来抑制胃癌细胞的生长，且抑制能力为 ECG > EGCG > EGC > TF > EC。赵燕等（1997）研究表明茶多酚与许多抗癌物一样，通过干扰肿瘤细胞生长、代谢、增殖等过程，诱导人胃癌细胞凋亡。谭晓华等（2000）研究表明 EGCG 以剂量依赖的方式抑制胃癌 MGC－803 细胞的生长，其 IC$_{50}$ 值为 188.52μg/mL；200～300μg/mL 的 EGCG 处理 MGC－803 细胞 24～36h 可诱导细胞凋亡，EGCG 诱导细胞凋亡的机制可能与其下调 Bcl－2 蛋白的表达水平有关。这些说明茶多酚对胃癌具有一定的预防作用。

（八）对肠癌的抑制作用

辛玉（2013）研究表明 EGCG 呈浓度及时间依赖性抑制人结肠癌细胞 HT－29 的生长，可能通过诱导 HT－29 细胞中的转化生长因子 β1（TGF－β1）、15－羟基前列腺素脱氢酶（15－PGDH），抑制环氧化酶－2（COX－2）、血管内皮生长因子（VEGF）mRNA 及蛋白表达预防结肠癌血管生成。王水明（2011）采用人结肠癌 HT－29 细胞株建立裸鼠结肠皮下易位的结肠癌荧光原位移植模型，观察不同剂量 EGCG 对肿瘤生长的抑制作用及对 Notch 信号转导途径相关基因的影响，结果表明 EGCG 对肿瘤生长有明显的抑制作用，促进了肿瘤细胞的凋亡，对 Notch 信号转导途径相关基因 *Notch*1、*Notch*2 的表达有增高的趋势。

（九）对乳腺癌的抑制作用

乳腺癌是妇女常见的恶性肿瘤，也是威胁女性健康的重要因素之一。张燕明等（2006）对纯系 BALB/c 小鼠进行肿瘤移植，以茶多酚进行干预性治疗，结果表明茶多酚对移植性小鼠乳腺癌（EMT6）生长有显著的抑制作用；且茶多酚可选择性地抑制乳腺癌组织中微血管生成，但对心、脑、肾组织无显著的影响。徐泽平（2011）研究表明茶多酚、EGCG 对人乳腺癌细胞 MCF－7 的增殖具有抑制作用，在一定浓度范围，茶多酚对 MCF－7 细胞的抑制效果优于茶多酚单体 EGCG；茶多酚诱导人乳腺癌 MCF－7

细胞凋亡的机理可能是通过降低胞内抗氧化酶 SOD 活性，加重 MCF－7 细胞内的氧化应激压力，触发线粒体途径诱导细胞凋亡。张强（2011）报道普洱茶与临床化疗药物顺铂联合作用可增加乳腺癌细胞对顺铂的敏感性，但对正常乳腺细胞没有显著杀伤。

（十）对宫颈癌的抑制作用

高洋（2010）研究报道茶多酚对人宫颈癌 HeLa 细胞增殖有较强的抑制作用，且呈一定的剂量和时间依赖性；茶多酚能使 HeLa 细胞周期阻滞于 S 期，且能诱导 HeLa 细胞凋亡，细胞凋亡率呈一定的剂量依赖性；茶多酚诱导 HeLa 细胞凋亡可能与线粒体通路有关，Bcl－2 蛋白和 *caspase*－9、*caspase*－3 是茶多酚的调控靶点。赵航等（2011）研究也表明普洱茶提取物具有可以诱导 HeLa 细胞凋亡的天然活性成分，且凋亡途径可能依赖于 *caspase*－3、*caspase*－9 相关的线粒体凋亡途径。孙凌燕等（2012）研究报道茶氨酸对 Hela 细胞具有显著增殖抑制作用，并呈浓度和时间依赖性；其抑制作用与其诱导 Hela 细胞的凋亡有关。

（十一）对卵巢癌的抑制作用

付春红等（2012）研究表明茶多酚在体外可剂量依赖性地抑制卵巢癌 SKOV3 细胞增殖，诱导细胞凋亡；活性氧自由基水平的增高可能是导致卵巢癌 SKOV3 细胞凋亡的原因。张思楠等（2011）研究也表明不同浓度的茶多酚均可诱导卵巢癌 COC1 细胞凋亡。

五、茶与癌症的防治

（一）癌症的流行病学观察

在日本与中国等地进行的流行病学研究表明，肿瘤的发生与茶叶的消费呈明显的负相关，特别是饮绿茶对消化道癌、乳腺癌及肺癌等有较好的保护作用。1945 年 8 月日本广岛原子弹爆炸使十多万人立即丧生，同时数十万人遭受辐射伤害。几十年后，大多数人患上白血病或其他各种癌症先后死亡，但研究却发现有 3 种人侥幸无恙，他们是茶农、茶商、茶癖者。随后日本学者根据日本 1969—1982 年人口普查资料，对茶区和非茶区癌症死亡率进行调查的结果指出，盛产绿茶并有饮茶习惯的静冈县中西部地区，癌症标准死亡率显著低于全日本的平均值。日本成年男子的吸烟率高达 59%，美国是 30%，但日本肺癌的发生率和死亡率都远低于美国，原因在于有饮茶习惯的日本人较多，尤其是吸烟的人大都饮茶。

我国江苏省的调查结果也表明常饮绿茶有一定的防癌效果。如肝癌高发区的启东市，饮茶率 15.4%，肝癌死亡率为每 10 万人有 48.73 人；而肝癌低发区的句容县，饮茶率为 61.47%，肝癌死亡率明显较低，每 10 万人只有 14.96 人。1987 年中国医学科学院肿瘤研究所曾筛选了 108 种新鲜蔬菜、水果、茶、饮料等食品，结果表明 67 个样品对多种致癌物的致突变作用有不同程度的抑制作用，其中以绿茶的抑制效果最好。

（二）茶的防癌机制

茶叶是一种天然无毒副作用的植物，其抗癌作用是茶多酚、茶色素、维生素、微量元素等相互协同作用的结果。作为一种传统饮品，茶叶的抗肿瘤作用经过几十年的研究之后，必然进入应用阶段。茶叶及茶多酚作为一种肿瘤预防剂、肿瘤治疗剂及肿瘤药物增效剂，必将具有广阔的应用前景，应加强茶及其有效成分对癌症治疗的应用研究，尽早将其开发成最具我国特色的天然抗癌药物。

许多医学家在临床上观察到，茶叶对防治恶性肿瘤有一定的作用。福建省中医院盛国荣在实践中对食道癌和胃癌患者，令喝少许浓茶，饮后患者有舒服感，食物也较易通过，有缓解症状的作用。台湾大学戚荣标认为，经常喝茶可以起到预防癌症的作用。南京中山肿瘤研究所阎玉森以大量的研究成果进一步肯定了绿茶的抗癌作用，他通过流行病学、临床以及生物化学、药理学、毒理学等多方面研究，证明绿茶抗癌的主要成分是茶多酚类。他将 GTE 应用于山东省胃癌高发区的人群，证实其具有阻断癌细胞在人体内生长合成的作用。GTE 为绿茶水提取物，是经超滤后，在隔氧条件下低温干燥而成，GTE 保留了大量的生物活性物质，除含有多酚类物质外，还含有维生素类和微量元素类。这些物质在抗癌过程中相互协同作用，并能与化学致癌物结合使其氧化和分解，从而降低了致癌物的致癌活性。提取茶中的有效成分制成药膏，涂抹于口腔用来治疗口腔癌癌前病变——口腔黏膜白斑，有较好疗效。

曹明富（1998）以小鼠动物整体试验，测定辐照前、后茶多酚对辐照损伤的防护和治疗作用，结果说明茶多酚对机体造血免疫系统受到的辐照损伤不仅具有明显的防护效应，而且对辐照损伤还具有一定的修复治疗作用。目前，茶多酚制剂已批准作为治疗用药，如天台制药厂生产的亿福林胶囊（EVERGREEN，即 EC，是一种以茶多酚为主要原料制成的胶囊），对肿瘤放疗、化疗病人的血象有明显的保护作用，特别是对稳定放疗病人的白细胞总数有显著效果。

我国肿瘤专家吴永芳教授应用茶色素治疗癌症病人 103 例，通过对多种组织类型肿瘤的治疗总结，证实茶色素可降低晚期肿瘤病人的血凝状态，提高白细胞，增强病人的免疫功能，改善生活质量。单用可稳定病情，与化疗并用可提高疗效，无任何毒副作用。浙江大学医学院郑树教授已提出将茶多酚作为肿瘤多药耐药性逆转剂，用于肿瘤化疗后产生的耐药性逆转治疗（使耐药细胞对原有抗癌药物重新具有敏感性），能明显增强抗癌药物的杀灭肿瘤细胞作用并产生意想不到的效果。

专利 WO 200172319 - A1 绿茶提取物与含一半棓酸盐的鞣酸酶混合培养，用有机溶剂提取，制备抗癌剂。其中表棓儿茶素棓酸酯的含量不超过总儿茶素的 5%，或表儿茶素与表棓儿茶素棓酸酯的浓度比为 10∶1、100∶1 或 1000∶1。在放疗前、中或后与其他化疗剂（阿霉素、美法仑、塞替派、链佐星、甲氨蝶呤、阿糖胞苷、顺铂、他莫昔芬或来普隆）合用，能治疗直肠癌、结肠癌、乳腺癌、卵巢癌、小细胞肺癌、慢性淋巴癌、食道癌、前列腺癌、毛细胞白血病、骨髓瘤、淋巴瘤以及上皮组织、淋巴组织、结缔组织、骨或中枢神经系统瘤；本品也可用于药品、食品或营养补充剂，对健康细胞副作用小。

骨髓抑制是放化疗过程中常见的毒副作用。顺铂（C - DDP）是一种有效的抗癌药物，因其毒副作用大而限制了使用剂量和频度。朴宰日与湖南省肿瘤医院合作进行临床试验，结果表明茶多酚片剂对顺铂治疗患者的血象有明显的保护作用，特别是稳定顺铂治疗病人的白细胞有显著效果，并明显提高病人的生活质量，食欲、睡眠和排便都得到改善，使病人能坚持接受治疗。在浙江省肿瘤医院使用茶多酚片剂进行临床应用也取得预期结果。动物试验还表明顺铂对肾功能、免疫力的损伤，茶多酚中的 EGC 能使损伤明显减轻。郑树等提出将茶多酚作为肿瘤多药耐药性逆转剂，用于肿瘤化疗后产生的耐药性逆转，使抗药癌细胞对原有抗癌药物重新具有敏感性，从而增强抗癌药物杀灭肿瘤细胞的作用。

"健必依"是一种茶多酚配以硒制成的保健口服液，对肿瘤病人放化疗的生白效果十分明显。沈生荣等将茶多酚配以硒和维生素 C 制成胶囊，对实验鼠灌胃经口服用，发现对辐射损伤小鼠白细胞有较强的保护作用，且效果较"健必依"好，即加入维生素 C 使胶囊有一定增效作用。

六、民间茶疗法

（一）绿茶甘草茶
用法：绿茶 2g，甘草 10g；将甘草加水 500mL，煮沸 5min 后加绿茶，取汁服用。代茶饮，每日一剂。

功效：解热抗癌，适用各种癌症。

（二）蒲公英茶
用法：绿茶 3g，蒲公英 20g，甘草 5g，蜂蜜 20g。将蒲公英、甘草加水煎煮 10min 后加入绿茶、蜂蜜，取汁饮服。每日一剂，分 3 次服用。

功效：清热解毒、消痛散结。适用于肺癌。

（三）乌梅甘草茶
用法：乌梅 25g，甘草 5g，加水 800mL，煮沸 10min，加入绿茶 2g 再沸 1min，取汁服用。每日 1 剂，分 3 次饮用。

功效：消炎祛痰，解毒抗癌。适用于鼻咽癌、直肠癌。

（四）茯苓茶
用法：绿茶 2g，茯苓 10g，蜂蜜 25g。将茯苓研成粉，加水 500mL 水煎，沸后加入绿茶和蜂蜜，取汁服用。每日 1 剂，分 2 次温服。

功效：健胃、健脾、抗癌。适用于胃癌。

（五）猪苓茶
用法：猪苓 10~25g 捣碎，加甘草 5g，水煎后加绿茶 2g，煮沸取汁饮服。

功效：具有解毒、化痰的功效，适用于食道癌。

（六）冬贝茶
用法：天门冬 30g，土贝母 10g，水煎后取汁冲泡 3g 绿茶，加蜂蜜饮服。

功效：具有养阴润肺、消肿、抗乳腺癌的功效。

（七）茵陈蛇舌茶
用法：茵陈 30g，白花蛇舌茶 30g，甘草 6g，水煎后加入绿茶 3g 饮服。

功效：具有清热解毒、抗肝癌的功效。

（八）石韦糖茶
用法：石韦 15g，水煎后加入绿茶 3g、冰糖 25g，煮沸饮服。

功效：具有清热解毒、抗膀胱癌的功效。

（九）菱角薏仁茶

　　用法：菱角 60g，生薏仁 30g，水煎后加入绿茶 3g，煮沸取汁饮服。

　　功效：具有健脾益气、抗宫颈癌的功效。

第 二 节　茶与心脑血管疾病的防治

　　心脑血管疾病是心血管疾病和脑血管疾病的统称，泛指由于高脂血症、血液黏稠、动脉粥样硬化、高血压等所导致的心脏、大脑及全身组织发生的缺血性或出血性疾病。

　　心脑血管疾病是一种严重威胁人类，特别是 50 岁以上中老年人健康的常见病，具有患病率高、致残率高、死亡率高和并发症多的特点。全世界每年死于心脑血管疾病的人数高达 1500 万人，成为人类死亡病因最高的头号杀手。我国每年死于心脑血管疾病的人数近 300 万人。

一、心脑血管疾病的形成及其影响因素

（一）心脑血管疾病的形成

　　心脑血管疾病是全身性血管病变或系统性血管病变在心脏和脑部的表现，其形成病因主要有 4 个方面：①动脉粥样硬化、高血压性小动脉硬化、动脉炎等血管性因素；②高血压等血流动力学因素；③高脂血症、糖尿病等血液流变学异常；④白血病、贫血、血小板增多等血液成分因素。

　　心血管疾病的发生是一个十分复杂的过程，其病理基础是动脉粥样硬化。动脉粥样硬化是指动脉内壁脂肪类物质和胆固醇的沉积，平滑肌细胞和胶原纤维增生，伴有坏死及钙化等不同程度的腐变。动脉粥样硬化后易发生粥样硬化斑脱落而形成血栓，如果血液处于高凝状态，就容易形成栓塞，甚至将血管完全堵塞。根据血管堵塞的部位临床上可发生心肌梗死、脑梗死等。

　　长期高血压会导致动脉血管壁增厚或变硬，管腔变细，进而影响心脏和脑部供血。高血压会加快动脉硬化过程，使动脉内皮细胞受到损伤，血小板易在伤处聚集，也容易形成血栓，引发心肌梗死或脑梗死。高血压可使心脏负荷加重，易发生左心室肥大，进一步导致高血压性心脏病、心力衰竭；当血压骤升时，脑血管容易破裂发生脑出血等。

　　高血脂系指血中胆固醇等脂类物质的浓度超过正常范围。血中胆固醇浓度高，血液变成沉重粘糊的状态而易于黏着在血管内壁，损害血管并使血管狭窄，影响正常的血液循环，并导致动脉硬化、高血压、冠心病、心肌梗死等严重病变。

　　血液的黏度是形成血流阻力的重要因素之一。当人体血液黏稠度增高时，血液流速减慢，血细胞可发生叠连和聚集，加重血稠而发生凝血，出现血液凝集块，造成血管栓塞，从而发生缺血性心、脑血管疾病。

　　糖尿病是心脏病或缺血性卒中的独立危险因素，随着糖尿病病情进展，会逐渐出现各类心脑血管并发症，如冠状动脉粥样硬化、脑梗、下肢动脉粥样硬化斑块的形成等。

（二）影响心脑血管疾病的因素

心脑血管疾病的发生和发展涉及遗传（一些心脑血管疾病有明显的家族史，如原发性高血压）、社会、文化、习俗、心理、饮食、性别、年龄、体重、生活及行为等诸多因素。除遗传因素外，积极控制这些影响因素能有效防治心脑血管疾病，降低心脑血管疾病的死亡率。

1. 膳食

高脂肪膳食与心脑血管疾病的发生密切相关。随着现代人们生活水平的不断提高，各种肉类食物被人们不停地搬上餐桌，蔬菜和水果等食物的摄入量相对减少，导致很多人的膳食结构被打乱，饮食中脂类过多，缺乏足够的膳食纤维。长期摄入高脂食物会导致人体摄入食物的能量超过需要量，最终导致肥胖症。肥胖症患者体内与动脉粥样硬化有关的血脂水平会升高；富含胆固醇和饱和脂肪的食品会显著提高血浆胆固醇水平而导致冠心病，低密度脂蛋白（尤其是氧化型的低密度脂蛋白）累积易导致动脉粥样硬化；$\omega-3$ 系列多不饱和脂肪酸能有效降低体内胆固醇水平、甘油三酯水平，减少血小板凝集作用，减少心律不齐及动脉硬化的发病率。因此，心血管病人应减少高脂食品的摄入，尽量多食用富含多不饱和脂肪酸的食品。

食物中缺乏足够的膳食纤维可能是发达国家中引起高胆固醇血症的因素之一，因为食物中的膳食纤维可降低血脂水平，减少体内胆固醇含量，且富含膳食纤维的食品会对脂类食物升高血胆固醇的作用产生拮抗效果。

2. 吸烟

吸烟会导致心脑血管疾病的发生。研究表明吸烟者体内抗氧化剂水平降低，体内产生氧自由基的能力加强，使体内氧自由基的产生与清除失去平衡。体内过量自由基可使细胞脂质过氧化，导致细胞膜损伤，而且吸烟还可促使低密度脂蛋白的过氧化和巨噬细胞对其吞噬的增加，这是形成动脉粥样硬化的重要因素。烟碱可促使血浆中的肾上腺素含量增高，促使血小板聚集和内皮细胞收缩，引起血液黏滞度升高。国内外大量资料表明，在每天吸烟20支以上的人中，冠心病的发病率为不吸烟者的3.5倍，冠心病、脑血管病的死亡率为不吸烟者的6倍。在脑梗死的危险因素中，吸烟占第一位。

3. 酗酒

酗酒是脑卒中发病的最重要诱发因素。每天酒精摄入大于50g者，发生心脑梗死的危险性增加。长期大量饮酒可使血液中血小板增加，进而导致血流调节不良、心律失常、高血压、高血脂，使心脑血管疾病更容易发生。

4. 熬夜

尽管心脑血管疾病是一种严重威胁50岁以上中老年人健康的常见病，但近年来年轻人群体患心脑血管疾病的人数逐渐增多，主要原因是由于年轻人常熬夜常加班。熬夜加班对身体的危害很大，易造成内分泌失调，也会改变人体饮食习惯和结构，如晚餐过饱、摄入过多热量等，从而引起胆固醇增高，诱发动脉硬化、冠心病等；也会刺激胰岛素大量分泌，导致胰岛β细胞过早衰竭，从而引发糖尿病。

5. 工作生活压力

随着社会经济的飞速发展，竞争日益激烈，现代人的生活、工作压力增大，不仅导致很多人的日常生活中存在吸烟、酗酒、熬夜、缺乏运动等不良生活习惯，且还会使人体情绪持续紧张和精神过度疲劳。不仅这些不良的生活习惯是引起心脑血管疾病的主要原因，情绪持续紧张和精神过度疲劳等也都是影响心脑血管疾病不可忽视的原因。研究表明经常急躁易怒、逞强好胜及性格孤僻、多愁善感的人，发生脑血管病者要比一般人高得多。过度紧张、激动，紧张的脑力劳动、易激动的情绪，均可致高级精神神经活动障碍，从而引起血管痉挛、血压升高及影响胆固醇代谢。

6. 肥胖

肥胖后容易发生糖尿病、高血压、冠心病、中风、肾脏病、脂肪肝与胆囊疾病等疾病，而这些大多与心脑血管疾病发生有关。肥胖者血中纤维蛋白原活化因子的抑制因子活性增高，使血栓容易形成，导致冠心病的发生。肥胖症患者的体积增大，体循环和肺循环的血流量均增加，每搏输出量和心搏出量增加。左室舒张末期容量及充盈压增高，使心脏前负荷加重，导致左室肥厚和扩张，特别是合并高血压时系统血管阻力增加，左心室进一步扩张，心肌需氧量增加。这些因素使得肥胖症患者易患充血性心力衰竭，合并冠心病时易发生心肌梗死和猝死。肥胖症患者血中基础去甲肾上腺素水平和刺激后的去甲肾上腺素水平均会增高，使得周围血管阻力增高，因此，肥胖症患者中有 30% ~ 50% 并发高血压。

7. 年龄

随着年龄增长，人体分泌抗氧化物酶（如超氧化物歧化酶）能力降低，导致体内自由基水平升高，使血脂中的低密度脂蛋白胆固醇氧化后沉积在血管壁，久之使毛细血管堵塞，随着时间的推移，脂类醇类物质容易和体内游离的矿物质离子结合，形成血栓，产生心脑血管疾病。随着年龄的增长，一些心脏病（如由高血压引起的左心室肥厚及糖尿病相关性心脏病等）的发病率也会增加。

二、心脑血管疾病的临床表现

常见的心血管疾病主要有冠心病、心肌梗死、高血压、运动猝死、心律失常等；常见的脑血管疾病主要有脑出血、脑梗死、脑血栓、脑部供血不足等。

心血管疾病的常见症状主要有：心悸、气短，端坐呼吸、夜间阵发性呼吸困难，胸骨后的压迫性或紧缩性疼痛、胸闷不适，水肿、发绀、晕厥、咳嗽咯血，虚弱、嗳气、上腹痛、恶心、呕吐；左后背痛、左手臂痛等。

脑血管疾病的常见症状主要有：偏瘫、偏身感觉障碍、偏盲、失语；或者交叉性瘫痪、交叉性感觉障碍、外眼肌麻痹、眼球震颤、吞咽困难、共济失调、眩晕；或肢体无力、麻木，面部、上下肢感觉障碍；单侧肢体运动不灵活；语言障碍，说话不利索；记忆力下降；看物体突然不清楚；眼球转动不灵活；小便失禁；平衡能力失调，站立不稳；意识障碍；头痛或者恶心呕吐；头晕、耳鸣等。

三、茶对心脑血管疾病的作用机制

（一）茶叶的降脂作用

高血脂系指血中脂类物质的浓度超过正常范围，即胆固醇高于 220 ~ 230mg/

100g，甘油三酯高于 $130\sim150mg/100g$。由于脂类物质一般不溶于水，血浆中的脂类主要与蛋白质载体（apolipoprotein）结合形成脂蛋白进行转运。脂蛋白分为极低密度脂蛋白（VLDL）、低密度脂蛋白和高密度脂蛋白。极低密度脂蛋白中含有大量甘油三酯和部分胆固醇，低密度脂蛋白中含有大量胆固醇，因此，所谓的高血脂实质上是运输胆固醇的低密度脂蛋白和运送内源性甘油三酯的极低密度脂蛋白浓度过高，超出正常范围。

茶叶具有的降脂作用与其所含化学成分密切相关。茶多酚不仅能显著抑制血清和肝脏中甘油三酯、胆固醇含量的上升，且还能促进总脂和胆固醇从粪便中的排出，从而降低体内总脂和胆固醇的含量。茶多酚具有调节脂肪代谢的功能，能促进体内脂肪分解为游离脂肪酸，能抑制膳食脂肪与胆固醇的吸收；茶多酚还能阻止食物中不饱和脂肪酸的氧化，减少血清胆固醇在血管壁上的沉积，从而有助于其降脂作用。

茶色素能显著降低高脂动物血清中甘油三酯、血清胆固醇、低密度脂蛋白和载脂蛋白B，同时也能提高血清中高密度脂蛋白的含量，具有明显的降血脂作用；茶色素还有显著的抗凝、促纤溶、防止血小板黏附和聚集的作用，改善血液的流变学指标，改善微循环，保障组织血液和氧的供应；茶色素能提高血中超氧化物歧化酶的活力，能消除氧自由基，保护细胞免受损害。

茶多糖可通过降低血清总胆固醇含量，升高高密度脂蛋白含量，增强卵磷脂胆固醇酰基转移酶活性，以加速胆固醇通过肝脏的排泄达到降脂目的。

茶叶所含的维生素C和维生素P，具有改善微血管功能和促进胆固醇排出的作用。

绿茶所含叶绿素不仅能破坏食物中的胆固醇，也对肝、肠循环中的胆固醇起着同样的破坏作用；叶绿素还能阻碍胆固醇的消化和吸收，从而使体内胆固醇含量降低。

（二）茶叶的抗动脉粥样硬化作用

动脉粥样硬化是指动脉内壁脂肪类物质和胆固醇的沉积，平滑肌细胞和胶原纤维增生，伴有坏死及钙化等不同程度的腐变。动脉粥样硬化的原因是由于长期食用高脂肪食品，胆固醇的摄入较多，又缺乏相应的体力运动，导致胆固醇代谢异常，高浓度胆固醇在血管壁上沉淀，使血管壁变厚，血管狭小，弹性减弱而硬化。极低密度脂蛋白、低密度脂蛋白这两种脂蛋白有致动脉粥样硬化的作用；高密度脂蛋白是将外围组织和血液中的胆固醇运往肝脏进行代谢，被称为"血管清道夫"，具有抗动脉粥样硬化的作用。

茶多酚可以作用于动脉粥样硬化形成和进展过程的各个环节。低密度脂蛋白的氧化是动脉粥样硬化斑块形成和继发心血管疾病的重要步骤，茶多酚尤其是儿茶素通过自身的强抗氧化活性抑制铜离子（Cu^{2+}）诱导的低密度脂蛋白中胆固醇的氧化，降低动脉硬化的发生；茶多酚可抑制脂肪沉着性动脉粥样硬化形成和进展过程中平滑肌细胞的增生，抑制氧化型低密度脂蛋白的细胞毒性，从而延缓动脉粥样硬化的形成和进一步发展；茶多酚在低浓度下能抑制嗜中性粒细胞的移动和炎性反应，而抑制炎症反应在遏制动脉粥样硬化中起十分重要的作用；茶多酚可以抑制胶原的老化，防止血液、肝脏中甾醇及其他烯醇类和中性脂肪的积累，提高高密度脂蛋白含量，从而有利于遏制动脉粥样硬化。茶多酚还能阻止食物中不饱和脂肪酸的氧化，通过抑制不饱和脂肪酸的氧化途径起到抗动脉硬化的作用。

茶色素具有显著的抗凝、促纤溶、防止血小板黏附聚集、抑制动脉平滑肌细胞增生的作用；茶色素还能抑制动脉壁胆固醇沉积和粥样斑块的形成，有效地防止动脉粥样硬化的发生；茶色素能显著降低纤维蛋白原的含量，从而降低血液的黏滞性。

茶叶所含的芦丁、维生素C、维生素P及磷脂、胆碱、泛酸等都有降低胆固醇沉积、抑制动脉粥样硬化的作用，且茶叶所含的维生素C、维生素P还可有效降低毛细血管的脆性。

（三）茶叶的降血压作用

高血压是血管收缩压与舒张压升高到一定水平而导致的对健康发生影响或发生疾病的一种症状。正常人的血压并不是恒定不变的，健康成年人的收缩压在12.0～18.7kPa（90～140mmHg），舒张压在6.7～12.0kPa（50.4～90.2mmHg）之间波动。世界卫生组织高血压专家规定正常成年人的收缩压与舒张压分别在18.7kPa（140.6mmHg）与12.0kPa（90.2mmHg）以下，凡成年人收缩压达21.3kPa（157mmHg）或舒张压达12.7kPa（95.5mmHg）以上的即可确认为高血压。

高血压的形成是受到血管紧张素类物质所调节的。血管紧张素转换酶将不具有活性的血管紧张素Ⅰ C位末端的二肽（组氨酸–亮氨酸）切断，使之变为有强升压作用的血管紧张素Ⅱ，导致血压升高。因此，抑制血管紧张素Ⅰ转移酶活性的化合物具有降压的效果。茶叶中的儿茶素类化合物和茶黄素对血管紧张素Ⅰ转移酶的活性有明显的抑制作用，具有明显的降压效果，其中以EGCG、ECG和游离茶黄素的抑制作用最强。

茶多酚能降低外周血管阻力，直接扩张血管，起到降压作用；茶多酚还可促进内皮依赖性松弛因子的形成、松弛血管平滑肌、增强血管壁、调节血管壁透性，从而发挥降血压作用；茶多酚能刺激肾上腺素和儿茶酚胺的生物合成，抑制儿茶酚胺的生物降解，从而在很大程度上增加机体毛细血管壁的抵抗力和弹性，降低血管的脆性，达到降血压目的；茶多酚、茶色素还可通过提高超氧化物歧化酶活力，增强机体抗氧化能力而实现对高血压的预防和缓解。

茶叶所含的芦丁、维生素C、维生素P等能改善血管功能，增强血管弹性，降低毛细血管通透性，防止或减少高血压发生；维生素P还能扩张小血管，直接导致血压下降。茶叶中的咖啡碱、茶叶碱等可使血管平滑肌松弛，扩张血管，使血液不受阻碍而易流通，具有直接降压作用；咖啡碱、茶叶碱等还具有利尿、排钠的作用，可起到间接降压作用。

茶叶中的茶多糖、γ–氨基丁酸、茶氨酸等成分也有一定降血压作用。茶氨酸的降压作用机理是通过影响末梢神经或血管系统中5–羟色胺的浓度来实现的；γ–氨基丁酸是通过抑制血压上升酶的活性，促进体内盐分的排泄来实现降血压作用的。

（四）茶叶的抗冠心病作用

由于冠状动脉粥样硬化或冠状动脉痉挛等因素而使血管腔狭窄或阻塞，导致心肌缺血、缺氧的心脏病称为冠状动脉粥样硬化性心脏病，简称冠心病。高血脂、脂质代谢障碍、高血压、糖尿病发病率的增加、肥胖都是导致冠心病发病率增高的主要原因。由于高血脂的存在以及血液流变学的改变，造成动脉管壁胆固醇堆积，引起动脉粥样硬化；硬化的血管弹性差，加上血栓形成更促进管腔的狭窄，易致冠心病的发生并加重；冠心病患者体内存在凝血和纤维蛋白原溶解失衡，主要表现凝血功能过强及纤维蛋白原溶解系统活性降低，导致冠状动脉内血栓形成。

　　茶叶对冠心病的良好防治效果是由茶叶所含的多种化学成分综合作用的结果。首先，茶多酚能改善微血管壁的渗透性能，能有效增强心肌和血管壁的弹性和抵抗能力，还可降低血液中的中性脂肪和胆固醇。自由基引起的脂质过氧化对冠心病的发生及发展起重要作用，茶多酚较强的抗氧化、清除自由基活性，可有效抑制机体脂质过氧化。茶多酚抑制铜离子诱导的低密度脂蛋白氧化作用，也有助于预防冠心病。其次，维生素 C 和维生素 P 具有改善微血管功能和促进胆固醇排出的作用。第三，咖啡碱和茶碱可直接兴奋心脏，扩张冠状动脉，使血液充分地输入心脏，提高心脏本身的功能。第四，茶色素对冠心病也有一定的防治效果。茶色素通过提高超氧化物歧化酶的活力，降低丙二醛含量，削弱脂质过氧化作用，清除自由基，增强供氧和供血能力，从而起到防治冠心病的作用。

四、茶对心脑血管疾病的防治

（一）茶对高血脂的防治

　　茶的降脂作用，古今皆有口碑。古代文献记载茶能"解油浓""去腻""去人脂"等，显然与降脂有关。现代临床以茶降脂的报道更是屡见不鲜。陈宗懋等报道，湖南产的猴王牌速溶减肥茶对高脂血症有明显疗效，临床实验每次 3g，每日 2～3 次，两个月后患者胆固醇与甘油三酯含量都平均下降 51.5%。Tokunaga 等（2002）对 13916 名健康工人开展饮茶降脂的调查研究，发现饮用绿茶和血浆中的总胆固醇浓度成负相关。Nagao 等（2007）在日本进行的一项平行双盲试验发现含大量儿茶素的绿茶提取物可以降低人体血浆中低密度脂蛋白胆固醇水平。

　　陈椽利用云南沱茶与治疗高血脂的专用药安妥明进行了治疗高血脂的对比试验，临床结果表明沱茶降血清胆固醇的总有效率为 92.86%，降甘油三酯的总有效率为 86.27%，疗效与安妥明（降血清胆固醇 100%，降甘油三酯 89.29%）相当。李永安等用重庆沱茶对 30 例高血脂患者的临床疗效观察结果也表明沱茶可明显降低总胆固醇。

　　刘勤晋等（1994）选用解放军某干休所患有高血脂的 50 位男性离退休干部（年龄 60～70 岁）进行饮茶降血脂试验。试验前进行血液生化检查，饮茶前检查血脂含量；在不改变饮食结构的前提下，每日服用黑茶 3 次，每次 4g，沸水冲泡服用。饮茶 1 个月后检查发现 50 位患者血中胆固醇、甘油三酯和脂质过氧化物含量均有不同程度下降（$P < 0.01$），表明黑茶有明显的降血脂作用（表 4－1）。

表 4-1　　　　　　　高血脂病人饮茶前后血液生化检测结果（$\bar{X} \pm SE$）

检测项目	服茶前	服茶后	T 值
胆固醇	218.2 ± 40.7	171.8 ± 43.9	6.760
甘油三酯	182.3 ± 75.8	138.6 ± 65.3	4.638
脂质过氧化物	12.6 ± 3.1	11.9 ± 1.9	1.419

应之和（2002）采用双盲法，分别给予治疗组和对照组口服茶多酚胶囊（100mg/粒）和维生素 C 片剂（100mg/粒），每日 3 次，每次 2 粒，结果表明口服茶多酚胶囊 8 周后患者血中总胆固醇、低密度脂蛋白胆固醇、甘油三酯水平显著降低，高密度脂蛋白胆固醇水平显著提高，而对照组服维生素 C 前后血脂水平无显著性差异。

Maron 等（2003）对中国 6 个地区医院的 240 名轻度或中度高血脂患者进行双盲、随机、安慰剂作对照的试验，以评定茶多酚对患者总胆固醇、低密度脂蛋白胆固醇、高密度脂蛋白胆固醇和甘油三酯水平的影响。结果显示，12 周后，服用茶多酚的患者与受试前自身相比，总胆固醇和低密度脂蛋白胆固醇降低，高密度脂蛋白胆固醇升高，而安慰剂组无显著效应。

茶色素临床研究协作组（1997）采用自身对照，给 248 例血脂紊乱者服用江西绿色制药有限公司提供的茶色素胶囊（125mg/粒），日服三粒，疗程一个月，以 55 例血总胆固醇、甘油三酯、高密度脂蛋白胆固醇均正常者为对照，服药前 2~8 周及服药期间停用其他调整血脂药物，冠心病及高血压患者其他原因的药物剂量不变。治疗一个月后，治疗组血清总胆固醇平均显著下降 12%，甘油三酯显著下降 20%，高密度脂蛋白胆固醇显著上升 22%；对照组服用茶色素后总胆固醇与甘油三酯也显著下降，但高密度脂蛋白胆固醇与脂蛋白无显著变化，也未见明显副作用。表明茶色素为调节血脂紊乱的较好药物，可在心脑血管病的防治中起重要作用。

冯磊光等（2002）观察了茶色素对心脑血管疾病的血脂及血流变异常的临床疗效。采用自身治疗前后对照，给心脑血管疾病并发高脂血症及血流变异常患者 100 例口服茶色素（批号：970418），每次 250mg，每日 3 次，1 个月为 1 疗程，期间停用其他调节血脂、影响血流变的药物。观察结果表明茶色素能升高血液高密度脂蛋白胆固醇水平，显著降低血液中总胆固醇、甘油三酯含量，使高脂血症得到改善；茶色素还能改善血液流变性各指标，且显著降低血低切黏度、血浆黏度与纤维蛋白原含量，从而降低血液的黏滞性。

（二）茶叶对动脉粥样硬化的防治

浙江医科大学用家兔作实验性动脉硬化的科研，发现绿茶不但能减轻动脉硬化的程度，还能防止血液和肝脏中中性脂肪的累积，具有预防动脉硬化的作用。流行病学调查也显示饮茶对冠状动脉粥样硬化有预防治疗作用。

Sasazuki 等（2000）在日本对 512 例 30 岁以上的冠状动脉粥样硬化患者进行问卷调查，在了解其饮茶习惯等生活方式后，通过动脉 X 线造影了解冠状动脉粥样硬化的情况，结果表明 38.7% 的男性和 23.8% 的女性冠状动脉明显狭窄，且饮用绿茶与男性的冠状动脉粥样硬化呈负相关，说明饮用绿茶对男性的冠状动脉粥样硬化有预防作用。

Geleijnse 等（1999）对 3454 名 55 岁以上没有冠心病的老年人进行追踪观察，先请营养学家用半定量的食物以问卷调查的方式评估从食物中摄取茶多酚的情况，2～3 年后再用 X 线检查追踪腹主动脉的钙化斑，根据钙化面积的长度（＜1cm、1～5cm、＞5cm）将主动脉粥样硬化程度划分为轻、中、重 3 个等级。结果表明饮茶与主动脉粥样硬化的严重程度呈显著的负相关。

福建省中医药研究所阮景绰等（1987）利用乌龙茶防治动脉硬化研究表明，饮用乌龙茶组与对照组相比主动脉内膜脂质斑块少，面积小而且分散，乌龙茶组斑块占主动脉面积的百分比为 19.89%，显著低于对照组（43.79%）；乌龙茶组主动脉壁胆固醇为 1.06mg/100mg 鲜重，也显著低于对照组（2.08mg/100mg 鲜重）；饮用乌龙茶组比对照组的血栓形成时间长、血栓长度短、血栓的湿重或干重轻，表明乌龙茶可通过防止血管病变，调节毛细血管通透性及脆性，影响高脂血症及体外血栓形成等几方面来降低动脉硬化。

楼福庆（1987）在临床验证中用茶色素治疗茶色素 120 名动脉粥样硬化病（高脂血症伴纤维蛋白原增多）患者，其中每天服茶色素 75mg 的 68 例，每天服 150mg 的 52 例，2 个月为一疗程。结果表明，150mg 组的有效率为 92.3%（48/52），75mg 组有效率 79.40%（54/68）（$P < 0.01$），总有效率为 85.0%（102/120）。

（三）茶叶对高血压的防治

茶叶可以降血压，在我国的传统医学中早有报道。浙江医科大学在 20 世纪 70 年代曾对近 1000 名 30 岁以上的男子进行高血压和饮茶间关系的调查，结果表明喝茶的人平均高血压发病率为 6.2%，而不饮茶的人平均发病率为 10.5%。安徽医学研究所用皖南名茶——松萝茶进行人体降压临床试验，结果表明一般高血压患者每天坚持饮用 10g 松萝茶茶汤，半年后患者的血压可下降 20%～30%。中国农业科学院茶叶研究所于 1972 年对 80 例高血压患者进行饮茶治疗临床试验报道，其中 50 例患者在 5d 内血压恢复正常，有效率达 62.5%。国内对城市中老年人健康调查结果也表明，适量饮茶可预防或降低高血压。

牟乃洲等（1998）用江西绿色制药有限公司生产的茶色素联合卡托普利治疗原发性高血压 80 例，其有效率 81%，显著高于对照组（仅用卡托普利，60 例）的有效率 60%（$P < 0.05$）；治疗组中的 26 例肾功能损害、血尿素氮异常者，经治疗后血尿素氮明显下降，微循环也有显著改善；两组血压正常后，停药 110d，对照组血压回升率 78%，治疗组仅为 15%（$P < 0.01$）。

Yokogoshi 等（1998）进行饮茶治疗临床试验的结果表明，茶氨酸对先天性高血压患者具有降压作用。对患有先天性高血压的白鼠注射 2000mg/kg 的谷氨酸，血压没有改变；注入同样剂量的茶氨酸后，血压明显下降。对人为升压的大鼠喂饲高剂量的茶氨酸（1500～3000mg/kg）后，大鼠的收缩压、舒张压和平均血压均明显下降，但其有效剂量较儿茶素的剂量高 10～15 倍。

日本开发研制的一种含有大量 γ - 氨基丁酸的新茶，称 Gabaron 茶。该茶采用茶树鲜叶，经特殊的嫌气处理加工工艺，使得茶叶中 γ - 氨基丁酸含量增加到 150mg/kg 以上，是普通茶的 10～30 倍，而其他主要成分如儿茶素、茶氨酸等含量保持不变。通过动物实验和临床试验证明该茶比普通茶具有更好的降血压效果，被称为新型降压茶，在日本已获批量生产。

黄亚辉等（2002）用湖南省茶叶研究所研制的金白龙茶（富含 γ - 氨基丁酸）进行临床降压效果观察，给 50 例中老年高血压患者饮金白龙茶（5g/包），开水冲泡后饮服，每日 2 包，20d 为一疗程；原服用降血压药物者，饮服金白龙茶 3d 后减量停药，以饮普通绿茶为对照。结果表明普通绿茶也有一定的降血压效果，但金白龙茶的降压效果显著优于普通绿茶。

目前已有许多以茶为主的复配药方治疗高血压，如绿茶山楂汤、绿茶柿叶汤、绿茶柿饼汤、绿茶川芎汤、绿茶番茄汤、绿茶蚕豆花汤、绿茶大黄汤等。长沙茶厂等单位以茶叶为原料制成的速溶减肥茶，经临床研究，治疗 7~24 周后血压平均下降 34/24mmHg。

（四）茶叶对冠心病的防治

近年来，用茶叶防治冠心病的问题已引起国内外学者的普遍重视。在日本人、中国人及欧洲人等多个人种中均已证实，饮茶可以降低冠心病的发病率和死亡率。浙江医科大学 20 世纪 70 年代在茶叶产区进行的冠心病发病和饮茶习惯之间关系的调查中发现，不喝茶或偶尔喝茶的人，冠心病的平均发病率为 5.7%，而经常喝茶的人群，冠心病的发病率仅为 1.07%。福建医科大学 1974 年在福建安溪茶区对 1080 人的调查结果也表明，常喝茶的确能预防冠心病的发生。

焦世兰等（2006）给冠心病患者 60 例口服茶多酚胶囊（200mg/粒），200mg/次，3 次/d；对照组采用口服等量淀粉胶囊安慰剂，200mg/次，3 次/d。治疗期间均常规口服硝酸异山梨醇酯 10mg，3 次/d，睡前服肠溶阿司匹林 75mg，停用其他药物。服用茶多酚 4 周后能改善患者临床症状，治疗总有效率 90.0%，显著高于对照组的总有效率 53.33%，提示茶多酚是治疗冠心病的有效药物。

李爱顺等（1997）将 40 例冠心病患者随机分为 2 组，并设置 33 例健康体检者作对照。治疗组 22 例口服茶色素胶囊 1 粒（125mg/粒），3 次/d，连服 4 周；对照组 18 例服安慰剂。2 组病人在用药前 1 周停用有抗氧化作用的钙通道阻滞剂，其他硝酸酯类药物不变。结果显示治疗组血清超氧化物歧化酶活力显著高于服药前和服安慰剂组（$P <$ 0.01）；脂质过氧化物含量显著低于服药前和服安慰剂组（$P < 0.01$ 或 $P < 0.05$），与健康人相比无显著差异（$P > 0.05$），血清超氧化物歧化酶的含量在 3 组之间和服药前后都无明显差别（$P > 0.05$）；病人服茶色素后，脂质过氧化物含量下降，显著低于服药前和服安慰剂组（$P < 0.01$ 或 $P < 0.05$），与健康人组对比无显著差异（$P > 0.05$）。说明茶色素能改善冠心病病人血中超氧化物歧化酶活力及降低血清脂质过氧化物，有益于从病因上防治冠心病。

原浙江医科大学夏舜英报道了茶色素治疗 214 例心血管病伴纤维蛋白原增高的疗效。治疗结果显示，茶色素对心血管病伴高纤维蛋白原患者具有明显的降低纤维蛋白原作用，其总有效率为 81.3%，对心率、血压、肝功能和血常规等无明显影响，最大剂量可达每日 500~750mg，无明显不良反应。

福建省中医药研究所阮景绰等（1987）研究了乌龙茶对人体血液流变学的影响。他们系统地观察了应用乌龙茶治疗确诊为脑动脉硬化、高血脂、冠心病、高血压病的住院病人的血液流变学的变化，结果表明乌龙茶有降低血液黏度、红细胞压积和红细胞聚集的作用，乌龙茶治疗前后差异达显著水平（$P < 0.05$）。

福建省中医药研究所郑兴中等对实验家兔饮用青茶的研究表明，青茶能使外源性快速形成高脂血症的总胆固醇、甘油三酯有降低的趋势，加快高脂血症的缓解作用，并可使高密度脂蛋白含量提高。高密度脂蛋白能将动脉壁的胆固醇运至肝脏进行分解或转化成胆酸排入肠道，因此，血清高密度脂蛋白浓度降低，可引起动脉壁胆固醇的消除障碍，促进动脉粥样硬化的发生与发展；反之，则对动脉壁有保护作用，可防止冠心病的发生与发展。此外，青茶还可对抗组胺引起的毛细血管的通透性增加，保持毛细血管的稳定性，对冠心病的防治也有积极意义。

（五）茶叶对血液流变学的作用

茶色素是从茶叶中提取的以儿茶素为主的多酚类物质经转化形成的茶黄素、茶红素及茶褐素的混合物。一些临床试验已表明茶色素有较好的调脂、降黏、抗凝、降压、改善微循环等作用。

刘玲等（1998）采用自身对照法，应用茶色素（心脑健）治疗80例病人（其中有高血压病者26例，冠心病者21例，高脂血症者44例，糖尿病者19例，脑血管疾病12例），观察其对心脑血管、高血压、糖尿病、高黏血症及高脂血症病人血液流变学的影响。80例病人中男52例，女28例，年龄36～68岁，平均（59.6±2.1）岁。每日服药3次，每次1粒，疗程4周。有高血压病者加服尼群地平，有冠心病者加服消心痛，停用其他调脂药物以及影响血液流变学的药物。80例病人连续服茶色素4周后高切黏度下降12%，低切黏度下降12%～13%，血浆黏度下降7.8%～15.4%，红细胞压积、血沉及红细胞电泳无明显变化；治疗前后红细胞、白细胞、血小板及肝、肾功能无明显变化，未发现其他不良反应及副作用。

陈兆凤等（1998）采用自身前后对照法，研究了江西绿色制药有限公司提供的茶色素胶囊对心脑血管疾病并发高脂血症及血流变异常患者100例（其中冠心病60例，脑梗死50例，脑供血不全20例）的治疗效果。100例患者中男80例，女20例，年龄45～84岁，平均年龄58岁。每次口服茶色素250mg，每日3次，一个月为一疗程，服茶色素期间停用其他降血脂药，停用影响血液流变的药。结果表明茶色素对血脂异常病人有显著调整作用，总胆固醇下降有效率达82.4%，甘油三酯下降有效率达92.2%，高密度脂蛋白胆固醇升高有效率达94.2%；同时，茶色素能明显降低全血低切黏度、血浆黏度，能明显降低纤维蛋白原。表明茶色素对血脂代谢、血流变异常有临床治疗效果。

徐红等（1998）用杭州千岛湖中药厂生产的心脑健胶囊（100mg茶多酚/粒）观察了茶多酚对88例气虚血淤型高血脂患者血液流变学的影响，结果表明茶多酚能显著降低血清总胆固醇、甘油三酯水平，能显著降低全血高切、低切及血浆高切黏度，降低红细胞聚集指数，总有效率达到94.8%。

五、民间茶疗法

（一）茶树根茶

用法：10年以上老茶树根（越老越好）30～60g，洗净，切片，加水和适量米酒，置砂锅内文火煎，取汁于睡前一次服用，每日一剂。

功效：宁神安心、利尿消肿。适用于风湿性心脏病、心悸、气短、浮肿等。

（二）三根茶

用法：老茶树根 30g，余甘根 30g，茜草根 15g，水煎频饮。每周服 6d，连服 4 周为一疗程。

功效：化痰利湿，活血化瘀，行气止痛。适用于冠心病、心绞痛、冠心病合并高血压等。

（三）山楂益母茶

用法：山楂 30g，益母草 10g，茶叶 5g。用沸水冲沏饮用。

功效：清热化痰，活血降脂，适用于冠心病、高脂血症。

（四）三宝茶

用法：普洱茶 6g，菊花 6g，罗汉果 6g，研末后包成袋泡茶，每袋 20g，沸水冲饮。

功效：防治高血压、高血脂，并有减肥之用。

（五）玉米须茶

用法：茶叶 5g，玉米须 30g，沸水冲泡饮用。

功效：有降压作用，适用于高血压。

（六）杜仲茶

用法：绿茶、杜仲茶等量，研末，包成袋泡茶，每袋 6g，冲泡饮用。

功效：适用于高血压、心脏病及腰酸痛。

（七）香蕉茶

用法：香蕉 50g，茶叶 10g，蜂蜜少许。先用 1 杯沸水冲泡茶叶，然后将香蕉去皮捣泥，加蜜调入茶水中频饮。

功效：降火、润燥、滑肠。适用于动脉硬化、冠心病及高血压。

（八）菊花山楂茶

用法：茶叶、菊花、山楂各 10g，沸水冲沏，每日 1 剂。

功效：清热，消食健胃，降脂。适用于高血压、冠心病及高脂血症。

第三节　茶与肥胖症的防治

随着社会进步，人们生活水平的提高，肥胖症的发病率明显增加，尤其在一些经济发达的国家，肥胖者剧增。目前欧美国家 3% ~ 8% 的医疗保健费用消耗于肥胖症及其相关并发症方面。虽然我国肥胖病的比例远低于发达国家，但随着人民生活水平的提高和饮食结构的变化，其患病率亦呈上升趋势，尤其是近 20 年来肥胖儿童悄然兴起。由于肥胖病能引起代谢和内分泌紊乱，并常伴有糖尿病、动脉粥样硬化、高脂血、高血压、冠心病、痛风、胆石症等疾患，严重危害人类的健康；儿童肥胖不仅影响其生长、智力、体质的发育，而且对其生理、心理的发展也有明显不利的影响，因而减肥已成为人们的热门话题，各种各样的减肥方法已进入寻常百姓家，比如节食、饥饿、气功、健身、极限锻炼、抽脂吸脂等。随着肥胖症成为一个当今社会人们广为关注的医学问题，如何有效地减肥成为目前重大的国际性研究课题。

一、肥胖症概述

肥胖症（adiposis）是指机体由于生理生化机能的改变而引起体内脂肪沉积量过多，造成体重增加，导致机体发生一系列病理生理变化的病症。正常男性成人脂肪组织质量占体重的15%～18%，女性占20%～25%。一般当成年男子身体中的脂肪含量超过20%，成年女子超过30%，即可确认为肥胖。

肥胖症一般可分为单纯性肥胖（simple obesity）和继发性肥胖（secondary obesity）两种。单纯性肥胖是指体内热量的摄入大于消耗，致使脂肪在体内过多积聚，继而转变为体脂藏于皮下使体重超常的病症。单纯性肥胖的内分泌系统正常，机体代谢基本正常，无明显病因可寻。临床所见的肥胖以单纯性肥胖为主，约占肥胖症95%以上。

单纯性肥胖又分为体质性肥胖和过食性肥胖两种。体质性肥胖是先天性的，是由于遗传和机体脂肪细胞数目增多而造成的。这类人体内物质代谢较慢，物质的合成速度大于分解的速度；脂肪细胞大而多，遍布全身。过食性肥胖，也称为获得性肥胖，是由于人成年后有意识或无意识地过度饮食，使摄入的热量大大超过身体生长和活动的需要，多余的热量转化为脂肪，促进脂肪细胞肥大与细胞数目增加，脂肪大量堆积而导致肥胖。

继发性肥胖是由于内分泌器质性的病变或代谢异常引起的，如胰岛素分泌过多、脑炎、药物等引起的肥胖等，这类肥胖在根除病患后会自然消退。

二、肥胖症的病因与危害

肥胖症的发生受到多种因素的影响，主要因素有遗传、饮食、神经内分泌、能量代谢异常、社会环境以及劳作、运动、精神状态等。一般来说，肥胖是遗传与环境因素共同作用的结果。

（一）肥胖症的病因

1. 遗传

肥胖症的发生有着明显的遗传因素，往往父母肥胖，子女亦容易发生肥胖。Mayer等研究报道父亲或母亲肥胖，其子女单纯性肥胖的发病率约为50%；双亲均为肥胖，其子女单纯性肥胖率上升至80%。当然这种现象的发生一方面因为遗传因素所致，另一方面父母的膳食、生活习惯对子女肥胖也产生直接的影响。

2. 膳食异常

正常情况下，人体能量的摄入与消耗保持着相对的平衡，人体的体重也保持相对稳定，一旦平衡遭到破坏，摄入的能量多于消耗的能量，则多余的能量在体内以脂肪的形式贮存起来，日积月累，最终发生肥胖。如食欲大增、进食量增多，或经常性摄入过多的中性脂肪及糖类等，都会导致肥胖症的发生。吃饭速度过快、睡觉前进食等不适当饮食习惯也与肥胖的发生有关。

3. 生理病变因素

人体下丘脑中有两种调节摄食活动的神经中枢，一是位于腹内侧核的饱食中枢，二是位于腹外侧核的饥饿中枢。二者相互调节，相互制约，在生理条件下处于动态平衡状态，使食欲调节于正常范围而维持正常体重。如因某种疾病（如神经内分泌紊乱、下丘脑发生病变等）损伤了摄食中枢与饱食中枢的联系，两者失去相互制约的机制，便会发生多食而导致继发性肥胖。

4. 情绪因素

情绪对摄食行为有显著的影响。当精神过度紧张、忧虑或悲伤时食欲会被抑制，而当脱离紧张状态、心情舒畅时食欲则增加。但有的人在精神紧张、社会压力较大时会感到饥饿，反而多食导致肥胖；一旦脱离紧张环境，就不再有异常的饥饿感，进食自然减少，体重也随之下降。也有人因为感情因素通过拼命进食来麻痹自己而发胖，个别 20 ~ 35 岁的女性表现得比较明显。

5. 能量代谢异常

日常生活中常可以听到肥胖者抱怨说，自己吃的并不多，但体重却一直在增加；而有些瘦人虽然每餐进食量很大，却没有出现肥胖现象。这种差异的原因可能是由于不同个体能量代谢速率不同，瘦人具备一种以产热方式消耗能量的能力，而肥胖者不具备这种能力或者这种能力很差。

（二）肥胖症的危害

肥胖症是一种全身性代谢疾病，虽然不是一种严重的疾病，但长期肥胖所带来的后果非常严重。肥胖不仅影响身体外形美观，使患者（尤其是青少年患者）易产生自卑、抑郁心理，还会影响个人的工作、生活。肥胖患者不能耐受较重的体力劳动，容易疲劳，使人体的工作能力降低；由于体形臃肿，行动迟缓，应激能力差，肥胖患者对环境的适应能力及抗感染能力下降，给生活也带来诸多的不便。肥胖还严重危害患者的健康和生命，最大危害就是给患者带来诸多的并发症。

1. 心脑血管疾病

肥胖是导致心脑血管疾病的重要原因，因为肥胖者大多血脂浓度过高，增高的脂质会损伤血管内皮，并且通过受损的内皮进入血管壁，沉积于血管内皮下，逐渐形成动脉粥样硬化斑块，进而导致冠心病、心肌梗死、脑梗死等心脑血管疾病。另一方面，肥胖与高血压、高血脂、高密度脂蛋白降低、纤维蛋白原增高、体力活动减少及遗传因素等心脑血管疾病的高危因素密切相关，如体重超标者患高血压的风险是体重正常者的 3 ~ 4 倍。

2. 糖尿病

肥胖是糖尿病的高发危险因素。肥胖开始时患者空腹血糖正常，随着肥胖症史的延长，糖耐量下降，导致患者餐后血糖高，进而患者空腹血糖增高。如果胰岛 β - 细胞功能偏低或有缺陷，则胰岛素分泌相对不足，最终导致糖尿病。

3. 胆囊与胰脏疾病

肥胖症患者血液中胆固醇浓度增高，使其胆汁中胆固醇含量增高，过高的胆固醇状态随即沉积而形成胆固醇性胆结石，且还可并发胆囊炎。据调查，肥胖症患者胆结石的发病率显著增高，与正常体重者相比，肥胖男性胆石症的患病率增加 2 倍，而肥胖女性则增加近 3 倍。

4. 癌症

肥胖与某些肿瘤的发生密切相关。肥胖患者由于免疫功能下降，导致肿瘤发病率上升。肥胖男性主要是结肠癌、直肠癌和前列腺癌的发病率增高；肥胖女性主要是子宫膜癌、卵巢癌、宫颈癌、乳腺癌和胆囊癌的发病率显著增高。

5. 呼吸功能低下（气喘）

肥胖造成胸壁与腹腔脂肪增厚，使肺容量下降、肺活量减少而影响肺部正常换气的功能。且因为换气不足，可能引起红细胞增多症，造成血管栓塞。严重者可能发生肺性高血压、心脏扩大及梗死性心衰竭。因为脂肪的堆积，亦可影响气管内纤毛的活动，使其无法发挥正常功能。

6. 其他

肥胖症患者由于脂肪代谢异常活跃，导致体内产生大量的游离脂肪酸，进入肝脏后，即可合成脂肪，造成脂肪肝，出现肝功能异常。肥胖者过高的血脂也会影响身体携带胆固醇至肝脏的速率，是增加心脏疾病的危险因子。肥胖者骨头关节所需承受的质量较大，所以较易使关节老化、损伤而患骨性关节炎。

三、茶叶的减肥机制

作为传统的食品和饮料，茶叶有很好的减肥效果。我国古医书里有许多关于茶叶减肥功效的记载，如"去腻减肥、轻身换骨""解浓油""去人脂""久食令人瘦"等。近年来的流行病学和临床研究也证实各种茶叶均有一定的减肥功能。

现代医学研究表明茶叶有良好的降脂减肥功效，这种功效是由于它所含的多种有效成分的综合作用，尤其以茶多酚、咖啡碱、皂苷类、维生素等最为重要。这些成分对脂肪代谢有显著作用，能分解脂肪，除去沉着在血管上的胆固醇，随尿排泄于体外。

（一）促进脂肪的代谢

茶多酚和咖啡碱有促进脂肪水解、减少脂肪积累、抑制脂肪吸收的作用。研究表明 EGCG 具有明显的抑制血浆和肝脏中胆固醇含量上升，促进脂质化合物从粪便中排出的功效；咖啡碱具有兴奋中枢神经系统的功能，提高胃酸和消化液的分泌量，增强人体胃肠对脂肪的消化分解。

（二）抑制脂肪酶的活力

茶多酚（尤其是 EGCG）可通过抑制胰腺中脂肪酶的活力，抑制饮食来源的脂肪在消化道中的分解，降低脂肪分解产物（如甘油三酯）在消化道内的吸收，进而起到减肥的效果（Grove 等，2012）。

Han 等（1999）的研究证明茶叶所含的皂苷类（saponins）物质通过抑制胰脂肪酶活性，刺激儿茶酚胺诱导的脂肪动员和去甲肾上腺素诱导的脂肪分解而发挥减肥作用。研究还表明不同茶类的皂苷类物质抑制脂肪酶活力的效果不同，2mg/mL 的乌龙茶、绿茶和红茶的皂苷类物分别能抑制 100%、75% 和 55% 的胰脂肪酶活力。

（三）抑制脂肪酸合成酶活力，减少脂肪合成和降低食欲

脂肪酸合成酶是体内合成脂肪途径中一个很重要的酶，它可以催化乙酰辅酶 A 和丙二酰辅酶 A 生成长链脂肪酸。抑制脂肪酸合成酶的活力，既能够阻滞生脂通路，减

少脂肪的合成，又能够导致丙二酰辅酶 A 浓度的升高，降低食欲，从而达到减肥的目的（Loftus 等，2000）。中科院田维熙教授的课题组研究表明茶提取物是脂肪酸合成酶的抑制剂，尤其是 CG、EGCG、茶黄素等具有很强的抑制活力（张睿等，2004）。

（四）茶多酚抑制机体对糖类的消化吸收

肥胖除了可由脂肪过多摄入引起外，还可由大量摄入的碳水化合物转化为脂肪而引起。Nakahara 等（1993）研究表明，茶多酚对蔗糖酶、葡萄糖苷酶和淀粉酶的活性有显著抑制作用，能有效抑制小肠对碳水化合物的消化吸收，进而发挥减肥作用。日本的一项专利研究表明，给小鼠饮食含"多酚100"的高碳水化合物，小鼠粪便排泄量明显增加，说明茶多酚能促进肠道的排泄作用，减少碳水化合物的吸收。

（五）其他

茶叶所含维生素 C 可以促进胆固醇的排除；绿茶所含叶绿素既可以阻止胃肠道对胆固醇的消化吸收，也可以破坏已进入肠、肝循环中的胆固醇，从而使体内胆固醇水平下降。茶叶中的甾醇类化合物竞争性抑制脂酶对胆甾醇的作用，减少对胆固醇的吸收。茶叶所含这些有效成分共同作用，相互影响，使得茶叶具有较好的减肥功能。

四、茶叶减肥的临床应用

利用茶叶减肥自古就有，在古代医书《滴露漫录》中即有"以其腥肉之食，非茶不消，青稞之热，非茶不解"的记载。我国以食肉为主的少数民族，茶叶是其帮助高脂肪食品消化不可缺少的饮品，有"宁停三日食，不停一日茶"之说。随着近年来肥胖发病率的不断上升，茶叶良好的减肥效果已引起了国内外医学家的高度关注，在世界各地掀起了饮茶减肥热潮，尤其是被称之为"苗条茶""瘦身茶"的乌龙茶和普洱茶，受到年轻女子和世界各地肥胖妇女的青睐。

松井阳吉等（1999）以 75 例单纯性肥胖症患者为对象，让他们每日饮用 8g 乌龙茶（上午、下午各 4g），300mL 沸水冲泡、饮服，临床观察对减肥效果和脂质代谢的调节作用，结果发现连续饮用 6 周后患者体重减轻有效率为 52%，显著率为 15%，总有效率为 67%。日本慈惠医科大学的中村治雄通过临床试验也发现乌龙茶有良好的减肥效果。

Nagao 等（2007）对 240 名具有内脏脂肪型肥胖症的男女患者（123 名绿茶干预组，117 名对照组）进行 12 周绿茶干预实验发现，绿茶干预组患者体重、体质指数、体脂比、体脂量、腰围、臀围、内脏脂肪和皮下脂肪含量与对照组相比均显著降低，且也能显著降低收缩压和低密度脂蛋白胆固醇含量，对肥胖和心血管疾病具有显著疗效。Kubota 等采用普洱茶水提物对 36 名肥胖前期患者进行干预试验发现，普洱茶水提物能显著降低人体体重、腰围、体质比和内脏脂肪含量，有效控制和预防肥胖的发生和发展。Chantre 等（2002）用绿茶 80% 乙醇提取物给肥胖病人食用 3 个月后，肥胖受试者体重下降 4.6%，腰围减少 4.48%。

陈文岳等（1998）利用乌龙茶治疗 102 例单纯性肥胖症，每次 2 包，每包 2g，上午、下午各用 200~300mL 开水冲泡饮服，临床观察期间停用一切减肥降脂中西药物，保持正常饮食。结果表明饮用乌龙茶 6 周后，减肥疗效显效率为 13.72%，总有效率为

64.71%；且饮用乌龙茶能显著减轻体重、腹围和腹部皮下脂肪以及甘油三酯、总胆固醇含量，明显改善由肥胖引起的肺泡低换气综合征和部分心血管、消化系统的症状。饮用乌龙茶期间未见厌食和明显的腹泻等不良反应。陈玲等对确诊为单纯性肥胖症患者用乌龙茶进行治疗也达到相同结论。

　　针对近年来的肥胖发病率的上升，在不限制饮食的基础上，开发出高效、安全的减肥药物成为目前的研究热点。目前我国利用茶叶的减肥功效，与其他降脂减肥中药配制而成的复合减肥茶的临床应用研究也较多。如沈阳兴维保健品公司利用茉莉花茶、荷叶、槟榔、草决明、青皮、丝瓜络、木香等为原料制成的飞燕减肥茶冲剂；潮阳大印象保健品公司利用茶叶、绞股蓝、决明子、番泻叶等为原料精制而成的大印象减肥茶冲剂等。采用宁红与决明子、山楂等几种降脂中药配制而成的减肥茶治疗肥胖症患者，总有效率达 77%；采用山楂、茶叶、莱菔子、连翘等药物制成的降脂减肥茶治疗肥胖型高脂血症总有效率达 66.7%，治疗高脂血症总有效率达 89.2%；采用泽泻、丹参、生山楂、川芎、大黄、茶叶制成的复合袋泡降脂减肥茶临床应用取得较满意的效果，总有效率达 81.4%。湖南长沙茶厂于 1980 年精选活血化淤、滋阴补肾、健脾利水等中药与速溶绿茶配合研制的速溶减肥茶，对湖南医学院第一附属医院的 50 例肥胖患者实验表明，该速溶茶能导致肥胖患者体重有不同程度下降，平均下降 3.34kg。

五、民间茶疗法

（一）葫芦茶

　　茶叶 3g，陈葫芦 15g，研末，沸水冲泡饮用。防治肥胖病。

（二）山楂玉米须茶

　　茶树根、山楂根、荠菜花、玉米须各 10g，水煎服。防治肥胖病。

（三）荷叶茶

　　绿茶、荷叶各 10g，沸水冲泡饮用。防治肥胖病。

（四）大黄茶

　　绿茶 6g，大黄 2g，沸水冲泡饮用。防治肥胖病。

（五）清宫减肥仙药茶

　　六安茶、乌龙茶、荷叶、紫苏叶、山楂等袋装，每日 6g，日 2 次，开水冲泡。适用于血脂偏高，肥胖病。

第四节　茶与糖尿病的防治

　　糖尿病是一种十分常见的疾病，是当前威胁全球人类健康的最重要慢性非传染性疾病之一，且还是一种无法根治的终身疾病。据 2015 年国际糖尿病协会（IDF）发布的统计数据显示，全球患糖尿病的人数多达 4.15 亿。2010 年我国糖尿病患者总数超过 9000 万，已成为世界第一糖尿病大国。世界卫生组织统计，迄今为止糖尿病及其并发症所导致的死亡率仅次于心脑血管疾病和肿瘤。

一、糖尿病概述

(一)糖尿病的概念

糖尿病(diabetes mellitus, DM)是一组以血浆葡萄糖(简称血糖)水平升高为特征的代谢性疾病,是由于胰岛素相对或绝对不足而引起的糖、脂肪、蛋白质以及继发性的水、电解质代谢紊乱的一种慢性代谢疾病,严重者会引起病人的慢性血管及神经并发症,使病人致残或死亡。空腹时血糖浓度超过120mg/100mL时称为高血糖(hyperglycemia),血糖含量超过肾糖阈值(160~180mg/100mL)时就会出现糖尿。

IDF建议将糖尿病分型为Ⅰ型、Ⅱ型、其他特异型和妊娠糖尿病四种,常见的为Ⅰ型和Ⅱ型。Ⅰ型糖尿病又称胰岛素依赖型(insulin dependent mellitus, IDDM)糖尿病,是由于胰岛β细胞受到细胞介导性自身免疫性破坏,从而导致胰岛素的绝对性缺乏所致。Ⅱ型糖尿病又称为非胰岛素依赖型(non - insulin dependent mellitus, NIDDM)糖尿病,其基础胰岛素分泌正常或增高,但β细胞对葡萄糖的刺激反应减弱。发病机理主要表现在β细胞胰岛素功能缺陷及胰岛素抵抗两方面。β细胞功能缺陷一方面使胰岛素失去生理分泌的正常模式,导致胰岛素水平升高与血糖水平不同步;另一方面胰岛素基因突变,合成无生物活性、结构异常的胰岛素。胰岛素抵抗主要是指胰岛素的靶细胞对胰岛素的敏感性降低。

Ⅰ型糖尿病常发生于儿童和青少年中,故过去称为幼年型糖尿病。发病急,临床上"三多一少"症状明显,血糖颇高,虽有时(如在糖尿病蜜月期)可自行缓解甚而可停用胰岛素,但仍可再度恶化而需用胰岛素治疗。Ⅱ型糖尿病是最常见的一类糖尿病,患者年龄多在40岁以上,常伴有肥胖,故过去称成年型糖尿病。临床上症状较轻,"三多一少"现象不明显。目前Ⅱ型糖尿病在欧美国家糖尿病患者中占90%以上,且发病年龄日趋年轻化。

(二)糖尿病的临床症状

糖尿病最常见的临床症状为"三多一少",即多尿、多饮、多食和体重减轻。不同类型的糖尿病出现这四种症状的时间和顺序可能不同。

1. 多尿

糖尿病患者由于血糖浓度升高,超过了肾糖阈值而出现尿糖,尿糖使尿渗透压升高导致肾小管回吸收水分减少,出现多尿。血糖越高,排出的尿糖越多,尿量也越多。

2. 多饮

由于尿量增多,体内水分丢失过多,发生细胞内脱水,刺激口渴中枢,出现烦渴多饮,饮水量和饮水次数都增多。排尿越多,饮水也越多。

3. 多食

由于大量尿糖丢失,导致机体处于半饥饿状态,能量缺乏;同时,由于胰岛素的分泌相对或绝对不足,致使周围组织细胞不能有效地摄取和利用葡萄糖,使血糖利用率降低,从而刺激饥饿中枢,使大脑皮层产生饥饿感而引起多食。高血糖也会刺激胰岛素分泌,导致患者易产生饥饿感,食欲亢进,食量增加。

4. 消瘦

尽管摄食增加，但由于胰岛素缺乏，机体不能充分利用葡萄糖，使体内合成代谢过程减少，分解代谢过程增强，蛋白质出现负平衡，能量利用降低，需要消耗贮存的脂肪和蛋白质来补充能量和热量，再加上水分的丢失，导致患者体重减轻、形体消瘦。

（三）危害

由于电解质紊乱以及酮体等因素，糖尿病患者常有免疫力下降、易感等现象，导致出现经久不愈的皮肤瘙痒、四肢酸痛、泌尿系感染、胆系感染、性欲减退、阳痿、月经不调等。由于蛋白质负平衡、长期的高血糖及微血管病变，糖尿病若得不到满意治疗，极易并发脑血管疾病、心血管疾病、糖尿病肾病、视网膜病变、青光眼、玻璃体出血、植物或外周神经病变和脊髓病变等，而这些并发症会成为威胁糖尿病病人生命的主要原因。

二、糖尿病的发病原因

糖尿病的发病原因至今尚未完全阐明，不同类型糖尿病的病因也不相同。概括而言，引起各类糖尿病的病因可归纳为遗传因素及环境因素两大类，且不同类型糖尿病中此两类因素在性质及程度上明显不同。

研究表明糖尿病具有明显的家族遗传性，尤其是Ⅱ型糖尿病患者。不过，糖尿病的遗传性仅涉及糖尿病的易感性而非致病本身，这种遗传性必须要有环境因素的作用才会发病。这些环境因素主要包括肥胖、体力活动减少、饮食结构不合理、病毒感染等。

在各种环境因素中，肥胖是Ⅱ型糖尿病最主要的诱发因素，特别是腹型肥胖者。其机制主要在于肥胖者本身存在着明显的高胰岛素血症，而高胰岛素血症可以使胰岛素与其受体的亲和力降低，导致胰岛素作用受阻，引发胰岛素抵抗，因此需要胰岛 β 细胞分泌和释放更多的胰岛素以代偿胰岛素的抵抗，从而再次引发高胰岛素血症。如此呈糖代谢紊乱与 β 细胞功能不足的恶性循环，最终导致 β 细胞功能严重缺陷，引发Ⅱ型糖尿病。除肥胖因素外，感染、缺少体力活动、多次妊娠等也是Ⅱ型糖尿病的诱发因素。

高脂肪饮食可抑制代谢率，使体重增加而肥胖，如常年肉食者患糖尿病的发病率明显高于常年素食者，因为肉食中脂肪、蛋白质、热量含量较高，易导致营养过剩。体力活动可增加组织对胰岛素的敏感性，降低体重，改善代谢，减轻胰岛素抵抗，使高胰岛素血症缓解，降低心血管并发症。如果人们的饮食结构都以高热量、高脂肪为主，而体力活动又少，导致摄入的热量超过消耗量，则造成体内脂肪贮积引发肥胖，而肥胖易引发Ⅱ型糖尿病。因此，饮食结构不合理、体力活动减少已成为Ⅱ型糖尿病发病的重要因素。

病毒感染是诱发Ⅰ型糖尿病最重要的因素。如某些Ⅰ型糖尿病患者就是在患感冒、腮腺炎等病毒感染性疾病后发的。其发病机制在于病毒进入机体后，直接侵袭胰岛 β 细胞，大量破坏 β 细胞，并且抑制 β 细胞的生长，从而导致胰岛素分泌缺乏，最终引发Ⅰ型糖尿病。与Ⅰ型糖尿病发病有关的病毒有风疹病毒、巨细胞病毒、柯萨奇病毒、腮腺炎病毒和脑心肌炎病毒等。

除上述因素外，糖尿病的发生、发展与复发还与妊娠、人的精神状态、吸烟、化学毒品等因素有关。如母体在妊娠期会产生大量多种激素，这些激素对胎儿的健康成长非常重要，但是它们也可以阻断母体的胰岛素作用，引起胰岛素抵抗。当人体处于紧张、焦虑、恐惧或受惊吓等应激状态时，交感神经兴奋，抑制胰岛素分泌，使血糖升高；同时，交感神经还作用于肾上腺髓质，使肾上腺素的分泌增加，间接地抑制胰岛素的分泌和释放，从而导致糖尿病。

三、茶叶的降血糖机制及其影响因素

用茶叶治疗糖尿病，国内外皆有报道。我国很早就有泡饮粗老茶叶来治疗糖尿病的历史；且茶叶越粗老，治疗糖尿病的效果越好。20世纪初，Malamun就发现糖尿病患者饮茶，能改善糖脂代谢。日本医学士小川吾七郎在治疗患有糖尿病的肺结核病人时，也偶然发现茶叶对糖尿病有显著疗效。有关茶叶降血糖作用的研究已有20多年的历史，目前也有大量的科学依据证实了茶叶的降糖作用，具体的作用成分和机制有待进一步明确。

（一）茶叶降血糖的作用机制

茶叶具有降血糖作用是其多种成分综合作用的结果，其作用机制主要体现在以下几个方面。

（1）茶叶中的茶多酚和维生素C能保持人体微血管的正常坚韧性、通透性，使本来微血管脆弱的糖尿病人，通过饮茶恢复其正常功能，对治疗糖尿病有利。

（2）茶叶所含茶多酚及其氧化产物对 α - 葡萄糖苷酶有较强的抑制活性，尤其是儿茶素和茶黄素，在 0.5mmol/L 的低浓度下即可产生强的抑制，可使蔗糖和淀粉的分解延缓，增加糖类的排泄量，降低口服蔗糖和淀粉后血糖的升高，对降低血糖有良好效果。

（3）茶色素可通过有效改善糖尿病患者血糖控制状况，降低全血黏度、血浆黏度和纤维蛋白原，降低血小板黏附率和聚集率，提高糖尿病患者体内抗氧化能力，从而有效降低糖尿病患者血糖、血脂，改善血液流变，缓解微循环障碍。

（4）茶多糖有明显的降血糖作用。茶多糖对糖尿病患者机体损伤有显著保护作用。NO是体内公认的第二信使，广泛参与机体心血管、神经和免疫系统的生理和病理调节。但过量的NO又会产生细胞毒作用，导致细胞核酸硝酸化，破坏DNA结构，抑制某些与细胞呼吸和DNA复制有关的酶活力。同时，NO在糖尿病肾病发展过程中起着重要作用，参与维持肾小球滤过，导致血管通透性增强以及加剧肾小球硬化。倪德江（2003）研究表明，乌龙茶多糖可抑制糖尿病大鼠一氧化氮合成酶（NOS）活力，降低体内NO含量，减轻机体组织细胞的损害。茶多糖也可通过促进免疫器官的修复，调节细胞免疫和体液免疫途径来提高糖尿病患者的免疫功能而发挥降血糖作用。茶多糖还可通过增强机体抗氧化活性、修复糖代谢紊乱及抑制小肠糖降解酶活性等途径来达到抑制血糖升高的目的。

（5）茶叶芳香物质中的水杨酸甲脂能提高肝脏中肝糖原含量，对减轻糖尿病有效；

茶叶所含的维生素 B_1 是糖代谢中辅羧酶的重要组成成分，参与糖代谢中 α - 酮酸的氧化脱羧反应，对防治糖代谢障碍有利；茶叶所含的 6,8 - 二硫辛酸也是辅羧酶的构成物质，与维生素 B_1 结合成辅羧酶，对防止糖代谢障碍有疗效。

（二）影响茶叶降血糖的因素

茶叶降血糖效果受茶叶种类、产地、品种、老嫩度、季节、浸提方式等因素的影响。一般而言，在不同嫩度的茶叶中，粗老茶的降糖作用最好，如泉州市人民医院蔡鸿恩报道茶叶越粗老，治疗糖尿病的效果越好；在不同季节的茶叶中，秋茶降血糖作用最强。这可能是由于粗老茶叶、秋茶中含有较多的茶多糖。相关研究已表明茶多糖是粗老茶叶治疗糖尿病的主要药理成分。日本学者清水岑夫（1987）报道茶的热水、沸水浸出液的降血糖效果不如冷水浸出液，绿茶冷水浸出液的降血糖效果优于红茶冷水浸出液等。倪德江（2003）研究也表明不同茶类多糖均有较好的降血糖效果，其中以半发酵乌龙茶、全发酵红茶、后发酵黑茶茶多糖的降血糖效果优于不发酵绿茶茶多糖；同时还报道以湖北产茶叶多糖降血糖效果最好，其次是福建茶叶，再次是云南茶叶等。

四、茶对糖尿病的防治

利用茶叶降血糖具有安全、简单、价格低廉、切实可行等优点，在我国和日本民间早就流传着泡饮粗老茶治疗糖尿病的偏方，且茶叶越粗老，治疗糖尿病的效果越好。江苏省民间用"薄茶"（即生长 30 年以上的老茶树上叶片做成的茶叶）治疗糖尿病，后配以适量中药制成"薄玉茶"，每日 3 次，每次 1.5 ~ 3g，连服 2 ~ 3 个月后，对不同程度的糖尿病患者均有使病情减轻的作用，轻、中型者可使症状消失。福建中医学院盛国荣（1981 年）选用老茶树上采制的茶叶来治疗糖尿病患者，对轻度糖尿病患者，每日 10 ~ 15g，分 3 次泡饮，连服 15d 就有明显效果；对较重的糖尿病患者，在开始 7d 选用西药 D860 或降糖灵作诱导法治疗，以后同时饮茶，每日 15g，分 3 次泡饮，连服 15d，在临床上有良好的疗效。

清水岑夫（1987）提出冷开水泡茶治疗糖尿病的方法，即取粗老茶叶 20g，用 400mL 冷开水浸泡 2h 以上，每次饮服 50 ~ 150mL，每日 3 次。经临床观察证实，饮用日本的淡茶（30 年以上树龄）和酽茶（100 年以上树龄），对轻、中度慢性糖尿病患者有较好的疗效，能使尿糖明显减少或完全消失，症状改善；对重度患者可使尿糖降低，口渴症状减轻，夜间排尿次数减少。他用去除咖啡碱的茶叶制成的一种专治糖尿病药物，经临床试验验证其效果与胰岛素相仿。

李捷等（2009）开展了普洱熟茶片调节血糖的临床观察，30 例糖尿病患者服用普洱熟茶有效成分提取物普洱熟茶片，每次 4 片，每天 3 次，开水送服，服用期间停用其他一切降糖药及可能影响血糖的药物，结果表明 30 例糖尿病患者在服用普洱熟茶片 30d 后，其中疗效理想 15 人，疗效较好 3 人，疗效一般 4 人，疗效较差 8 人，总有效率 73.33%，表明普洱熟茶片具有明显的降血糖作用。

云南省普洱市普洱茶研究院等研究发现，普洱茶具有显著抑制糖尿病相关生物酶的作用，速溶普洱茶粉对糖尿病相关生物酶抑制率达 90% 以上。糖尿病动物模型研究表明，随着普洱茶浓度增加，其降血糖效果越发显著，而正常老鼠血糖值却不发生变化；连续喝普洱茶水42d，试验动物组血糖下降42%，而口服降血糖药罗格列酮灌胃组仅下降36%；连续喝普洱茶（熟茶）水11个月，糖尿病模型老鼠全部存活，且无感染，而饮用普通水11个月的动物仅存活2只，死亡率为80%；连续喝普洱茶（熟茶）水2个月，糖尿病老鼠体重下降28.3%，而口服降血糖药组糖尿病老鼠体重增加；使用口服降血糖药组动物血糖虽然显著下降，但有30%的老鼠出现了糖尿病特有的并发症。在对120名糖尿病患者普洱茶体验中发现，对注射胰岛素和口服降血糖药严重抵抗的患者，在不停用药和不改变饮食习惯的情况下，饮用定量普洱茶水的体验者，70%的糖尿病患者血糖下降至7mmol/L以下，血糖值平均下降35%；40%饮用普洱茶的Ⅱ型糖尿病患者（不停用药）血糖降至正常值，而参与体验的正常人血糖值无改变。这些研究均表明科学饮用普洱茶有助于预防或辅助治疗Ⅱ型糖尿病，并减少Ⅱ型糖尿病导致的并发症。

我国人民素有饮茶传统，用茶叶提取物制成抗糖尿病药物、抗糖尿病食品、饮品，易为人们所接受，具有较好的应用价值，如由茶叶配以适量中药制成的"薄玉茶"目前已成为一种非常普及的商品茶，在许多茶叶店有售。由中国农业科学院茶叶研究所研制的"神叶降糖茶"，通过特殊工艺从天然茶叶中提取茶多糖、茶多酚、儿茶素等有效成分并经科学配制而成。连续饮服神叶降糖茶3周后，其空腹血糖及餐后2h血糖水平与试验前比较均有显著性差异（$P < 0.05$）。

江西绿色集团公司研制生产的茶色素胶囊，经动物实验和临床研究证实具有降低血糖、血脂、血液黏度的作用；方朝晖等通过研究该药对糖尿病肾病患者的疗效，揭示了茶色素胶囊通过其有效成分的抗炎、抗变态反应，改变血液流变性，抗氧化、清除自由基等作用来使糖尿病肾病患者的重要症状得以改善。

五、民间茶疗法

（一）丝瓜茶

茶叶5g、丝瓜200g、盐适量。将丝瓜洗净切片（约0.66cm厚），加盐水煮熟，掺入茶叶冲泡，取汁饮用，每日2次。防治糖尿病。

（二）补虚止渴鲫鱼茶

500g左右的活鲫鱼洗净，在鱼腹内装绿茶10～20g，不加食盐，将鱼蒸熟，每日1次，淡食鱼肉。用于防治糖尿病患者烦渴、饮水不止。

（三）糯米红茶

红茶20g，糯米50～100g，水600～800mL。将水煮沸后，加入糯米，待熟时，加入红茶即成。分2次温服，日服1剂。用于防治糖尿病。

（四）南瓜茶

老南瓜去皮煮烂并捣碎，然后加浓茶汁调匀食用，用于防治糖尿病。

（五）薄玉消渴茶

从30年以上树龄的茶树上采摘鲜叶，精制成绿茶；再加入一定量的玉米须浓缩液窨制而成。每日3次，每次1.5g，开水冲泡。有清热止渴，改善微血管的功能，可防治糖尿病。

（六）姜盐茶

鲜生姜 2 片，食盐 4.5g，绿茶 6g。加水 500mL 煎汤，分次饮服。用于糖尿病患者口渴多饮，烦躁尿多。

（七）玉米须茶

玉米须加水 300mL，煮沸 5min，加入绿茶 0.5g 即可。分 3 次服，日服 1 ~ 2 剂。用于糖尿病尿浊如膏者。

第五节 茶与胃肠道疾病的防治

胃肠道是人体进行物质消化、吸收和排泄的主要部位。人要保持身体健康，就必须保持胃肠道功能正常，使体内的消化吸收能正常进行。胃肠道的功能全部或部分受损会严重影响食物的消化和营养素的吸收，日久即可引起营养不良。

一、胃肠道功能概述

胃肠道功能主要包括食物的消化与吸收、食物残渣的排泄、分泌功能、屏障功能、免疫调节等过程。消化过程主要依靠一系列的消化酶完成，咀嚼和掺和之类的机械运动也发挥一定的作用。为了使机体内的消化吸收正常进行，各种体液和神经组织就要在整个消化道内协调运动。正常肠道屏障功能的维持依赖于肠黏膜上皮屏障、肠道黏膜免疫系统、肠道内正常菌群、肠道内分泌及蠕动。

胃肠道菌群对人体健康的影响很大。胃肠道正常细菌分为三类，即致病菌（假产气菌、变形杆菌、葡萄球菌、梭状芽孢杆菌等）、兼性菌（肠球菌、链球菌、拟杆菌）、有益菌（乳酸菌、双歧杆菌）。致病菌能产生毒素，是腹泻、便秘、肠道感染的罪魁祸首；兼性菌既能致病、产生毒素和致癌因子，又可抑制外来有害菌的生长，刺激免疫器官的产生；有益菌抑制外来有害菌的生长，调节免疫功能，促进消化、营养吸收和某些维生素的合成。因此，抑制有害菌和保护有益菌，维持正常的菌群平衡是人体健康的必要条件。

二、胃肠道疾病

如果在消化器官中出现任何物理的或化学的障碍，整个消化过程就要被破坏而引起混乱，出现各种胃肠道疾病。常见的胃肠道疾病主要有：呕吐、急慢性胃炎、消化道溃疡、溃疡性结肠炎、腹泻、便秘、功能性消化不良等。

（一）呕吐（vomiting）

呕吐是指将胃及部分小肠内容物通过食道逆向经口腔排出体外。常伴有唾液分泌增多、心律失常及排便。呕吐的生物学意义是一种保护性反射，如食物中毒时的呕吐。当不合适的食物进入胃肠道，首先会引起食物附近黏液分泌量的增加，同时引起返回到口腔的收缩运动或者逆蠕动，这样会使食物从小肠的末端返回到胃里。食物返回到胃的这种刺激会产生传到脑的神经冲动，产生恶心，如果这种感觉达到一定的强度就会引起呕吐。恶心常为呕吐的前奏。严重的呕吐会导致营养不良、脱水、低血钾和代谢性钾中毒等内环境紊乱。

（二）胃肠炎（gastroenteritis）

胃肠炎是胃肠黏膜及其深层组织的出血性或坏死性炎症。其临床表现以严重的胃肠功能障碍和不同程度的自体中毒为特征。胃肠炎常因微生物污染引起，也可因化学毒物或药品导致，典型临床表现为腹泻、恶心、呕吐及腹痛。

胃肠炎可分为慢性胃肠炎和急性胃肠炎两种。急性胃肠炎是由于饮食不当、暴饮暴食，或食入生冷腐馊、秽浊不洁的食品而引起的胃肠道黏膜的急性炎症，是夏秋季的常见病、多发病。其临床表现主要为恶心、呕吐、腹痛、腹泻及发热等。急性胃肠炎一般潜伏期为12～36h。沙门菌属是引起急性胃肠炎的主要病原菌，其中以鼠伤寒沙门菌、肠炎沙门菌、猪霍乱沙门菌、鸡沙门菌、鸭沙门菌较为常见。

慢性胃肠炎是指由不同病因所致的胃黏膜和肠黏膜发炎，其主要临床表现为食欲减退、上腹部不适和隐痛、嗳气、泛酸、恶心、呕吐等。

（三）腹泻（diarrhea）

腹泻是指肠管蠕动增快而引起排便次数增加，粪便稀薄或有脓血、黏液相杂。腹泻的原因很多，临床上有急性腹泻与慢性腹泻之分。急性腹泻一般是传染性病毒、化学毒物、膳食不当、气候突变或结肠过敏等所引起的。慢性腹泻系指腹泻达到2～3个月以上者，多数可能由急性腹泻久治不愈而转成。慢性腹泻可分为分泌功能障碍、消化吸收功能障碍、肠功能紊乱、肠道感染及植物神经功能失调等疾病所致，其发病往往与情绪有关。急性腹泻常导致脱水、低血钾、代谢性酸中毒，慢性腹泻常会出现营养不良。

（四）便秘（constipation）

便秘是一种生理性障碍疾病，特别是中老年人，据统计80%以上老人都有不同程度的便秘。食物通过胃肠道，经消化、吸收后所余下的残渣（即粪便）在肠道中存留时间过长，以致粪便中的水分被肠道过于吸收，变得过分干硬，难以排出，即为便秘。

便秘患者通常是3～4d不进行大便，主要症状是大便干硬，排便困难，同时可能有腹痛、腹胀、恶心、食欲减退、疲乏无力及头痛、头昏等症状。便秘通常分为两种，一种是肠管肌肉收缩弛缓，难以排出体外，这种便秘称弛缓性便秘。这种便秘可由各种神经紊乱、刺激性食物、吸烟过度或肠本身肌力减退引起。另一类是因为精神紧张引起肠道不能收缩，以致不能排出体外，这种便秘称紧张性便秘。排便习惯受到干扰或精神紧张，膳食中脂肪过少、营养不良或流体不足等可能使这种情况出现，锻炼或活动不够也是一种可能的原因。

（五）功能性消化不良

功能性消化不良又称非溃疡性消化不良，是指非器质性病变引起的一组常见的消化不良症候群，指营养物质（碳水化合物、蛋白质、脂肪）裂解至可被人体吸收的裂解产物（单糖、双糖或寡糖、氨基酸、短链肽、脂肪酸、甘油单酯）时出现障碍。患者常有上腹部胀满不适，餐后饱胀，食欲不振，嗳气，恶心，呕吐，烧心，胸骨后隐痛或反胃等消化不良症状。症状常呈反复或持续性，占消化系统疾病20%～40%，依据其临床表现，可分别归入祖国医学"痞满""胃痛""哨杂""胃缓"等范畴。

三、茶改善胃肠道功能的作用机制

（一）调整胃肠道菌群

茶中有效成分，特别是茶多酚及其氧化产物有调整胃肠道菌群的作用。茶多酚及其氧化产物对肠道菌群有选择性作用，有抑制有害菌和促进有益菌的作用。茶多酚及其氧化产物具有广谱抗菌性，对肠杆菌科许多属有害细菌表现较强的抑菌能力和极好的选择性，如对杆菌属（大肠杆菌，伤寒杆菌，甲、乙副伤寒杆菌，肠炎杆菌，志贺、福氏、宋氏痢疾杆菌，产气杆菌，肉毒杆菌，蜡样芽孢杆菌）、弧菌属（霍乱弧菌、金黄弧菌、副溶血弧菌）及金黄色葡萄球菌、肠炎沙门菌、嗜水气单胞菌嗜水亚种、小肠结肠炎耶尔森菌等致病菌均有抑制作用，且茶多酚抗菌不会使细菌产生耐药性。

茶多酚对肠道中某些有益菌（乳酸杆菌、双歧杆菌及乳酸球菌）的生长和增殖有促进作用，可以改善肠内微生物菌群状况。Okubo 等（2014）研究发现茶多酚在大肠内能促进双歧杆菌的生长。云南紧压茶、绿茶等对乳酸杆菌和双歧杆菌均有不同程度的促生长效果。

（二）消炎、收敛止泻及保护肠壁黏膜的作用

茶多酚中儿茶素类化合物对发炎因子组胺有良好的拮抗作用，具有直接的消炎作用；它还可通过促进肾上腺体的活动，使肾上腺素增加，从而使毛细血管渗透性降低，血液渗出减少，对消炎有利。茶多酚是有效的毛细血管管壁加强剂，能减低毛细血管的渗透性，阻止炎症的发展。

茶多酚可与蛋白质配合形成大分子配合物而沉淀。茶多酚在肠道与细菌蛋白质配合，不仅导致细菌蛋白凝聚而失去活性，与蛋白质配合形成的复合物附着于肠黏膜上，有保护肠黏膜的作用，可减轻刺激，降低炎症渗出物的生成，起收敛止泻作用。

（三）对人体消化系统酶活性的影响

Yang 等（2016）研究表明茶多酚在浓度低于 2.5mg/mL 时，能促进胰液中 α - 淀粉酶的活性。陈文峰等研究也表明紧压茶水提物、茶多酚及有机酸均能显著提高 α - 淀粉酶的活力，促进胰液中的 α - 淀粉酶消化可溶性淀粉，且以茶多酚对 α - 淀粉酶的促活效果最好；研究还发现茶多酚、有机酸总量最高的云南紧压茶酶活性最高，其作用效果大于茶多酚、有机酸单独作用效果之和，其原因可能是茶多酚和有机酸一起能起到协同增效的作用。

何国藩等用动物实验研究普洱茶对肠段的舒缩推进运动和胃蛋白酶分泌的影响，结果表明普洱茶对大、小白鼠的消化道有明显的影响，可使离体肠段舒张和收缩减慢，使食糜在肠管中推进加速；同时，增加胃蛋白酶的分泌，使胃蛋白酶活力提高，使胃对蛋白质食物的消化加强。

（四）调节机体的免疫功能

饮茶可增强机体免疫功能，从而有利于缓解胃肠道功能的障碍。

（五）消食、助消化作用

我国少数民族地区进食大量脂肪类食品，往往引起消化不良，浓茶可以帮助脂肪

类物质的分解消化、增进食欲，因此青茶（砖茶）成为这些地区生活中必不可少的食品。茶的消食、助消化作用是茶叶多种成分综合作用的结果。茶叶中的儿茶素类化合物不仅可以增加消化道蠕动，还可激活某些与消化、吸收有关的酶的活性作用，促进肠道中某些对人体有益的微生物生长，并能促使人体内的有害物质经肠道排出体外，因而具有很好的消食作用，且可以预防消化道器官的病变。

茶叶含有的咖啡碱不仅可以增加消化道蠕动，有助于食物的消化过程，还能通过刺激肠胃，促使胃液分泌，从而增进食欲，帮助消化；茶叶碱具有松弛胃肠平滑肌的作用，能减轻因胃肠道痉挛而引起的疼痛；茶叶含有的芳香物质不但能刺激胃液分泌，有助于消化吸收，而且能消除胃中积垢，减轻口干、口臭等症状。

四、茶对胃肠道疾病的防治

（一）治疗痢疾

我国以及前苏联、日本和印度等国均有利用饮茶预防和治疗肠道疾病和其他疾病的实例。日本早在 20 世纪 50 年代就有应用茶叶治疗鼠疫的报道。前苏联调查表明，在苏联经常饮茶的少数民族地区痢疾很少发生；在临床上运用浓绿茶汁治疗痢疾和肠伤寒，在服用 2～3d 后，痢疾菌在人体内即被抑制，5～10d 内完全恢复正常，半年后再进行检查仍呈阴性反应。因此，莫斯科医院已正式将茶叶作为痢疾的治疗药物之一。

陈惠中对 1958～1963 年期间国内外有关茶叶治疗各种痢疾、肠炎的报道进行了总结，结果表明，茶叶对急慢性菌痢和急性肠炎的效果均较好，治愈率在 80% 和 96% 以上；从症状消失时间和细菌培养转阴时间看，较西药氯霉素和磺胺为好。福建医学院学报、武汉医学杂志、新医学报、上海中医杂志等分别报道茶汤可以医治杆菌性痢疾、阿米巴痢疾、细菌性痢疾。高行等用 10% 绿茶治疗 20 例 1～12 岁儿童菌痢，每日口服 4 次，灌肠 3 次/d，剂量 10～100mL，5～7d 为一个疗程，结果 18 例痊愈，治愈率达 90%。临床实验还表明，茶叶煎剂对痢疾杆菌的杀菌效果比传统的治痢方剂，如白头翁汤（白头翁、陈皮、黄连、黄柏）、三黄汤（黄芩、大黄、黄柏）等有更好的效果。如果用茶叶与黄连合用（2:1），煎成汤剂服用，治痢效果更佳。

不同茶类对不同细菌表现有不同作用。对金黄色葡萄球菌，红茶和普洱茶的作用较绿茶强；对霍乱弧菌，绿茶效果优于红茶和普洱茶；对小肠结肠炎耶尔森细菌，普洱茶效果比红茶、绿茶都好。一般细菌在茶汁中 20h 内即可死亡，伤寒菌、赤痢菌 8～11h 内可杀灭，对霍乱菌 2h 内即可致死。

（二）治疗腹泻

傅冬和等（2011）研究表明，茯砖茶有抗硫酸镁致小鼠腹泻的效果，5g/kg 体重剂量组的抗腹泻效果与小檗碱相当，且茯砖茶存放时间越长，其抗腹泻效果越好。余智勇等（2009）进一步研究结果表明，茯砖茶提取物对分泌性腹泻、非感染渗出性腹泻、渗透性腹泻以及小肠推进运动功能紊乱所引起的腹泻均有一定的疗效，且存在一定的量效关系；茯砖茶抗腹泻活性物质可能是茶叶所含的咖啡碱、茶多酚及其聚合物。

苏尔云等（2000）开展了桑茶治疗感染性腹泻的临床实验研究。桑茶组给予桑茶（含茶叶、陈皮、生姜等成分）15g，两次煎服（或开水泡饮）；头服后卧床休息 2～

4h，服二煎。对照组口服氟哌酸，每次 0.2g，每日 3 次；对照组中脱水者加服口服补液。两组各 123 例，不使用其他药物。服药 3d 后，桑茶组总有效率 89.4%，显著高于氟哌酸组总有效率 68.3%，表明桑茶有治疗感染性腹泻的效果，其疗效与抑菌作用有关。

（三）消食

茶的消食作用，最为人称道的可能是消油腻与解膻腥。北宋大文豪苏东坡就有"初缘厌粱肉，假此雪昏滞"等句可证。明朝谈修在《滴露漫录》中，也谈到茶叶是中国边疆少数民族的必需品："以其腥肉之食，非茶不消；青稞之热，非茶不解。"正是由于这个原因，茶叶才能在这些以肉食为主的游牧地区得到畅销。国外也有资料报道，公元 1907 年美国 Hutchinson 氏说："茶为辅助食物。饮茶助消化，增进食欲。"纽约市健康委员会说："餐后饮茶最为合宜，因其能助消化。"

王福云等（1987）报道以山楂为主的中药复方，经提取后，加入湖南安化云雾茶中制成"健脾开胃茶"，能增强食欲，促进消化，适合于脾胃虚弱、消化不良、食积、腹胀、腹泻、高脂血症和肥胖病多种疾病。

（四）其他

中国胃病专业委员会近年来组织全国消化界开展的茶色素临床应用研究取得了十分喜人的成果。研究证实，口服茶色素 6 周，溃疡病胃镜复查愈合，慢性胃炎（包括慢性萎缩性胃炎）茶色素治疗组食欲恢复正常，精神明显好转，上腹疼痛消失者达 96%，腹胀消失者达 90%，中度与重度肠化明显好转。同时也证实茶色素治疗慢性腹泻（小肠吸收不良综合征、肠易激综合征、肠道菌群失调）总有效率为 86%，这与茶色素促进小肠对糖类的吸收，消除肠道多种抗原，提高红细胞免疫活性的作用相关。

茶色素是治疗胃癌前期病变的较好药物，总有效率达 93.75%。血液流变学的检测结果显示，全血黏度、血浆黏度、血沉、红细胞变形能力有显著改善（$P < 0.01$），治疗消化系统肿瘤（肝癌、消化管癌、胰腺癌），茶色素有缩小肿块、消退胸腹水和降黄疸的作用，能明显改善血流变和微循环（$P < 0.01$）。

五、民间茶疗法

（一）浓茶饮

用法：成人用 50% 以上的浓茶煎剂，每次口服 10mL，每日 4 次。儿童可用 10% ~ 20% 的茶叶煎剂，每次口服 5 ~ 10mL，每日 4 次。服后 1 ~ 3d 症状可消除。

功效：治痢疾。

（二）绿茶丸

用法：茶叶研末，水和为丸。每次服 6g，每日 3 次，连服 7d 为一个疗程。

功效：治细菌性痢疾。

（三）党参黄米茶

用法：党参 25g，大米（炒黄焦）50g，加水 4 碗，煎至 2 碗，代茶饮。隔日一次，温服，每剂一日内服完。

功效：适用于脾虚泄泻，慢性胃炎。

（四）黑芝麻大黄茶

用法：茶叶 15g，黑芝麻、大黄各 60g，混合，研末，每次 10g，温开水冲服。

功效：清热润肠，顺气导滞，防治便秘。

（五）蜂蜜茶

用法：茶叶 3g，沸水冲泡，加适量蜂蜜饮用。

功效：防治便秘。

（六）通圣袋泡茶

用法：桑葚、决明子、火麻仁、陈皮、菊花以及信阳毛尖茶叶组成配方。

功效：具有滋阴补虚、清肝明目、润肠通便的作用。

（七）木瓜茶

用法：木瓜切片，水煮后加入绿茶 1g，饭后饮服。

功效：防治胃和十二指肠溃疡。

（八）芦根茶

用法：芦根 50g，甘草 5g，水煎取汁后加入绿茶 2g 饮用。

功效：防治急性胃炎。

（九）芪参茶

用法：红茶、乌梅肉、生甘草各 1.5g，徐长卿、北沙参、当归各 3g，黄芪 4.5g，共研末，沸水冲泡饮用。

功效：防治萎缩性胃炎。

（十）乌硼茶

用法：乌梅 2g，硼砂 1g，红茶 1.5g。沸水泡 5～10min，呕吐甚者可加大黄粉 1.5g，日 1 剂，顿服或 2 次分服。

功效：具降逆辟秽，和胃止呕之功。用于呕吐较甚或不止，或呕逆频频。

（十一）绿豆茶

用法：茶叶、绿豆粉各等分，沸水冲泡后加糖调服。

功效：防治急性吐泻。

（十二）葱枣茶

用法：大枣 25g、甘草 5g，水煎后加入葱须 25g、绿茶 0.5～1g，温饮。

功效：防治呕吐、腹泻。

第六节　茶与口腔疾病的防治

口腔疾病是危害人类健康的主要疾病之一。常见的口腔疾病有：龋齿、口腔溃疡，牙周炎、牙龈炎、牙髓病等。口腔疾病的发病率非常高，据最新的口腔流行病调查报告显示，我国口腔病患病率高达 97.6%。口腔疾病不仅会影响患者的口腔健康、舒适感及进食，还会对全身许多系统性疾病的发生、发展具有一定的影响，如口中长期保留烂牙，或者炎症不及时治疗，会引起败血症，从而严重影响患者的身体健康。

一、常见的口腔疾病

（一）龋齿

在口腔疾病中最常见的当属龋齿。龋齿是由口腔细菌（主要是变形链球菌 *Streptococcus mutans*）所致的牙齿硬组织脱钙和有机质分解导致的牙齿破坏、崩解的一种感染性疾病。龋齿不但会破坏牙齿，引起牙齿的剧烈疼痛，更严重的是龋齿破坏咀嚼器官的完整性，影响人的咀嚼、消化，进而影响人体的身体健康；如果儿童在乳齿时期患有龋齿，还会影响语言、面容、颌骨的发育。患龋齿后若治疗不及时，便会发展成为牙髓炎、根尖周炎等，甚至成为病灶而影响全身健康。

（二）牙周炎

牙周炎（periodontitis）是牙周组织的一种慢性感染性疾病，是口腔科两大主要疾病类型之一。牙周炎的主要特征为牙周袋的形成及袋壁的炎症，牙槽骨吸收和牙齿逐渐松动，是导致成年人牙齿丧失的主要原因。牙周炎的病因主要包括菌斑、牙石及创伤性咬合等。长期牙周炎可以导致牙龈炎。牙周炎和全身系统性疾病有着十分密切的联系，临床研究表明牙周炎不仅严重影响口腔健康，而且对全身许多系统性疾病的发生、发展具有一定的影响。

（三）牙龈炎

牙龈炎（gingivitis）是指发生于牙龈组织而不侵犯其他牙周组织的炎症性疾病，包括牙龈组织的炎症及全身疾病在牙龈的表现。牙龈炎临床表现为牙龈出血、红肿、胀痛，继续发展侵犯硬组织，产生牙周炎，包括牙龈组织的炎症及全身疾病在牙龈的表现。牙菌斑是牙龈炎发病的致病因素。牙菌斑是一种细菌性生物膜，为基质包裹的互相黏附于牙面、牙间或修复体表面的软而未矿化的细菌性群体，不能被水冲去或漱掉而形成。

牙龈炎可以引起许多疾病，如牙龈炎病人患心脏病的概率要比普通人高出 3 倍，有严重牙龈炎的病人患中风的机会是其他人群的两倍。牙龈炎还可引起糖尿病、胃溃疡、细菌性肺炎等疾病。

（四）口腔癌

口腔癌是发生在口腔部位的恶性肿瘤总称，目前位居全部恶性肿瘤发生率的第 6 位。口腔癌的发生与卫生习惯、饮食习惯和营养等均有关。有长期吸烟、饮酒史和口腔卫生习惯差的人群易得口腔癌，因为口腔卫生习惯差，细菌或真菌易滋生、繁殖，引起亚硝胺及其前体的形成，牙齿根或锐利的牙尖、不合适的假牙长期刺激口腔黏膜会产生慢性溃疡乃至癌变。同时，缺乏维生素 A，也可引起口腔黏膜上皮增厚、角化过度而发生口腔癌。此外，口腔黏膜白斑与增生性红斑常是一种癌前期病变。

（五）口腔异味

口腔异味会给人们的生活带来许多烦恼。口腔异味的成因有很多，90% 的口臭就诊病人是因为口腔问题引起的。牙龈炎、牙周炎、龋齿等都可能导致口臭的发生，其中牙周炎是引起口臭的最常见病因。

人体内的消化不良和细菌危害是导致口臭的主要原因。

（六）牙痛

牙痛是一种常见疾病，大多由牙龈炎和牙周炎、龋齿或折裂牙导致牙髓感染所引起，临床表现为牙龈红肿、遇冷热刺激痛、面颊部肿胀等。

二、茶防治口腔疾病的作用机制

（一）抑制口腔细菌生长

茶多酚是一种广谱天然抑菌剂，有较强的抑菌和杀菌活性，对变形链球菌、边缘链球菌、血链球菌等口腔主要致龋菌，肺炎球菌、表皮葡萄球菌、乙型链球菌等口腔咽喉主要致病菌，坏死梭杆菌、牙龈卟啉菌等牙周病相关细菌均具有不同程度的抑制和杀伤作用。

李鸣宇等（2001）研究报道，茶多酚、茶色素对伴放线杆菌、黏性放线菌、变形链球菌、内氏放线菌、牙龈卟啉菌、嗜酸乳杆菌等12种口腔细菌均有较好的抑菌作用，且茶多酚的抑菌和杀菌作用强于茶色素，认为茶多酚更适合作为预防和治疗口腔疾病的保健用药。

（二）抑制相关酶的活力

茶多酚不仅具有很强的抑菌活性，还能抑制与口腔细菌相关酶的活力。茶多酚可降低致龋菌——变形链球菌所产生的葡萄糖基转移酶活力，减少龋齿的发生。Ooshima等（1994）研究报道，茶多酚能抑制产酸菌的葡萄糖聚合酶活力和唾液淀粉酶活力，阻止菌体在口腔黏膜的黏附，抑制口腔疾病的发生，起到防病保健作用。茶多酚还能抑制破坏牙周组织的胶原酶活力（Hardie和Whiley，1999）；Wei和Wu（2001）体外试验结果也表明红茶及茶多酚能抑制牙龈卟啉菌蛋白酶的活力。

（三）抗炎和抑制免疫炎症反应

茶多酚有较强的抗炎和抑制免疫炎症反应的作用，对牙周炎等口腔炎症有较强的抑制作用。

（四）促进牙周膜成纤维细胞增殖

健康的牙周膜成纤维细胞是牙周再生的重要基础之一。如何保护牙周膜成纤维细胞及其牙周组织病损后功能的激活，促进病变处牙周组织再生，重建正常的牙周支持组织，是牙周病防治的关键。何权敏等（2008）报道茶多酚对人牙周膜成纤维细胞增殖具有明显的促进作用。

（五）除口臭

口腔中的主要臭气化合物是挥发性含硫化合物和含氮化合物。茶多酚具有很强的除臭能力，尤其是对引起口臭的甲硫醇、三甲胺等有独特的去臭功效，且消臭率明显大于普通口腔消臭剂叶绿素铜钠盐。茶多酚的除臭机制主要有：茶多酚能抑制甲硫醇等臭气物质的产生；儿茶素B环上的OH^-提供H^+与NH_3反应生成铵盐而使臭味减弱或消失；腐败细菌牙龈卟啉单胞菌、中间普氏菌及具核梭杆菌增殖时可以残留于齿缝中的蛋白质类食物为基质，茶多酚可杀死此类细菌。

（六）抗口腔癌作用

茶多酚不仅可影响口腔癌细胞基因的表达，还可通过显著降低病变组织细胞中微核发生率、细胞增殖抗原（PCNA）指数，抑制表皮生长因子受体（EGFR）的表达，来阻断癌细胞的增殖。不仅如此，茶多酚对口腔黏膜白斑细胞和口腔鳞状细胞癌的细胞生长和细胞周期均有抑制作用，细胞可被阻滞于细胞周期 G1 期；茶多酚还可明显减少口腔黏膜细胞微核发生率，抑制口腔癌前期病变向口腔黏膜白斑转变，从而降低口腔白斑癌变的危险。

三、茶对口腔疾病的防治

（一）茶对龋齿的防治

一项对 1820 名长期饮茶者的调查结果显示，有长期饮茶习惯的人龋齿患病率较不饮茶者低 15%。另一项对 300 名学龄儿童饭后饮茶防龋观察结果显示每位儿童每天饭后饮 100mL 茶汤（茶水比为 1∶100），连续一年，结果发现饭后饮茶的儿童患龋齿者比不饮茶者平均减少 57．2%。我国安徽、湖南等省曾分别对 2000 余名小学生进行饮茶防龋的实验，结果表明每天饮茶 1 杯可使龋齿率下降 40%～51%。原浙江医科大学曾在浙江松阳县古市镇小学生中进行用茶水漱口对龋齿发生率影响的实验，结果也显示用茶水漱口的儿童龋齿患病率比不用茶水漱口的少 80%。原浙江医科大学 1984 年将含氟量 1000mg/kg 的茶叶煎汁加入牙膏中对 988 名小学生进行临床实验，用加单氟磷酸钠的牙膏作为对照，连续 3 年后，单氟磷酸钠组的龋齿患者减少 43.8%，茶叶煎汁组减少 91.0%。

冯希平等（1997）将茶多酚涂膜用于乳牙防龋，结果表明含 0.078mg/mL 茶多酚的涂膜可使被涂布乳牙的新患龋率下降 66%，并可使同一口腔中其他非涂布乳牙的患龋率下降。卢林等展开了茶多酚抗菌斑作用临床研究，结果表明用 0.5% 茶多酚乙醇溶液含漱后可明显减少牙菌斑在牙面的堆积，使菌斑指数降低 33%。虽然茶多酚的抗菌斑效果较洗必泰漱口液略差，但洗必泰味苦，易着色，且长期应用会导致口腔菌群失调。茶多酚不仅没有这些不良反应，且还能最大限度地保持口腔内的菌群平衡。

山东泉城制药厂研制生产的康齿王茶多酚含片，每片含茶多酚不低于 36mg。经试验证实康齿王含片对口腔致龋菌、变形链球菌、远缘链球菌有抑菌作用和抗附着作用，0.5%～1.0% 康齿王有明显抑制变形链球菌转移酶活性的作用。刘挺立等（1999）用康齿王含片开展对 150 例龋齿患者的临床试验，1 片/次，3 次/日，含服 2 周后康齿王含片组的牙菌斑指数显著低于对照组。

（二）茶对牙周炎的防治

抑制牙菌斑和厌氧菌感染是治疗牙周病的关键。茶多酚漱口液可以改善牙周炎患者的脂联素以及炎症因子水平，有利于牙周炎的炎症控制。夏长普等（2016）用茶多酚漱口液对 156 例牙周炎患者进行的研究表明，茶多酚漱口液可以显著改善牙周炎患者的炎症因子（C 反应蛋白、肿瘤坏死因子 -α、白细胞介素 -6）水平，其改善效果显著优于洗必泰含漱液组，表明茶多酚含漱液有利于牙周炎的炎症控制。

曹白雨（2014）分别用 0.4% 的茶多酚液、0.5% 的甲硝唑液对 46 例慢性牙周炎患者进行临床治疗，每天冲洗一次，每次 10mL，用药前对患者进行龈上洁治术、龈下刮治术以及根面平整术等牙周基础治疗。连续冲洗一周后检查发现茶多酚组总有效率

95.65%、甲硝唑组总有效率73.91%，表明茶多酚液与甲硝唑液对慢性牙周炎的辅助治疗均有一定疗效。但茶多酚液为天然绿色药品，较甲硝唑液具有便宜、方便、无副作用等特点，值得作为治疗慢性牙周炎的辅助用药。

游古莲等（1999）应用复方茶多酚含漱液15mL、含3min来治疗59例牙周病患者，以0.9%生理盐水和3%双氧水反复冲洗牙周袋，龈缘涂擦2%碘甘油为对照，结果表明茶多酚含漱组总有效率为93.22%，显著高于对照组总有效率76.67%。

（三）茶对口臭的防治

日本安田英子研究报道，儿茶素对口臭主要物质甲硫醇及含氮恶臭物质三甲胺有显著消臭效果，儿茶素的消臭率明显大于普通口腔消臭剂，消臭率大小排序为EGCG > EGC > ECG > EC，与其抗氧化能力大小排序一致。研究结果还表明儿茶素对口臭的抑制作用和抑制甲硫醇产生的效果均比除口臭药物叶绿酸铜钠盐强，1mg儿茶素即可完全抑制甲硫醇的产生，0.1mg可抑制56%甲硫醇的产生。

（四）茶对口腔癌的防治

饮茶具有降低口腔癌的效果。口腔黏膜白斑被认为是口腔癌的癌前病变。美国1999年对59名黏膜白斑患者的临床研究表明，服用和点试茶多酚对口腔癌具有直接预防效果。近年的人群预防干预试验也发现乌龙茶、绿茶、红茶等均有预防口腔癌发生的作用。Hamilton－Miller（2001）对15位口腔白斑症患者进行了为期1年的观察，结果也表明饮茶者中38%的口腔白斑缩小，患者的白斑症状明显得到缓解，有的白斑甚至消失，不饮茶者83%没有变化。在二甲基苯并蒽（DMBA）诱发的鼠口腔癌模型实验中，用0.6%绿茶饮料处理一段时间后肿瘤数量减少了35%，体积减小57%。

陈法等（2015）采用病例－对照研究设计方法，收集2010年9月至2015年1月经病理确诊的非吸烟、非饮酒人群口腔癌新发病例203例和同期社区对照人群572名为研究对象，在调整可能的混杂因素后探讨饮茶与非吸烟、非饮酒人群口腔癌的关系，结果表明，饮茶为非吸烟、非饮酒人群口腔癌的保护因素，且饮茶、开始饮茶年龄、平均每日饮茶量、饮茶类型、饮茶浓度及饮茶温度对非吸烟、非饮酒人群口腔癌的发生均有一定的影响。

（五）茶对牙龈炎的防治

治疗牙龈炎通常采用基础治疗＋口服药物＋局部药物的联合治疗模式。夏长普等（2011）观察了复方茶多酚含漱液辅助治疗80例牙龈炎患者的临床效果。对80例牙龈炎患者在牙周基础治疗后应用复方茶多酚含漱液含漱，每日3次，含漱2周，以仅行牙周基础治疗为对照，每周观察患者龈沟出血指数的变化，结果表明含漱1周后治疗组与对照组比较有统计学差异，表明复方茶多酚含漱液可以作为牙龈炎患者牙周基础治疗后的辅助局部用药。

四、茶防治口腔疾病的应用现状

随着人们对茶叶护齿功效认识的逐渐加深，以及现代医学对茶叶护齿作用研究的深入，利用茶叶及茶制品来防治口腔疾病引起了人们的广泛关注。日本在全国儿童中推行了"每天喝一杯茶"活动，使儿童龋齿的发病率减少到最低限度。我国除掀起通过饮茶来预防口腔疾病的高潮外，含茶及茶提取物的口腔护理品研究也引起人们广泛的关注，如各种含茶及茶提取物的含漱液、涂膜、口香糖、牙膏、含片等。由于茶叶的健齿防龋效果好，方便易行，且价格低廉，在我国推行很适合我国国情，因此有较好的发展前景。

目前我国已研制开发的相关产品有：利用茶叶提取物生产的牙膏，如佳洁士的茶洁牙膏、茶爽牙膏，黑人的茶倍健牙膏；采用绿茶提取物——茶多酚精制而成的茶爽无胶基口香糖；浙江大学药业有限公司生产的茶多酚含片，云南子蓬科技有限公司生产的茶多酚含漱液等。

五、民间茶疗法

（一）桂花茶 I

用法：茶叶 10g，桂花 8g，沸水冲泡，代茶饮。

功效：消炎祛痛，缓解牙痛。

（二）桂花茶 II

用法：桂花 3g，红茶 1g，用 200mL 沸水冲泡，静置 10min 后饮用。

功效：防治口臭、牙痛。

（三）芫辛椒艾茶

用法：芫花、细辛、川椒、蕲艾、小麦、细茶等，加水 250～500mL，共煎至 150～300mL，温漱之，每日 3～4 次。

功效：防治蛀牙及虚火牙痛等。

（四）坚齿茶

用法：茶叶（红茶、绿茶、乌龙茶等，任选一种均可）1～3g，沸水泡服，每天 1～2 杯。饮茶并用茶水漱口。

功效：可去腐除垢，洁齿防龋。防治龋齿及口腔疾病。

（五）细辛甘草茶

用法：细辛 4g，炙甘草 10g，加水 400～500mL，煮沸 5min 后加入绿茶 1g。每日服 1 剂，分 3 次饭后服。

功效：防治龋齿。

（六）护齿茶

用法：红茶 30g，加水 500～1000mL，煎至 250～500mL，去渣取汁用。每日 1～3 次，先用红茶汁漱口后饮服。

功效：有清热、除垢、护牙作用，防治牙周炎、牙质过敏。

（七）芒果糖茶

用法：绿茶 1g，芒果皮肉 50g，白糖 25g。将芒果皮肉水煎后加入绿茶、白糖，取汁饮服。

功效：防治牙龈出血。

（八）五倍子蜜茶

用法：绿茶 1g，五倍子 10g，蜂蜜 25g。将五倍子水煎后加入绿茶、蜂蜜搅匀，饮服。

功效：防治口腔溃疡。

（九）薄荷甘草茶

用法：绿茶 1g，薄荷 15g，甘草 3g，水煎后取汁饮服。

功效：防治口臭。

第七节　茶与眼科疾病的防治

一、常见眼科疾病的种类

眼睛是人体最重要的感觉器官之一，约 80% 以上的外界信息来自眼睛。但是，眼睛也易患各种疾病。由于用眼不当、用眼过度、感染以及工作（长期激光作业者、视屏作业者）等原因会使眼睛患上各种疾病，甚至失明，给患者的日常生活和工作、学习带来很大困难。常见的眼疾主要有白内障、结膜炎、溃疡性睑缘炎、冷泪症、屈光不正、视疲劳等。

（一）白内障

白内障指眼球内的晶状体发生浑浊，由透明变成不透明，阻碍光线进入眼内，从而影响视力。老化、遗传、局部营养障碍、免疫与代谢异常、外伤、中毒、辐射等原因都能引起晶状体代谢紊乱，导致晶状体蛋白质变性而发生浑浊，导致白内障。

白内障分先天性和后天性两种。先天性白内障又称发育性白内障，多在出生前后即已存在，多为静止型，可伴有遗传性疾病。后天性白内障是出生后因全身疾病或局部眼病、营养代谢异常、中毒、变性及外伤等原因所致的晶状体浑浊，又可分为老年性白内障、并发性白内障、外伤性白内障、代谢性白内障、放射性白内障和药物及中毒性白内障 6 种。老年性白内障多见于 40 岁以上，且随年龄增长而发病率增多。

白内障多为老年性白内障，是一种患病率、致盲率均居各类眼病首位的老年性眼病，属祖国医学"圆翳内障"的范畴。白内障表现为晶状体本身或晶状体囊浑浊，是一种常见的老年多发病。它的高发人群主要集中在以下几种人群中：糖尿病患者；经常接触 X 射线和微波的人；长期在阴极射线管荧光屏前工作的人；鼓风炉旁或其他高温环境下工作的人；常年接触阳光紫外线照射的人；蛋白质和维生素缺乏的人；服用激素类药物过量的人；眼睛受过剧烈打击的人。

（二）结膜炎

结膜炎是结膜组织在外界和机体自身因素的作用下而发生的炎性反应的统称。患眼异物感、烧灼感、眼睑沉重、发痒、摩擦感、分泌物增多；当病变累及角膜时可出现畏光、流泪、疼痛及视力障碍等。结膜炎根据病情及病程，可分为急性、亚急性和慢性三类；根据病因又可分为细菌性、病毒性、衣原体性、真菌性和变态反应性等。急性结膜炎又称"红眼病"，是最常见的眼部疾病，多见于春秋季节，最常见有微生物感染，多数是由葡萄球菌、肺炎双球菌、链球菌或病毒感染所致。

（三）溃疡性睑缘炎 （烂眼弦）

溃疡性睑缘炎又称烂眼弦，是睫毛毛囊及其附属腺体的慢性或亚急性化脓性炎症。临床表现为睑缘充血、溃烂、灼热刺痒、痛痒并作，在睫毛根部可见到散在的小脓疱，有痂皮覆盖，去除痂皮后有脓液渗出，并露出浅小溃疡。睫毛常与脓痂黏结在一起成束状，有倒睫、怕光羞明、流泪、疼痛等症。

（四）流泪症

流泪症是以泪液经常溢出睑弦而外流为临床特征的眼病之总称。有冷泪与热泪之分。热泪多为暴风客热、天行赤眼、黑睛生翳等外障眼病的症状之一。冷泪临床上以眼睛无明显的赤痛翳障而经常流泪，泪水清冷稀薄为主要特征。它类似于西医学的泪溢症，多见于中老年人，好发于隆冬早春。

（五）视疲劳

视疲劳是由于长时间用眼不当引起的暂时性视功能减退和一系列不适症状的综合表现。其发病与多种因素有关，包括环境因素、眼的因素和体质因素。长时间看近目标是导致视疲劳的一个重要因素。长时间注视近距离目标时，人眼为了保持正常的有效视力，需进行一系列的眼部代偿活动，这必然使眼处在十分紧张的状态，由于多种复杂的综合因素使眼不能满足进行正常视作业的需要，或眼紧张达到极限状态而不能再坚持时，这种代偿会突然失调，眼紧张转变为眼松弛，就会出现视力模糊、眼痛、眼胀、眼干等相关症状，有些年龄偏大的患者还会有烦躁、腰酸背痛、四肢麻木等症状。

视疲劳的出现与全身健康状况也紧密相关。患者身体疲劳，缺少休息，身体虚弱或年老体弱或全身性疾病，更容易导致视疲劳的发生。另外，心理因素也是导致视疲劳的间接因素。

（六）视功能衰退

视功能衰退一般包括青少年近视眼、夜盲症、白内障等。夜盲俗称"雀目"、"鸡宿眼"，是缺乏维生素 A 引起的一种眼疾，患者在暗环境下或夜晚视力很差甚至完全看不见东西。

近视眼是青少年学生的常见病、多发病。近视眼在屈光不正中全球发病率最高。目前，不仅近视眼的发病年龄提前，发病率增高，且近视发生后呈进展趋势，已经成为严重的公共卫生问题。众多研究已表明近视眼是在遗传的基础上，受环境因素的影响而发病的。一般认为，遗传因素是近视眼发生的基础；环境因素是导致近视的根本原因。环境因素一般指不同的视觉信息环境，如不同的工作距离、不同的用眼时间和不同的照明条件等对眼的影响。

二、茶治疗眼科疾病的作用机制

茶对上述眼科疾病均有一定疗效，有较好的明目功能，中国古医书如《茶谱》《神农本草经》《本草拾遗》《随息居饮食谱》等书中都有记载。

（一）饮茶能补充眼部所需的维生素

茶叶中含有很多营养成分，特别是其中的维生素，对眼的营养极其重要。维生素 C 是人眼晶状体的重要营养物质，眼内晶状体的维生素 C 含量比其他组织要高得多。如果维生素 C 摄入不足，晶状体可致浑浊而形成白内障。茶叶中的维生素 C 含量很高，可以和柠檬的含量相比拟，所以饮茶对人眼有良好功效，有预防白内障的作用。

茶中所含的维生素 B_1，是维持神经（包括视神经）生理功能的营养物质，可以防止因患视神经炎而引起的视力模糊和眼睛干涩。茶叶中维生素 B_1 的含量为每 100g 茶叶中 $100 \sim 150 \mu g$，每饮茶一杯相当于摄入 $2 \sim 3 \mu g$ 维生素 B_1。茶中还含有大量的维生素 B_2，每 100g 茶叶含 $1200 \mu g$（比含量丰富的大豆高约 5 倍，比大米高 20 倍，比瓜果高 60 倍），每饮茶一杯相当于摄入 $20 \sim 25 \mu g$ 维生素 B_2。维生素 B_2 对人体细胞起着氧化和还原作用，可营养眼部上皮组织，是维持视网膜正常功能所必不可少的活性成分，对防止角膜炎、角膜浑浊、眼干惧亮、视力衰退等有效。故饮茶可以防治因维生素 B_2 缺乏而引起的角膜浑浊、眼干羞明、视力减退及角膜炎的发生等。

茶叶中含有丰富的维生素 A 原——胡萝卜素，其含量为每 100g 干茶叶含 $17 \sim 20 mg$（绿茶约为 16mg，红茶为 $7 \sim 9 mg$）。胡萝卜素又名维生素 A 原，被人体吸收后，在肝脏和小肠中可转变为维生素 A，具有维持上皮组织正常功能的作用，并在视网膜内与蛋白质合成视紫红质。视紫红质可以增强视网膜的感光性，因此有明目的功效。当维生素 A 缺乏时，视网膜内视紫红质的合成就会大大减少，暗适应力即大为降低，就会出现在暗处或黄昏时视物不清的症状。此外，维生素 A 还有维持上皮组织结构完整和功能健全的作用。维生素 A 缺乏，可使泪腺上皮受影响，泪液分泌减少，而产生干眼病。维生素 A 缺乏，还可导致角膜和结膜易于感染、化脓，甚至发生角膜软化、穿孔等严重的疾病。因此，经常饮茶，对于预防夜盲症、干眼症及角膜炎有重要作用。

（二）茶多酚对眼睛有保护作用

茶多酚可增强体内维生素 A、维生素 C 等的含量，可间接保护视力；茶多酚是一种高效抗氧化剂，可维持晶状体的正常功能，如毕宏生等（2008）研究表明茶多酚可通过抑制晶状体的氧化损伤而延缓早期的糖尿病大鼠晶状体浑浊，对糖尿病性白内障的形成有抑制作用；茶多酚还是一种有效的抑菌剂，对各种病原菌引起的眼部疾患有防治作用，这些功能都决定了茶多酚对眼睛有保护作用。

（三）茶有清肝明目的功效

《内经》中说："肝藏血""肝开窍于目""五脏六腑之精气皆上注于目。"说明人眼的视觉功能与肝、血及脏腑功能的关系非常密切。茶中的有效成分具有加强肝脏代谢及利尿作用，使得人体在新陈代谢过程中所产生的有毒物质得以及时清除，从而使脏腑、血液、精气相对纯净，与血、精气、脏腑密切相关的眼睛自然会少病而清明。

（四）其他

茶叶中的助消化成分可帮助丸散成药的消化与吸收，间接地发挥治疗目疾的作用。中医眼科方剂中较多应用矿物类、贝壳类的药物，质地坚硬，不易吸收，如石决明、磁石、琥珀等，如用茶汤送服，可帮助其消化吸收，从而起到间接的明目作用。

三、茶对眼科疾病的治疗

据报道，连续收看电视 $4 \sim 5h$，人的视力会暂时减退 30%，并大量消耗视紫红质。特别是收看彩色电视，不仅会使视力衰退现象更为严重，且还会引起夜盲症与干眼病。因此提倡边看电视边喝富含胡萝卜素的绿茶，不但能消除电视辐射对人体的危害，而且还有保护和提高视力的功能。

吴瑞荣等（1984）研究表明茶多酚对维生素 C 滞留体内有重要作用，因此有预防白内障的作用。浙江中医学院（今浙江中医药大学）马一民对 240 例老年性白内障患者的病例进行统计，结果表明有饮茶习惯者发病率较低，只有 84 例，占 35%；而无饮茶习惯者发病率高，有 156 例，占 65%，后者比前者发病率高得多，且病情也比前者严重。方朝晖等采用腹腔注射和饮用 D – 半乳糖水溶液，制作 D – 半乳糖性糖尿病白内障模型，以茶色素胶囊进行治疗，结果表明茶色素不仅对半乳糖性白内障有明显的延缓作用，保持实验大鼠透明晶体的百分率达 30%，且具有一定的治疗作用，可明显降低血糖，增加体重，增强红细胞超氧化物歧化酶、谷胱甘肽过氧化物酶、过氧化氢酶、过氧化物酶的活力（$P < 0.05$ 或 $P < 0.01$），降低过氧化脂质的含量（$P < 0.01$）。

浙江大学附属第二医院临床研究了茶多酚对眼睛的保护作用。用茶多酚药片和药膏治疗不同的眼科疾病患者，结果表明前段葡萄膜炎患者得以康复，病毒性角膜炎患者很快好转，对老年远视患者视力状况和玻璃球体浑浊也有明显改善，说明茶多酚能预防眼部疾病，达到明目的作用。

李莉等（2012）采用潮州产凤凰单枞茶叶水提液，经超声雾化熏眼仪喷雾熏眼治疗春季结膜炎 22 例（44 只眼），每日 2 次，14 次为一个疗程，经自身左眼、右眼配对对比，结果表明茶液超声雾化法熏眼治疗春季结膜炎治疗有效率均达 90.9%，且凉熏法较常温熏法对春季结膜炎的疗效更好。

林景灿和郭佳土（1989）用茶连液（春茶 20g，黄连 5g，研末，200mL 沸水提取 10min，用消毒纱布过滤、静置、冷却去沉淀后备用）临床防治急性结膜炎 1260 例，分治疗组与预防组两组，其中治疗组病人 660 例（男 615 例，女 45 例；单眼患病 240 例，双眼患病 420 例），预防组观察 600 例（男 556 人，女 44 人，对象选择"红眼病"流行疫区）。治疗组病人分为甲组（茶连液点眼治疗组）和乙组（氯霉素点眼对照组）进行疗效观察和对比；预防组观察对象分为 A 组（茶连液点眼预防组）和 B 组（无用药对照组）。茶连液治疗组每只眼睛点茶连液 2 滴，每日 4 次，连续 3d 或至愈；茶连液预防组每只眼睛点茶连液 1 滴，每日 2 次，连续 3d；氯霉素治疗组每只眼点 2 滴 0.25% 氯霉素眼药水，每日 4 次，连续 3d 或至愈。治疗甲组 340 例中，治愈 312 例，占 92%；显效 13 例，占 3.8%；进步 11 例，占 3%；无效 4 例，占 1.2%；总有效 336 例，总有效率占 98.8%。治疗乙组 320 例中，治愈 256 例，占 80%；显效 38 例，占 11.9%；进步 10 例，占 3.1%；无效 16 例，占 5%；总有效共 304 例，总有效率占 95%。临床观察结果表明治疗甲组的疗效显著优于乙组，治疗甲组的疗程也显著短于乙组。预防疗效组 A 组观察病例 300 例，无发病 294 例，无发病率占 98%；发病 6 例，发病率占 2%。B 组观察病例 300 例，无发病 219 例，无发病率占 73%；发病 81 例，发病率占 27%。临床观察结果表明 A 组发病率显著低于 B 组。

四、民间茶疗法

（一）单味茶

用法：多种茶泡饮均有疗效，尤以绿茶为好；且除了内服外，外用洗眼也不失为良法。如消炎洗眼茶：优质绿茶 25g，加水 1500～2000mL，煎至 1000mL，取汁。每日 1 剂，用洁布沾洗患眼，时时洗之（每日 3～4 次）。

功效：具有消炎、明目作用。可用于治疗溃疡性睑缘炎及急性结膜炎等。

（二）烂眼外洗茶

用法：龙胆草 9g，白矾 3g，枯矾 6g，青盐 3g，生杏仁（去皮）7 个，红花 3g，菊花 9g，防风 6g，桑叶 6g，甘草 3g，湖茶叶 9g。共煎，取汁外洗眼。每日 1 剂，熏洗数次。

功效：能清热解毒，祛风化湿。治风火烂眼发痒。

（三）菊花龙井茶

用法：菊花 10g，龙井茶 3g。沸水泡 5～10min，每日 1 剂，不拘时饮服。

功效：具有疏风、清热、明目作用。可治疗肝火盛所引起的急性结膜炎，羞明怕光等。

（四）连花茶

用法：黄连（酒炒）、天花粉、菊花、川芎、薄荷叶、连翘各 30g，黄柏（酒炒）180g，茶叶 360g，共制粗末。每日 3 次，每次取末 6g，沸水冲泡闷 10min，饮服。

功效：能清热泻火，祛风明目。防治两眼赤痛，眵多眵躁，紧涩羞明，赤脉贯睛，大便秘结等。

（五）决明茶调散

用法：决明子（炒研）不拘量，茶叶适量，决明子研末备用。外用，日数次，每次取上末适量，以茶叶 6g 煎汁，调和，涂敷于两侧太阳穴，药干则再涂敷。

功效：有疏风、清火、止痛、明目作用。治目赤肿痛，风热头痛等。

（六）石膏茶

用法：煅石膏、川芎各 60g，炙甘草 15g，葱白、茶叶各适量（或各 3g）。将前三味共研细末，备用。每日 2 次，每次取上末 3g，用葱白、茶叶加水煎汤，温服。

功效：能祛风散寒、通窍明目。治风寒眼病，冷泪症，迎风流泪，羞明，眼痛等。

（七）杞菊茶

用法：枸杞子 10g，白菊花 10g，优质绿茶 3g。沸水泡闷 10min，每日 1 剂，频服。

功效：具有养肝滋肾、疏风明目作用。对视力衰退、目眩、夜盲及青少年近视有效。

（八）密蒙花茶

用法：密蒙花 5g，绿茶 1g，水煎后加蜜糖 25g，饮服。

功效：防治多泪、白内障症。

第八节 茶与其他疾病的防治

一、茶与感冒的治疗

急性上呼吸道感染简称上感，又称感冒，俗称"伤风"，是包括鼻腔、咽或喉部急性炎症的总称，有70%～80%是由病毒引起的。广义的上感包括普通感冒、病毒性咽炎、喉炎、疱疹性咽峡炎、咽结膜热、细菌性咽-扁桃体炎。狭义的上感又称普通感冒，是最常见的急性呼吸道感染性疾病，多呈自限性，但发生率较高。成人每年发生2～4次，儿童发生率更高，每年6～8次。全年皆可发病，冬春季较多。

茶叶治疗感冒的功效是茶叶多种成分综合作用的结果。茶咖啡碱、茶叶碱等有清热利尿作用，茶多酚有杀菌抑菌作用，维生素C有增强体质抗感染作用等，均对治疗感冒有利。

（一）姜茶

用法：绿茶7g，生姜10片，共煎取汁，饭后饮用。

功效：发汗解表，祛寒止咳，可用于防治流行性感冒、伤寒、咳嗽等症。

（二）午时茶

用法：红茶1000g，苍术、柴胡、前胡、山楂、连翘、神曲、防风、羌活、陈皮、藿香、白芷、枳实、川芎、甘草各30g，厚朴、桔梗、麦芽、紫苏叶各45g，生姜250g，面粉325g，生姜捣汁后掺入其余药物研末中，加面粉拌浆制成小块，每块干重15g，日服3次，每次1～2块，开水冲服。

功效：祛风解表，消积止泻，可治疗风寒感冒、食积吐泻、腹痛泄泻等症。

（三）五神茶

用法：茶叶6g，荆芥10g，苏叶10g，生姜10g，红糖30g，温火煎药后，取汁加红糖溶化即可。每日1剂。

功效：可治疗风寒感冒、畏寒、身痛、无汗等症。

（四）薄荷茶

用法：茶叶5g，薄荷2g，沸水冲泡饮用。

功效：适用于治疗风热外感、头痛目赤、食滞腹胀等症。

二、茶与咳嗽的治疗

咳嗽是人体清除呼吸道内的分泌物或异物的保护性呼吸反射动作，通过咳嗽产生呼气性冲击动作，可将呼吸道内的异物或分泌物排出体外。但咳嗽也有不利的一面，剧烈咳嗽可导致呼吸道出血，如长期、频繁、剧烈咳嗽会影响工作、休息，甚至引起喉痛、音哑和呼吸肌痛，促进病症的发展。

咳嗽是呼吸系统疾病最常见的症状之一，如咳嗽无痰或痰量很少为干咳，常见于急性咽喉炎、支气管炎的初期；急性骤然发生的咳嗽，多见于支气管内异物；长期慢性咳嗽，多见于慢性支气管炎、肺结核等。茶治咳喘，古书也有记载，如元·沙图穆苏《瑞竹堂经验方》："治咳喘，喉中如锯不能睡卧，好茶末一两，白僵蚕一两，为末，放碗内，倾沸汤一盏，盖定，临卧温服。"现代研究已知咖啡碱、茶叶碱可松弛平滑肌，缓解支气管痉挛；茶多酚能抑菌、杀菌、消炎；茶芳香物萜烯类化合物有祛痰作用等，故有利于咳喘的治疗。

（一）橘红茶

用法：红茶4.5g，橘红1片（3～6g）。将红茶、橘红用开水冲泡后，再蒸20min，代茶饮，日服 1 剂。

功效：清热，治疗咳嗽多痰、咯痰不爽。

（二）萝卜茶

用法：白萝卜 100g 煮烂加盐调味，加入茶叶 5g，冲泡取汁饮用。日服 2 剂。

功效：治疗咳嗽多痰。

（三）柿饼茶

用法：柿饼 6 个，冰糖 15g，共煮炖烂后，用 5g 茶叶冲泡的茶汁拌匀，饮食用，每日 1 剂。

功效：治疗肺虚咳嗽、痰多等症。

（四）久喘桃肉茶

用法：雨前茶 15g，胡桃肉 30g，加水共煎煮沸 10～15min，取汁加入炼蜜 5 茶匙，每日 1 剂，温服。

功效：润肺平喘，止咳。适用于久喘、口干等症。

三、茶与咽喉炎的治疗

（一）菊花茶

用法：鲜茶叶、鲜菊花各 30g，捣汁，用凉开水冲和饮服。

功效：治疗咽喉炎。

（二）金银花茶

用法：茶叶、金银花各 6g，沸水冲泡，代茶饮。

功效：治疗咽喉炎。

（三）橄榄蜜茶

用法：橄榄 3 个，水煎后加入绿茶 3g、胖大海 3 枚、蜂蜜一匙，代茶饮用。

功效：清热润喉，利咽爽音。可治疗声音嘶哑、喉咙干病等症状的慢性喉炎。

（四）合欢绿茶

用法：绿茶、合欢花各 3g，胖大海 2 枚，冰糖适量，沸水冲泡，代茶饮用。

功效：清热降火，清润咽喉。适用于火热上炎的咽喉急、慢性炎症，尤宜于属肺燥火热上炎的喉炎音哑症。

四、茶与耳疾的治疗

耳疾包括耳部的炎症、耳聋、肿瘤等，可分为外耳疾病、中耳疾病和内耳疾病。内耳疾病可导致听力损失、眩晕、耳鸣等症状，严重的会导致耳聋。导致内耳疾病的原因较多，如感染、外伤、肿瘤、药物等，有时原因不明。慢性化脓性中耳炎、乳突炎的颅内并发症在边远地区较多见，处理不当可引起生命危险。中耳癌发病隐蔽，不易早期发现，预后不良。

（一）耳炎蝉蜕茶

用法：绿茶、细辛、荷叶各 25g，蝉蜕 3g，麝香 0.3g，共研细末，用葱头适量捣泥，和匀，做小捻，裹布，纳于耳内。

功效：消炎抑菌，开窍通络，用于治疗中耳炎、耳鸣。

（二）黄柏苍耳茶

用法：绿茶 3g，黄柏 9g，苍耳子 10g，共研粗末，沸水冲泡或煎煮均可。每日 1 剂，分 2 次饮服。

功效：清热化湿，排脓解毒，通耳窍。适用于急、慢性化脓性中耳炎。

（三）天麻耳鸣茶

用法：绿茶 1g，天麻 3 ~ 5g。将天麻切成薄片，干燥贮存，待用。服用时，用沸开水冲泡绿茶和天麻片，加盖，5min 后热饮，头汁饮空，略留余汁，再泡再饮，直到冲淡、弃渣。

功效：清热平肝，祛风止痛，适用于耳鸣目眩晕症。

（四）槐菊茶

用法：槐花、菊花、绿茶各 3g，用沸开水冲泡，热饮。

功效：适用于慢性中耳炎。

五、茶与妇科疾病的治疗

（一）老姜糖茶方

用法：红茶 1g，红糖 60g，老姜 15g，水煎煮，饮服。

功效：活血化淤，治疗痛经。

（二）二花调经方

用法：红茶 3g，玫瑰花、月季花各 9g，共研末，沸水冲泡后饮服。

功效：活血化淤，治疗痛经、闭经等。

（三）月季茶方

用法：红茶 1 ~ 1.5g，月季花 3 ~ 5g，红糖 25g，水煎饮服，每日 1 剂。

功效：活血化淤，治疗痛经。

（四）黑木耳红枣茶

用法：茶叶 10g，黑木耳 30g，红枣 20 枚，煎汤饮服。每日 1 次，连服 7d。

功效：补中益气，养血调经。治疗月经过多。

（五）莲花甘草茶

用法：莲子 15 ~ 25g，甘草 5g，水煎后加入绿茶 2 ~ 3g 饮服。

功效：治疗月经过多。

（六）苏姜陈皮茶

用法：红茶 1g，苏根 6g，陈皮 3g，生姜 2 片。将苏根、陈皮、生姜剪碎后与红茶共煮。每日 1 剂，代茶温服。

功效：理气和胃，降逆安胎。适用于妊娠引起的恶心呕吐、头晕厌食或食入即吐等症。

（七）止呕简易方

用法：发病前，随意咀嚼干绿茶。

功效：减轻孕妇恶心、呕吐等妊娠反应。

（八）产后止痛方

　　用法：绿茶 2g，山楂片 25g，用 400mL 水煎煮 5min 后，分 3 次温服，每日 1 剂。

　　功效：治疗产后腹痛。

（九）益母糖茶

　　用法：茶叶 3g，益母草 6g，红糖 15g。三昧用开水冲泡 15min，代茶饮。

　　功效：养血止痛，活血化瘀。适用于血淤型产后腹痛。

（十）胡椒糖茶方

　　用法：茶叶 3g，胡椒 1.5g，红糖 15g。将胡椒研末，与红糖、炒焦茶叶共用沸水冲泡，当茶饮。

　　功效：温中、化滞、止痢。适用于产后下痢腹痛。

六、对烫伤、烧伤的治疗

（一）茶渣、茶油方

　　用法：将茶渣烤至微焦，研制细末，与茶油混合调成糊状，涂于患处。

　　功效：消肿止痛。

（二）烫伤浓茶剂

　　用法：将茶叶适量加水煮成浓汁，快速冷却。将烫伤肢体浸于茶汁中，或将浓茶汁涂于烫伤部位。

　　功效：消肿止痛，防止感染。

（三）大黄茶油膏

　　用法：茶油、大黄适量。将大黄研细末，加入茶油调成膏，敷患处。

　　功效：清热解毒，用于烧伤引起的红肿、溃烂等症。

（四）丝瓜茶油膏

　　用法：将丝瓜络适量烧存性研末，加入适量茶油调膏，常敷患处。

　　功效：清热解毒，消肿止痛，用于烫伤、烧伤。

七、茶与儿科疾病的治疗

（一）花生茶

　　用法：茶叶适量，花生米、西瓜子各 5g，红花 1.5g，冰糖 30g。将西瓜子捣碎，连同花生米、红花、冰糖、茶叶加水煮 30min，代茶饮。每日 1 剂，花生米一并食之。

　　功效：润肺活血，化痰镇咳，适用于百日咳。

（二）罗汉果茶

　　用法：绿茶 1g，罗汉果 20g。将罗汉果加水 300mL，煮沸 5min 后加入绿茶，取汁饮服。每日 1 剂，分 3~5 次饮服。

　　功效：止咳化痰。适用于咽喉炎、百日咳、风热咳嗽。

（三）绿茶粉

　　用法：绿茶粉 1g，分 3 次温开水或乳汁送服。

　　功效：用于治疗婴幼儿腹泻。

（四）儿科醋茶

用法：浓绿茶汁 1 杯（约 300mL），食醋 20mL，二者混合，每次服 20mL，每日 3 次。

功效：和胃止泻，用于治疗幼儿轻度腹泻。

（五）陈皮茶

用法：茶叶 5g，陈皮 1g，将两味用水一碗浸泡 1d，煎至半碗。1 岁以下，每次服半调羹；1~2 岁，每次服一调羹；3~4 岁，每次服一调羹半。每日 3 次。

功效：适用于小儿消化不良，腹胀腹泻。

（六）小儿清暑茶

用法：茶叶适量，鲜荷叶、苦瓜叶、丝瓜叶各 10g。共加水煎汁，代茶用。

功效：清热、祛暑，适用于小儿暑热症。

（七）银薷茶

用法：金银花 6g，香薷 3g，杏仁 3g，淡竹叶 3g，绿茶 1g，沸水冲泡饮用。

功效：治疗暑热、口渴烦躁。

思考题

1. 简述茶叶的抗癌作用及其机制。
2. 简述茶叶对心脑血管疾病的作用及其机制。
3. 简述茶叶的减肥作用及其机制。
4. 简述茶对口腔疾病的作用及其机制。
5. 茶叶是如何预防眼科疾病的？
6. 茶叶是如何预防龋齿发生的？

参考文献

［1］CHANTRE P, LAIRON D. Recent findings of green tea extract AR25（Exolise）and its activity for the treatment of obesity ［J］. Phytomedicine, 2002, 9：3 - 8.

［2］GELEIJNSE J M, LAUNER L J, HOFMAN A, et al. Tea flavonoids may protect against atherosclerosis：the rotterdam study ［J］. Archives of Internal Medicine, 1999, 159（18）：2170 - 2174.

［3］GROVE K A, SAE - TAN S, KENNETT M J, et al. （ - ）- Epigallocatechin - 3 - gallate inhibits pancreatic lipase and reduces body weight gain in high fat - fed obese mice ［J］. Obesity, 2012, 20（11）：2311 - 2313.

［4］HAMILTON - MILLER J M. Anti - cariogenic properties of tea（*Camellia sinensis*）［J］. Journal of Medical Microbiology, 2001, 50：299 - 302.

［5］HAN L K, TAKAKU T, LI J, et al. Anti - obesity action of oolong tea ［J］. International Journal of Obesity, 1999, 23（1）：98 - 105.

［6］HARDIE J M, WHILEY R A. Plaque microbiology of crown caries ［M］//Newman H N, Wilson M（eds）. Dental Plaque Revisited Cardiff Bioline, 1999：283 - 294.

［7］ LOFTUS T M, JAWORSKY D E, FREHYWOT G L, et al. Reduced food intake and body weight in mice treated with fatty acid synthase inhibitors ［J］. Science, 2000, 288 (5475): 2379 – 2381.

［8］ MARON J, LU G P. Cholesterol – lowering effect of a theaflavin – en – riched green tea extract A randomized cont rolled trial ［J］. Archives of Internal Medicine, 2003, 163 (12): 1448 – 1453.

［9］ NAGAO T, HASE T, TOKIMITSU I. A green tea extract high in catechins reduces body fat and cardiovascular risks in humans ［J］. Obesity, 2007, 15: 1473 – 1483.

［10］ NAKAHARA K, KAWABATA S, ONO H, et al. Inhibitory effect of oolong tea polyphenols on glucosyltransferases of mutans streptococci ［J］. Applied and Environmental Microbiology, 1993, 59 (4): 968 – 973.

［11］ OKUBO T, ISHIHARA N, OURA A, et al. In vivo effects of tea polyphenol intake on human intestinal microflora and metabolism ［J］. Bioscience Biotechnology & Biochemistry, 2014, 56 (4): 588 – 591.

［12］ OOSHIMA T, MINAMI T, AONO W, et al. Reduction of dental plaque deposition inhumans by oolong tea extracts ［J］. Caries Research, 1994, 28 (3): 146 – 149.

［13］ SASAZUKI S, KODAMA H, YOSHIMASU K M, et al. Relation between green tea consumption and the severity of coronary atherosclerosis among Japanese men and women ［J］. Annals of Epidemiology, 2000, 10 (6): 401 – 408.

［14］ TOKUNAGA S, WHITE I R, FROST C, et al. Green tea consumption and serum lipids and lipoproteins in a population of healthy workers in Japan ［J］. Annals of Epidemiology, 2002, 12 (3): 157 – 165.

［15］ WEI G X, WU C D. Black tea extract and polyphenols inhibit growth and virulence factors of periodontal pathogens ［J］. Journal of Dental Research, 2001, 80 (Special Issue): 73.

［16］ YANG X P, KONG F B. Effects of tea polyphenols and different teas on pancreatic α – amylase activity *in vitro* ［J］. LWT – Food Science and Technology, 2016, 66: 232 – 238.

［17］ YOKOGOSHI H, KOBAYASHI M. Hypotensive effect of gamma – glutamethylamide in spontaneously hypertensive rates ［J］. Life Science, 1998, 62 (12): 1065 – 1068.

［18］ 毕宏生, 李树杰, 崔彦, 等. 茶多酚防治 STZ 诱导的大鼠糖尿病性白内障的机制 ［J］. 山东大学耳鼻喉眼学报, 2008, 22 (1): 1 – 5.

［19］ 曹白雨. 茶多酚液与甲硝唑液辅助治疗慢性牙周炎的效果对比分析 ［J］. 航空航天医学杂志, 2014, 25 (11): 1496 – 1498.

［20］ 曹明富. 茶多酚对小鼠辐射损伤的防护效应 ［J］. 茶叶科学, 1998, 18 (2): 204 – 208.

［21］ 茶色素临床研究协作组. 茶色素对高脂血症的疗效观察 ［J］. 现代诊断与治疗, 1997, 8 (4): 211 – 213.

［22］陈法，蔡琳，何保昌，等. 饮茶与非吸烟、非饮酒人群口腔癌的关系研究［J］. 中华预防医学杂志，2015，49（8）：683－687.

［23］陈文岳，林炳辉，陈岭. 福建乌龙茶治疗单纯性肥胖症的临床研究［J］. 中国茶叶，1998，（1）：20－21.

［24］陈兆凤，田旻，魏昕，等. 茶色素治疗高脂血症和血流变异常的临床观察［J］. 中国血液流变学杂志，1998，8（2）：115－116.

［25］冯希平，刘艳玲，秉陈斌. 绿茶多酚涂膜临床防龋效果观察［J］. 上海口腔医学，1997，6（3）：135－137.

［26］傅冬和，余智勇，黄建安，等. 不同年份茯砖茶水提取物的抑菌效果研究［J］. 中国茶叶，2011，33（1）：10－12.

［27］何权敏，刘建国，徐若竹，等. 茶多酚对人牙周膜成纤维细胞增殖的影响［J］. 南方医科大学学报，2008，28（8）：1409－1411.

［28］焦世兰，宫爱华，荣文平. 茶多酚对冠心病患者临床症状的改善作用［J］. 实用医药杂志，2006，17（1）：54－55.

［29］李爱顺，黄佐，吴宗贵，等. 茶色素对冠心病病人血中超氧化物歧化酶及过氧化脂质的影响［J］. 新药与临床，1997，16（4）：213－214.

［30］李捷，吉俊翠，李修宇，等. 普洱熟茶片调节血糖的临床观察［J］. 云南中医学院学报，2009，32（2）：47－48.

［31］李莉，赵建浩，姚素芬，等. 不同温度对茶液超声雾化法治疗春季结膜炎疗效的影响［J］. 汕头大学医学院学报，2012，25（4）：212－213.

［32］李鸣宇，刘正，朱彩莲. 茶多酚和茶色素对口腔主要致病菌作用比较［J］. 广东牙病防治，2001，9（1）：3－4.

［33］林景灿，郭佳土. 茶连液防治急性结膜炎1260例疗效观察［J］. 福建中医药，1989，20（4）：17－18.

［34］刘玲，杨新生，岳京丽. 茶色素对血液流变学作用的临床观察［J］. 河南诊断与治疗杂志，1998，12（3）：150－151.

［35］刘勤晋，司辉清. 黑茶营养保健作用的研究［J］. 中国茶叶，1994，16（6）：36－37.

［36］刘挺立，吕霞，张勇. 茶多酚含片抗牙菌斑作用观察试食报告［J］. 广东牙病防治，1999，7（1）：39.

［37］楼福庆. 茶色素与动脉粥样硬化症［J］. 中国茶叶，1987，（3）：28－30.

［38］牟乃洲，任广来，高广生，等. 茶色素、卡托普利治疗原发性高血压病80例［J］. 临床荟萃，1998，13（2）：78－79.

［39］黄亚辉，郑红发，曾贞，等. 金白龙茶（GABARON）治疗高血压临床试验报告［J］. 高血压杂志，2002，10（1）：55－56.

［40］倪德江. 乌龙茶多糖的形成特征、结构、降血糖作用及其机理［D］. 武汉：华中农业大学，2003.

［41］清水岑夫. 探讨茶叶的降血糖作用以从茶叶中制取抗糖尿病的药物［J］. 刘

维华，译. 国外农学：茶叶，1987（3）：38-40.

[42] 阮景绰，江培清，冯亚，等. 乌龙茶对家兔实验性动脉粥样硬化防治作用的探讨 [J]. 福建医药杂志，1987，9（2）：25-27.

[43] 胡贵舟，韩驰，陈君石. 茶对促癌物（TPA）诱发小鼠皮肤癌基因表达的影响 [J]. 卫生研究，1995，24（4）：237-240.

[44] WANG Z Y，HUANG M T，FERARO T，et al. Inhibitory effect of green tea in the drinking water on tumorigenes is by ultraviolet light and 12-O-tetra-decanoylphorbol-13-acetate in the skin of SKH-1 mice [J]. Cancer Research，1992，52：1162.

[45] KATIYAR S K，AGARWAL R，WANG Z Y，et al. （-）-Epigallocatechin-3-gallate incamellia sinensis leaves from himalayan region of bikkim inhibitory effects against biochemical events and tumor initiation in senear mouse skin [J]. Nutrition and Cancer，1992，18：73.

[46] 王婧. 茶多酚抗肺癌效应及抗肺癌血管生成相关信号通路研究 [D]. 北京：北京中医药大学，2013.

[47] 莫贵艳，李敏，胡成平，等. 茶氨酸对内皮细胞生长及肺癌血管生成的影响 [J]. 第三军医大学学报，2012，34（20）：2043-2046.

[48] 谢珏，陈清勇，周建英，等. 茶多酚体外诱导人肺癌细胞凋亡的机理研究 [J]. 中国中西医结合杂志，2005，25（3）：244-247.

[49] 朱楠楠. EGCG、ECG、TFDG 抑制肺癌增殖及修复香烟烟雾损伤机理初探 [D]. 长沙：湖南农业大学，2013.

[50] 谭晓华，张亚历，周殿元. EGCG 诱导胃癌和肝癌细胞凋亡及 bcl-2 表达下调的研究 [J]. 癌症，2000，19（7）：638-641.

[51] SHEN X，ZHANG Y，FENG Y，et al. Epigallocatechin-3-gallate inhibits cell growth，induces apoptosis and causes S phase arrest in hepatocellular carcinoma by suppressing the AKT pathway [J]. International Journal of Oncology，2014，44（3）：791-796.

[52] 赵志成. 肝癌血管生成机理探讨及 EGCG 抑制血管生成的实验研究 [D]. 杭州：浙江大学，2004.

[53] 李宁，韩驰，陈君石. 茶对二甲基苯并蒽诱发金黄色地鼠口腔癌预防作用的研究 [J]. 卫生研究，1999，28（5）：289-292.

[54] 李宁，孙正，刘立军，等. 茶对口腔癌前病变的干预试验研究 [J]. 卫生研究，2002，31（6）：428-430.

[55] 李克，于萍，朱远锋，等. 广东潮汕地区工夫茶与食管癌的关系 [J]. 疾病控制杂志，2002，6（1）：47-49.

[56] 张如楠，吴冬梅，杨留勤. 茶多酚对食管癌 Eca-109 细胞生长的影响 [J]. 现代肿瘤医学，2015，23（19）：2727-2729.

[57] 商悦，刘旭杰，陈淑珍. 表没食子儿茶素没食子酸酯与西妥昔单抗联用体内外抗食管癌细胞 Eca-109 的作用研究 [J]. 中国医药生物技术，2015，10（1）：

18 – 24.

［58］张润华，王贤和，陈萍，等. EGCG 增强食管癌细胞对顺铂化疗敏感性的实验研究［J］. 现代中西医结合杂志，2014，23（12）：1258 – 1260.

［59］GUPTA S, AHMAD N, MUKHTAR H. Prostate cancer chemoprevention by green tea［J］. Seminars in Urological Oncology，1999，17（2）：70 – 76.

［60］毛小强，那万里，赵丹，等. 茶多酚对前列腺癌 PC – 3M 细胞增殖与凋亡的影响［J］. 中国实验诊断学，2010，14（2）：170 – 173.

［61］卢强. EGCG 的抗前列腺癌作用与 IGF 信号通路系统的关系及其机制研究［D］. 长沙：中南大学，2010.

［62］徐国平，宋圃菊. 茶叶阻断胃癌高发区人体内源性 N – 亚硝基脯氨酸合成［J］. 北京医科大学学报，1991，23（2）：151 – 153.

［63］赵燕，曹进. 茶多酚诱导人胃癌细胞凋亡［J］. 湖南医科大学学报，1997，2（5）：384 – 386.

［64］辛玉. EGCG 抑制结肠癌 HT – 29 细胞生长及预防血管生成的作用机制［D］. 济南：山东大学，2013.

［65］王水明. 绿茶提取物 EGCG 对结肠癌抑制作用的在体研究及对 Notch 信号转导途径的影响［D］. 南京：南京中医药大学，2011.

［66］张燕明，徐力，陈信义. 茶多酚抗移植性乳腺癌作用的研究［J］. 国际中医中药杂志，2006，28（6）：354 – 357.

［67］徐泽平. 茶多酚诱导人乳腺癌 MCF – 7 细胞凋亡及机理研究［D］. 广州：华南理工大学，2011.

［68］孙凌燕，尹翠，张玲，等. 茶氨酸对人宫颈癌 Hela 细胞增殖作用的影响［J］. 时珍国医国药，2012，23（3）：643 – 645.

［69］高洋. 茶多酚对人宫颈癌 HeLa 细胞增殖及凋亡的影响和机制［D］. 天津：天津医科大学，2010.

［70］松井阳吉，栗原博，木村镶介，等. 乌龙茶减肥、防衰老和美容作用的临床实验［J］. 福建茶叶，1999（2）：43 – 46.

［71］苏尔云，裘娟萍，虞丹心. 桑茶治疗感染性腹泻的临床与实验研究［J］. 中国实用内科杂志，2000，20（2）：104 – 106.

［72］王福云. 健脾开胃茶的研究［C］. 茶、品质、人类健康国际学术会议文摘，1987.

［73］吴瑞荣，廖承济，姜剑心，等. 乌龙茶对人体血、尿中维生素 C 含量的影响［J］. 福建茶叶，1984（3）：17.

［74］夏长普，冯金兰，吴峥嵘，等. 茶多酚漱口液对牙周炎患者脂联素及炎症因子的影响［J］. 广东医学，2016，37（4）：613 – 615.

［75］夏长普，贾晓勉，冀琳静. 复方茶多酚含漱液辅助治疗牙龈炎的临床研究［J］. 临床口腔医学杂志，2011，27（2）：89 – 90.

［76］徐红，钱宝庆，钱慧琳，等. 茶多酚调脂及对血液流变学影响的临床观察

［J］. 浙江中医杂志，1998，（7）：329－330.

［77］应之和. 茶多酚对高脂血症患者的降脂作用观察［J］. 浙江实用医学，2002，7（4）：223；238.

［78］游古莲，汪志德，周正贵，等. 复方茶多酚含漱液治疗牙周病的临床应用［J］. 第三军医大学学报，1999，21（12）：932.

［79］余智勇，黄建安，杨明臻，等. 茯砖茶抗腹泻效果研究［J］. 茶叶科学，2009，29（6）：465－469.

［80］冯磊光，李清玉，李杰，等. 茶色素对高脂血症及血流变性异常的疗效［J］. 中国微循环，2002，6（3）：173.

［81］张睿，肖文平，田维熙. 绿茶提取物对脂肪酸合酶的抑制作用［J］. 云南大学学报：自然科学版，2004，26（S2）：297－304.

［82］朱爱芝，王祥云，金山. 茶多酚对肿瘤细胞多药耐药性逆转作用的研究［J］. 北京大学学报：自然科学版，2001，37（4）：496－501.

第五章 茶与精神卫生

第一节 精神卫生概述

一、精神卫生的概念

精神卫生又称心理卫生、心理健康、精神健康，原名"mental hygiene"。"hygiene"一词系古希腊健康女神之意，后以"health"代替"hygiene"，称为心理健康（mental health），但仍习称为精神卫生。

精神卫生是指一种健康状态，在这种状态中，不仅自我情况良好，而且与社会契合和谐。精神卫生还指维持心理健康、减少行为问题和精神疾病的原则和措施。精神卫生针对各不同年龄阶段的生理、心理特点及个体所处的社会环境特点采取不同措施。精神卫生以增进人们的心理健康为目的，其本质是培养个人适应环境的能力，寻求造成心理疾病的诱因以及改善个人与社会环境的关系的途径。

精神卫生大致分为狭义和广义两种。狭义的精神卫生包括研究精神疾病的预防、医疗和康复，即预防精神疾病的发生，做到早期发现、早期治疗，以促使慢性精神病者的康复，使其重归社会。广义的精神卫生指研究健康者增进和提高精神健康、精神医学的咨询。

精神卫生的有关研究历史悠久，自古以来东、西方都有丰富的理论和实践。1843年美国精神病学教授威廉·斯威特撰写了世界上第一部心理卫生专著，明确提出"心理卫生"即精神卫生这一概念。1908年美国比尔斯出版《一个发现自身的心灵》一书，是近代精神卫生研究的开始。中国精神卫生协会于1935年由丁瓒、萧孝嵘等人发起，开展了某些精神健康和儿童指导方面的工作。我国中医学关于精神卫生的内容十分丰富，《黄帝内经》已有系统论述，其后代有发展，尤其可贵的是养心调神之道一直为大众所实践，成为"治未病"（即采取相应的措施，防止疾病的发生发展）的重要方法。

二、精神卫生与精神疾病

（一）精神卫生的重要性

健康包括身体健康和心理健康两个方面。长期以来，人们偏重身体健康，而忽视心理健康，不知道精神卫生的重要性。实际上，精神卫生是人体健康必不可少的重要部分，尤其是现代社会，随着社会的变革和经济的发展，人际关系、价值观念、生活方式、工作节奏以及道德观念等因素对人的心理产生了巨大的影响。人们在紧张的工作、生活、学习中接受各种各样的刺激，承受着方方面面的压力，很容易出现心理紧张以及伴随而来的焦虑、忧愁、苦闷、悲伤、愤怒等消极情绪，从而导致心理失去平衡，产生功能紊乱和心理障碍等心理疾病。因此，重视精神卫生、提高人们的心理健康水平十分重要。

精神卫生涉及的领域及对象十分广泛，包括不同年龄阶段，如儿童、青少年、成人、更年期和老年期的精神卫生保健，也包含不同群体的精神卫生，如家庭、学校、不同职业者、残疾人等的精神卫生，甚至还包括犯罪者的精神卫生。

（二）精神疾病

精神疾病或称精神障碍，是指在各种生物学、心理学以及社会环境因素影响下，使大脑的功能失调，导致认知、情感、思维、意志和行为等精神活动出现不同程度的障碍为临床表现的疾病（张书琴等，2007）。其精神症状主要有感知觉障碍、思维障碍、记忆障碍、情感障碍、动作和行为障碍、意识障碍等。

人的正常精神活动包括认知活动（由感觉、知觉、注意力、记忆和思维等组成）、情感活动、意志和行为活动，这些活动过程相互联系，紧密协调，维持着精神活动的统一完整。当机体受到内、外有害因素的作用使脑功能活动失调，导致整个精神活动明显异常或紊乱，精神活动的完整性和统一性受到破坏，就表现为精神疾病。

个体在正常生存和健康生活的需求中，会遇到各种精神卫生问题，如果这些问题处理不当就会发生精神疾病。如儿童、青少年的语言发育、交往能力和情绪行为控制、学习、性心理发展等问题，青年的工作压力、就业、家庭、婚姻问题，中老年的退休、空巢、躯体疾病等问题，都是心理变化过程中不可适应调整而出现的心理健康问题。

精神疾病属于低病死率和高致残率疾病，是一类常见的慢性疾病，病程多迁延、易复发，其特有的病程特征给家属带来巨大的精神压力和沉重的经济负担。近年来的流行病学研究显示，我国各类精神障碍患者人数已超过1亿。常见的精神障碍疾病主要有器质性精神障碍、精神活性物质等所致的精神障碍、精神分裂症、情感性精神障碍、应激性精神障碍和适应障碍、神经症等，如儿童期的多动症、孤独症，成年期的精神分裂症、抑郁症，老年期的老年痴呆等。

那么，人类应该怎样保持、维护精神卫生而避免精神疾病的发生呢？

首先，应该确定精神卫生的标准。中国传统医学《黄帝内经》对心理健康的看法是：经常保持乐观心境；不为物欲所累；不妄想妄为；意志坚强，循理而行；身心有劳有逸；心神宁静；热爱生活，人际关系好；善于适应环境的变化；涵养性格，陶冶气质，克服自己的缺点。北京大学心理学张伯源教授（2005）提出精神卫生的标准是：了解自我、悦纳自我；接受他人、善与人处；正视现实、接受现实；热爱生活、乐于工作；能协调与控制情绪、心境良好；人格完整和谐；心理行为符合年龄特征。美国心理学家奥尔波特（2015）提出的精神卫生标准是：力争自我的成长；能够客观地看待自己；人生观的统一；具有与他人建立和睦关系的能力；获得人生所需的能力、知识和技能；具有同情心和对一切生命的爱。

由此可见，古今中外对精神卫生的标准实质都蕴含了以下几个方面：健康完善的人格；和谐的人际关系；善于调控自己的情绪；能够客观理性地认识自我；善于适应环境的变化。

其次，寻找维护精神卫生的方法来促进心理健康，预防精神疾病。现代科学证明，良好的生活方式是人类身心健康的重要保证，是具有积极意义的卫生保健措施之一。正确疏通由应激性生活事件引起的负性情绪，可有效预防心理障碍。同时，也要学会愉悦地接纳自我，认识自我，这是树立正确自我意识的第一步，也是保持快乐健康心态的良方。

当以上这些方式不能达到精神卫生、避免精神疾病的发生时，就需要采取必要的途径进行心理干预了，如心理教育、心理辅导、心理咨询、心理治疗，甚至药物治疗等。心理干预是指运用心理学的理论和方法，对需要心理帮助的个体或群体心理施加影响，使之发生朝向预期目标变化的过程。心理干预能在具体的医疗工作中发挥积极作用，因此作为一种常用方法在临床医学中应用。

三、精神疾病产生的原因

人的精神活动是一个复杂的过程，至今许多精神障碍疾病的病因及病理变化仍旧不明确。西医学认为精神疾病的发生与遗传、神经发育、感染等生物学因素和应激、人格特征等心理因素及社会因素有关。

（一）生物学因素

现今对心理疾病最热门的解释是生物学上的解释，许多常见的精神疾病（如精神分裂症、双相情感障碍、注意缺陷多动障碍、重性抑郁障碍、阿尔茨海默病等）在很大程度上受到遗传的影响。研究表明，一个有精神疾病的人可能有不同的脑部结构或功能，或者是有不同的神经化学反应，这可能是由基因或环境伤害（如胎儿酒精综合征、发育不良、肢体创伤等）引起的。大量的家系研究和双生子研究已表明，遗传在躁郁症和精神分裂症等精神疾病中起了十分重要的作用（陈楚侨等，2008）。某些精神疾病可能与自身免疫或感染存在某种关联，如在一些精神疾病（如精神分裂症、抑郁症和阿尔茨海默病等）患者的脑脊液和神经组织中，存在炎症反应和不同类型自身免疫反应的证据（Müller等，1992），一些自身免疫系统疾病（如红斑狼疮、硬皮病等）患者也可出现精神症状。更年期和青春期由于生理变化而致的内分泌因素影响也会导致精神障碍。

（二）心理因素

人的一生总会遇到各种各样的矛盾，如理想与现实的矛盾，依赖性与独立性的矛盾，情感与理智的矛盾，自我价值与社会标准的矛盾等，这些矛盾不可避免地会导致心理困惑的产生。由于个体心理素质的差异、心理压力的承受水平不同，有的人可以坦然面对，而有的人则解决不好这些心理困惑，长期处于矛盾、焦虑、烦躁的冲突中，就会产生心理障碍。一项调查分析表明，凡有心理障碍的人，大部分人的性格属于内向不稳定型，属于黏液质或抑郁质，即他们的心理有一定的易损伤性和对生活事件的易感受性。他们的性格缺陷表现为内向、心胸狭窄、抑郁性高，多愁善感又难于表露，自卑感重，适应变化了的环境比较困难，活动范围狭小。因此，心理素质的问题，特别是一些特殊的人格特征，是导致心理问题的内在因素之一。

心理学家也认为家庭变故、婚姻破裂、丧失亲人、挚友绝交等都会导致精神疾病，特别是在一个容易受伤的人身上，如一个目睹父母亲杀人的小孩可能会发展出沮丧和紧张的情绪，甚至导致创伤后压力心理障碍症。当高风险的投入没有得到期望的回报或资金严重亏损时，难免会造成心理失衡。强烈的挫败感、情绪的剧烈波动、巨额资金的亏本，也很容易压垮一个人的心理防线，导致精神障碍。

青春期的孩子，心理发展正在完善过程中，是一个心理变化最激烈、最明显的时期，也是最富特色、最具矛盾性、充满好奇与渴望的心理转折期。过于繁重的学习任务、师长的严格管束、心理承受力低、对异性的渴望及性意识性冲动等都易导致青春期的孩子自卑、焦虑、抑郁，一旦遇到困难和挫折，就很容易产生各种心理问题和心理障碍。

更年期妇女由于生理变化往往易产生敏感多疑、情感忧郁、烦躁不安、焦虑或幻觉妄想等现象，如果这些情绪长期得不到释放也会导致精神障碍如更年期抑郁症、更年期精神病等。老年人长期缺乏精神关爱也是引发老年人心理问题的重要诱因。

（三）社会因素

社会学家认为重大事件和情境会导致精神疾病，如在社会运动、战争或遭受天然或人为的疾病时，该地区的人们患精神疾病的概率较高；贫穷、无常和缺乏资源和援助的地区也会比富裕和稳定的地区有较高机会得精神疾病。不良的社会环境往往也对人们的心理发展产生消极影响。随着我国改革开放和经济体制转轨时期的到来，社会结构、生活方式、道德观念、价值评价和行为方式都发生了巨大的变化，社会上的经济主义、享乐主义、极端个人主义冲击着人们的思想；鱼龙混杂的网络信息，给人们的心灵带来强烈冲击；各种观念的碰撞、各种文化的差异、理想与现实的矛盾等，会使人们感到困惑、混乱、矛盾、茫然、紧张、不知所措；超负荷的工作压力、经济压力、竞争压力、择业就业压力、人际关系压力、生存压力、学业压力等各种各样的社会压力，这些都很容易让人们感到恐慌、焦虑、烦躁，并且打破人们的心理平衡，使人们对生活缺乏信心，对前途失去希望，更有甚者觉得生活都失去意义。

在社会因素中，家庭环境对人的个性影响很大。人的先天素质只为发展提供了一种可能，而父母的教育方式会潜移默化地影响到子女能否健康成长。许多人的心理问题大多数与家庭环境和父母的教育方式不当有关，如单亲家庭、父母离异往往会影响子女身心的健康发育；父母关系紧张、经常吵架甚至大打出手的家庭的孩子，往往胆小忧郁、对人缺乏信任、敏感多疑，难以与人建立和谐的关系；家庭气氛过于沉默或严厉，家庭完全放任孩子自行发展，家庭一味的娇惯、溺爱孩子，家庭"望子成龙""望女成凤"的期望值过高等都会影响孩子的心理健康，如果不及时纠正，就容易导致精神障碍。

第二节　茶成分与精神卫生

随着社会经济的高速发展，各种社会竞争不断加剧，人口与家庭结构变化明显，心理应激因素急剧增加，心理和行为问题日益突出，各类精神疾病的患病率呈逐年增加趋势。精神疾病不仅是一类严重影响人们身心健康的疾病，且其发病率高，治疗疗程长，易复发，对家庭和社会的危害性大。因此，精神卫生问题已引起了全社会的广泛关注和政府的高度重视。目前，不管是发达国家还是发展中国家，大家普遍认为心理咨询和心理治疗是治疗精神疾病的积极方法，而药物治疗并没有被大众广为接受。这主要是因为担忧精神药物治疗有不良反应，如依赖性或大脑损伤，或认为药物只是对症而不是对因治疗（Jorm，2000）。

茶是具有悠久历史的世界性饮料。茶作为饮品，不仅具有鲜明的文化属性，而且还有防病治病的药物属性，是药食同源的典型代表。明代李时珍在《本草纲目》中写到"茶苦味寒，最能降火，火为百病，火降则上清矣……"，句中所提到的"火"，即现代所指的包括身心疲惫在内的心火。饮茶降心火，抗疲劳，壮精神，与中医的"病从气来"的理论相吻合。现代研究也表明茶有抗疲劳、预防心理疾病的作用；饮茶可以降低老年抑郁的患病率。其功能的发挥主要体现在两个方面：一方面是茶叶自身所具有的化学成分对心理疾病有预防和治疗的作用；另一方面是茶所营造的舒适环境对心理疾病有缓解作用。

一、茶氨酸对精神的调节作用

茶氨酸是茶叶中特有的氨基酸，也是茶叶中含量最高的氨基酸，占新梢芽叶氨基酸总量的70%左右。茶氨酸易溶于水，具有焦糖香和类似味精的鲜爽味，是茶汤滋味的重要组成部分。

大量研究表明茶氨酸具有促进"精神健康"的功效，如缓解焦虑、改善心情、提高认知等，因此茶氨酸被部分学者称作"幸福氨基酸"。茶氨酸具有松弛神经紧张、保护大脑神经、抗疲劳、提高注意力等生理作用，对缓解现代人工作、生活压力等方面有着重要的调节作用，又被称为21世纪"天然镇静剂"。

（一）对脑内神经物质多巴胺的影响

人脑内分泌的多巴胺，是一种重要的中枢神经传导物质，是用来帮助细胞传送脉冲的化学物质。多巴胺主要负责大脑的情欲、感觉、兴奋及开心的信息传递，也与上瘾有关，因此，多巴胺直接影响人的情绪。从理论上来看，增加这种物质能让人兴奋，但是它也会令人上瘾。比如，爱情的产生就是因为相关的人和事物促使脑里产生大量多巴胺导致的结果；吸烟和吸毒都可以刺激神经元增加多巴胺的分泌，使上瘾者感到开心及兴奋。研究表明多巴胺能够治疗抑郁症，而多巴胺不足则会令人失去控制肌肉的能力，严重会令病人的手脚不自主地震颤或导致帕金森病。

茶氨酸对脑中枢多巴胺的释放具有十分明显的促进作用，可以使人脑内多巴胺的生理活性得到显著提高。日本学者横越英彦研究了L-茶氨酸对大白鼠脑内神经系统的影响，结果表明 L-茶氨酸被大白鼠肠道吸收并通过血液传递到肝脏和大脑，大脑吸收的 L-茶氨酸通过脑腺体可以显著地增加脑内神经传达物质——多巴胺的产生，由多巴胺控制的脑部疾病如帕金森病、精神分裂症等有可能得到调节或预防。

（二）对神经细胞的保护作用

茶氨酸的神经保护作用最早是由 Nozawa 等（1998）发现的：将体外培养的鼠中枢神经细胞暴露于一定浓度的谷氨酸中，50% 的神经细胞死亡，但是若加入茶氨酸则神经细胞死亡明显被抑制。随后许多学者展开了相关研究：Hirookal 等（2003）研究报道，用茶氨酸预处理或早期大剂量应用茶氨酸可明显保护鼠慢性青光眼模型中视网膜神经节细胞；王玉芬等（2006）研究表明，茶氨酸对脑缺血再灌注损伤有保护作用等。

谷氨酸是中枢神经系统主要的兴奋性神经递质，其过量释放会过度激活谷氨酸受体，引起细胞内钙离子大量积累，造成钙稳态失衡，导致神经元细胞死亡。茶氨酸的化学结构与谷氨酸相似，茶氨酸能够与谷氨酸竞争结合离子型谷氨酸受体，从而抑制谷氨酸的兴奋毒性而起到神经保护作用。Kakuda 等（2000）用放射物标记跟踪也发现茶氨酸能与谷氨酸受体结合，产生生物效应。因此，茶氨酸有可能用于因谷氨酸引起的脑障碍，如脑栓塞、脑出血等脑中风，以及脑手术或脑损伤时出现的虚血和老年痴呆等疾病的治疗及预防；这种神经保护功能也为其应用于一些神经疾病如焦虑、癫痫、精神分裂症等疾病的辅助治疗提供了依据。

（三）松弛神经、改善睡眠

脑波是动物和人脑细胞表面产生的微弱电脉冲，根据频率的不同分为四种：α、β、δ、θ 脑波。α 波松弛时出现，β 波兴奋时出现，δ 波熟睡时出现，θ 波打盹（假寐）时出现。人的精神状况可以通过脑波的动态变化表现出来。当 α 波为优势脑波时，人体感到身体舒畅，意识清醒，因此，α 波可以作为镇静的标志。

多项人体实验结果表明茶氨酸具有促进脑波中 α 波产生的功能，从而引起轻松、愉快的感觉。Ito 等（1998）给 8 名女性大学生（4 名轻度焦虑、4 名重度焦虑）分别口服 50mg 和 200mg 茶氨酸溶液，与口服水相比，口服茶氨酸 30min 后可提高大脑皮层后部和顶部的 α 波活动，血压降低，这些都是放松的标志；且这种影响有剂量效应。Song 等（2003）给 20 名健康男性口服茶氨酸，与口服安慰剂相比，口服 200mg 茶氨酸 40min 后能显著促进焦虑程度高的志愿者脑后部 α 波活动。

日本科研人员发现茶氨酸可以改善年轻人的睡眠。一项 98 人参与的双盲临床试验结果表明，每日摄入 400mg 茶氨酸、持续 6 周，可一定程度提高儿童多动症患者的睡眠水平。李靓等（2009）对茶氨酸改善小鼠睡眠状况的试验结果也表明茶氨酸具有改善睡眠的功效，其中以 100mg/（kg 体重·d）的剂量效果最佳。

（四）改善记忆和认知能力

认知能力，是人脑加工、储存和提取信息的能力，即人们对事物的构成、性能、与他物的关系、发展动力、发展方向以及基本规律的把握能力。它是人们成功地完成活动最重要的心理条件。知觉、记忆、注意、思维和想象的能力都被认为是认知能力。

研究表明摄入茶氨酸对认知能力有复杂的调控关系。Tian 等（2013）采用慢性束缚应激、水迷宫和跳台实验观察了茶氨酸对小鼠认知功能的影响。通过连续 21d 的慢性束缚应激使小鼠的认知功能受到明显破坏，海马、大脑皮质、血浆中的氧化参数和皮质酮水平以及儿茶酚胺的含量也有明显改变。在小鼠接受限制应激前按 2mg/kg 和 4mg/kg 给予茶氨酸 4 周，与无茶氨酸对照组相比，茶氨酸不但能逆转慢性束缚应激引起的认知障碍，也能减轻慢性束缚应激引起的氧化损伤，还能恢复血浆和大脑中皮质酮和儿茶酚胺的异常水平，表明茶氨酸对慢性束缚应激引起的小鼠认知障碍具有很好的保护作用。

动物实验表明茶氨酸能促进记忆和学习能力。给小鼠注射茶氨酸（180mg/d）4 个月后进行操作实验来检测其记忆和学习能力，进行躲避实验来检测记忆力。操作实验中，小鼠推动杠杆可以得到食物，同时灯会亮，小鼠有从亮处跑到暗处的应激反应。结果表明注射茶氨酸组小鼠在操作的频率和行为的准确性上都超过对照组。躲避实验中，当灯亮起，小鼠会从亮处跑到暗处，此时给予电刺激。结果发现茶氨酸注射组比对照组在跑到暗处时表示出犹豫时间的增加和留在亮处的倾向增加。注射茶氨酸的剂量更高（1g/d）和时间更长（5 个月），产生的效果更好（Yokogoshi 等，2000）。因此，日本早就把茶氨酸作为一种有效成分用于益智的功能食品开发。

（五）抗疲劳

人体过度疲劳会导致焦虑、失眠、记忆力减退、精神抑郁，甚至引发精神疾病。王小雪等（2002）研究发现茶氨酸有抗疲劳作用。40 只健康小鼠经口给予不同剂量的茶氨酸，30d 后进行负重游泳试验，结果表明与对照组（不给予茶氨酸）相比，茶氨酸能显著延长小鼠负重游泳时间，减少肝糖原的消耗量；显著抑制小鼠运动后血乳酸的升高，促进运动后血乳酸的消除，这些都是耐疲劳的生理指标。茶氨酸具有的抗疲劳作用，可能与其可抑制 5 - 羟色胺分泌，促进儿茶酚胺分泌有关（5 - 羟色胺对中枢神经系统具有抑制作用，而儿茶酚胺具有兴奋作用）。

二、咖啡碱对精神的调节作用

咖啡碱，又称咖啡因，化学名称为 1,3,7 - 三甲基黄嘌呤。咖啡碱常温下为针状晶体，无臭、有苦味；易溶于热水和氯仿，难溶于乙醚和苯。咖啡碱是茶叶中含量最高的生物碱，占茶叶干重的 2% ~ 4%。咖啡碱在茶树体内主要分布在叶部，茎中较少，花和果皮中有一定含量，种子中基本不含咖啡碱。一般来说，位于顶部的芽和嫩叶含量最高，成熟度较高的下部叶位的叶片中咖啡碱含量较低。

茶叶咖啡碱具有兴奋中枢神经的作用。唐代诗人白居易在《赠东邻王十三》中写道，"驱愁知酒力，破睡见茶功"，形象地说明喝茶有提神祛眠的效果。茶的这种提神祛眠的效果，就是指咖啡碱的兴奋作用。1912 年，Kansas 医学院神经系 G. Wilse Robinso 教授研究发现，茶叶中的咖啡碱能兴奋中枢神经，使大脑外皮层易受反射刺激，从而改良心脏的机能，能使思维敏捷，提高思维效率，消除疲劳感。

研究显示摄入适量咖啡碱，能有效提高警觉性，减少疲劳感；能提高大脑记忆和增强识别能力，缩短选择反应时间，进而提高工作效率和准确性；还能提高处理简单重复工作时的持久力与耐受力，提升工作表现。如邵碧霞（2006）研究发现摄入 8mg/kg 和 16mg/kg 咖啡碱均可使大鼠在三门行走迷宫和水迷宫中的错误次数明显降低，说明咖啡碱可以促进大鼠的工作记忆，其作用机制主要是阻断海马腺苷酸环化酶 A1 受体，促使中枢乙酰胆碱递质的释放。周赛君等（2008）研究也发现低剂量咖啡碱能够提高小鼠的空间学习记忆能力。Costa 等（2008）研究发现青年期摄入咖啡碱能够减轻由年老而引起的记忆力下降。

茶叶咖啡碱不仅能够兴奋中枢神经，提高大脑记忆和识别能力，且由于茶叶所含茶氨酸对咖啡碱具有拮抗作用，使茶叶咖啡碱的兴奋作用持续时间长且比较温和。因此，老年人长期适度摄入咖啡碱不仅可以缓解由年老引起的记忆力下降、健忘、认知能力下降，还可降低老年人阿尔茨海默病、帕金森病等发生的风险。然而，如果摄入过量咖啡碱，容易引起癫痫发作和加重癫痫症状（Luszczki 等，2006）。Griffiths 等（1990）临床研究结果表明小剂量咖啡碱对情绪产生正性作用，如活力、警觉、反应能力增加，更冷静、注意力更集中、精力更旺盛、疲劳感减轻等；而大剂量咖啡碱则产生负性作用，包括神经质、紧张不安、焦虑及失眠等。潘集阳等（2011）研究也报道高剂量（60mg/kg）的咖啡碱具有明显的致焦虑作用。

随着经济全球化的进程，日益激烈的竞争与繁重的工作压力使越来越多的人患有不同程度的紧张、焦虑、抑郁及记忆减退等精神障碍。茶、咖啡等饮品因含有咖啡碱而具有消除疲劳、提高工作效率、改善精神状态的作用而备受人们偏爱，但一定要注意适量饮用。

三、茶多酚对精神的调节作用

茶多酚是茶叶的主要化学成分，是一种天然抗氧化剂。茶多酚具有的抗衰老、抗肿瘤、抗辐射、预防心血管疾病等功能一直以来都受到广大学者和科研人员关注。但茶多酚对精神调节作用的研究还不是很多，主要有茶多酚对神经的保护作用，对神经退行性疾病的预防和治疗作用，抗抑郁等。

（一）神经保护作用

茶多酚具有很强的清除自由基、抗氧化活性，使其在神经保护的研究中越来越受关注。大量体内外实验研究证实，茶多酚具有神经保护作用，其中以 EGCG 的神经保护作用最为突出。

Choi 等（2001）研究了 EGCG 对 β - 淀粉样蛋白（amyloid β - protein，Aβ）诱导的海马神经元损伤的影响，发现 Aβ 处理的神经元细胞内丙二醛水平升高、caspase（含半胱氨酸的天冬氨酸蛋白水解酶）活性增强；加入 EGCG 处理后，细胞的存活率显著提高、丙二醛水平降低、caspase - 3 表达受抑制，表明 EGCG 具有神经保护作用，避免了 Aβ 诱导的神经元细胞凋亡，其作用机理与茶多酚清除氧自由基活性相关。

吴焕童等（2016）应用谷氨酸（Glu）诱导建立原代培养大鼠乳鼠海马神经元损伤模型，给予一定浓度 TP 预处理后，观察 TP 对 Glu 介导的神经元损伤的保护作用；并通过在培养基中加入 PI3K/Akt 信号通路的抑制剂和 Erk 信号通路的抑制剂，观察 Glu 预处理对抑制 Glu 介导的神经元毒性损伤细胞存活率的变化，以及磷酸化的 Akt（p - Akt）和 Erk1/2（p - Erk1/2）表达量的变化，来阐明 TP 对 Glu 介导的神经元损伤的保护作用及 p - Akt 和 p - Erk 1/2 分子在 TP 对 Glu 诱导的兴奋性神经毒性抑制中的作用。

结果表明茶多酚对谷氨酸介导的海马神经元损伤具有保护作用，其作用可能是通过上调 $p-Akt$ 和 $p-Erk\ 1/2$ 的表达来抑制 Glu 介导的海马神经元损伤。

陈宏伟等（2015）研究了茶多酚对 1-甲基-4-苯基-1,2,3,6-四氢吡啶（MPTP）诱导的帕金森病猴神经元的保护作用，结果发现 TP 能减少 MPTP 诱导的食蟹猴黑质多巴胺能神经元的损伤并缓解其运动障碍，表明茶多酚能有效减少灵长类动物体内多巴胺能神经元的损伤并改善其运动机能。

茶多酚发挥神经保护作用的机制归纳起来主要有抗氧化作用、调控 β-淀粉样前体蛋白（β-amyloid precursor protein，APP，APP 水解产生 Aβ）水解、调节细胞信号转导和基因表达，以及金属螯合作用等。

（二）对神经退行性疾病的预防和治疗作用

神经退行性疾病是一类大脑和脊髓的神经元细胞丧失的疾病状态。记忆衰退和认知功能下降是神经退行性疾病患者常见的病症，随着时间的推移，病症会逐渐恶化，最终导致功能障碍。神经退行性疾病有多种，其中阿尔茨海默病（AD）和帕金森病（PD）是患病率最高的两种。阿尔茨海默病以记忆力和其他认知功能进行性减退为特征；帕金森病的主要特征是静止性震颤、肌强直和运动迟缓等。

Li 等（2009）通过 Morris 水迷宫测试研究发现，饮用 0.5% 和 0.1% 儿茶素的小鼠能阻止由于老龄引起的空间学习和记忆能力的下降，表明茶多酚对改善认知功能具有潜在的功效。严镭等（2001）研究发现茶多酚对老年性痴呆高危人群认知功能减退有一定的防治作用；隋璐等（2014）研究也表明 EGCG 能明显改善快速老化小鼠的学习记忆能力。由此可见，茶多酚可作为治疗阿尔茨海默病及其他神经系统退行性疾病一种潜在的药物。

（三）抗抑郁

动物学研究表明，茶叶中的茶多酚可通过增加脑内 5-羟色胺以及去甲肾上腺素的水平与抗氧化作用抑制下丘脑垂体肾上腺轴，降低血清皮质醇以及乙酰胆碱水平，从而缓解小鼠的抑郁情绪。张莹莹等（2014）研究报道，经常饮用绿茶或花茶可以减缓老年人的抑郁情绪，饮用红茶或乌龙茶则不能减缓老年人的抑郁情绪；饮用绿茶、花茶可以降低老年人的抑郁情绪，对抑郁具有保护性作用，而饮用红茶或乌龙茶与老年抑郁不存在关系。

四、γ-氨基丁酸对精神的调节作用

γ-氨基丁酸，化学名称 4-氨基丁酸，英文名 γ-aminobutyric acid（GABA），是一种广泛存在于动植物体内的非蛋白质组成氨基酸。在动物体内，γ-氨基丁酸几乎只存在于神经组织中，其中脑组织中的含量大约为 0.1~0.6mg/g 组织。γ-氨基丁酸是中枢神经系统中很重要的抑制性神经递质，参与多种代谢活动，具有镇静、催眠、抗惊厥、降血压等生理功能。

γ-氨基丁酸在普通茶叶中含量很低，仅 0.002~0.206mg/g；通过特定加工工艺生产的 γ-氨基丁酸茶中含量可达 1.5mg/g 以上。由于 γ-氨基丁酸具有诸多保健功能，因此，γ-氨基丁酸茶的开发已成为国内外研究热点。

（一）镇静神经、抗焦虑

γ-氨基丁酸是中枢神经系统的抑制性传递物质，是脑组织中最重要的神经递质之一，具有抗焦虑、抗抑郁和舒缓心情的功效。脑内γ-氨基丁酸水平降低会产生焦虑、紧张、抑郁、失眠等情绪问题。如研究报道抑郁症患者血浆、脑脊液和脑组织内γ-氨基丁酸含量下降，眼窝前额皮质中γ-氨基丁酸神经元数量减少；产后抑郁症患者皮质中γ-氨基丁酸含量下降；抑郁症患者治疗后脑部γ-氨基丁酸含量升高等（梁恒宇等，2013）。Okada等（2000）研究表明口服26.4mg/d的γ-氨基丁酸可显著改善更年期综合征女性的抑郁失眠症状。

（二）参与癫痫、帕金森等神经疾病的预防和治疗

中枢神经系统的γ-氨基丁酸能神经元在大脑的发育过程中起关键性作用。γ-氨基丁酸能神经元是主要的抑制性神经元，与中枢内的兴奋性神经元相互抑制，其功能障碍可能会导致癫痫、帕金森、精神分裂症等神经精神疾病的发生。

癫痫，俗称"羊角风"或"羊癫风"，是大脑神经元突发性异常放电，导致短暂的大脑功能障碍的一种慢性疾病。癫痫的发病机制很多，其中γ-氨基丁酸能递质损害在癫痫的发生中起关键作用，调控脑中γ-氨基丁酸系统是控制癫痫发作的有效途径之一（Perry等，1981）。1997年，日本大雄诚太郎研究发现癫痫病患者脑脊液中γ-氨基丁酸较正常人明显降低，且其程度与发病类型有关。γ-氨基丁酸可提高抗惊厥阈值，是治疗顽固性癫痫的特效生化药物。由于γ-氨基丁酸通过血脑屏障的能力较弱，因此不能依赖γ-氨基丁酸进行癫痫治疗，现已合成许多γ-氨基丁酸衍生物（通过修饰后进入血脑屏障的能力增强）作为治疗癫痫的药物。

帕金森病是最常见的神经退行性疾病之一。虽然其病因及发病机制尚未明确，但脑部黑质内γ-氨基丁酸水平变化在帕金森病发病机制中占较为重要的地位。1982年，Manyan研究发现帕金森病病人脑脊液中γ-氨基丁酸浓度下降。正常人体内脑部兴奋性氨基酸神经系统（如谷氨酸）、抑制性氨基酸神经系统（如γ-氨基丁酸）和多巴胺神经系统处于动态平衡。帕金森病病人脑部黑质内的多巴胺神经元进行性变性、死亡，打破了这种动态平衡，导致谷氨酸含量异常增高，引起兴奋性毒性作用，加重帕金森病症状。γ-氨基丁酸含量增加会抑制谷氨酸释放，降低这种兴奋性毒性作用，从而缓解帕金森病症状（李振，2003）。

其他一些神经系统疾病与γ-氨基丁酸的缺乏也有一定相关性。如各类惊厥的发生都与脑组织中γ-氨基丁酸含量下降相关；γ-氨基丁酸在精神分裂症发病中可能起重要作用等。

（三）提高脑活力、延缓脑衰老

γ-氨基丁酸为谷氨酸的三羧酸循环提供了另外一种途径——γ-氨基丁酸支路（GABA-shunt）。γ-氨基丁酸能进入脑内三羧酸循环，所以能有效地改善脑血流通，增加氧供给量；同时，γ-氨基丁酸能提高葡萄糖磷酸酯酶活性，激活脑内葡萄糖的代谢，促进乙酰胆碱合成，使脑细胞活动旺盛，促进脑组织新陈代谢和恢复脑细胞功能，改善神经机能。

脑衰老是老年人感官系统异常的重要原因。γ-氨基丁酸作为脑组织最重要的神经

递质之一，其作用是降低神经元活性，使细胞超极化，防止神经细胞过热。脑组织中 γ - 氨基丁酸水平的变化对大脑衰老的影响起着关键作用。对老年人脑内 γ - 氨基丁酸含量分析表明，老龄人脑组织的 γ - 氨基丁酸含量明显下降，这可能导致脑内噪声的增加，使神经信号减弱，导致老年人听觉和视觉上的障碍。Leventhal 等（2003）通过观察和比较老年猴 γ - 氨基丁酸前后视觉神经细胞对视觉刺激反应的变化，发现通过增加脑内的 γ - 氨基丁酸含量，能够改善神经功能，延缓脑衰老。

（四）抗疲劳

杨帆等（2011）采用小鼠游泳力竭实验研究了 γ - 氨基丁酸茶的抗疲劳作用。试验前分别给小鼠灌胃 γ - 氨基丁酸茶汤 1.0、1.5、2g/kg 体重，末次灌胃 30min 后小鼠开始游泳力竭实验，与空白对照组比，各剂量组均能显著延长小鼠游泳力竭时间，小鼠运动后各剂量组肝糖原、肌糖原含量均显著高于对照组，运动后中、高剂量组乳酸含量显著低于对照组，表明 γ - 氨基丁酸茶有明显的抗疲劳作用。

五、茶叶芳香物质对精神的调节作用

气味与人们的生活息息相关，具有不可思议的强烈激发情绪的能力。嗅闻味道有助于激发人的潜意识，带给人们能量，比如人在迷离彷徨时嗅闻大马士革玫瑰精油的香气，可以安抚情绪、提振精神。国际品牌大师马丁·林斯壮（Martin Lindstrom）研究指出："人的情绪有 75% 是由嗅觉产生"。美好的气味使人心情愉快、心旷神怡，而不良气味则使人难受、焦虑或烦躁。

科学家认为嗅觉可能是大脑中最原始的知觉系统，连接到了大脑的边缘系统（limbic - system），而情感和记忆都与大脑的边缘系统有关，因此，嗅觉直接连接进入记忆和情感系统，香气可以通过嗅觉被人们认知，进而对人类的情感产生巨大的影响。放松、快乐、活力的氛围一般会通过愉悦的香气呈现；相反，不愉快的香气会造成冷淡、烦躁、有压力和抑郁的氛围。愉悦的香气会有效缓解紧张、抑郁及混乱的情绪，使人心情愉快、心旷神怡，并可降低紧张和疲劳感。

希腊、罗马等西方国家和早期的亚洲国家都认为香气不仅能让人们心情愉悦，还对人们的精神和健康产生影响。中国自古就有焚香、带香袋等古老的做法，可看作是一种原始的香气疗法。现代生活压力导致了与芳香疗法相关的研究和产品的兴起。

香气疗法是 20 世纪初从欧洲兴起的一种医疗法。其作用机理是一方面通过香气对神经的作用使人感到精神爽快，身心放松，如用洋甘菊花精油缓解头痛，用薰衣草精油治疗失眠，用佛手柑精油缓解焦虑、沮丧、精神紧张等；另一方面使香气成分进入人体达到维持和促进人体功能正常化的作用，如利用桉树精油的抗菌特性来有效缓解鼻窦感染、流感、支气管炎、伤风鼻塞等疾病，利用薄荷精油的促进消化作用来缓解消化不良、胃痛、胃胀等不适。

茶叶中的芳香物质含量很少，但是种类很多，约 700 多种。这些芳香物质不仅使茶产生怡人的香气，还具有镇静、镇痛、安眠、放松、抗菌、杀菌、消炎、除臭等多种功效。各类茶的香气成分种类及含量各不相同，这些特有的成分以及它们的不同组合形成了绿茶的清香、红茶的甜香、乌龙茶的花果香等独特风味。喝茶时，香气成分经口、鼻进入体内，使人有神清气爽、精神愉悦的感觉。

人体试验发现，茶叶的香气成分被吸入体内后作用于中枢神经系统，会引起脑波的变化、神经传导物质与其受体的亲和性的变化以及血压的变化等。不同成分会引起大脑不同的反应，有的为兴奋作用，有的为镇静作用等。据 Fujiwara 等报道，嗅觉可以改善人类的疲劳，提高人的工作效率。茶香香气馥郁，滋味甘醇。茶香的主要成分芳樟醇及其氧化物、橙花叔醇、香叶醇等芳香物质具有祛乏、提神、消除肌肉酸痛的作用。茶香正是通过嗅觉作用于大脑皮层，清除人们的身心疲劳。

综上所述，茶叶的功能成分茶氨酸、咖啡碱、茶多酚、γ–氨基丁酸等化合物可通过多种途径对现代社会的很多精神疾病和神经退行性疾病有较好的预防和治疗作用。饮茶不仅可使人精神焕发、思维活跃、消除疲劳，调节人体精神卫生，还可降低这些精神疾病的发病风险，保护神经系统，提高人们的生活质量。

第三节 茶道养生与精神卫生

常言道，开门七件事"柴、米、油、盐、酱、醋、茶"，表明茶已成为人们日常生活中不可缺少的一部分。茶不仅是理想的天然健康饮品，可以解渴，增强人体身体健康，还能有效地促进人体的精神健康，提高人们的生活质量和精神修养。当您在品尝一杯色香味俱美的佳茗过程中，不仅要静下心来，调动自己的视觉、嗅觉、味觉、触觉，去鉴赏茶的色、香、味、形，还要用心去感受，尊重、相信自己的真实感受，提升自己的感受能力，同时还能深深地体悟到我国博大精深的茶文化，达到怡情修身养性的目的。

一、茶道精神概述

（一）茶道的概念

茶文化可以分为广义的茶文化和狭义的茶文化两种。广义的茶文化指整个茶叶发展历程中有关的物质和精神财富的总和。狭义的茶文化专指其精神财富部分。茶道是狭义的茶文化的核心内容（屠幼英，2011）。

我国古代的茶文化经历唐宋发展到明清，已经达到非常成熟的程度。人们在品茗过程中除了对茶的色、香、味、形等感官上的享受外，还上升到心灵的感受，发展为一种精神境界上的追求；与此同时，还伴生着一种哲理上的追求，即在品茗过程中所体现的精神境界和道德风尚，经常是和人生处世哲学结合起来而具有一种教化功能。这就是所谓的品茶之道，简称为茶道（陈文华，2002）。

"茶道"一词最初在唐代诗僧皎然的诗作《饮茶歌·诮崔石使君》中首次出现。在此诗中他将品茶过程归纳为三个层次："一饮涤昏寐，情思朗爽满天地。二饮清我神，忽如飞雨洒轻尘。三饮便得道，何须苦心破烦恼。"最高层次便是真正的品茶悟道，达此境界自然一切烦恼愁苦都烟消云散，心中不留芥蒂。皎然在诗中将这一境界概括为"茶道"。

当代茶圣吴觉农先生认为，茶道是"把茶视为珍贵、高尚的饮料，饮茶是一种精神上的享受，是一种艺术，或是一种修身养性的手段"。

陈香白先生（1998）的茶道理论可简称为"七义一心"。所谓的"七义"包含茶艺、茶德、茶礼、茶理、茶情、茶学说、茶引导七种义理，缺一不可；所谓的"一心"是指"和"。中国茶道就是通过茶事活动，引导个体在美的享受过程中完成品格修养，以实现全人类和谐安乐之道。

日本茶道是一种通过点茶、品茶来实现主客交流往来的特殊传统艺术形式，是将宗教和艺术结合的一门传统文化艺术。日本茶道强调通过在"赏茶""品茶"中陶冶情操，主宾之间有一种高尚精神，双方关系融洽。1977年，日本古川激三先生在《茶道的美学》一书中，将日本茶道定义为：以身体动作作为媒介而演出的艺术。它包含了艺术因素、社交因素、礼仪因素和修行因素四个因素。

（二）茶道精神的概念

茶圣陆羽在《茶经》中写道："茶之为用，味至寒，为饮，最宜精行俭德之人。"所谓"精行俭德"之人，就是指那些追求"至道"的贤德之士。"精行"是指行事而言，茶人应该严格按照社会道德规范行事，不逾轨；而"俭德"是就立德而说，茶人应该时刻恪守传统道德精神，不懈怠。这"精行俭德"四字，可视为陆羽《茶经》所倡导的茶道精神。

晚唐时期的刘贞亮从理性的角度对唐代茶道精神进行概括，他在《饮茶十德》中将饮茶的功效归纳为十项："以茶散郁气，以茶驱睡气，以茶养生气，以茶除疬气，以茶利礼仁，以茶表敬意，以茶尝滋味，以茶养身体，以茶可雅志，以茶可行道。"其中"利礼仁""表敬意""可雅志""可行道"等就属于茶道精神范畴，这里所说的"可行"之"道"，是指道德教化的意思。他认为饮茶的功德之一就是可以有助于社会道德风尚的培育，这是以明确的理性语言将茶道功能提升到最高层次，可视为唐代茶道精神的最高概括（陈文华，2002）。

浙江大学庄晚芳先生认为中国茶道的基本精神为"廉、美、和、敬"。廉即廉俭育德，美即美真廉乐，和即和诚处世，敬即敬爱为人。

由此可见，茶道精神是茶文化的核心，是茶文化的灵魂，是指导茶文化活动的最高原则。中国茶道精神是和中国的民族精神、中国民族性格的养成以及中国民族的文化特征相一致的。

日本学者把茶道的基本精神归纳为"和、敬、清、寂"——茶道的四谛。"和"不仅强调主人对客人要和气，客人与茶事活动也要和谐；"敬"表示相互承认，相互尊重，并做到上下有别，有礼有节；"清"是要求人、茶具、环境都必须清洁、清爽、清楚，不能有丝毫的马虎；"寂"是指整个的茶事活动要安静，神情要庄重（王岳飞等，2014）。茶事是"和、敬、清、寂"这一茶道精神的真实体现。在日本研习各种点茶法及相关礼仪，最终目的就是为了做好一次茶事，使主客之间能够坦诚相待，以茶事为媒介进行心与心的交流。研习茶道的最高境界就是体会其"和、敬、清、寂"的茶道精神，通过阐释茶道礼仪及茶事流程所体现的茶道精神，能深入理解"和、敬、清、寂"的深刻含义及日本人的文化生活。

日本茶道在日本世代相传，茶道精神对日本社会意识形态的完善和国民文化水平的提高发挥了不可替代的作用。日本茶道不仅对茶室等自然环境有要求，还有相当严密的点茶程序。从茶具、茶室设计及茶事的各种规则和礼仪中可以看出，日本茶道蕴含了哲学、艺术等因素。茶道将精神修养融于生活情趣之中，通过茶会的形式，主宾交流配合，在幽雅恬静的环境中，以用餐、点茶、鉴赏茶具、谈心等形式陶冶情操，培养审美意识和朴实无华的品格；同时，它也使人们在谨慎严格的茶道礼法中形成严于律己、自觉遵守社会公德、履行社会职责的习惯。因此，日本人一直把茶道视为一种修身养性、提高文化素养和进行社交的重要手段。

（三）中国茶道的核心

中国茶文化在其漫长的发展过程中，最大限度地包容了儒、释、道三家思想的精华。赖功欧先生（1999）在《茶哲睿智》中认为："儒、释、道三家都与中国茶文化有甚深的渊源关系，应该说，没有儒释道，茶无以形成文化。儒释道三家在历史上既曾分别作用于茶文化，又曾综合融贯地共同作用于茶文化。""道家的自然境界，儒家的人生境界，佛家的禅悟境界，融汇成中国茶道的基本格调与风貌……没有儒释道的共同参与，我们今天就无法享受与体味这种文化了。"可以说，茶道，既为儒、释、道三家所共同造就，也就是因为它能够同时融汇儒、释、道三家的基本原则，而体现出"大道"——自己特有的精神。

无论是庄晚芳先生认为的中国茶道基本精神"廉、美、和、敬"，还是陈香白先生的"七义一心"茶道理论，其精神核心都是"和"；而"和"又是儒、释、道三教共通的哲学思想理念。儒家之和，体现中和之美；道家之和，体现无形式、无常规之自然美；佛家之和，体现规范之美。

"和"是中和，这个哲学、美学范畴的"和"原来滋生于中国古代农耕文化土壤，是先民们企求与天地融合以实现生存、幸福目标的朴素文化意识。有了"和"，相互矛盾对立的事项便能在相成、相济的关系中化为和谐整体。《易》用阴阳对立统一之中和的独特形式，建构起天人合一的哲学体系，这是儒家世界观正式形成的标志（陈香白，1998）。儒家的"天人合一"即指人与自然界的和谐统一，意味着天和、地和、人和，宇宙万事万物的有机统一与和谐，并因此产生实现天人合一之后的和谐之美。道家追求的主体融入自然的境界，主张一切顺应自然，自然无为乃为"道"。老子讲"冲气以为和"，庄子言"以和为量"，道家反对一切的人为，体现顺应自然之美，倡导随任自然之和。佛家禅宗主张在潜藏着无限生机与活力的广阔大自然中达到自在无碍的境界，自然见道。禅宗是中国士大夫的佛教，浸染中国思想文化最深，它吸收儒释道三家思想，佛教密宗就提出了"三教合一"的主张。僧肇大师提出"天地与我同根，万物与我一体"的思想，与道家的"天人合一"，儒家思想的"中庸""中和"互相包容。

由此可见，一个"和"字，不但囊括了所谓"敬""清""寂""廉""俭""美""乐""静"等意义，而且涉及天时、地利、人和诸层面。纵观茶事发展与茶道精神，莫不体现天人合一之和："茶艺""茶德""茶礼"，突出了人在与自然物的会合中修养了情性，以便更好地去契合天道；"茶理""茶情"强调对立事物的相济兼容，以形成和乐境界；"茶导引"则更为直接地催发了天人沟通的道义追求；"茶学说"显扬茶道（陈香白，1998）。

二、茶道养生概述

（一）养生

1. 传统养生

养生是中华民族的瑰宝，是中华民族传统文化的一个有机组成部分。中华养生产生于上古先民为抗御严酷的自然环境、调整体力、抗御疾病、防治疾病的需要，是我们的先民在长期的生活实践中认真总结生命经验的结果。

养生一词最早见于《庄子·养生主》内篇。养生，又称摄生、道生、养性、卫生、保生、寿世等。所谓生，就是生命、生存、生长之意，指人体生命；所谓养，指育、哺乳、培养、饲养、调养、补养、积蓄的意思；养生，指调养人体生命，保养生命，以达长寿的意思，就是根据生命的发展规律，达到保养生命、健康精神、增进智慧、延长寿命的目的的科学理论和方法。养生主要通过养精神、调饮食、练形体、慎房事、适寒温等各种方法去实现，是一种综合性的强身益寿活动。

祖国传统养生讲究"形神兼顾，养神为先"。就养生学的范畴而言，形指形体，是人体生命活动的物质外壳；神指人本的精神思维活动，是人体生命活动的内在主宰。形是基础，神是主导；无神则形不可活，无形则神无所生。形体与精神之间存在着一种相互制约、互为依存的密切关系，所以养生包括养形和养神，二者必须兼顾，形神共养，不可偏废。只有形神统一，才是生命存在的首要保证；只有形神共养，才是防治疾病、增进健康的最佳手段。

然而，养身需先养心。主张形神共养，决不意味着把形、神放在同等重要的位置上。古代养生家大多认为调养心神，不但能使心强脑健，有益于精神卫生，更为重要的是，通过养心调神还可以有助于调养整个形体。古代医学认为，心神能统率五脏六腑、五官七窍、四肢百骸，为一身之主宰；即"神"是生命的主宰和生命存亡的根本。调养心神，不但能强心健脑，有益于精神卫生，而且通过养心调神还有助于调养整个形体。因此，养生首务是养神，调形必先调神，养身需先养心。

古代把人的精神和肉体看作一个整体，认为人是精、气、神三者的统一体。一个人生命力的旺盛，免疫功能的增强，主要靠人体的精神平衡、内分泌平衡、营养平衡、阴阳平衡、气血平衡等来保证。因此，精神养生法在诸多传统养生法中受到人们的广为关注。精神养生法通过净化人的精神世界，清除贪欲，改变不良性格，调节情绪，平和心态，乐观开朗，豁达知理，达到健康长寿的目的。

精神养生法是中国传统养生方法之一，相当于现代医学的心理卫生保健。精神养生又称为"调神""养性""养心"等，是通过调摄精神、舒畅情志、怡养性情来保持身心健康的一套养生理论和方法。从中医学来讲，精神养生是其"天人相应""形神一体"的思想体系中的重要内容。中医养生学把形神共养、调神摄生作为养生的首要原则，尤其重视以养德修心来祛忧思、除烦恼，以达到身心双养的目的。

精神养生法主要包括神志养生和情志养生两个方面的内容。传统医学中所称的"神志"，主要指人的精神、意识及思维活动。神志养生就是通过内心世界的自我调节，排除贪念，保持平和心态，从而获得健康长寿的方法。传统医学所称的"情志"，是指人对外界客观事物的刺激所做出的情绪方面的反应，并将其概括为七情，即喜、怒、忧、思、悲、恐、惊。情志养生主要是通过对客观环境或事物情绪反应的自我调节，来转变人的思维方式，调节人的情绪状态，从而达到心身健康的目的。

2. 现代养生

养生的现代含义是指保养身体，也有人认为等同于保健。对每个人而言，健康是人存在发展的基础。没有了健康，一切都等于零。对于社会而言，健康是一个社会问题，直接关系到社会的经济发展和综合国力的增长。国民的健康，直接关系着一个国家的存亡和民族生命力的旺盛。因此，现代社会的健康包括身体健康、心理健康、适应社会能力健康、道德健康四个方面。

随着时代的发展，养生观念也在发生变化。现代养生新观念的变化主要包括：从物质养生向精神养生发展；从经济养生向科学养生发展；从追求生活质量向追求生命质量发展；从安身立命之本向情感心理依托转变。

现代科学的养生观认为，一个人要想达到健康长寿，必须进行全面的养生保健。第一，道德与涵养是养生的根本；第二，良好的精神状态是养生的关键；第三，思想意识对人体生命起主导作用；第四，科学的饮食及节欲是养生的保证；第五，运动是养生保健的有力措施。只有全面地科学地对身心进行自我保健，才能达到防病、祛病、健康长寿的目的（屠幼英，2011）。现代养生方法主要有：平衡心理、合理膳食、适度运动及良好的生活习惯、生活环境等。

（二）茶道养生

无论是古代养生，还是现代保健，都是一种综合的维持健康的行为。养生保健追求的不仅仅是身体的健康，生命的长寿，更主要的是身心的健康，生活质量的提高，人能活得更健康、快乐。

在漫长的人类发展历史过程中，人们发现茶叶有延年益寿的功效，合理饮茶能使人健康长寿，因此，"饮茶养生术"开始流传。我国古代寺庙的僧人大多辟山种茶，自采、自制、自饮，故而寿达百岁的高僧颇多。《旧唐书·宣宗纪》有这样的记载：大中三年，洛阳有一僧人，年纪虽已一百三十岁，但身体仍然健康，精力充沛。唐宣宗问他吃过什么神丹妙药，他说："我从小贫贱，不知道吃什么药，我只是从小爱好喝茶，到了一个地方，只求喝茶，即使喝上一百碗也不会厌多。"可见喝茶能祛病强身，使人长寿。现代科学研究也证实，茶有抗癌、减肥、降血脂、防治心脑血管疾病等多种功效。

不仅如此，茶道更有助于养生。茶道注重饮茶时的文化氛围和情趣，增加了琴、棋、书、画等内容，并将人生哲理、伦理道德融于品茗过程，通过茶事活动来陶冶情操，修身养性，品味人生，使人在饮茶时的精神境界得到升华。因此，喝茶可以养生，品茶可以养性。茶道养生一直在我国古代养生之道中占据重要地位。

茶道养生是指通过茶道全方位地关爱生命与自然界，在一个健康快乐、良性循环的有机整体中，使人们能够达到身心健康、平和容通的美妙境界。茶道养生直接对饮茶人的心性有一定的培养与要求。饮茶者在不断的反省与觉悟中，循着人体自身逐层深入递进的规律，让每个人都从精神、从内心层面知道行"道"，从而达到平和容通的高尚境界。

　　喝茶能静心、静神，有助于陶冶情操、去除邪念。这不仅与倡导"安静、淡泊"的东方哲学思想一致，也合乎儒释道的"内省修行"思想。在儒家养生哲学中，养生不仅要养身，更要养心。儒家在论及养生时，多取"修身"之说，"以心为本"，通过锻炼、活动筋骨、培养道德以达到心灵的升华。儒家茶道以茶励志、以茶修身、以茶悟道的过程，正是儒家之"格物、致知、诚意、正心和修身"的过程，故儒家文人把茶看作"利礼仁""养廉""励志"和"雅志"的必要手段。在茶事活动中注入儒家修身养性、锻炼人格的修养之道，形成儒家的茶道养生精神。

　　佛家（释家）禅宗的参禅方式以沉思默想、直觉顿悟为中心，本身是一种精神养生之道。佛家禅宗品茶常以青灯黄卷、暮鼓晨钟，以求明心见性，表达自然、凝练、含蓄，与佛家养生精神相融相合。禅宗茶道追求清、静、和、虚，要求心无杂念，专心静虑，心地纯和，忘却自我和现实存在，讲究境静、人静、心静，追求空灵虚静、物我相忘的意境，这是融合了佛、茶于一体的空灵静寂的禅境。茶即禅，禅即茶，茶人的追求与禅宗的理念相通相印。佛家茶道所追求的那种淡远心境和瞬间永恒的顿悟，可以使人平和心境、去除杂念、净化灵魂、静定生慧，对于养生大有裨益。

　　道家养生的根本目的就是要摒绝一切外来因素对生命活动的干扰，求得身心的解脱。因此，崇尚自然成了道家养生的基本原则。道家的观点认为，以自然界的秩序变化为法，摒弃人的理性因素，在养生中采取顺乎自然的行动，才能维护健康，延年益寿。道家养生不仅要养心、养神，还要注重养形；养生从养心开始，达到天人合一的最高境界。道家茶道追求的便是品茶无我，我是清茗，清茗即我的境界，茶人相融，自然化人，人化自然，当人突破物我的界限，走向理想中的自然境界之时，形神皆通，豁然开阔。

　　由此可见，茶道养生与现代科技和传统的儒释道三家的养生理念相结合，更能有效地提高人们的身心健康水平，有益于整体道德的回升和社会的和谐美好。

三、茶道养生对精神卫生的作用

　　精神卫生是现代社会人们正常生存的必要保证。随着社会发展的加速，各种平衡被打破，竞争越来越激烈，人们的竞争意识、生存压力也越来越强烈。这使人们的心理负担、思想压力日益加强，也使许多人脱离了人类本能所必须维持的正常运行规律，使大脑整日处于奔波不息、疲惫不堪的状态，从而使精神疾患、心理障碍的发病率直线上升。这一严重的社会问题已引起了全社会的极大关注和担忧。

　　喝茶能静心、静神，有助于陶冶情操、去除邪念。中国茶道提倡和诚处世，以礼待人，奉献爱心，以利于建立和睦相处、相互尊重、互相关心的新型人际关系，以利于社会风气的净化。中国传统茶道养生注重身心双修，这可以避免精神异常、调节情绪、净化精神。在当今商潮汹涌、物欲剧增、竞争激烈的现实生活中，茶道养生能使人们绷紧的心灵之弦得以松弛，倾斜的心理得以平衡。

（一）调节身体健康

　　自从"神农尝百草，日遇七十二毒，得茶而解之"，茶就成为人们居家必备的药品、饮品和保健品。唐·陈藏器在《本草拾遗》中指出"诸药为各病之药，茶为万病之药"。晚唐时期的刘贞亮在《饮茶十德》一文中有"以茶养身体"。明朝李时珍在《本草纲目》中论茶的性味"苦、甘、微寒、无毒……最能降火，火降则百病清"。可见茶能祛病强身，有防病治病的功效。现代研究证明，茶含有茶多酚、咖啡碱、茶氨酸、茶多糖等多种功效成分，具有清除自由基、抗氧化、抗癌、抗辐射、降血脂、降血糖、抑菌等多种活性，长期饮茶对预防和治疗癌症、肥胖病、高血压、高血脂、心脑血管疾病等病均有一定的疗效，且能延缓大脑老化，降低人患老年痴呆症等病的风险。身体健康是心理健康的物质基础，身体状况的变化可带来相应的心理问题，如生理方面的疾病，特别是痼疾，往往会使人产生烦恼、焦躁、忧虑、抑郁等不良情绪，从而导致不正常的心态。

（二）调节精神健康

饮茶对精神的作用，古人早已体会。如唐代诗人"玉川子"卢仝在《走笔谢孟谏议寄新茶》一诗中，有脍炙人口的"七碗茶诗"："一碗喉吻润，两碗破孤闷。三碗搜枯肠，惟有文字五千卷。四碗发轻汗，平生不平事，尽向毛孔散。五碗肌骨清，六碗通仙灵。七碗吃不得也，唯觉两腋习习清风生。"在这首诗中，除了"一碗"说饮茶可使喉咙湿润能够解渴是属于生理上的满足外，其余都是属于心理方面的感受，对精神发生作用。三碗使诗人思维敏捷；四碗之时，生活中的不平，心中的郁闷，都发散出去；五碗后，浑身爽快；六碗喝下去，有得道通神之感；七碗时更是飘飘欲仙。饮茶时的忘却烦恼、放松精神的作用被淋漓尽致地表达出来。

古人饮茶，注重"品"。这"品"不仅是鉴别茶的优劣，更重要的是享受来自品茶的氛围和闲适。因为古人饮茶不仅讲究烹茶、品茶，对环境也有较高的要求。饮茶最好是在幽雅清静的环境中，或山亭古寺、或蒲柳人家、或苍松翠柏之下，或清泉溪水之旁，在鸟语花香中静静地品茶，脱离人世间烦恼纷争，体现人与大自然的和谐之美，使饮茶成了令人心旷神怡的精神享受。

现代人喝茶少有品茶的闲情，也难得有品茶的心境，多以茶本身的成分为贵，强调茶的保健功效。其实，喝茶不仅可以养生，品茶更可以养性。品茗时的静幽环境、轻松愉快的氛围和一种调和的意境，可让人静下来，放松心情、洗涤心灵；品茶过程中放松身心地投入茶乐之中，能使人消除疲劳，除烦益思，使人精神一振。茶道于养生的最大价值就在于养性，将人生哲理、伦理道德融于品茗过程，通过茶事活动来让人身心放松，陶冶情操，修身养性，品味人生，使人在饮茶时的精神境界得到升华，达到精神上的享受；而这又可反作用于身体的健康。

（三）调节心理平衡

人们在面对纷繁复杂的外在世界时，一般都会过高地估计自我价值，难以准确定位自己所处的位置，因此，当现实结果和心理上的预期产生很大的差距时就会导致心理失衡。平和、平常之心可使内心世界不受外部环境影响，在面对人与自己、他人、自然的矛盾时，在心理层次上容易达到达观与通脱之境。汉代大儒董仲舒在《春秋繁露·循天之道》有云："故仁人之所以多寿者，外无贪而内清净，心平和而不失中正，取天地之美以养其身，是其且多且治。"可见，以"和"养生贵在中正平和。

中国茶道精神的核心是"和"，源于茶叶的自然品性。茶之为物，醇厚平和，茶人茶事以纯洁平和为要，契合于儒家的中庸之道，正是茶人平和心境、中正身心的重要思想根基，这对于调适身心、修身养德至关重要。茶道养生贵在保持平和之心，自然自在、平和真实、空灵澹然，一切都在"平常心"中实现。

邓小平在接见国外茶道专家时也曾说"茶道最重要的是和平之心。"茶道重视"儒道互补"，"儒道互补"可以保持内心世界的动态平衡。儒家以"修身齐家治国平天下"为己任。因此，儒家有强烈的功利思想，教人积极为现世建功立业而实现自我价值；同时强调，君子遵循中庸之道，保持相对的适度，调节情绪，适应各种外界刺激并敢于体验，从而于矛盾世界中使内心不发生偏倚。道家立足清静无为、道法自然的根本，即使在儒家入世为仕的理想挫败不顺之时，文人回归到道家亦能做到淡泊名利、宠辱不惊，故儒道二家都教人在理想与现实的矛盾之中保持平和淡泊的心态。茶道中的"儒道互补"精神可以帮助人们更好地珍惜生命、认识自我，从而避免凡事皆求完美，避免产生焦虑烦恼、神经衰弱症等不良情绪，促使人们在日常生活中减缓压力、疏散心情。

从医学心理学的角度来说，转移注意力和放松精神也是调节心理平衡的有效措施。茶艺是茶道的载体，茶道是茶艺的灵魂。在品茗过程中，闻着香气四溢的茶香、喝着甘醇爽口的茶汤、享受着优美的茶艺、感悟茶道的真谛，心中曾有的失落、烦闷、煎熬等也就烟消云散了。茶道养生就是让茶成为日常生活的一部分，让人们从日常饮茶进入泡茶、品茶的意境，从"得味"到"得趣"以至于"得道"，让人体那些整日操劳的、疲惫的神经系统能暂时从舞台上走下来休息调整，成为维护人们身心健康的卫士。

（四）提升个人文明素养，推动社会文明进步

晚唐时期的刘贞亮在《饮茶十德》一文中有"以茶利礼仁""以茶表敬意""以茶可雅志""以茶可行道"，这里所说的"利礼仁""表敬意""可雅志""可行道"指的就是茶在道德教化中的作用。他认为饮茶的功德之一就是有助于社会道德风尚的培育。饮茶不但可养身健体，还将道德、文化融于一体，可修身养性、陶冶情操、参禅悟道，提高思想境界。

在当今的现实生活中，雅静、健康的茶文化能使人们绷紧的心灵之弦得以松弛，倾斜的心理得以平衡。以"和"为核心的茶道精神，讲求家庭内部的和睦，人与人之间的和敬，人与自然的和顺，人与社会的和谐；提倡和诚处世，以礼待人，对人多奉献一点爱心，一份理解，建立和睦相处、相互尊重、互相关心的新型人际关系。因此，以茶行道必然有利于社会风气的净化。

日本茶道的"和、敬、清、寂"精神，对日本社会意识形态的完善和国民文化水平的提高发挥了不可替代的作用。日本茶道将精神修养融于生活情趣之中，茶道中蕴涵着艺术、哲学、宗教和道德等多种因素，在其发展的历史长河中形成了一整套严格程序和规则。日本人在谨慎严格的茶道礼法中形成了严于律己、自觉遵守社会公德、履行社会职责的习惯。

（五）以茶会友、 交流情感

良好的人际关系可以缓解心理压力，促进心理健康；而人际关系不良则容易使人产生心理障碍。长期以来，茶在人际交往中一直充当着礼仪的代表和情感的载体。无论是祭天地、祭祖宗、孝敬长辈，还是婚丧嫁娶、产生矛盾纷争，都离不开茶；客来敬茶更成为人们日常社交和家庭生活中普遍的往来礼仪。以茶为礼，馈赠亲友，既是情谊的象征，更成为一种风尚，自古沿袭至今。在当今国际礼仪中，茶叶也常作为礼品代表中国远赴其他各大洲。

古有"寒夜客来茶当酒"之说，现今提倡"以茶会友"。在竞争激烈，优胜劣汰，讲利益、讲效益，人情较为冷漠，人际关系趋于淡漠的现今社会，通过茶楼、茶艺馆品茗或茶艺，朋友相聚在一起，互通信息，交流感情，增进了解，回忆人生，有助于心理健康，享受生命的乐趣。陈继儒所著《岩栖幽事》云："品茶，一人得神，二人得趣，三人得味。"一人品茶，能放下世俗的纷扰，颐养心性，从而进入物我两忘的奇妙意境；两人品茶能领略饮茶的情趣，故交或新知两人边品茗边聊天，不觉中情谊深厚；一群人品茶，大家你一言我一语，少了几分酒宴之上的客套，多了几分真诚与直率，在饮茶营造的相互沟通、相互理解的良好氛围中交流情感、增进友谊。

近年来，各地盛行的各种饮茶会，如通过泡茶、品茶使少年儿童接受艺术熏陶、气质培养的少儿茶艺队，以及人人泡茶、人人奉茶、人人品茶的无我茶会等，已引起了社会的极大关注和认可，被认为是一种有助于国民身心健康，有利于保持东方传统美德，特别是有益于儿童及青少年健康成长的重要举措。

综上所述，茶道养生重在形神一体，身心双修。茶道养生不仅有助于身体健康、延年益寿的功效，更有助于个体心神宁静、涵养性格、陶冶气质、悦纳自我，能增强适应社会的能力，提高心理素质，达到精神卫生的目的。

思考题

1. 什么是精神卫生？
2. 精神疾病产生的原因有哪些？
3. 论述茶叶主要成分与精神卫生的关系。
4. 什么是茶道精神？
5. 什么是茶道养生？
6. 茶道养生对精神卫生的作用是什么？

参考文献

［1］张书琴，邹振民，赵建敏. 精神疾病［M］. 西安：第四军医大学出版社，2007.

［2］陈楚侨，杨斌让，王亚. 内表型方法在精神疾病研究中的应用［J］. 心理科学进展，2008，16（3）：378－391.

［3］MÜLLER N，GIZYCKI－NIENHAUS B，GÜNTHER W，et al. Depression as a cerebral manifestation of scleroderma：immunological findings in serum and cerebrospinal fluid

［J］. Biological Psychiatry, 1992, 31 (11): 1151 – 1156.

［4］ JORM A F. Mental health literacy. Public knowledge and beliefs about mental disorders ［J］. British Journal of Psychiatry, 2000, 177: 396 – 401.

［5］ 张伯源. 变态心理学 ［M］. 北京: 北京大学出版社, 2005.

［6］ NOZAWA A, UMEZAWA K, KOBAYASHI K, et al. Theanine, a major flavorous amino acid in green tea leaves, inhibits glutamate – induced neurotoxicity on cultured rat cerebral cortical neurons ［J］. Society for Neuroscience Abstracts, 1998, 24: 382 – 386.

［7］ HIROOKAL K, TOKUDA M, ITANO T, et al. Theanine provides neuroprotective effects of retinal ganglion cells in a rat model of chronic glaucoma ［J］. Investigative Ophthalmology and Visual Science, 2003, 44 (2): 5 – 10.

［8］ 王玉芬, 李春雨, 秦志祥, 等. 茶氨酸对脑缺血再灌注损伤保护作用的实验研究 ［J］. 中华神经医学杂志, 2006 (6): 562 – 565.

［9］ KAKUDA T, NOZAWA A, SUGIMOTO A, et al. Inhibition by Theanine of ［$3H$］ AMPA, ［$3H$］ Kainate, and ［$3H$］ MDL 105, 519 to glutamate receptors ［J］. Bioscience, Biotechnology, and Biochemistry, 2000, 66 (12): 2683 – 2686.

［10］ ITO K, NAGATO Y, AOI N, et al. Effects of L – theanine on the release of alpha brain waves in human volunteers ［J］. Nogeikagaku Kaishi, 1998, 72: 153 – 157.

［11］ SONG C H, JUNG H J, OH S J, et al. Effects of theanine on the release of brain alpha wave in adult males ［J］. Journal of the Korean Nutrition Society, 2003, 36: 918 – 923.

［12］ 李靓, 林智, 何普明, 等. 茶氨酸改善小鼠睡眠状况的实验研究 ［J］. 食品科学, 2009, 30 (15): 214 – 216.

［13］ TIAN X, SUN L, GOU L, et al. Protective effect of L – theanine on chronic restraint stress – induced cognitive impairments in mice ［J］. Brain Research, 2013, 1503: 24 – 32.

［14］ YOKOGOSHI H, TERASHIMA T. Effect of theanine, r – glutamylethylamide, on brain monoamines, striatal dopamine release and some kinds of behavior in rats ［J］. Nutrition, 2000, 16 (16): 776 – 777.

［15］ 王小雪, 邱隽, 宋宇, 等. 茶氨酸的抗疲劳作用研究 ［J］. 中国公共卫生, 2002, 18 (3): 315 – 317.

［16］ 邵碧霞. 咖啡因对大鼠工作记忆促进作用及其机制的研究 ［J］. 中国药学杂志, 2006, 41 (7): 512 – 514.

［17］ 周赛君, 何金彩, 王小同. 咖啡因对小鼠空间学习记忆能力及有关脑区记忆相关蛋白 CREB 表达的影响 ［J］. 中国临床神经科学, 2008, 16 (2): 139 – 144.

［18］ COSTA M S, BOTTON P H, MIORANZZA S, et al. Caffeine prevents age – associated recognition memory decline and changes brain – derived neurotrophic factor and tyrosine kinase receptor (TrkB) content in mice ［J］. Neuroscience, 2008, 153 (4): 1071 – 1078.

［19］LUSZCZKI J J, ZUCHORA M, SAWICKA K M, et al. Acute exposure to caffeine decreases the anticonvulsant action of ethosuximide, but not that of clonazepam, phenobarbital and valproate against pentetrazole – induced seizures in mice ［J］. Pharmacological Reports, 2006, 58 (5): 652 – 659.

［20］GRIFFTHS R R, EVANS S M, HEISHMAN S J, et al. Low – dose caffeine discrimination in humans ［J］. Journal of Pharmacology and Experimental Therapeutics, 1990, 252 (3): 970 – 978.

［21］潘集阳, 廖继武, 田径, 等. 神经肽 γ 系统在高剂量咖啡因、可可碱诱导的大鼠焦虑行为中的作用机制 ［J］. 实用医学杂志, 2011, 27 (18): 3298 – 3300.

［22］CHOI Y T, JUNG C H, LEE S R, et al. The green tea polyphenol (–) – epigallocatechin gallate attenuates beta – amyloid – induced neurotoxieity in cultured hippocampal neurons ［J］. Life Science, 2001, 70 (5): 603 – 614.

［23］吴焕童, 刘婷婷, 曹畅, 等. 茶多酚对谷氨酸介导的大鼠海马神经元损伤的影响及可能机制 ［J］. 中国生化药物杂志, 2016, 36 (2): 5 – 9.

［24］陈宏伟, 于兰, 陈敏, 等. 茶多酚对帕金森病猴多巴胺能神经元保护作用的研究 ［J］. 首都医科大学学报. 2015, 36 (5): 689 – 693.

［25］LI Q, ZHAO H F, ZHANG Z F, et al. Long – term administration of green tea catechins prevents age – related spatial learning and memory decline in C57BL/6J mice by regulating hippocampal cyclic AMP – response element binding protein signaling cascade ［J］. Neuroscience, 2009, 159 (4): 1208 – 1215.

［26］严镭, 吴森. 茶多酚对老年性痴呆早期防治的研究 ［J］. 浙江中西医结合杂志, 2001, 11 (9): 538 – 540.

［27］隋璐, 陈铎, 金戈. EGCG 对阿尔茨海默病小鼠神经保护作用及机制 ［J］. 中国公共卫生, 2014, 30 (10): 1282 – 1284.

［28］张莹莹, 卢国华, 范静波. 社区的老年人饮茶、认知与抑郁的关系 ［J］. 中国健康心理学杂志, 2014, 22 (8): 1245 – 1247.

［29］梁恒宇, 邓立康, 林海龙, 等. 新资源食品——γ – 氨基丁酸（GABA）的研究进展 ［J］. 食品研究与开发, 2013, 34 (15): 119 – 123.

［30］OKADA T, SUGISHITA T, MURAKAMI T, et al. Effect of the defatted rice germ enriched with GABA for sleeplessness, depression, autonomic disorder by oraladministration ［J］. Journal of the Japanese society for Food Science and Technology, 2000, 47 (8): 596 – 603.

［31］PERRY T L, HANSEN S. Amino acid abnormalities in epileptogenic foci ［J］. Neurology, 1981, 31 (7): 872 – 876.

［32］MANYAN B V. Low CSF gamma – aminobutyric acid levels in Parkinson's disease, effect of levodopa and cardidopa ［J］. Archives of Neurology, 1982, 39 (7): 391 – 392.

［33］李振. 帕金森大鼠氨基酸递质、GABA 能神经元及 GABA 受体亚单位 mRNA

表达变化的研究［D］. 上海：第二军医大学，2003.

［34］LEVENTHAL A G, WANG Y, PU M, et al. GABA and its agonists improved visual cortical function in senescent monkey［J］. Science, 2003, 300：812－815.

［35］杨帆，金迪，蔡东联，等. γ－氨基丁酸茶对小鼠抗疲劳作用的研究［J］. 氨基酸和生物资源，2011（2）：60－63.

［36］屠幼英. 茶与健康［M］. 西安：世界图书出版公司，2011.

［37］陈文华. 论中国茶道的形成历史及其主要特征与儒、释、道的关系［J］. 农业考古，2002（2）：46－65.

［38］陈香白. 中国茶文化［M］. 太原：山西人民出版社，1998.

［39］王岳飞，徐平. 茶文化与茶健康［M］. 北京：旅游教育出版社，2014.

［40］赖功欧. 茶哲睿智——中国茶文化与儒释道［M］. 北京：光明日报出版社，1999.

第六章　茶与美容

一、美容的概念

美容一词，最早源于古希腊的"kosmetikos"，意为"装饰"，也就是让容貌变美丽的一种艺术。简单地讲，美容就是一种改变原有的不良行为和疾病，使之成为文明的、高素质的、具有可以被人接受的外观形象的活动和过程，或为达此目的而使用的产品和方法。

自从有了人类，就有了美容。美容一词有狭义和广义之分。狭义美容仅指颜面五官或颈部以上的美化和修饰；广义美容则包括颜面、须发、躯体、四肢以及心灵等全身心的美化。

随着社会的发展与科技的提升，美容从内容到形式上都在不断发生变化。根据美容内涵的不同，现代美容可分为生活美容和医学美容两大部分。生活美容是运用化妆品、保健品和非医疗器械等非医疗性手段，对人体所进行的皮肤护理、按摩等带有保养或保健型的非侵入性的美容护理。生活美容可分为护理美容和修饰美容两大类。医学美容是指运用手术、药物、医疗器械以及其他具有创伤性或者侵入性的医学技术方法对人的容貌和身体各部位进行维护、修复与再塑，以增进形体美感为目的的医学学科。

中医美容是以健康为基础的美容，是医学美容的一个重要分支（黄霏莉，1998）。它主要是运用中医理论和中医传统的医疗、保健方法，来防治损美性疾病，掩盖人的生理缺陷，提高生理机能，延缓衰老。中医美容注重整体，将容颜与脏腑、经络、气血紧密连接，做到整体的阴阳平衡、脏腑安定、经络通畅、气血流通。因此，美容效果持久、稳定。

茶叶美容属于中医美容的范畴。它是利用茶叶所含的美容成分，通过每日饮茶、食茶及用茶汤洗护等方式来达到美容效果。现多将茶叶用于日化产品中，通过与皮肤接触，使茶叶中的美容成分直接被皮肤吸收或发挥美容效果，如茶叶洗面奶、茶叶面膜、茶叶增白霜、茶叶防晒霜、茶叶洗发剂、茶叶沐浴露等。这些产品均利用了茶叶所含的天然美容成分，达到安全、刺激性小、美容护肤的目的。

二、茶叶中的美容成分

茶叶性凉，味甘苦，有清热除烦、消食化积、清利减肥、通利小便等多种功效，这些功效主要由茶叶所含多种化学成分所决定。这些美容成分主要有以下几种。

(1) 茶多酚 茶多酚具有抗氧化，抑菌，防止色素沉积，除色斑，美白，延缓衰老，抑制脂肪吸收，抗肥胖，抑制体癣、湿疹、痱子等皮肤病，消除体臭，紧肤等功效。

(2) 咖啡碱 咖啡碱具有利尿作用，可促进体内毒素排泄，消除浮肿；有收敛皮肤、紧肤作用，预防皮肤出现皱纹；有抑制脂肪吸收、抗肥胖作用。

(3) 茶皂素 茶皂素是天然的表面活性剂，具有良好的起泡、湿润、去污、抗菌、消炎等作用，有清洁皮肤、预防皮肤病的功效。

(4) 纤维素 如果肠内排泄物滞留，肠壁的再吸收作用会导致血液中含有害的物质；当血液中有废物时，这些废物会从皮肤排出，于是面部就会出现暗疮、粉刺、黑斑等，因此排便不畅会影响皮肤的健美。纤维素具有通便、促进体内毒素排泄，减少肠壁对代谢废物或毒物吸收的功效，从而起到美容的效果。纤维素还可抑制脂肪吸收，具有减肥作用。

(5) 类胡萝卜素 类胡萝卜素具有抗氧化作用，可延缓衰老。类胡萝卜素在体内可分解为维生素 A。维生素 A 是维持视力正常所不可缺少的物质，能预防虹膜退化，增强视网膜的感光性，有"明目"的作用。维生素 A 还有维护听觉、生育等功能正常，保护皮肤、黏膜，促进生长等作用。

(6) 维生素 茶叶含多种维生素，如维生素 C、维生素 P、B 族维生素、维生素 E、维生素 K 等。茶叶维生素可称为"维生素群"，饮茶可使"维生素群"作为一种复方维生素补充至人体，以满足人体对维生素的需要。维生素 C、维生素 E 具有抗氧化作用，可防治色素沉积、除色斑、美白、延缓衰老；B 族维生素能维持皮肤、毛发、指甲的健康生长；维生素 F 也称亚麻油酸、花生油酸，属于一种脂溶性维生素，具有预防动脉硬化，维持皮肤、毛发健康的作用。

(7) 矿物质 茶叶含有锌、硒、锰等微量元素。硒具有很强的抗氧化能力，能保护细胞膜的结构和功能免受活性氧和自由基的伤害，因此，硒具有延缓衰老的功效。锌不仅有抗氧化活性，还具有维持指甲、毛发健康的功效。锰不仅是超氧化物歧化酶的重要辅基，具有抗氧化活性，还参与骨骼形成和结缔组织的生长。

(8) 茶叶香气成分 香气作用于神经，可使人感到精神爽快，身心放松。茶叶含有醇、醛、酮、酯等多种香气化合物，茶叶的香气成分被吸入体内后，会引起脑波的变化，使人精神愉悦，达到精神美容的效果。

三、茶与皮肤美容

皮肤是人与外界接触的第一道防线，具有保护、感觉、吸收、分泌和排泄、调节体温和免疫稳定等作用。皮肤覆盖于人体表面，是人体的天然外衣。健康的皮肤不仅能完成复杂的生理功能，还能直接体现人体美感，能使人容光焕发，富有健康活力。

（一）什么是好的皮肤

皮肤是人体最大的体表器官，质量约占人体总质量的 16%。皮肤可分为两大部分，即皮层部分和皮肤的附属器官。皮肤的附属器官可分为皮脂腺、汗腺、毛发和指（趾）

甲。皮层部分可分为表皮、真皮、皮下组织。表皮是皮肤最外面的一层，具有保护作用，没有血管，但有神经末梢。真皮位于表皮的下方，由纤维组织（胶原纤维、弹力纤维及网状纤维）和基质组成，有维持皮肤弹性、韧性及贮存水分的作用（主要是胶原蛋白的作用），还有调节体温的作用。皮下组织由脂肪细胞和疏松的结缔组织组成，位于真皮与骨之间的部位，有缓冲外力及保持体温的作用。婴儿的皮肤真皮中胶原蛋白的含量高达 80%，所以婴儿皮肤娇嫩、水润、细腻、富有弹性。25 岁女性皮肤真皮中胶原蛋白仅为 65%，眼角、嘴角出现皱纹，弹性下降、皮肤干燥。

皮肤是一个审美器官。皮肤表皮的坚韧性、真皮的弹性及皮下组织的软垫样作用，形成和维持人体健美的外形，传递美的信息。判断皮肤健康的标准主要包括皮肤的色泽（肤色）、光洁度、纹理、湿润度、弹性及其功能。好的皮肤，具有以下特点：皮肤是健康的，没有皮肤疾病，也没有其他内脏的毛病（如糖尿病患者皮肤瘙痒、易患疖肿，肝病患者皮肤瘙痒、萎黄等）；皮肤是清洁的，没有污垢、污点等；皮肤无衰老病症，如枯黄、皱纹、污点、色斑等；皮肤光滑、柔软又富有弹性；皮肤耐老，随着年龄的增长，肌肤只是缓慢地衰老。

（二）皮肤的类型

不同种族、不同个体的皮肤存在很大差异。皮肤类型的分类方法有多种，根据皮肤含水量、皮脂分泌状况、皮肤 pH 以及皮肤特点，可将皮肤分为四种类型。

1. 干性皮肤

干性皮肤又称干燥型皮肤、缺油型皮肤、缺水型皮肤。其皮脂分泌量少，角质层含水量低于 10%，pH > 6.5。由于皮脂分泌量少，皮肤干燥，缺少油脂，皮纹细，毛孔不明显，洗脸后有紧绷感，对外界刺激（如气候、温度变化）敏感，易出现皮肤皲裂、脱屑和皱纹。造成皮肤干燥的原因很多，先天皮脂腺活动弱、后天皮脂腺活动和汗腺活动衰退，缺乏维生素 A，脂肪类食物摄入过少，皮肤血液循环不良，疲劳过度，经常风吹日晒，使用碱性洗涤剂过多等都有可能造成皮肤干燥。

2. 中性皮肤

中性皮肤也称普通型皮肤，为健康理想的皮肤类型。其皮脂与水分分泌均衡，角质层含水量为 20% 左右，pH 4.5 ~ 6.5，皮肤表面光滑细嫩，厚薄适中，不干燥、不油腻，有弹性，对外界刺激适应性较强，能适应季节变化。

3. 油性皮肤

油性皮肤也称多脂型皮肤，多见于中青年及肥胖者。其皮脂分泌旺盛，角质层含水量为 20% 左右，pH < 4.5，皮肤外观油腻发亮，毛孔粗大，纹理粗，弹性好，不易起皱，对外界刺激一般不敏感。油性皮肤多与雄激素分泌旺盛，偏食高脂食物、香浓刺激性调味品及维生素 B 族的缺乏有关，易患痤疮、脂溢性皮炎等皮肤病。

4. 混合型皮肤

混合型皮肤是干性、中性或油性混合存在的一种皮肤类型，具备干性和油性皮肤的双重特征，多表现为面部 T 形区（即前额、鼻部、鼻唇沟及下颏部）呈油性，而眼部及双面颊等表现为中性或干性皮肤。调查显示，约 70% ~ 80% 的 23 ~ 35 岁女性属于这一类皮肤。

（三）影响皮肤健康的因素

皮肤，尤其是面部皮肤，在显示人们的美貌和健康状况方面起着十分重要的作用，直接反映了一个人的身体健康和美学修养水平。皮肤的健美涉及人体的各个方面，受到遗传、健康状况、营养水平、生活和环境等多种因素的影响。除遗传属先天因素较难改变外，精神、饮食习惯、生活习惯等因素均可通过人体的努力而影响皮肤的健美。

1. 健康因素

人体的皮肤是人体健康状况的晴雨表。当身体健康状况良好时，皮肤光亮、红润、有弹性；当身体处于非正常状况时，皮肤就会灰暗无光，甚至出现各种缺陷。人体的健康因素又分为精神因素和体质因素两种。

精神因素：精神因素看似抽象，但却严重影响皮肤的健康，是影响皮肤健美及导致皮肤疾患的首要因素。传统中医学认为人的喜怒忧思悲恐惊这7种感情的改变都会引起皮肤状况的改变和皮肤疾病。比如，精神紧张、睡眠不好、情绪不稳定、压力过大等问题会导致皮肤衰老加速，出现皮肤干燥，或者出油过多，面色不好，长斑长痘，甚至出现皮炎、湿疹等皮肤问题。皮肤是心理调适的寒暑表，心情舒畅，面色红润、容光焕发；精神萎靡，面色无华、皮肤泛黄。

体质因素：身体其他器官的健康状况直接影响皮肤的健康，机体各种疾病（如甲状腺疾病、贫血、先天性心脏病、重症肝炎、维生素代谢异常等）都可引起皮肤组织、性状和功能的改变。肝脏是人体最大的"化工厂"，它不仅与糖、蛋白质、脂类、维生素和激素的代谢有密切的关系，而且在胆汁酸、胆色素的代谢和生物转化中也发挥重要作用。肝脏具有贮存、化解毒素以及调整激素平衡的功能。当肝脏功能发生障碍，如患慢性肝炎时，表现在皮肤方面就是容易发生日光过敏，出现皮肤干燥、痤疮、肝斑等现象。

胃是机体重要的消化器官。当胃酸分泌减少时，皮肤的酸度就会降低，油脂分泌增强，颜面皮肤倾向油性。当胃肠功能减弱时，糖类分解不佳，鼻和脸的毛细血管扩张，易造成局部发红。此外，一些其他慢性消耗性疾病，如肾炎、结核病、贫血、内分泌紊乱等也会导致出现日光性皮炎等皮肤疾病，因此要保持皮肤的健美，关键是保持身体机能的健康。

2. 年龄因素

随着年龄的增加，皮肤的新陈代谢减弱，皮肤内胶原蛋白减少，皮肤的汗腺、皮脂腺功能降低，分泌物减少及皮肤血液循环功能减退，细胞和纤维组织营养不良，均会导致皮肤干燥、松弛、下垂、皱纹增多、色素增多等。

3. 营养因素

人类的生存和健康依赖于水分、维生素、脂肪、蛋白质等营养素。皮肤是人体最大的器官，这些营养素也必然会影响皮肤的健美。

水分：成年人体重的2/3是水。机体一旦缺水，轻者皮肤干燥，失去光泽；重者引起机体的失衡，严重时甚至引起死亡，所以说水是生命之源，是身体健康和皮肤健美的保证。不仅如此，水是体内天然的清洗剂，能将体内的有毒物质随尿液、粪便排出体外；水还是廉价的特效美容洗涤剂，能通过排汗洗去皮肤上的污物，使皮肤能够正常呼吸。

维生素：目前普遍认为皮肤的健美与维生素的摄入量密切相关。维生素 A 可以促进人体的生长，维持上皮细胞的健康。维生素 A 缺乏，易引起皮肤干燥粗糙，毛囊角化，毛发干燥、失去正常光泽，出现干眼病等。维生素 E 可防止细胞组织的老化，扩张毛细血管。维生素 E 缺乏，易产生色斑。维生素 D 能促进钙的吸收，是骨骼及牙齿正常发育和生长所必需的。如果缺乏维生素 D，对于儿童会引起佝偻病，对成人可引起骨软化或骨质疏松，容易骨折。维生素 C 是维持胶原组织完好的重要因素，缺乏时将导致毛细血管破裂、出血，牙齿松动，骨骼脆弱，易骨折等；维生素 C 还可以增强皮肤的紧张力和抵抗能力，防止色素沉着。对皮肤健康较重要的 B 族维生素是维生素 B_2 和维生素 B_6，它们又被称为"美容维生素"。维生素 B_2 可以强化皮肤的新陈代谢，改善毛细血管的微循环，使眼、唇变得光润、亮丽；当它缺乏时，皮肤会产生小皱纹，发生口角溃疡、唇炎、舌炎，甚至会对日光过敏，出现皮肤瘙痒、发红以及有红鼻子等皮肤病。维生素 B_5 不足，会发生癞皮病，在日光照射下，皮肤容易发生红肿、瘙痒、粗糙不平；维生素 B_6 有抑制皮脂腺活动、减少皮脂的分泌、治疗脂溢性皮炎和粉刺等功效，当体内缺乏时，会引起蛋白质代谢异常，从而使皮肤出现湿疹、脂溢性皮炎等。

适量的皮下脂肪会使皮肤柔软、丰满、有弹性；蛋白质对皮肤的构成以及维持皮肤组织的生长发育是必需的。缺乏蛋白质和必需脂肪酸会使皮肤变得粗糙、灰暗无光、容颜苍老。矿物质是构成人体组织的重要材料，可以维持体液的渗透压和酸碱平衡，与人体的代谢密切相关。当人体矿物质供应不足时，会产生各种全身性疾病，各种皮肤问题的症状接着出现。

人体是一个有机的整体，只有五脏六腑的阴阳平衡，气血畅通，容貌才会美。所以真正的美容要从营养上着手，调节生理机能，合理摄取营养，特别注意摄取有益于皮肤健康的营养，使身体各部分组织处于良好状态，才能达到身体健康、容颜焕发、青春常驻的目的。

4. 环境因素

环境因素是影响皮肤健美，加速其老化的另一个重要原因。温度、湿度、阳光、尘埃、季节的变化等都会对皮肤的健美有影响，如干燥及低温的环境会加速皮肤水分的流失，使皮肤感到干燥及紧绷；潮湿、高温的环境则会使皮肤的汗腺分泌旺盛，造成皮肤油腻。阳光中的紫外线可以杀死皮肤表面的细菌，阳光还可以促进皮肤的新陈代谢，促进皮肤内维生素 D 的合成，有利于皮肤的健美；但长期曝晒于阳光下，阳光中的紫外线（主要是 UVA、UVB）会使皮肤干燥脱水，黑色素沉着，出现皱纹等。悬浮于空气中的尘埃容易附着在人的脸、手等暴露部位，阻塞皮肤毛孔，导致皮肤无法正常呼吸，影响新陈代谢，发生皮肤病；尘埃中的一些细菌也会侵入人体的毛孔，引起痤疮等皮肤疾病。

一年四季的变化使皮肤所处的外界环境也随之变化。南方的春天温暖湿度大，皮肤较湿润，北方的春天风沙较大，气候干燥，应注意给皮肤补充水分和油分；夏季炎热，应多喝水，注意防晒；秋天色素会加重，皮肤干涩，有绷紧的感觉，应注意护理；

冬天也如此。

药物、化妆品等也可引起皮肤质地的改变。长期使用糖皮质激素可引起皮肤萎缩、毛细血管扩张；某些化妆品可影响皮脂的排泄而发生痤疮样皮损；各种微生物（如病毒、细菌、真菌等）可引起皮肤感染，从而影响皮肤的健康。

5. 生活因素

一个人的生活因素也会影响其皮肤的健康。每个人都有自己的生物钟，如果长期睡眠不足，会造成皮肤细胞再生能力的衰退，使皮肤变得粗糙，眼圈发黑。过度的压力会使皮肤出现斑点、暗疮、失去血色及出现黑眼圈。定期做运动有助于促进全身血液循环，加快皮肤自我更新；运动也可帮助减轻压力。香烟中的尼古丁会造成皮肤微血管的收缩，降低皮肤的血液循环，使皮肤无法吸收足够的营养和氧气，皮肤会发黄、干燥、无光泽。饮酒过量会使血管膨胀，皮肤变干，失去光泽；长期酗酒者，微血管壁的弹性越来越低，最终破裂，会使皮层留下污痕。人为干预，如过度美容、整容等，也必然会破坏皮肤的天然结构，影响皮肤健康。

（四）茶的皮肤美容作用

1. 抗皮肤衰老

根据衰老自由基学说，老化是自由基产生与清除状态失去平衡的结果。因此减少自由基的生成或对已生成的自由基进行有效地清除，可有效减慢皮肤的衰老和皱纹的产生。茶叶含有丰富的茶多酚和维生素 C、维生素 E 等，尤其是绿茶，优质绿茶维生素 C 的含量比柠檬、橘子、番茄要高得多。茶多酚与维生素 C、维生素 E 均有很强的抗氧化活性，能清除皮肤自由基，终止自由基连锁反应，从根本上预防和缓解皮肤衰老。

2. 抗紫外线辐射

自由基是引起皮肤衰老的主要因素，而紫外线是导致皮肤自由基产生的主要原因。紫外线会引起体内生物分子和水分子的断裂，产生大量自由基损伤皮肤，引起多种生物反应，包括炎症的诱导、皮肤免疫细胞的改变和接触超敏反应的削弱等。茶多酚对紫外线较为敏感，尤其对 290～320nm 的光波吸收最强，口服和外用均能阻止紫外线对皮肤的损伤作用，有"紫外线过滤器"之美称。张素慧等（2003）报道，茶多酚和茶色素能抑制紫外线照射引起的光老化作用，缓解皮肤组织线粒体 DNA 的缺失突变。

3. 抗皮肤过敏

茶多酚对各种因素引起的皮肤过敏有抑制作用，如 200mg/kg EGCG 对苦基氯所致的过敏反应有抑制作用；0.1～0.15mg/mL EGC 和 EGCG 能强烈抑制发炎因子组胺的释放等。

4. 预防皮肤病

茶多酚及其氧化产物是公认的广谱、高效、低毒的抗菌药物，对能引起人皮肤病的病原真菌，如头部白癣、斑状水疱白癣、汗疱白癣和顽癣等寄生性真菌有很强的抑制作用，对引起烧伤、外伤化脓性感染的金黄色葡萄球菌、变形杆菌、铜绿假单胞菌等有明显的抑制和杀灭作用，能有效地防止耐药葡萄球菌的感染；茶多酚还能有效抑制棒状杆菌和抗炎因子，从而能够预防和治疗粉刺及痤疮。茶叶所含茶皂素也有很好的抗菌活性，对红色毛癣菌、石青样癣菌、絮状表皮癣菌、断发癣菌、黄癣菌、紫色癣菌、白色念珠菌等有明显抑菌作用。

痤疮的发病除与皮脂分泌过多、排泄不畅有关外，也与毛囊皮脂腺细菌感染有关。常见的致病菌有痤疮丙酸杆菌、表皮葡萄球菌等。隋丽华等（2008）采用表皮葡萄球菌所致家兔皮肤感染性炎症模型以及二甲苯所致小鼠耳廓肿胀急性炎症模型，研究了茶多酚乳膏外用对细菌性和非细菌性皮肤炎症反应的影响，结果表明外搽茶多酚乳膏可抑制表皮葡萄球菌皮内注射引起的皮肤红肿和皮内硬结等炎症反应，其抑制效果与氢化可的松乳膏相当甚至略超过。

5. 促进皮肤伤口的愈合

隋丽华等（2009）以家兔为研究对象，观察了茶多酚乳膏促进家兔皮肤溃疡愈合的作用，结果表明涂搽1%、3%和6%的茶多酚乳膏3d后，均可使溃疡面积和容积缩小速度显著高于对照组；涂搽14d后，组织病理学检查显示6%的茶多酚乳膏组表皮完全覆盖率和大于50%覆盖率高于对照组，表明茶多酚乳膏涂搽皮肤溃疡面可促进溃疡愈合。

6. 美白护肤

茶多酚可抑制酪氨酸酶的活性，减少黑色素细胞的代谢强度，减少黑色素的形成，具有皮肤美白作用。茶多酚还具有维生素P的作用，可降低毛细血管的通透性和脆性，能贮存皮肤表层的水分，防止皮肤干裂，从而润肌健肤；能促进皮肤微循环，增强微血管的抵抗力和弹性，降低血液黏滞性，改善血液的流变学性质，促进皮肤的血液循环。

四、茶与骨骼健康

（一）人体骨骼概述

骨骼是组成脊椎动物体内骨骼的坚硬器官，起着运动、支持和保护身体的作用，也有制造红细胞和白细胞，贮藏矿物质等功能。人体骨骼起着支撑身体的作用，是人体运动系统的一部分。成人共有206块骨骼，分为颅骨、躯干骨和四肢骨三大部分。骨与骨之间一般用关节和韧带连接起来。

骨的基本结构包括骨膜、骨质和骨髓三部分。骨膜内有丰富的血管、神经和成骨细胞。成骨细胞有再生能力，可以产生新的骨质。骨质由骨组织构成，根据结构的不同分为骨松质与骨密质两种。骨密质质地致密，抗压性较强，分布于骨的表面。骨松质由薄骨板即骨小梁互相交织构成立体的网，呈海绵状，分布于骨的内部；由于骨小梁的排列与骨所承受的压力和张力的方向一致，能承受较大的质量。骨髓分为红骨髓和黄骨髓两种。胎、幼儿时的骨髓腔里面全是红骨髓，红骨髓具有造血功能；成年后骨髓腔里的红骨髓逐渐转变为黄骨髓而失去造血功能；但当人体大量失血时，骨髓腔里的黄骨髓还可以转化为红骨髓，恢复造血的功能。

骨组织的细胞成分包括骨原细胞、成骨细胞、骨细胞和破骨细胞。只有骨细胞存在于骨组织内，其他三种细胞均位于骨组织的边缘。骨细胞是成熟骨组织中的主要细胞，对骨吸收和骨形成都起作用，是维持成熟骨新陈代谢的主要细胞。骨原细胞是骨组织的干细胞，随着骨的生长、分化变为成骨细胞；成骨细胞是骨形成的主要功能细胞，成熟后转化为骨细胞；破骨细胞是由多个单核细胞融合而成，行使骨吸收的功能。破骨细胞与成骨细胞在功能上相对应，成骨细胞增加骨形成，破骨细胞减少骨形成。通常，在生长期成骨细胞和破骨细胞间保持一种动态平衡，但在特殊情况下这两类细胞间的平衡会崩溃，如骨折，成骨细胞会加速活动；更年期妇女因激素的调节作用，破骨细胞加速活动，导致骨壁变薄，骨骼量减少，容易引发骨质疏松症，甚至发生骨折。

从化学成分上来说，人骨中含有水、有机质和无机盐等成分。其水的含量较少，平均为20%～25%；约40%的干物质是有机质，约60%以上的干物质是无机盐。有机质主要是蛋白质，决定骨的弹性和韧性；无机盐以钙及磷的化合物为主，以结晶羟磷灰石和无定形磷酸钙的形式分布于有机质中，决定骨的硬度（图6-1）。

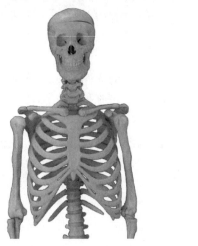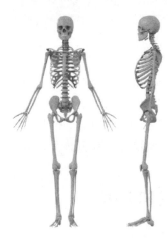

图6-1　人体骨骼

（二）钙与骨骼健康

影响骨健康的因素很多，如长期抽烟酗酒，过度节食，使用某些药物治疗慢性疾病等，但缺钙是影响骨骼健康最关键的因素。人体骨骼的健康与钙关系密切。钙是人体内含量最高的矿物质元素，是机体骨骼的最主要成分。当钙摄入不足时，骨骼中的钙就会释放到血液里，以维持血钙浓度，导致骨密度越来越低，骨质越来越疏松，儿童易患佝偻病、成人患骨质软化症、老年人出现骨质疏松症。儿童患佝偻病会影响孩子的正常发育，导致骨骼改变，出现鸡胸、脊柱弯曲、弓形腿、膝外翻、腕和踝骨增大等；成人患骨质软化症会导致四肢、脊柱、胸廓和盆腔畸形；骨质疏松还会导致人体身高缩短、驼背，易发生骨折。因此，为了保持健康和美丽的身体，人体要适量补钙。

日常饮食可以通过摄入含钙高的食物，如牛乳、豆制品、海带、虾皮等，来满足正常人对钙的需要。维生素D能促进肠道对钙的吸收，减少肾脏钙的排泄。如果缺少维生素D，骨头的硬度会降低，形成"软骨症"。人体90%的维生素D通过阳光中的紫外线照射，依靠自身皮肤合成；其余 10% 通过食物摄取，比如蘑菇、海产品、动物肝脏、蛋黄和瘦肉等。因此，可以通过多晒太阳或摄入含维生素 D 丰富的食物来补充维生素 D，促进人体对钙的吸收，满足人体对钙的需求。

人体内的钙主要来自食物，大部分在小肠的上段被吸收。人体对钙的吸收利用，受到诸多因素的影响，如身体对钙的需求量、肠内酸碱度、维生素 D 的含量、食物中钙磷比例是否恰当、食物成分等。

一般来讲，处于生长发育期的儿童、孕妇和哺乳期妇女，及钙的摄入量长期不足或处于骨折愈合期，对钙的需要量大，对钙的吸收会显著增加；维生素 D 不足时会抑制钙的吸收。膳食中的蛋白质、乳糖等可促进钙的吸收，氨基酸、乳酸及苹果酸、柠檬酸等有机酸能增加肠道内的酸度，有利于钙的吸收；而食物中的草酸、植酸等物质在消化道中会和钙形成不溶性的草酸钙、植酸钙而降低钙的吸收；膳食中过多的植物纤维会影响钙的吸收，因为植物纤维中的糖醛酸可与钙结合，过多的膳食纤维可将钙元素包围，减少或隔绝钙与肠壁接触，还可刺激肠道，使之蠕动加快等；食物中钙磷比例不平衡，钙或磷的含量过多或过少，都会影响钙的吸收，最终影响骨骼的生长发育。

（四）茶对骨骼健康的作用

1. 茶对钙吸收的影响

曾经有一种观点，认为茶叶中的茶多酚、草酸、咖啡碱等物质会干扰钙的吸收，出于健康考虑，还是少喝茶为妙。那么，喝茶到底会不会影响钙的吸收呢？实际上，到目前为止并没有明确的研究表明饮茶人群比非饮茶人群对钙的吸收差。地中海地区的一项现况研究证明，50 岁以上有饮用红茶习惯的男女，臀部骨折的风险比不饮茶者低 30%；我国福建、广东等茶叶产区和传统的茶叶消费地区，也并不是钙缺乏症的高发地区。相反，经常饮茶，由于茶叶中的氟、植物雌激素（类黄酮物质）、钾元素等均有减少人体钙质流失的功效，可以预防骨质密度下降。

2. 茶对骨骼发育的影响

喝茶对骨骼的发育是有一定影响的。2002 年 5 月 13 日美国医生协会发表了对男性 497 人、女性 540 人 10 年以上的调查结果，指出饮用红茶的人骨骼强壮；为了防治女性骨质疏松症，建议每天服用红茶。饮茶与骨量的维持呈正相关，饮茶者骨密度往往高于不饮茶者。Hegarty 等（2000）研究表明饮红茶者骨密度较不饮茶者增高约 2.8% ~5%。在饮茶年限方面，Wu 等（2002）证实成年妇女饮茶的不同年限亦与骨密度呈正性相关，但饮茶的持续时间对不同部位骨密度的影响有所差别：饮茶大于 10 年，其全身骨骼、腰椎、股骨骨密度均增加；5 ~10 年者，仅腰椎骨密度增加；而饮茶少于 1.5 年者与不饮茶者骨密度无显著差别。上述作用与饮茶种类无关，即喝其他茶类均有利于骨骼健康。

日本的一项研究显示，红茶含有的茶黄素有助于防止破骨细胞的形成。大阪大学的研究人员西川惠三等人采用患有骨质疏松症的实验鼠进行相关研究，他们给这些骨骼量只有正常水平三分之一的实验鼠每隔 3d 注射一次茶黄素，约 3 周后鼠体内的破骨

第六章 茶与美容

细胞减少，骨骼量增长了1倍，表明茶黄素阻碍了鼠体内破骨细胞的形成。他们的研究还表明尽管喝红茶有助于改善骨质疏松，但骨质疏松症患者不要把喝红茶当作主要治疗手段，因为体重60kg的人要吸收与实验鼠同等水平的茶黄素，就相当于每天要喝进20杯红茶，因此更好的方法是服用以茶黄素制作的相关制剂。

香港中文大学的相关研究表明绿茶所含的儿茶素（尤其是EGC）可以促进人体骨骼成骨细胞的诞生，抑制破骨细胞的出入。云南农业大学的相关研究结果也表明在推荐饮用范围内饮用普洱茶不会对机体骨骼生长造成影响；相反，普洱茶、红茶能够促进成骨细胞的生成和抑制破骨细胞生成，从而有利于骨质密度的提高，预防女性更年期后的骨质疏松发生。

近年来，有人调查报道了美国、英国、加拿大、日本、福建等地绝经后的妇女喝茶与骨密度的相关关系，认为喝茶与高骨密度相关。但其作用机制尚不清楚，可能与EGCG可以诱导成骨细胞分化、破骨细胞凋亡，阻止骨再吸收，从而导致骨密度增加有关。谢丽华等（2012）研究表明EGCG可以提高人骨髓基质干细胞 $BMP-2$ 基因的表达水平，促进人骨髓基质干细胞向成骨细胞分化。Shen等（2009）研究也表明茶多酚有骨保护作用，其作用机制可能有：促进成骨细胞的活动，抑制破骨细胞的活动，提高骨密度；增强抗氧化能力，减少氧化应激损伤，改善骨质量；抑制肿瘤坏死因子 α 的活性来保护骨的微结构等。严斌等（2015）研究表明茶多酚对骨关节软骨氧化损伤具有明显的保护作用，可通过促进骨痂增殖分化，增加骨痂含量，加快骨痂的成熟，从而提高骨折的愈合速度。

国外对长期饮用咖啡的人群研究表明，长期大剂量咖啡碱（>300mg/d）的摄入会直接对骨密度产生负性作用，增加腰椎、股骨颈及其他部位骨折的风险。Heaney（2002）研究也表明大剂量咖啡碱可增加尿钙排出，减少肠道对钙的吸收，导致钙的负平衡发生；但是，适量的咖啡碱对人体的骨状况及每日摄入推荐钙量的钙的沉积没有任何有害影响。Lloyd等（1997）对138名长期饮用含咖啡碱饮料的健康绝经妇女（55~70岁）研究表明，每天摄入0~140mg的咖啡碱并不影响全身及髋骨的骨密度，咖啡碱的摄入并不会导致健康绝经妇女骨丢失。Conlisk等（2000）研究也证明摄入适量的咖啡碱并不会导致年轻成年女性骨密度降低。Choi等（2016）研究还表明饮用咖啡对韩国绝经后妇女骨骼健康有保护作用。

饮茶对骨的保护作用还与适量的氟可促进骨的形成有关。氟是人体必需的微量元素，在骨骼的形成中有重要作用。适量的氟不仅有利于人体对钙和磷的吸收利用及钙在骨骼中的沉积，加速骨骼的形成，增强骨骼的硬度；而且氟还能促进骨细胞的有丝分裂，提高活性成骨细胞的数量。因此，氟能促进儿童的生长发育，对老年人骨质疏松症也起着积极的预防作用，能降低骨折发生率。

茶树是一种富氟植物，茶叶是茶树对氟积累的主要器官，茶叶的氟含量比一般植物高十倍至几百倍，粗老茶叶中氟的含量比嫩叶更高。一般而言，绿茶的氟含量最低，在100mg/kg以内；黑茶的氟含量最高，在300mg/kg以上，有的甚至高达700~1175mg/kg。茶叶中的氟很易浸出，热水冲泡时浸出率可达60%~80%，因此，喝茶是人体摄取氟的有效方法之一，可通过饮茶来改善人体骨结构。如孙权研究了普洱茶、红茶、绿茶对去势大鼠骨质疏松症的影响，结果表明茶均可一定程度增加去势大鼠的骨密度，改善骨的微观结构。

五、茶与牙齿健康

（一）人体牙齿概述

1. 牙齿结构与组成

牙齿是人类身体最坚硬的器官。一般而言，牙齿呈白色（正常人略带微黄色），质地坚硬。人的一生共有两组牙，首次长出的称"乳牙"，共20颗；6岁左右乳牙逐渐脱落，长出"恒牙"，共32颗。

从外观上看，牙齿可分为牙冠、牙根及牙颈三部分。露在口腔内的部分叫牙冠，是发挥咀嚼功能的主要部分；埋在牙槽骨内的部分叫牙根，是牙齿的支持部分；牙冠与牙根的交界处呈一弧形曲线叫牙颈（图6-2）。

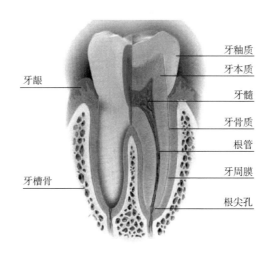

牙龈　牙槽骨　牙釉质　牙本质　牙髓　牙骨质　根管　牙周膜　根尖孔

图6-2　牙齿结构

从牙齿的剖面看，牙齿由牙釉质（熟称珐琅质）、牙本质（熟称象牙质）、牙骨质和牙髓四层组成。牙釉质构成牙冠的表层，为半透明的白色硬组织，是牙体组织中高度钙化的最坚硬的部分，保护牙齿内部的牙本质和牙髓组织。牙骨质是构成牙根表层的、色泽较黄的硬组织。牙本质构成牙体的主体，位于牙釉质与牙骨质的内层，不如牙釉质坚硬；牙本质由很多牙本质小管组成，小管内有无数的神经末梢，所以在牙齿缺损、磨耗或制作龋洞时，可出现酸痛的感觉；牙本质内有一空腔称为牙髓腔。牙髓是充满在牙髓腔中的蜂窝组织，内含血管、神经、淋巴和结缔组织，是牙体组织中唯一的软组织。当牙本质表面因龋蚀或外伤等原因受到损害时，髓腔壁可形成继发性牙本质以保护牙髓；当牙髓因坏死或除去后，牙本质及釉质就会因缺乏足够的营养和水分而变得脆弱，牙齿易于破裂损伤。因此，牙髓有形成牙本质、营养牙体组织以及感觉和防御功能。牙髓神经对外界的刺激特别敏感，可产生难以忍受的剧烈疼痛。

从化学组成上看，牙釉质的95%～97%由无机物（主要为含钙和磷的磷灰石晶体）

组成，其他为水及有机物。成熟的牙釉质是白色半透明的，钙化程度越高，釉质越透明；钙化程度低则釉质呈乳白色、不透明。乳牙钙化程度低，故呈乳白色。牙本质质量的65%～75%为无机物，有机质占20%，其余5%～10%为水，其无机物的存在形式也是羟磷灰石。牙本质色淡黄，因其所含的无机盐比牙釉质少，故硬度比牙釉质低，但仍较骨组织硬。牙本质的黄色透过牙釉质而使牙齿呈黄色。牙骨质为色泽较黄的硬组织，牙骨质质量的45%～50%为无机物，其主要成分也是羟磷灰石。

2. 牙齿的功能

牙齿是人类咀嚼食物的器官，其功能主要是切断、撕裂和磨碎食物。牙齿把食物咬碎后，能使食物与消化液的接触面大大增加，使食物容易消化。牙齿不好，可能导致消化功能障碍，甚至引起消化系统疾病。牙齿还有辅助发音的功能。如果牙齿有疾患或者畸形，人们的说话功能就会受到影响。如果缺少了前牙，说话不拢音、漏气，齿音发不准确，自然语言也就不清楚了。

牙齿不仅有咀嚼和语言的功能，更是全身健康状况的反映。因牙齿而引发的健康问题可以说是"牵一发而动全身"。越来越多的研究表明牙周疾病可能会对糖尿病、呼吸系统疾病、妊娠合并症和心脏疾病等造成影响；86%的青壮年舌鳞状上皮癌，与患者的牙齿畸形有关；不清洁的口腔中含有大肠杆菌及幽门螺杆菌等多种细菌，它们可通过血液传播而引起心肌炎、心膜炎、败血症和风湿病等多种疾病，口腔感染后还可以引发各种疾病等（李伟年，2004）。

此外，牙齿还有保持面部外形的作用。上下颌牙齿排列整齐，可将口唇和颊面部支撑起来，使人的面部和唇颊部显得丰满。当人们讲话和微笑时，整齐而洁白的牙齿，更能显现人的健康和美丽。相反，如果牙齿参差不齐，会直接影响颜面的美观；如果牙齿缺失太多，唇颊部失去支持而凹陷，会使人的面容显得苍老、消瘦。因此，人们常把牙齿作为衡量健美的重要标志之一。随着社会文明的不断进步，人们已不再满足于牙齿仅能完成咀嚼功能，对于牙齿的美容要求越来越高。拥有一口洁白整齐的牙齿会使人们在社会交往中更加自信，从而使成功的机会大大增加。

3. 影响牙齿健美的因素

（1）钙和磷　人体内钙、磷的含量及代谢与牙齿健康密切相关。钙、磷是组成牙齿硬组织的主要无机成分，牙齿中钙、磷含量及钙/磷比值与牙齿对龋病的敏感性密切相关。多数研究认为，在牙齿发育至成熟阶段钙盐及磷酸盐的缺乏会导致牙齿发育矿化不良，抗龋能力降低；低血钙主要导致牙釉质的矿化紊乱，低血磷则主要导致牙本质的矿化损害（苏吉梅等，1997）。因此，儿童牙齿发育过程中，体内需要足够的钙等营养物质，才能长出整齐、坚固、光亮的牙齿。牙齿萌出后，外环境（如唾液、菌斑、食物、饮水）中钙磷对其影响较大，可使其继续矿化成熟，如含量过饱和、比例适当还可保护牙齿不受龋齿的侵蚀，尤其是磷酸盐的防龋作用现已得到了普遍的认可。

在牙齿形成期间，如果维生素D缺乏将导致牙釉质发育不良；维生素D缺乏对牙本质的影响更大，可以造成牙本质的矿化不良。这可能是因为维生素D与磷酸盐代谢的关系比与钙代谢的关系更为密切之故（苏吉梅等，1997）。

（2）氟　影响牙齿健康的因素很多，其中氟是最关键的因素。氟是牙齿的重要组成部分，人们很早就认识到氟具有防龋护齿的作用。自1945年以来，世界上许多国家和地区已广泛实施饮用水加氟措施来防龋，当前已趋向于局部用氟防龋。氟及氟化物目前已被证实是最有效的防龋抗脱矿物质，其抗脱矿作用主要表现在与牙齿、唾液界面上发生的对脱矿及再矿化作用的影响（Ten，1999）。氟化物可以干扰微生物的新陈代谢，促进牙齿的形态发育，增加牙齿萌出后的成熟速度，增强釉质对酸的抵抗作用，促进早期釉质龋损的再矿化，从而减缓或逆转龋损过程（周学东，2002）。

牙釉质、牙本质的主要组成成分是含钙、磷的羟磷灰石，当牙齿中的矿物质发生溶解时，钙、磷从牙齿内移出，则会发生脱矿。牙釉质表面有大量的 Ca^{2+} 和少量的 PO_4^{3-}。在无 F^- 条件下，唾液蛋白质很快吸附于釉表面，形成获得性薄膜，为细菌产生创造条件，形成菌斑；当 F^- 接触牙釉质表面时，由于 F^- 与 Ca^{2+} 有高度的亲和性，F^- 竞争性地吸附于牙釉质表面，干扰酸性蛋白质的吸附；同时，F^- 可渗入到牙釉质内部，置换出部分羟磷灰石中的 OH^-，在牙齿表面形成坚硬的氟磷灰石保护层，增强牙釉质的坚硬度，降低羟磷灰石的溶解性，促进牙釉质再矿化，对早期龋起到修复作用。当牙釉质受到酸蚀时，F^- 还可与菌斑液中的钙、磷形成氟羟磷灰石，沉积于釉质的表面，以修复釉质的脱矿病损或釉质缺损，促进其再矿化（Hicks 等，2007）。氟磷灰石较羟磷灰石稳定性更强、晶体排列更整齐，且具有更强的抗酸蚀能力，特别是持续存在的 F^- 可主动增强脱矿釉质的再矿化。这一保护层还能抑制嗜酸细菌的活性，对抗某些酶对牙齿的损害，防治龋齿的发生。

当脱矿的深度突破牙釉质时，则会导致牙本质脱矿。其脱矿过程通常是酸性物质通过牙本质小管迅速渗透，使牙本质内的 Ca^{2+}、PO_4^{3-} 移出，若此时脱矿组织周围的 F^- 浓度升高，F^- 就能被牙本质内的羟磷灰石晶体吸收，或者与脱矿区释放出的 Ca^{2+}、PO_4^{3-} 生成氟磷灰石，抑制牙本质脱矿，增加牙本质的坚硬度和耐酸性；F^- 还能渗入到牙本质内部，促进牙本质对 Ca、P 的吸收，促进其再矿化。

氟对牙齿形态也有一定的影响，但这种影响需在牙齿发育期才能获得。牙齿在氟的影响下可使牙尖变得圆钝，牙合面的沟裂变浅，易于自洁，使抗龋能力增强。临床研究发现生活在高氟区的儿童较低氟区的儿童在牙齿外形上有显著的变化：牙尖圆钝，牙尖高度降低；牙合面窝沟深度变浅，宽度增加（Aasenden 等，1978）。这种牙体形态学的变化使牙齿的自洁作用增强，从而降低了对龋病的易患性。

（3）牙病　牙病种类很多，不同年龄易患的牙病各不相同。我国常患的牙病主要有龋齿、牙周疾病、牙本质过敏、畸形牙、牙齿创伤等，且龋齿、牙周病、牙齿创伤等是直接导致牙齿脱落的主要原因。

龋病，俗称虫牙、蛀牙，是最常见的口腔疾病之一。龋病可以继发为牙髓炎和根尖周围炎，甚至能引起牙槽骨和颌骨炎症。龋病若不及时治疗，病变继续发展可形成龋洞，直至牙冠完全破坏消失，其发展的最终结果是牙齿丧失。牙周疾病也是最常见的口腔疾病之一，主要包括牙龈炎和牙周炎。牙周炎是从牙龈炎发展而来的，当患牙周炎时，会令牙根外露、牙龈退缩、牙间隙加宽，很不美观。

无论何种牙病，不仅影响身体健康，影响牙齿健美，而且在谈笑露齿时有碍面部美观。因此，预防牙齿疾病非常重要。

4. 牙齿美容

随着人类的进步和社会的发展，人们越来越关注美容与健美，可惜不少人却忽视了牙齿的健康。殊不知，一口雪白漂亮健康的牙齿，不仅是身心健康美丽的象征，也标志着一个人的文明素质高。无论多么甜美的笑靥，一旦露出难看的牙齿，难免让人感到扫兴。科学研究已证明，健康、发育完备、整齐的牙齿是维持美丽脸形的基础，一旦牙齿错位、缺损，面容便会有巨大的改变，平衡的美点也不复存在。

牙齿健美的标准是：无齿病、整齐、洁白、无牙周病、口中无异味、能正常进行咀嚼功能。为了使牙齿健美，可对牙齿进行美容。牙齿美容是以口腔医学为基础、以美学为导向，维护、修复和塑造牙齿美的一种综合性牙科治疗修复技术。它不但最大限度地使牙齿从异常状态恢复到正常状态，从而与容貌结构相协调，同时，还用美学手段增加牙齿的美感，强调治疗过程的审美效应和治疗结果的美学评价，使疗效达到一个更高的层次。

牙齿美容包括：洗牙、脱色、贴面、整畸、烧瓷等方面。牙齿美容可使牙齿变得洁白、整齐；通过洗牙洁牙，牙齿上附着的渍物被洗去，可预防、治疗一些牙病；同时，残缺的牙齿被修复，也间接加强了牙齿的功能，让牙齿能够更好地服务于人的饮食，真正达到美容和健康的效果。

（二）茶对牙齿健康的作用

1. 饮茶与补氟

目前补氟的方法很多，归纳起来主要有直接补氟和饮茶补氟两大类。直接补氟主要有在饮水中加入 NaF、用含 NaF 的水漱口、使用含氟牙膏等，目的是通过人体吸取其中的氟元素，支撑牙体矿化，以提高其耐磨抗蚀性。饮茶补氟是通过喝茶、吸收茶汤中的氟来达到相应目的的。

有报道表明用 NaF 直接补氟效果不如饮茶补氟，如国外学者笠仓（1966 年）、Torell（1965 年）以及 Rugg‑gunn（1973 年）等分别用含 450mg/kg 和 225mg/kg 的 NaF 水做漱口防龋试验，1~3 年后其防龋效果分别为 86.1%、48.1% 和 35.7%；而国内学者高全福等（1978 年）给儿童用 1% 的茶水（含氟量仅为 4mg/kg）做漱口试验，防龋效果高达 80%。不仅如此，直接补氟需要很高的氟浓度，如笠仓试验中的 450mg/kg，是高全福所用茶水氟浓度的 110 倍，而防龋效果却不相上下。氟元素于人体是把双刃剑。如果人体吸氟适中，可防龋固齿，如吸氟太多会引起氟中毒，如氟斑牙、氟骨病等，甚至伤及肝肾。因此，在低氟地区通过饮茶补氟防龋是一个最安全、简便且有效的方法。

日本在 20 世纪 60 年代开始在幼儿园、小学开始试行饮用茶水、用茶水漱口等，在龋齿预防上取得很好的效果，尤其是原料粗老的低档茶效果更佳。日本医科齿科大学大西正男教授等在 1981 年开展了对 298 名小学生每餐饭后饮茶一杯防龋的研究，与对照组相比，饮用含氟量 0.49mg 的茶汤 250d 后，颌面小窝裂沟龋减少 52.7%，邻面龋减少 56.6%。

我国自古就有用茶水漱口固齿的做法，如苏轼在《东坡杂记》中就记录了自身用茶水漱口防龋的做法。北京市口腔医院周大成教授等对 1~2 年级儿童研究表明，用绿茶末汤漱口 1 年，龋病抑制率可达 54.5%。杭州茶区饮水源平均含氟量仅为 0.11mg/kg，为明显低氟区。何明灼在杭州茶区的龋病调查结果表明龋病发病率高达 72.1%，龋均为 4.2（只），其中 1820 名有饮茶习惯的居民，龋病发病率仅为 65.1%，龋均为 3.8（只）；而 1444 名无饮茶习惯的居民，龋病发病率则为 80.9%，龋均为 4.6（只），说明饮茶确能补偿部分饮水源含氟量的不足，从而降低发病率。由于杭州茶区居民所饮用的茶叶多属中上档绿茶，含氟量不高，如果能改饮含氟量相对较高的中低档茶，这种防龋齿效果更为明显。

2. 茶多酚及其氧化产物的杀菌活性

通常认为茶的防龋作用主要是茶中氟化物，但随着茶叶所含茶多酚对口腔致龋菌和菌斑作用研究的深入，茶多酚及其氧化产物的抗龋作用已得到公认。

茶多酚的防龋机制归纳起来主要有以下几个。

（1）直接抑制致龋菌的生长　茶多酚具有较好的抗菌活性，对多种口腔致病菌均有较强的抑菌活性，可抑制变形链球菌、黏性放线菌、血链球菌和乳酸杆菌等多种致龋菌的生长和产酸。变形链球菌、黏性放线菌和血链球菌是口腔主要的致龋菌，它们能发酵多种碳水化合物产酸，使菌斑 pH 降到 5 以下，还能以蔗糖为底物合成细胞内、外多糖，对牙面获得性膜也有很高的亲和力，这些特点决定了它们在龋病发生中的重要作用。黄可泰等（1992）研究表明茶多酚浓度大于 0.25mg/mL 以上对变形链球菌有不同程度的抑制作用，1mg/mL 以上可完全抑制菌株的生长，且无耐药性。肖悦等（2002）研究表明茶多酚对变形链球菌、黏性放线菌、血链球菌的生长和产酸都具有较强的抑制作用，其最低抑菌浓度分别是 2.00、1.00mg/mL 和 1.00mg/mL，且随茶多酚浓度增加，这 3 种细菌的产酸逐渐减少。茶多酚的抗菌特点主要有：抗菌谱广，对革兰阳性菌、阴性菌均有明显抑制作用；抗菌作用强；能保护和促进有益菌生长，调节菌群平衡；不易使细菌产生耐药性等。其抗菌机制可能是它特异性地凝固细菌蛋白、破坏细菌细胞膜结构、与细菌遗传物质 DNA 结合，从而改变细菌生理，抑制其生长。

（2）抑制葡糖基转移酶的活力，减少葡聚糖的合成　葡糖基转移酶是致龋菌——变形链球菌所产生的一种胞外酶，是主要的致龋因子之一。葡糖基转移酶能以蔗糖为底物合成两种葡聚糖，即水溶性和非水溶性葡聚糖。非水溶性葡聚糖因其具有非水溶性和黏性，在细菌黏附和形成牙菌斑中起重要作用。一方面非水溶性葡聚糖参与菌斑基质的形成，有利于细菌对牙面的紧密黏附和细菌的聚集，从而加速菌斑的形成；另一方面，非水溶性葡聚糖能起到生物屏障的作用，使菌斑产生的酸不易扩散，导致龋齿的产生。大量研究证实，茶多酚能抑制葡糖基转移酶活力，减少葡糖基转移酶催化的葡聚糖的合成，尤其能大量减少非水溶性葡聚糖的合成。

（3）影响致龋菌在牙面的黏附聚集　致病菌要在牙齿表面形成菌斑，首先必须要黏附在牙齿表面。牙本质和牙骨质的主要有机质为胶原，它们脱矿后可使胶原暴露，对胶原有亲和力的细菌就容易黏附到脱矿牙面上。因此，抑制细菌对胶原的黏附就能抑制牙本质龋和牙骨质龋的发生。

茶多酚抑制病原菌的黏附就可以减少病菌在牙床上的定植和危害。茶多酚影响致龋菌在牙面的黏附和聚集主要是通过以下三个途径：通过抑制葡糖基转移酶活力，减少非水溶性葡聚糖的合成，抑制葡聚糖诱导的蔗糖依赖性黏附；通过改变唾液获得性膜表面的性质，减少致龋菌的黏附；通过改变胶原的性质，抑制致龋菌在牙本质和牙骨质上的黏附。

（4）对牙体硬组织的影响　茶多酚对牙体硬组织的影响目前尚未取得一致结论。有研究认为茶多酚能通过与牙本质的有机物结合，降低牙本质的通透性，增强牙体硬组织的抗酸能力。Sabbak 等（1998）研究表明，5.0mg/mL 茶多酚与 0.45mg/mL 的氟化钠混合处理牙面可以促进钙盐沉积，提高牙釉质的抗酸力；但李继遥等（2004）用 2.0mg/mL 茶多酚与 0.25mg/mL 的氟化钠研究表明茶多酚对釉质的脱矿和再矿化无明显的抑制或促进作用，氟与茶多酚无协同作用。这两者结论的差异可能是由试验中氟浓度和茶多酚浓度不同造成的。

茶色素是茶叶所含茶多酚及其氧化衍生物的混合物，其主要成分为茶黄素类和茶红素类。由于茶黄素等保留了多酚结构中较多的活性羟基，并增加了苯骈卓酚酮、羧基等功能性基团，具有更强的抑菌作用。茶色素的抑菌途径与茶多酚相似，主要是通过抑制致龋菌葡糖基转移酶的活力抑制葡聚糖的合成；抑制葡聚糖诱导的聚集和黏附；抑制唾液 α - 淀粉酶的活力，阻断淀粉食物的供糖途径。

金恩惠等（2011）研究表明茶黄素能显著抑制口腔主要致龋菌变形链球菌和远缘链球菌的生长及产酸，具有一定的防龋效果。陈冉冉等（2007）研究也表明茶色素能抑制变形链球菌的生长与产酸；且由于茶叶氧化程度不同，茶色素中的主要活性物质茶黄素含量不同，导致不同纯度的茶色素抑菌活性不同，纯度为 40% 的茶色素抑菌效果与纯度 90% 的茶多酚相当。

茶多酚、茶色素均为茶叶的主要活性成分，目前已被广为提取应用。茶多酚、茶色素用于防龋具有价廉、来源丰富、安全可靠、无明显色素沉着、无蓄积毒性和遗传毒性的特点，是一种很有开发价值的菌斑控制剂和防龋剂，除了制成含漱液、涂膜外，还可加入口香糖、牙膏中等。

六、茶与精神美容

"命由己造，相由心生，境随心转，有容乃大"这句佛教揭语阐明了人的面相随环境、心态而变的历程。相由心生是指人的仪容外表受到心灵思想因素的影响。一个人的价值观、心态、喜怒哀乐等情绪，经过长久的积累必然会影响外貌。比如一个小偷流氓，外表给人的感觉是猥琐的，是丑；而一个内心善良乐于助人的人，外表给人的感觉是阳光温暖的，是美。

人有 42 块表情肌，主要分布于面部孔裂周围，如眼裂、口裂和鼻孔周围，牵动面部皮肤，显示喜怒哀乐等各种表情。当一个人抑郁、考虑问题过多或总是一张苦瓜脸，则容貌易憔悴，衰老快。俗话说："笑一笑，十年少，愁一愁，白了头。"一个人心情愉快舒畅，神清气爽，遇事便达观宽厚，气血调和，五脏得安，功能正常，身体健康，这些又反过来影响心态。如此良性循环，自然满面光华，一团和气，双目炯炯，神采飞扬，让人看了眼前一亮。相反，若一个人总是郁郁寡欢，自然凡事另眼而观，无法如常人言笑，长久如此，则气不舒，血不畅，营无养，卫无充，五脏不调，六神无主，脸上则青黄蜡瘦，暗淡无光，表情也常是蹙作一团，双目无神，半死不活，精神萎靡不振等等，让人一见就不舒服、郁闷。

在日常生活中，要保持良好的精神状态，对任何事情都要保持乐观，不要轻易为一些琐屑的小事而烦恼。喝茶不仅有助于人体身体健康，也可以修身养性，达到精神美容的效果。当精神不济时，一杯清茶可以使人心旷神怡，精神面貌自然也会随之焕然一新。

喝茶能静心、静神，缓解生活压力、去除杂念。胡凤仁调查福州市和南昌市饮茶人的结果表明喝茶可以放松心情，缓解压力，暂时放下烦恼，精神清爽，身体通畅，气质优雅，更热爱生活等，长期喝茶后，心情更舒缓，处事更从容，与人相处更和谐，消解生活困惑，身体更好，更积极乐观，更热爱/享受生活，生活更有乐趣等。

茶有助于提升人体的精神境界、陶冶情操，品茗过程中的静幽环境、轻松愉快的氛围和一种调和的意境，可以让人静下来，放松心情、洗涤心灵，得到精神的陶冶。"当代茶圣"吴觉农先生认为，茶道是"把茶视为珍贵、高尚的饮料，饮茶是一种精神上的享受，是一种艺术，或是一种修身养性的手段"。

七、以茶美容的方法

茶叶的许多成分都有美容效果，因此，每天饮茶、食茶是非常有效的美容方法；也可将茶叶直接用于护肤美容，通过与皮肤的接触，使茶叶中的美容成分直接被人体皮肤吸收。已上市的茶叶美容品有茶叶洗面奶、茶叶化妆水、茶叶面膜、茶叶增白霜、茶叶防晒霜、茶叶洗发剂、茶叶护发素、茶叶沐浴剂等，这些产品利用了茶叶中天然成分的美容效果，有安全、刺激性小的优点。常见的茶美容方法介绍如下。

（一）美容养颜茶

牛乳红茶：红茶3g，鲜牛乳100g，食盐适量。先把红茶熬成浓汁，另将牛乳煮沸，加入红茶汁中，加盐搅匀，当茶饮用。具有滋润皮肤、美白、强身健美的作用。

美肌润肤茶：将菊花5g、枸杞5g、橄榄5g、桂圆肉5g、山楂5g一起置于茶壶中，用开水冲泡，5min后取茶汁饮用。此茶具有清热润燥、嫩肤美白的功效。

芝麻茶：由少量红茶加上适量去皮乌芝麻配制而成。具有补肝肾、润五脏、明耳目、乌须发、利大小肠、逐风湿气之功能。对于身体虚弱、头发早白、贫血、皮肤燥涩、头晕耳鸣、大便干燥秘结者，尤为适宜饮用。

淡斑美白茶：将当归10g、枸杞10g、参须10g、红枣10g、黄芪10g放入锅内，加适量清水煮20min，取汤汁温饮即可。对月经不调、肤质不好的女性饮用较佳。

青橄榄绿茶：将青橄榄2枚、绿茶5g、蜂蜜适量一起放入茶杯中，注入开水冲泡5min即可饮用。此茶具有清热润肺、保养肌肤的功效。

珍珠净颜茶：将绿茶2g用300mL开水冲泡，随后加入珍珠粉1g搅匀，即可饮用。此茶可以使肌肤白嫩，富有质感，尤以皮肤干燥、有色斑的女性饮用较佳。

荷叶茶：绿茶粉2g、荷叶粉3g，以沸水冲泡，当饮料喝。对口干舌燥、易长青春痘、气色不好、脸部皮肤松软、肥胖症均有疗效。

薏米茶：将绿茶粉5g放到碗里，加适量开水冲泡，再加入4g炒熟的薏米粉搅拌均匀即可。此茶能美容养颜、紧实肌肤，还可利尿。

（二）茶水洗脸，养颜祛斑

常用茶水洗脸，可使皮肤细胞增加活性，具有养颜、美容的作用，尤以绿茶为佳。绿茶中丰富的维生素 C，能够使肌肤娇嫩，富有弹性；绿茶中丰富的单宁酸，能够使皮肤黏膜强度增高，收缩皮肤，让皮肤越来越健美。

先用洗面奶洗净脸上的污垢、油脂，再用茶水洗脸，并用手轻轻拍脸，让茶水的成分渗透到皮肤中去，或将蘸了茶水的脱脂棉敷在脸上 2 ~ 3min，然后以清水洗净。有除色斑、美白的效果。

（三）茶叶面膜，美白肌肤

茶叶面膜能消除粉刺，去除油脂，使皮肤变得光滑、白皙。茶叶面膜以绿茶面膜最佳，因为绿茶含有丰富的维生素 C，对肌肤能起到很好的美白作用；且绿茶富含的单宁酸，能够收缩皮肤，有滋养容颜、润滑肌肤的功效；绿茶面膜还有杀菌功效，对粉刺化脓有特效。做茶叶面膜前，要先洗去脸上的污垢，洗了澡做面膜效果会比较好；做完面膜后要用温水洗净，这时皮肤比较敏感，不要马上化妆。

几款茶叶面膜的制作方法介绍如下。

绿茶面膜：先将面粉 1 勺和蛋黄 1 个拌匀，再加入绿茶粉 1 勺，将拌匀后的面糊均匀抹在脸上，20min 后洗去。

红茶面膜：用红茶与红糖泡浓茶，将糖茶水 1 勺与面粉 1 勺调匀，敷面 15 ~ 20min 洗去。每日涂敷一次。

新加坡郑华美容法：用饮用过的茶渣研成粗粉，加以适量豆腐、胶原蛋白搅成糊状，涂抹于面部，15 ~ 20min 后除去。此法可促进皮肤营养，增加白嫩润泽，除去黑斑。每周一次，效果显著。

（四）茶叶护眼，消炎明目

用绿茶水洗眼由来已久，主要是为了治疗结膜炎、目赤头痛、眼屎过多、眼球充血等症。绿茶还可以与其他草药混合在一起，治疗眼症效果更好。现代研究也表明用茶水洗眼可以明目、消除眼疾、缓解用眼过度导致的视疲劳，消除黑眼圈。

绿茶洗眼：泡好浓度适当的茶水，待其冷却后，用脱脂棉沾足茶水，轻轻贴着眼球转动；另一种是用水煮茶叶，待冷却后放入干净的脸盆中，把脸浸入盆中，反复眨动眼睛。

茶水消除视疲劳：用棉花沾冷茶水清洗眼睛，几分钟后喷上凉水，再拍干，有助于恢复用眼过度而致的视疲劳。

睡眠不足、用眼过度、较长时间的强刺激、缺少维生素 B_{12}、轻度发炎、贫血、在阳光下曝晒过久、遗传、疏忽护理、月经期间、性生活过度等因素都会导致产生黑眼圈。避免黑眼圈的最好办法是：作息正常、睡眠充足、营养均衡、运动适当、呼吸新鲜空气以减少压力、避免太阳直接照射等。

茶叶消除黑眼圈：可用脱脂棉蘸茶水后敷在眼上，或直接将 2 袋泡开的茶包（茶叶包在纱布中，红茶除外）略微挤干，闭上双眼，将茶袋放在眼睛上 10 ~ 15min。

（五）茶水泡浴、泡足

常用茶水（尤以绿茶水更佳）泡浴，不仅可以软化、去除老化的角质层，清除油脂，使皮肤光滑细腻，美白肌肤，还能预防和治疗皮肤病。夏天洗绿茶浴，还可以防治和去除痱子。由于茶叶所含茶多酚等成分有很好的抗癌效果，人们对茶浴预防皮肤癌抱有很大希望。

将茶叶 20～30g 装入纱布袋中，先用少量开水将茶泡开，加入到水温 40℃ 左右的浴缸内，搅拌均匀后进行泡浴；也可将泡好的茶水放入脚盆内洗足，用来预防和治疗脚气病。

（六）茶水护眉

在适量隔夜茶水中加入少许蜂蜜调匀，洗濯眉面。长期应用可使眉毛浓密、富有光泽。

（七）茶叶美发

我国自古就有用茶籽粕洗发的做法。现研究表明茶籽饼中含有 10% 的茶皂素，茶皂素是一种天然的表面活性剂，具有很好的起泡、洗涤、湿润效果。目前已有以茶皂素为原料的洗发香波，如青蛙王子植爱草本洗发沐浴露，此香波具有去头屑、止痒的功效，且对皮肤无刺激性、无致敏性，洗后头发柔顺飘逸，清新亮丽。

洗头后，可将超微茶粉涂在头皮上进行按摩，或将茶水涂在头上按摩，1min 后洗去，每日 1 次，能防治脱发、去头屑。

（八）茶叶减肥

减肥，包括轻身与健美。各种茶都有减肥的功效。茶叶的减肥功效是由于茶叶茶多酚、叶绿素、维生素 C 等多种成分的综合作用，如茶多酚能促进体内脂肪的代谢；叶绿素能阻碍胆固醇的消化与吸收；维生素 C 能促进胆固醇的排泄等。因此，通过日常饮茶可以达到健美减肥的功效。

不仅如此，把茶粉放到浴盆里混匀后，进行全身按摩，还能够除掉角质化的皮肤，洗掉油脂，使皮肤柔软光滑，促进排汗，具有减肥的效果。

思考题

1. 影响皮肤健康的因素是什么？
2. 茶对皮肤美容的作用机制是什么？
3. 茶如何影响骨骼的健康？
4. 影响牙齿健康的因素有哪些？
5. 茶如何影响牙齿的健康？

参考文献

［1］黄霏莉. 医学美容学的重要分支——中医美容［J］. 北京联合大学学报，1998，12（增刊1）：200－205.

［2］张素慧，吕俊华，李校，等. 茶多酚和茶色素对紫外线照射致小鼠皮肤光老化的防护作用［J］. 中国药科大学学报，2003，34（6）：561－564.

［3］隋丽华，张天艳，汤新强，等. 茶多酚乳膏对实验性皮肤炎症的影响［J］. 医药导报，2008，27（6）：628－629.

［4］隋丽华，李传勋，杨彤，等. 茶多酚乳膏促进皮肤溃疡愈合的实验研究［J］. 辽宁中医药大学学报，2009，11（11）：198－200.

［5］HEGARTY V M, MAY H M, KHAW K T. Tea drinking and bone mineral density in older women［J］. The American Journal of Clinical Nutrition, 2000, 71（4）：1003－1007.

［6］WU C H, YANG Y C, YAO W J, et al. Epidemiological evidence of increased bone mineral density in habitual tea drinkers［J］. Archives of Internal Medicine, 2002, 162（9）：1001－1006.

［7］谢丽华，陈可，李生强，等. 茶多酚 EGCG 对人骨髓基质干细胞成骨分化基因表达的影响［J］. 中医药导报，2012，18（6）：3－5.

［8］SHEN C L, YEH J K, CAO J J, et al. Green tea and bone metabolism［J］. Nutrition Research, 2009, 29：437－456.

［9］严斌，余非，王立胜，等. 茶多酚对大鼠骨关节软骨氧化损伤的保护作用［J］. 中国医药导报，2015，12（2）：16－19.

［10］HEANEY R P. Effects of caffeine on bone and the calcium economy［J］. Food and Chemical Toxicology, 2002, 40：1263－1270.

［11］LLOYD T, ROLLINGS N, EGGLI D F, et al. Dietary caffeine intake and bone status of postmenopausal women［J］. The American Journal Clinical Nutrition, 1997, 65：1826－1830.

［12］CONLISK A J, GALUSKA D A. Is caffeine associated with bone mineral density in young adult women［J］. Preventive Medicine, 2000, 31：562－568.

［13］CHOI E, CHOI K H, PARK S M, et al. The benefit of bone health by drinking coffee among Korean postmenopausal women：A cross－sectional analysis of the fourth & fifth Korea national health and nutrition examination surveys［J］. Plos One, 2016, 11（1）：1－14.

［14］李伟年. 牙齿的健康与美容［J］. 日用化学品科学，2004，27（12）：46－48.

［15］苏吉梅，张加理. 钙、磷与牙齿健康［J］. 国外医学：地理分册，1997，18（3）：102－106.

［16］TEN C J. Current concepts on the theories of the mechanism of action of fluoride［J］. Acta odontologica Scandinavica, 1999, 57（6）：325－329.

［17］周学东. 口腔生物化学［M］. 成都：四川大学出版社，2002：199－205.

［18］HICKS J, FLAITZ C. Role of remineralizing fluid in vitro enamel caries formation and progression［J］. Quintessence International, 2007, 38（4）：313－319.

［19］AASENDEN R, PEEBLES T C. Effects of fluroide supplementation from birth on dental caries and fluorosis in teenaged children［J］. Archives of Oral Biology, 1978, 23

（2）：111 – 115.

［20］黄可泰，徐元洪，方耀，等. 茶多酚对口腔变形链球菌抑制作用及其耐药性的研究［J］. 中国茶叶，1992（4）：4 – 5.

［21］肖悦，刘天佳，黄正蔚，等. 茶多酚对口腔细菌致龋力影响的实验研究［J］. 广东牙病防治，2002，10（1）：4 – 6.

［22］李继遥，詹玲，BARLOW J，等. 茶多酚致釉质脱矿与再矿化的初步研究［J］. 四川大学学报：医学版，2004，35（3）：364 – 366.

［23］SABBAK S A，HASSANIN M B. A scanning electron microscopic study of tooth surface changes induced by tannic acid［J］. Journal of Prosthetic Dentistry，1998，79（2）：169.

［24］金恩惠，吴媛媛，屠幼英. 茶黄素抑菌作用的研究［J］. 中国食品学报，2011，11（6）：108 – 112.

［25］陈冉冉，傅柏平. 茶色素抑制变形链球菌的实验研究［J］. 口腔医学，2007，27（4）：181 – 183.

第七章 古今茶疗与现代茶养生食品

第 一 节 古今茶疗

一、茶与医学

茶以其独有的风味魅力、多元的保健功能、深厚的文化底蕴而风靡全球，成为世界三大饮料之一。中国是茶叶的故乡，是世界上最早发现茶树，同时也是利用茶叶、栽培茶叶最早的国家。历史记载，茶树最早出现在我国西南部的云贵高原、西双版纳地区。我国公元前200年左右的《尔雅》中就有关于"野生大茶树""茶树王"的文献记录。

茶与食、医、药三者间有着十分密切的关系。茶与神农氏这一传说有关，《神农本草经》云："神农尝百草，日遇七十二毒，得茶而解之"；而神农又与中国饮食文化有关，因此茶与食、医、药三者密不可分。

中医认为，茶叶上可清头目，中可消食滞，下可利小便，是天然的保健饮品。不同地域不同品种的茶叶，其活性成分和疗效也有所不同。安徽黄山市休宁县休歙边界黄山余脉的松萝山盛产的松萝茶，有通便化食之功效。《本经逢源》云："徽州松萝，专于化食。"吴兴钱宋和《惠小纶》云："病后大便不通，用松萝茶三钱，米白糖半盅，先煎滚，入水碗半，用茶叶煎至一碗服之，即通，神效。"浙江绍兴县东南五十里的会稽山日铸岭盛产的日铸雪芽，唐代陆羽著《茶经》中被评为珍贵仙茗（陈文华，2006）。北宋欧阳修称："两浙之茶，日铸第一"，专用于"清火"；福建建溪流域产的建茶，专于"排出体内湿气"的功效；产于云南省的西双版纳、临沧、普洱等地区的普洱茶，茶汤橙黄浓厚，香气高锐持久，滋味浓醇，经久耐泡，具有降低血脂、减肥、抑菌、助消化、暖胃、生津、止渴、醒酒、解毒等多种功效。清代张泓《滇南新语》云："滇茶，味近苦，性又极寒，可祛热疾"，清代阮福《普洱茶记》云："消食散寒解毒"。

由于茶叶有很好的医疗效用，唐代即有"茶药"（见代宗大历十四年王国题写的"茶药"）一词；宋代林洪撰的《山家清供》中，也有"茶，即药也"的论断。古代茶就是药，并为药书（古称本草）所收载。随着时代的进步，"茶药"一词渐渐演化为现代食、药方中含有茶叶的制剂。可见茶可食、可医、可防病，延年益寿。明高濂的养生经典《遵生八笺》中写道："人饮真茶，能止渴消食，除痰少睡，利水道，明目益思，除烦去腻，人固不可一日无茶。"正如同唐代医书《本草拾遗》所强调的："诸药为各病之药，茶为万病之药。"

二、古代茶疗

（一）茶疗的概念

中国医药文化与茶文化一样发源于我国，散馥于世界各地，茶、医、药文化的相互通融形成了"茶疗"文化。尽管自古以来有百余种专著论及茶叶的医疗功能，但未有"茶疗"之词（林乾良和陈小艺，2006）。"茶疗"一词是由林乾良先生于1983年在"中国与健康文化学术研讨会"上首次提出的，之后经多方深入研究和推广，引起了海内外的广泛重视。

尽管茶疗一词提出较晚，但我国古代有关茶防病治病功效的资料极多。我国第一部药学专著《神农本草经》云"神农尝百草，日遇七十二毒，得茶而解之。"并称"茶为饮有益思、少卧、轻身、明目"的功效（王家葵，2001），这里的"茶"即为今日之茶，神农氏亦被奉为茶祖（蔡镇楚，2007）。相传隋文帝晚年常患头痛，苦不堪言，后经高僧指点"山中有茗草，煮而饮之当愈。"文帝照着去做，果真痊愈。唐《食疗本草》中记述"治热毒下痢，好茶一斤炙，捣末，浓煎一二盏服；久患痢者，亦宜服之。"唐代的大医药学家陈藏器在《本草拾遗》中提出了"诸药为各病之药，茶为万病之药"的观点，堪称我国古代茶疗的纲领。

茶疗，是关于用茶以及相关中草药或食物进行养生保健和治疗疾病的一种学问；是在中医学基础理论指导下，运用茶学、烹饪学、营养治疗学、营养卫生学等有关知识，研究茶与药物和膳食结合，或单纯研究茶疗颐养，以此来养生保健、防病治病的一种治疗方法。

（二）茶疗的发展

茶疗是祖国医药学的重要组成部分。从可查考的文献资料看，茶疗起源于春秋战国时期的《神农本草经》。神农尝百草的传说是茶药用的开始，但这是原始人类在生活过程中不自觉的行动，基本上还没有茶疗的概念。随着茶的药用功能被确认，人们开始把它作为一味防病疗病、养生保健的药物而自觉地加以应用。魏时张揖的《广雅》中说"荆巴间采叶作饼，捣末，置瓷器中，以汤浇覆之。用葱、姜、橘子芼之，其饮醒酒，令人不眠。"此方具有配伍、服法与功效，当属茶疗方剂无疑，为目前可见到的有关茶疗方剂之用的最早记载。

唐宋时期是我国历史上的鼎盛时期，百业兴旺，我国的茶疗也得到了重视和发展。在唐朝时期，随着茶学上第一本经典专著《茶经》的出现（陆羽，2010），以及《新修本草》《本草拾遗》等众多本草类典籍的出现，将茶疗的理论与实践推向了一个新的高度并逐渐成形。到了宋朝时期，由于茶疗方法的不断改进，促使茶疗的应用范围逐渐扩大，疗效也更加明显，出现了对茶疗的专门研究，从而使茶疗得到了进一步的发展。唐宋时期茶疗的服用方法由单一的煮饮法，发展成研末外敷、以茶汤和醋调服、茶丸剂、茶散剂等多种形式。

茶疗在医药保健活动中崭露头角，引起了医药学家、养生学家及广大民众的重视和喜爱，至元明清时期茶疗之风盛行。茶疗的内容、应用范围、制作方法等不断有所创新和发展，大量行之有效的茶疗方剂被推出，如至今仍被广泛应用的"天中茶""午时茶""八仙茶""川芎茶调散"等；记载茶疗的医籍也颇多，如《饮膳正要》《瑞竹堂经验方》《订补简易备验方》《梅氏验方新编》等，尤其是《饮膳正要》一书的出现具有划时代的意义。《饮膳正要》是由元代宫廷饮膳太医忽思慧所著，被认为是我国的第一部营养学专著。该书从营养的观点出发，强调正常人加强饮食卫生、营养调摄以预防疾病；此书是中国在饮食治疗和保健食品领域中的一部最重要的经典著作。

三、现代茶疗

随着现代科学技术的不断进步，茶叶的营养成分和药理作用不断被发现并得以证实，茶疗方防病治病、祛病强身的疗效不断被临床验证，茶疗体系日益趋于成熟。尤其是 20 世纪 70 年代以来，一股茶疗热正在悄然兴起。各种各样的茶疗方应时而出、适证以用，无论从理论上还是在实践上都达到了前所未有的高度，已成为祖国医药学防病治病、养生保健的一大特色。

在茶叶功效成分研究方面，基于药理及生化等新型科学实验方法的积极推动，人们对茶叶的药用有效组分及其功效有了更为深入的了解。研究出茶叶中含有的 450 多种化学成分，其中又以茶多酚、生物碱、茶多糖、茶色素、维生素、氨基酸、矿物质元素等为主要成分（陈宗懋，2008）。

在茶叶临床研究方面，由于全新中西结合的理念视角给传统茶疗带来了新的治疗方式，尤其是新中国成立后我国做了大量的临床研究，并通过现代科学技术手段明确其机理。如安徽省医学研究所曾用产于皖南的松萝茶做降血压的研究，发现每天坚持饮用 10g 松萝茶，半年后血压可以下降 20%～30%，且无任何副作用。福建医科大学对有饮茶习惯的 5000 多人进行了高血压病的调查，发现有饮茶习惯的人患高血压者只占 6%，而不饮茶者患高血压者达 10%以上。经现代分析研究手段发现，茶叶所含的儿茶素类化合物及其氧化产物能抑制血管紧张素Ⅰ转化酶的活性，从而起到降血压的效果；茶叶所含的咖啡碱和儿茶素类还能促使人体血管松弛，增加血管的有效直径，通过血管舒张而使血压下降。现代研究表明茶叶有抗癌的功效，其抗癌机理主要包括茶叶中的活性物质对人体亚硝基化合物的合成途径有明显阻断和抑制作用，起到抑制促癌物质的致癌作用，抑制癌细胞的增殖作用，及儿茶素类物质较强的抗氧化、清除自由基活性作用等。

在茶疗剂型方面，相比古代传统的茶疗，现代茶疗的应用在传统的基础上有了很大的提高。从传统的汤剂、散剂、丸剂、膏剂、以药或食物代茶剂等逐渐转化为袋泡茶，且逐渐成为目前流行的茶疗剂。袋泡茶用沸水冲泡即可饮服，高效、便捷；且袋泡茶剂的色、香、味、功效等更接近于饮茶的本色，色清而无沉渣，也易于随身备用，如安徽明珍堂养生品有限公司生产的"三花减肥茶"。另有以科学手段制成的粉状、片状或颗粒状的速溶茶，这种茶疗剂易于溶化和吸收，饮用更方便、卫生，如中国农业科学院茶叶研究所等单位协作研制的"升白"片剂，用于治疗肿瘤病患者放射治疗后的白细胞下降。以高科技手段提取茶叶中的有效成分，制成口服液的茶疗方式也很受欢迎，如浙江医科大学附属第二医院从茶叶煎叶中提炼出茶色素制成口服液，治疗动脉粥样硬化，效果良好。

在茶叶功能成分提取方面，随着西方提炼加工工艺技术的引入，中药炼制技术不断进步，将有效组分制成胶囊的保健品已成为了时下的流行商品。人们更是设计出袋泡茶、速溶茶、浓缩茶及罐装茶等更为简便的饮茶方式（陈宗懋，1992），使得人们越来越乐于接受这种创新型的茶疗。

随着社会经济的发展、时代消费模式的转变，大众对茶的消费方式日渐丰富多彩，目前已不再局限于喝茶、饮茶，而拓展为吃茶、食茶等，如茶末巧克力、绿茶口香糖、茶末豆腐、茶香瓜子等。茶疗的种类也随之不断增加，如果茶、茶饮、茶汤羹、茶酒、茶菜肴、茶粥饭、茶糖、茶点心小吃以及保健类、预防类、治疗类、康复类等。由于茶疗种类的增加，使其应用方式变得灵活多样，内涵更加深刻充实。

四、茶疗的分类

茶疗可以说是中医食疗（或药膳）中的单独分支，是中医与茶文化结合的产物。从茶疗的实际应用情况来看，茶疗可分为单味茶、茶加药及代茶三大系列。

（一）单味茶

单味茶也就是说只一味成方，故又称"茶疗单方"。

我国有六大类茶叶，各种茶都有良好的茶疗效能。如绿茶性略偏凉，一般体热者多用，肠炎、痢疾之类消化道疾病患者宜用绿茶，食疗、药膳以及消食、解腻方面也多用绿茶；红茶性略偏温，一般体寒者（虚寒、内寒）多用，胃溃疡、慢性胃炎患者也宜用红茶来养胃；乌龙茶对减肥健美、降血脂、降血压、防止动脉硬化以及因而引起的冠心病与慢性脑供血不足有良好效果。

（二）茶加药

茶加药多为茶叶与各类中药配伍应用，故又称"茶疗复方"。其目的主要在于加强茶的疗效，以适应复杂的病情。茶与药配伍的目的很多，从茶来说大概与"同类相需"、"异类相使"这两项关系密切。如为了减肥、降血脂的目的，茶可与具有相同功效的泽泻、荷叶、山楂等同用，即为"同类相需"；为了病机上的配合以及适应复杂的病情，茶还可以与具有其他功效的中药配合使用，这就是"异类相使"，如川芎茶调散中将以活血行气为主的川芎与茶同用。

（三）代茶

代茶疗法实际上并没有茶，只是采用饮茶形式而已，故又称之为"非茶之茶"。代茶视所用药物质地可用开水泡饮（质地较松者）或略煎（质地较坚硬者）。上述茶加药中的药物均可用作代茶。此外，临床上常用的代茶有菊花、金银花、金钱草、胖大海、薄荷、藿香、芦根、陈皮、车前草、红枣、老姜、太子参、西洋参、绿豆、蒲公英、杜仲、党参、茅根等。

还有一类代茶，其来源并非传统中药，而是各地区民间经验方。民间常用嫩槐叶蒸熟晒干，煎服如饮茶法，有清热止血、益气驱邪、明目等作用；玉米须煎汤代茶，具有利尿、利胆、降低血糖等作用；桑树的嫩芽经炒制后代茶饮，对感冒、发热、头痛、咳嗽有良效；用松针代茶饮，可以调整心肌功能、降低血脂，增加人体钙质，并对风湿痛、牙痛有效；川产的樟科植物老鹰茶，其嫩叶晒干后代茶饮，对解暑止渴有奇效等。

五、经典茶疗方

茶疗是中医治疗体系（食疗药膳）中很特殊的一个分支，在我国有着悠久的历史。茶叶中的许多活性成分具有药理作用。我国自古至今对茶叶的养生和医疗有诸多的研究，形成了百余种专著。这些专著中收集了多种民间经典茶疗方，供参考学习（表7－1）。

表7－1 民间经典茶疗方

名称	茶疗方	用法	功效	来源
天中茶	制半夏、制川朴、杏仁（去皮）、炒莱菔子、陈皮各90g，荆芥、槟榔、香薷、干姜、炒车前子、羌活、薄荷、炒枳实、柴胡、大腹皮、炒青皮、炒白芥子、猪苓、防风、前胡、炒白芍、独活、炒紫苏子、土藿香、桔梗、蒿本、木通、紫苏、泽泻、苍术、白术各60g，炒麦芽、炒神曲、炒山楂、茯苓各120g，白芷、甘草、炒草果仁、秦艽、川芎各30g，红茶叶300g	大腹皮煎汁，过滤去渣，取汁。其余各味共研粗末，拌入大腹皮汁后晒干或烘干，用纱布或滤纸包袋，每袋9g，每日2次，每次1袋，沸水冲泡，闷5～10min或略煎，当茶饮	疏散风寒。治风寒感冒，恶寒发热，头痛肢酸，胸闷呕恶等	《沈氏遵生书》
八味茶	川芎、荆芥各120g，白芷、羌活、甘草各60g，细辛30g，防风30g，薄荷240g	以上八味共碾末，每服二钱，用清茶服下。每日数次	治外感风邪头痛	《和剂局方》
葱豉方	茶末10g，石膏60g，栀子5枚，薄荷30g，荆芥5g，淡豆豉15g，葱白三根	水煎代茶频饮，宜温服	辛温解表。适用于外感风寒，体热头痛等	《太平圣惠方》
川芎葱白茶	茶叶、川芎、葱白适量	茶叶合川芎、葱白煎饮	止感冒头痛，或治热毒头痛	《日用本草》
石膏茶	生石膏60g，紧笋茶末3g	将石膏捣为末，加水煎渣备用。以药汁泡紫笋茶末服用	治流感。有清热泻火之效	《太平圣惠方》

续表

名称	茶疗方	用法	功效	来源
僵蚕止咳茶	白僵蚕 30g，好茶末 30g	白僵蚕 30g 为末，放碗内，倾沸水一小盏，盖定，临卧温服。又米白糖 500g，猪板油 120g，雨前茶 60g，水四碗。先将茶煎至两碗半，再将板油去膜切碎，与糖一起加入茶中，熬化听用。每次用白滚汤冲数匙服之，一日数次	消炎止咳，喉痛如锯，不能安卧	《瑞竹堂经验方》
祛寒止咳茶	烧酒、猪脂、茶末、香油、蜂蜜，各等份	热水冲泡，和匀共浸 7 天服	治寒痰咳嗽	《本草纲目》
清气化痰茶	百药煎 30g，细茶 30g，荆芥穗 15g，海螵蛸 3g，蜂蜜适量	研细末为丸，每次 3g，加蜜沸水泡	治咳嗽痰多或咯痰不爽	《本草纲目》
绿茶单方	绿茶适量	经常用沸水冲饮，不限量	绿茶防衰、抗老化功效甚强。要保持身材苗条和青春活力，就需常饮绿茶	《食疗本草》
矿泉水茶	茶叶适量，矿泉水 500mL	矿泉水加糖，冲泡茶叶	常饮能增强体力，并使皮肤变得柔软细腻	《食疗本草》
花茶	上等绿茶或白茶 1g，玫瑰花 6~8 朵（小）或 2~4 朵（大），白梅花 1g，金银花 3g，枸杞 6~8 枚，茉莉花 1g	混合沸水煎煮	清热解毒，凉散风热，行气解郁，和胃止痛，化痰解毒，调经养颜，平衡内分泌	《民间验方》
糖茶	茶叶 3g，红糖 10g	沸水冲泡 5min 后饮用，每日饭后一杯	有和胃暖脾、补中益气之功效。治疗大便不通，小腹冷痛，妇女经痛等症	《民间验方》

名称	茶疗方	用法	功效	来源
蜜茶	茶叶 3g，蜂蜜 3mL	沸水泡茶，待茶凉后加蜂蜜搅匀，每隔 0.5h 饮服一次	有止渴养血、润肺益肾之功效。适用于口干渴、无痰、便秘、脾胃不和等症	《民间验方》
醋茶	茶叶 3g，陈醋 3mL	沸水冲泡茶叶 5min 后加醋饮服	有和胃止痢、散痕镇痛之功效	《民间验方》
莲茶	茶叶 2g，莲子 10g，红糖 10g	将莲子加糖煮烂后冲茶饮用	有健胃益肾之功效	《民间验方》
菊茶	茶叶 2g，干菊花 2g	沸水冲泡，饭后饮用	可降热解毒、清肝明目、镇咳止痛和降脂防衰老	《民间验方》
奶茶	茶叶 2g，牛乳半杯，白糖 10g	牛乳和白糖加半杯水煮沸，再放茶叶冲泡，每日饭后饮服	有消食健胃、化食除胀和提神明目的功效	《民间验方》
粥茶	茶叶 6g，大米 100g	将茶叶用开水冲泡，取茶汁加米煮成粥	治疗胃腹胀闷、消化不良等症	《民间验方》
盐茶	茶叶 3g，食盐 1g	用开水冲泡 5min 后饮服	可消炎、化痰降水。适于感冒咳嗽、火眼牙痛症	《民间验方》
柿茶	茶叶 3g，柿饼 3 个，冰糖 5g	将柿饼加冰糖煮烂后冲茶饮服	可理气化痰、益脾健胃，肺结核患者饮用最宜	《民间验方》
硫黄茶	硫黄、诃子皮、紫笋茶各 9g	将硫黄研细，用净布袋包好，与诃子皮、紫笋茶共加水适量，煎沸 10 ~ 15min 即可，过滤取汁用。每日 1 剂，温服	有温肾壮阳、敛涩止泻的功效。适用于肾阳虚衰，五更泄泻，胆部冷痛，四肢不温，或久泻不止者	《太平圣惠方》

续表

名称	茶疗方	用法	功效	来源
酥油茶	酥油150g，砖茶、精盐适量，牛乳1杯	先用酥油100g，精盐5g，与牛乳一起倒入干净的茶桶内，再倒入1~2kg熬好的茶水；然后用洁净的细木棍上下抽打5min；再放入50g酥油，再抽打2min；打好后，倒入茶壶内加热1min左右（不可煮沸，沸则茶油分离，不好喝）即可。不拘时服	滋阴补气、健脾提神。用于病后、产后及各种虚弱之人，可增强体质，增进食欲，加快康复	《川翰方大全》
八仙茶	细茶500g，净芝麻375g，净花椒75g，净小茴香150g，泡干白姜、炒晶盐各30g，粳米、黄粟米、黄豆、赤小豆、绿豆各750g	上药研成细末，和合一处，外加麦面，炒黄熟，与前11味等份拌匀，瓷罐收贮，胡桃仁、南枣、松子仁、白砂糖之类，任意加入。每服3匙，白开水冲服	益精悦颜，保元固肾，适用于中老年人延缓衰老	《韩氏医通》
返老还童茶	槐角18g，何首乌30g，冬瓜皮18g，山楂肉15g，乌龙茶3g	前四味药用清水煎去渣，乌龙茶用药汁蒸服，做茶饮	清热、化淤，益血脉，可增强血管弹性，降低血中胆固醇含量，防治动脉硬化	《民间验方》
杜仲茶	杜仲6g，绿茶适量	杜仲研末，用绿茶水冲服，每日2次，每次3g	补肝肾，强肋骨，降血压	《民间验方》
人参茶	茶叶15g，五味子20g，人参10g，龙眼肉30g	五味子、人参捣烂，龙眼肉切细丝，共茶叶拌匀，用沸水冲泡5min，随意饮	健脑强身，补中益气	《民间验方》
首乌松针茶	何首乌18g，松汁（花更佳）30g，乌龙茶5g	先将首乌、松针或松花用清水煎沸20min左右，去渣，以沸烫药汁冲泡乌龙茶5min即可。每日1剂，不拘时饮服	补精益血，扶正祛邪。适用于肝肾亏虚及从事化学性、放射性、农药制造、核技术工作及矿下作业等人员，放疗、化疗后白细胞减少等病人	《民间验方》

名称	茶疗方	用法	功效	来源
芝麻茶	茶叶 5g，白芝麻 30g	芝麻焙黄、压碎，用茶水冲服。每日清晨服 1 剂	滋补强身，补血润肠	《民间验方》
党参红枣茶	党参 20g，红枣 10～20 枚，茶叶 3g	将党参、红枣用水洗净后，同煮茶饮用	补脾和胃，益气上津。适用于体虚，病后饮食减少，大便溏稀，体困神疲，心悸怔忡，妇女脏躁	《民间验方》
白术甘草茶	绿茶 3g，白术 15g，甘草 3g	将白术、甘草加水 600mL，煮沸 10min，加入绿茶即可。分 3 次温饮，再泡再服，日服 1 剂	健脾补肾，益气生血	《经验方》
芝麻养血茶	黑芝麻 6g，茶叶 3g	芝麻炒黄，与茶加水煎煮 10min。饮汤并食芝麻与茶叶	滋补肝肾，养血润肺。治肝肾亏虚，皮肤粗糙，毛发黄枯或早白、耳鸣等	《醒园录》
乌发童颜茶	制首乌（切片蒸后晒干）、大生地（酒洗）、绿茶各等份	煎水取汁（忌沾铁器）服，连服三四个月。注意饮食起居，心情要愉快，忌吃各种血和鳞鱼、葱蒜、萝卜等食物	治未老先衰、青年贫血体弱。服用期间，若出现伤风咳嗽或消化不良、胆泻、大便溏薄，应暂停服用	《民间验方》
何首乌茶	绿茶、何首乌、泽泻、丹参各 10g	加水共煎，去渣饮用。每日一剂，随意分次饮完	美容、降脂、减肥	《民间验方》
慈禧珍珠茶	珍珠、茶叶适量	珍珠研细粉，沸水冲泡茶叶，以茶汁送服珍珠粉	润肌泽肤，葆青春，美容颜。适用于面部皮肤衰老等	《御香缥缈录》
葡萄茶	葡萄 100g，白糖适量，绿茶 5g	绿茶用沸水冲泡，葡萄与糖加冷水 60mL，与绿茶汁混合饮用	日常保健，有减肥、美容的作用	《民间验方》

续表

名称	茶疗方	用法	功效	来源
灵芝茶	灵芝草10g，绿茶少许	灵芝草切薄片，用沸水冲泡，加绿茶饮用	补中益气、增强筋骨，保持青春美颜	《民间验方》
消脂茶	茶叶、生姜、诃子皮各等份	先将茶叶、诃子皮加水一碗，令其沸热后，再加生姜煎服，热饮	治宿滞、减肥	《太平圣惠方》
美肤茶	绿茶末适量，软骨素1g	沸水冲泡浓绿茶一杯，将软骨素调和茶水中，经常饮用	润泽肌肤，使皮肤富有弹性	《食物补疗大典》
护眉茶	隔夜茶适量，蜂蜜少许	隔夜茶中加蜂蜜调匀，用以试洗眉面	润泽护眉，长期使用可使眉毛浓密光泽	《民间验方》
乌发茶	黑芝麻500g，核桃仁200g，白糖200g，茶适量	黑芝麻、核桃仁同拍碎，糖熔化后拌入，放凉收贮。每次取芝麻核桃糖10g，用茶冲服	乌发美容。常用可保持头发不花不白	《民间验方》
雀舌茶	雀舌茶、枸杞各等份	文火煎服	消食化积，行气，壮阳，减肥	《饮膳正要》
白糖茶	绿茶25g，白糖100g	沸水900mL冲泡，放一夜，次日1次服完	理气调经。用于月经骤停，伴有腰痛、腹胀等症	《医疗保健汤茶谱》
月季花茶	绿茶3g，月季花6g，红糖30g	加水300mL，煮沸5min，分3次饭后服。每日1剂	和血调经。用于血瘀痛经	《医疗保健汤茶谱》
凌霄茴香茶	茶树根、小茴香和凌霄花各15g	于月经来时，将前两味药同适量黄酒隔水炖3h，去渣加红糖服。月经干净后的第二天，将凌霄花炖老母鸡，加少许米酒和盐拌食，每月1次，连服3个月	用于痛经	《医疗保健汤茶谱》
芝麻盐茶	芝麻2g，盐1g，粗茶叶3g	煎好茶，加芝麻与盐，于经前3日起饮，每日5次	通血脉。治经期下腹痛，腰痛	《民间验方》

名称	茶疗方	用法	功效	来源
泽兰叶茶	绿茶 1g，泽兰叶（干品）10g	将二味用沸水冲泡，加盖闷 5min 后代茶频饮。头汁要尽快饮用，略留余汁再泡再饮，直至冲淡为止	活血化瘀，通经利尿，健胃舒气。对月经提前或延后、经血时多时少、气滞血阻、经期小腹胀痛等症及原发性痛经有效	《民间验方》
鸡冠花茶	鸡冠花 30g，茶叶 5g	共煎，随时饮用	收涩止带。适用于赤、白带，对阴道滴虫亦有杀灭作用	《民间验方》
仙鹤草茶	仙鹤草 60g，荠菜 50g，茶叶 6g	上 3 味同煎，每日 1 剂，随时饮用	止血。适用于崩漏及月经过多	《民间验方》
止血葡萄茶	红茶 2g，葡萄干 30g，蜜枣 25g	加水 400mL 共煎，煮沸 3min，分 3 次服，每日 1 剂	化瘀止血，用于功能性子宫出血	《民间验方》
益母红糖茶	绿茶 2g，益母草 200g（鲜品 400g），红糖 25g，甘草 3g	加水 600mL，煮沸 5min 即可。分 3 次温饮，每日 1 剂	活血祛淤。用于妇科盆腔炎	《民间验方》
甘麦大枣茶	小麦 30g，大枣 10 枚，甘草 6g，绿茶 6g	共煎取汁，随意饮	养心安神。用于妇女脏躁症，如精神不安、悲伤欲哭、不能自主、失眠盗汗等	《金匮要略》
胡桃仁糖茶	胡桃仁、白糖各 30g，绿茶 6g	将胡桃仁捣碎，白糖入茶水调匀，冲服胡桃仁，每日 3 次	温补肺肾，解郁平肝。用于妇女脏躁症	《民间验方》
妊娠水肿茶	红茶 10g，红糖 50g	沸水冲泡，早晚各饮 1 次，7～20d 为一疗程	开郁利气，消胀止水，用于妊娠水肿	《民间验方》

续表

名称	茶疗方	用法	功效	来源
糯米黄芪茶	糯米 30g，黄芪 15g，川芎 5g，茶 2g	上 3 味加水 1000mL，煎至 500mL，去渣即成。每日 2 次，温茶饮服	调气血，安胎，适用于胎动不安	《太平圣惠方》
苏婆陈皮茶	苏梗 6g，陈皮 3g，生姜 2 片，红茶 1g	将前 3 味剪碎与红茶共以沸水闷泡 10min，或加水煎 10min。每日 1 剂，可冲泡 2~3 次，代茶，不拘时温服	理气和胃，降逆安胎。通用于妊娠恶阻，恶心呕吐，头晕厌食，或食入即吐等	《民间验方》
利水茶	红茶 150g，红糖 150g	分 7~10 次沸水泡饮，早晚各 1 次。一般羊水在 3000mL 以上的孕妇，饮一个疗程，即 7~12d，可安全渡过产期	养血利水。用于孕妇羊水过多	《民间验方》
止呕茶	干绿茶适量	发病前，咀嚼干绿茶	治妊娠早期恶心呕吐	《民间验方》
腊茶末	腊茶末适量	调腊茶末，研成丸，茶服，自通	治产后秘塞	《妇人方》
葱涎腊茶丸	葱、腊茶适量	用葱涎调腊茶末制成丸药，服之自通	治妇女产后便秘	《妇人方》
鸡蛋蜂蜜茶	绿茶 1g，鸡蛋 2 个，蜂蜜 25g	300mL 水煮沸后加入绿茶、鸡蛋、蜂蜜，煮至蛋熟。每日早餐后服 1 次，45d 为一个疗程	用于产后调养	《民间验方》
川芎头痛茶	川芎不拘量，腊茶 5g	将川芎研末备用。每日 2~3 次，每次取川芎末 6g，加腊茶煎汤，取汁温服	补气益血，活血止痛。适用于产后头痛、气虚头痛等	《集简方》
蒲黄茶	蒲黄 100g，红茶 6g	用水煎，去渣用汁。每日 1 剂，随意饮完	活血散瘀。用于产后胸闷昏厥，恶露不下	《民间验方》
山楂止痛茶	绿茶 2g，山楂片 25g	加水 400mL，煮沸 5min 后，分 3 次温饮，加开水复泡可复饮，每日 1 剂	用于产后腹痛	《本草纲目》

名称	茶疗方	用法	功效	来源
芝麻催乳茶	绿茶 1g，芝麻 5g，红糖 25g	将 5g 芝麻炒熟研末备用。每次按配方量加水 400～500mL，搅匀后，分 3 次温服	用于妇女乳少	《本草纲目》
退奶麦芽茶	炒麦芽 60g，茶叶 5g	同煎一小碗。每日 1 剂，随时饮用	退奶回乳。运用于哺乳期过，断奶回乳	《民间验方》
伤浓茶剂	茶叶适量	茶叶加水煮成浓汁，快速冷却。将烫伤肢体浸于茶汁中，或将浓茶汁涂于烫伤部位	消肿止痛，防止感染	《民间验方》
杨梅鲜根茶油方	杨梅鲜根适量，茶油适量	前味炒至焦黑存性，研细末，加茶油和匀，涂患处。每日数次，连续数日，以愈为度	治烫伤、烧伤	《民间验方》
桃树皮茶油方	桃树皮、茶油适量	桃树皮烧炭存性，研末，调茶油敷患处	治烫伤、烧伤	《民间验方》
烫伤茶	泡过的茶叶	将泡过的茶叶，用坛盛放地上，砖盖好，愈陈愈好，不论已溃未演，搽之即愈	治烫火伤	《四科简效方》
季花糖茶	红茶 3g，月季儿 6g，红糖 30g	3 味加水 300mL 煮沸 5min，晾温，分 3 次饭后服。日服 1 剂	消肿止痛。用于跌打损伤、血瘀肿痛	《民间验方》
干茶渣	干茶渣适量	焙至微黄，撒敷伤口上	止血消炎。用于外伤出血	《民间验方》
枸杞叶茶	茶叶、枸杞叶各 500g	晒干研末。加适量面粉糊黏合，压成小方块，烘干即可。每日 4g，成人每日 2～3 次，沸水冲泡当茶饮	治跌打损伤	《民间验方》
苦参明矾茶	绿茶 25g，苦参 150g，明矾 50g	明矾研末，与前两味加水 1500mL，煮沸 15min，温洗患处。洗后药液可留用，再煮 15min 后再洗，日洗 1 剂	用于伤口化脓性感染	《民间验方》

续表

名称	茶疗方	用法	功效	来源
蒲公英茶	绿茶 25g，甘草 10g，蜂蜜 30g，蒲公英 30g	蒲公英、甘草煎煮 15min，捞出留汁，加入蜂蜜、绿茶，分 3 次服	消肿止痛。用于各类伤口肿痛	《民间验方》
米酒茶	茶末、米酒适量	共入锅内熬成膏，敷患处，每日换药 2 次	清热解毒。可用于乳痈	《民间验方》
蛇蜕茶油方	蛇蜕 9g，百草霜 3g，茶油适量	共研细末，入茶油和匀，涂患处	用于痈疽脓水不干	《民间验方》
藤黄茶	红茶 10g，藤黄 30g	同煎汁，涂患处	治丹毒	《医疗保健汤茶谱》
乌硫茶	硫黄 1g，烂茶叶 15g，乌梅 3 个	先用硫黄粉撒敷疮口，再将乌梅烧灰，与烂茶叶共为碎末，贴敷疮口，即愈	消肿去毒。用于诸毒疮久治不愈者	《保和堂秘方》
荷叶茶调散	干荷叶、茶叶适量	焙干研细末，调糊状外敷	解毒杀菌。治阴疮	《本草纲目》
苦参茶	苦参、腊茶、蛤粉、密陀僧、猪脂各等份	前四味研末和匀，用猪脂液调成糊状。每日 1 次，涂患处	杀虫敛疮。治阴疮	《本草纲目》
细茶叶	细茶叶适量	沸水冲泡，然后取其汁洗搽患处，每日数次，连续数日，以愈为度	用于毛虫螫伤发作，坚硬如肉痘。也可以用于治蜂螫伤，蜈蚣咬伤	《民间验方》
桃茎白茶	桃茎白皮 30g，茶叶适量	将桃茎白皮和茶叶用水煎，代茶饮	排毒消肿。治被狂犬咬伤初期，咬伤部位有隐痛感	《民间验方》
蛇咬伤茶	东风菜根 300g，浓茶汁 100g	将东风菜根洗净，捣取原汁，冲入浓茶，1 次服下。药渣敷伤口周围	用于蛇咬伤应急辅助治疗	《民间验方》
艾叶老姜茶	陈茶叶 25g，艾叶 25g，老姜 50g，紫皮大蒜头 2 个	大蒜捣碎，老姜切片，与茶叶共煎，5min 后加食盐少许，分 2 天外洗	消炎杀菌，用于神经性皮炎	《民间验方》

名称	茶疗方	用法	功效	来源
水牛蹄茶油糊	水牛蹄，茶油适量	水牛蹄烧存性，研细末。茶油调糊状，涂患处。每日2次，连用10日以上	治神经性皮炎	《民间验方》
芦甘蒜韭茶	芦荟、甘草、大蒜、韭菜、茶叶、醋适量	用泡过的茶捣烂敷患处，用小刀削角质层，再用芦荟、甘草调醋搽，用大蒜、韭菜捣烂敷患处	治神经性皮炎	《民间验方》
山楂茶	山楂片25g，绿茶2g	绿茶、山楂片入水同煎，煮沸5min，分3次温饮，每日1剂	抑菌散淤，用于脂溢性皮炎	《民间验方》
生黄茶油	花生壳灰、硫黄、冰片各适量，茶油少许，茶叶10g	将茶叶煎成浓汁，洗净患处，再将花生壳灰、硫黄、冰片碾碎，入茶油成糊状，涂患处，日2~3次	消炎，杀菌。用于头癣	《民间验方》
癣疮薇茶散	白薇9g，白芷6g，花椒6g，细茶叶6g，大黄15g，明矾15g，寒水石6g，蛇床子6g，雄黄3g，百部6g，樟脑3g	共研为末，用茶汁和匀捣稠状	杀虫解毒。治癣疮等	《家用良方》
木枫茶油	木鳖子、大枫子各30g，五倍子15g，枯矾5g，茶油少许	前3味共入锅置茶油中煎焦，去药渣，加入枯矾，和匀。先洗净患处，每日涂1~2次	消炎、杀菌，用于各种体癣、头癣，经久不愈的顽癣	《民间验方》
三末茶	细茶末6g，乳香和象牙末各3g，水银和木香各1.5g，麝香少许，鸡蛋、黄蜡、羊油等	前六味共为细末，和后三味调匀，搽患处	治牛皮癣	《民间验方》
密佗僧粉茶油	密佗僧粉末、醋、茶油适量	密佗僧研为细末，加白茶油调匀，涂患处	用于顽固性皮肤瘙痒	《民间验方》
竹叶茶油	竹叶、茶油各适量	竹叶烧灰，调茶油涂患处	清热消炎。用于带状疱疹	《民间验方》

续表

名称	茶疗方	用法	功效	来源
抗敏茶	乌梅、防风、柴胡各 9g，五味子 6g，生甘草 10g，水 600mL	上 5 味煎汤代茶，每日 1 剂，日分 2 次服	清热祛湿，散风止痒。适用于因风热蕴结、脾湿风毒引起的风湿疙瘩、周身刺痒、怕冷发热、骨节酸痛等症状，以及荨麻疹等过敏性皮肤病	《民间验方》
姜醋饮茶	生姜 50g，红糖 100g，醋 100g	姜切细与醋、糖水煎去渣。每次 1 小杯，温服代茶饮用，每日 3 次	健脾胃，脱敏。适用于食物过敏引起的荨麻疹	《民间验方》
柿子茶油	柿子一个，茶油少许	柿子切碎，晒干，研末，入茶油调匀。外涂患处，一日数次	消肿止痛。用于疮疖肿痛	《民间验方》
花椒韭菜茶	干花椒 15g，鲜韭菜 50g，茶油适量	共捣烂，入茶油调匀，搽患处。每日 1 次，2~3 次即愈	消毒杀菌。用于治疥疮	《民间验方》
五倍子冰片茶	绿茶、五倍子各等量，冰片少许	共研末，洗净疮面敷上。每日一次	治黄水疮	《民间验方》
空心茶油	空心茶、茶油各适量	空心茶取叶，切碎，置新瓦上烧焦，研末，入茶油搅至油膏状，收贮。患处用茶水洗净，擦干，涂油膏，日 2~3 次	清热解毒。用于疮疖等病	《民间验方》
银花露茶	金银花 500g，青茶 20g	将上药加水 1000mL，浸泡 2h，放入蒸馏锅，同时再加适量水进行蒸馏，收集初蒸馏液 1600mL；再蒸馏 1 次，收集 800mL；进行过滤分装，灭菌即得。每次饮 50mL，每日 2 次	消热，消暑，解毒。用于防治暑疖	《本草纲目拾遗》
菖芎茶	茶叶、京菖蒲各 3g，粉丹皮、川芎各 5g	沸水冲泡，随意饮	解毒、活血。用于中耳炎	《民间验方》

名称	茶疗方	用法	功效	来源
参须茶	茶叶 3g，参须 3g，京菖蒲 3g	沸水冲泡，随量饮，每日 1 剂	用于耳鸣	《民间验方》
芽茶饮	芽茶、白芷、附子各 3g，细辛、防风、羌活、荆芥、川芎各 1.5g，盐少许	将以上各味加盐少许，清水煎服	治目中赤脉	《沈氏遵生方》
神清茶	茶叶适量	食后清茶送下	治生翳膜	《银海精微》
苍耳子茶	苍耳子 12g，辛夷 15g，香白芷 30g，薄荷叶 1.5g，茶叶 2g	共研末、晒干，每服 6g，加葱白，用清茶送下	治鼻渊（鼻炎）、鼻塞、流涕不止	《重订严氏剂生方》
辛夷茶	辛夷 22g，苍耳子 15g，白芷 10g，甘草 4g，陈茶叶 5g	水煎服，每日 1 剂，分 2 次服	祛风止疼。用于治鼻窦炎	《民间验方》
茶花末	茶花适量	焙干研末，吹鼻	主治鼻流血不止	《民间验方》
七味茶	鲜鸭梨（去核）、柿饼（去蒂）各 1 个，鲜藕（去节）500g，鲜荷叶（去蒂）1 张，鲜白茅根 30g，去核红枣 10 枚，绿茶 5g	将上七味洗净，加水浸过药面，煎成浓汁即可。每日 1 剂，不拘时饮服	清热养阴，凉血止血。适用于鼻出血、咯血、胃溃疡呕血、便血，尿血等出血症	《民间验方》
喉症茶	细茶 15g（清明前者佳），黄柏 15g，薄荷叶 15g，煅硼砂 10g	各研极细，取净末和匀，加冰片 1g 吹喉	治各种喉肿、喉炎、喉病	《万氏家抄方》
开音绿茶	上等绿茶适量	沸水冲泡饮用	清热利咽。用于咽喉炎症	《民间验方》
百日咳茶	贯叶蓼干品 30g，绿茶 5g，冰糖适量	贯叶蓼炒后，加冰糖、茶叶用水煎汁，随意饮用，日服 1 剂	清肺化痰，解痉止渴。用于小儿百日咳	《民间验方》
采福茶	莱菔子 15g，绿茶 2g，白糖适量	莱菔子焙干研粉，与茶叶一起用开水冲饮，可加入适量白糖	下气定喘，消食化痰。用于百日咳、慢性支气管炎	《民间验方》
黄豆芽茶	黄豆芽 90g，生车前草 30g，陈茶叶 1.5g，冰糖 60g	前三味先冷水煎熬，加冰糖后再煮三沸，使糖溶化。一岁上下每次服 6~12g，每日 4 次；至 5 岁每次服 15g；6~10 岁，每次 18g	治小儿百日咳	《民间验方》

续表

名称	茶疗方	用法	功效	来源
乳茶	云南绿茶 1g	绿茶研细末，分 3 次，乳汁调服，连服 3~5d	清热、消食、止泻。用于婴幼儿腹泻	《民间验方》
孩儿茶	孩儿茶适量	将孩儿茶研细，口服。1 岁左右每次服 0.15g，2 岁以上服 0.2g，每日 3 次	清热、消食。用于小儿消化不良	《民间验方》
化积茶	山楂 15g，麦芽 10g，莱菔子 8g，大黄 2g，茶 2g	全置放杯中，开水冲泡，每日 1 剂，随时饮用	消食化积。适用于小儿食积、消化不良症	《民间验方》
驱虫消积茶	茶叶 15g，食盐 3g，雷丸、三棱、白砂糖各 15g	共研末和匀，调为丸。每次 3g，白开水送服	杀虫。治虫积、虫胀	《串雅补》
化食茶	红茶 500g，白砂糖 500g	红茶加水煎煮。每过 20min 取煎汁 1 次，加水再煎，共取煎汁 4 次。混合煎汁，以小火煎煮浓缩至较浓时，加白砂糖，调匀；再煎熬至用铲挑起时呈丝状而下粘手时，熄火，趁热倒在表面涂过食油的大搪瓷盆中，待稍冷，将其分割成块状（每块 10~15g）即可。每日 3 次，每次 1~2 块，饭后含食，或用开水嚼化送服	化食消滞。适用于消化不良、胃胀饱不舒等症	《偏方大全》
车前米仁茶	炒车前子、炒米仁各 9g，红茶 1g，白糖或葡萄糖少许	前 3 味共研细末，以白开水调服；或前 3 味加水 1 汤碗，煎至半碗，去渣滤汁，加入少许葡萄糖或白糖作调味即可；也可将前 3 味研末，以沸水冲泡 15min，加入少许葡萄糖或白糖即成。粉剂：每日 2 次，每次 3g，用白开水调服，3 岁以下儿童用量减半。汤剂：每日 2 剂，不拘时温服，3 岁以下酌减	健脾化湿，止泻。适用于小儿泄泻、水泻	《民间验方》
透疹茶	甘蔗、荸荠、胡萝卜各 100g，茶叶适量	前 3 味共煎，小火煮 15min，入茶叶，放温饮用。每日 1 剂，随意饮	清热养阴，生津润燥。用于小儿麻疹	《民间验方》

名称	茶疗方	用法	功效	来源
二胡茶	胡萝卜100g，胡荽60g，茶叶少许	前2味切碎，加水煎汁，加茶叶，随时饮用	发汗透疹，健脾化湿。适用于水痘初起，邪毒欲发不出	《民间验方》
倍蛋茶	烂茶叶、五倍子等份，鸡蛋少许	前2味共研细末，用鸡蛋清调匀，敷患处	收敛、消炎、杀菌。用于小儿痘疹	《民间验方》
茶油	茶油适量	茶油直接涂患处	清热解毒、消肿止痛。用于小儿湿疹	《民间验方》
末茶	茶叶末适量	先将茶叶末煎水，趁热洗婴儿皮肤红肿溃烂处，再用茶叶末直接敷患处	用于婴儿湿疹	《民间验方》
萝卜香菜茶	胡萝卜120g，香菜100g，荸荠50g	三味洗净加水煎汤代茶饮	治小儿麻疹热毒	《偏方大全》
葱须苦茶	苦茶10g，葱须2根	水煎，日分2次服	用于小儿惊风	《民间验方》
葱须茶	茶叶、葱须适量	水煎煮服	治小儿无故惊厥	《孺子方》
白僵蚕茶	绿茶0.5g，白僵蚕、甘草各5g，蜂蜜25g	将白僵蚕与甘草加入400mL水中煮沸10min，加入绿茶与蜂蜜即可，分3~4次，徐徐饮下。可加开水再泡再饮，每日1剂	用于小儿急慢性惊风	《民间验方》
木芙蓉花茶	绿茶1g，鲜木芙蓉花10g，蜂蜜25g	木芙蓉花加水400mL，煮沸5min后加入绿茶和蜂蜜即可。分3次温服，每日1剂	用于小儿惊风	《民间验方》
盐蛋茶	茶叶8g，食盐3g，鸡蛋2个	将茶、蛋共煮8min，将蛋壳打破，加盐再煮10~15min，取蛋去皮食	主治小儿夜间遗尿	《民间验方》
鲫鱼茶	茶叶10g，鲫鱼1条	将鱼内脏取出，鱼腹中放入茶叶，清蒸后连汤服下，不要加盐	用于小儿肾炎	《民间验方》

续表

名称	茶疗方	用法	功效	来源
陈茶	陈茶（越陈越好）适量	把茶叶嚼烂，捏成小饼，贴于小儿脐上，外用棉被盖上扎好	安神，止小儿夜啼	《民间验方》
姜糖神曲茶	生姜2片，神曲半块，食糖、茶叶适量	共加水煎煮，随时饮用	健脾止涎，用于小儿流涎	《民间验方》
小儿消暑茶	鲜荷叶、苦瓜叶、丝瓜叶各10g，茶叶适量	共加水煎汁，随时饮	清热、祛暑，适用于小儿暑热症	《民间验方》

好的茶疗方具有较高的保健作用，而另一方面如何饮茶也是一门重要的学问。从中医来看，茶叶寒热温凉性味有差异，春夏秋冬有四季之分，因此不同季节应该进行选择性茶疗，用对方子才能起到事半功倍的效用。春季，"内热积贮"，应注意驱寒御邪，扶阳固气，因此，春天宜饮含有鲜花的茶疗方。花茶香气浓烈，香而不浮，爽而不浊，具有理气、开郁、祛秽、和中的作用，促进机体阳气的生发，并能振奋精神，消除春困。夏天，属热，赤日炎炎，气候闷热，出汗甚多，造成水、电解质平衡紊乱，因此必须要补充大量水分。此时宜喝含有绿茶等性味苦寒的茶疗方，其清鲜爽口，具有清暑解热、生津止渴和消食利尿等作用。秋天，属凉，有萧杀之象，空气渐渐干燥，人们感觉皮肤、鼻腔、咽喉干燥不适。此时宜喝清淡、平缓的茶疗方（如普洱茶疗方等），秋凉饮之，可以润肤、除燥、生津、润肺、清热、凉血。冬天，属寒，天寒地冻，寒气袭人，人的机体处于收敛状态，新陈代谢迟缓，容易罹患"寒病"。此时宜饮红茶疗方。这种茶，叶红、汤红，醇厚干温，滋养阳气，增热添暖，可以加奶、加糖，芳香不收，还可以去油腻、舒肠胃。

六、现代茶药品

随着茶及茶多酚药理功能的发现，茶药品、保健品的开发引起人们广泛的关注。近年来，以茶加其他中药材配伍而成的茶药品、保健品成为茶叶终端产品研究的一个新方向。目前已有多项产品获批准文号，以"心脑健"为主的茶药用产品已正式用于临床，保健品"茶奕宝""东茶宝""茶爽"等品牌的消费者数量也在大量增加。这些现代茶药品的主要功效成分以含茶多酚的最多；在保健功能中，以减肥和降脂类的最多。

目前，国内外通过临床试验并已获准使用的茶药品代表性产品主要有：中国的"亿福林"心脑健胶囊、"天力体保"心脑健胶囊、"可立宁"心脑健胶囊、复方心脑健片、茶色素胶囊、复方茶多酚漱口液等；德国的Veregen®、美国的Teagreen、日本的克菌清及匈牙利的茶多酚保肝药等。

第二节　现代茶养生食品

一、功能食品的概念

国内外对功能食品（functional food）的定义不尽相同，欧美将其定义为"一种可以令人信服地证明对身体某种或多种机能有益处，有足够营养效果改善健康状况或能减少患病的食品"。日本将其定义为"强调其成分对人体能充分显示机体防御功能、调节生理节律以及预防疾病和促进康复等有关身体调节功能的工程食品"。我国通常将功能食品称为保健食品，是指具有特定保健功能的食品，即适用于特定人群食用、具有调节机体功能、不以治疗疾病为目的的食品。由此可见，功能食品主要是欧美、日本对能够改善身体健康状况或减少患病的食品的一种称谓，国内更多的是对保健食品的定义。

功能食品是指具有营养功能、感觉功能和调节生理活动功能的食品。它的范围较广，包括：补充人体营养（维生素、矿物质等）的食品，增强人体体质（增强免疫能力、激活淋巴系统等）的食品，防止疾病（高血压、糖尿病、冠心病、便秘和肿瘤等）的食品，恢复健康（控制胆固醇、防止血小板凝集、调节造血功能）的食品，调节身体节律（神经中枢、神经末梢、摄取与吸收功能等）的食品和延缓衰老的食品。

GB 16740—2014《食品安全国家标准　保健食品》将保健食品定义为"声称并具有特定保健功能或者以补充维生素、矿物质为目的的食品。即适用于特定人群食用，具有调节机体功能，不以治疗疾病为目的，并且对人体不产生任何急性、亚急性或慢性危害的食品"。我国的保健食品是通过了国家食品药品监督管理总局批准的功能性食品。

由此可见，功能食品与保健食品的本质相同，均属于食品，但适用人群范围和摄取量有微小的差异。功能食品是有一定特殊功效的食品，是普通人可以日常适量摄取的食品，如普通膳食营养补充剂；而保健食品更倾向于特殊人群定量摄取的食品：前者包含后者。

功能食品经历了三代的发展。第一代功能性食品是根据基料的成分推断产品的功能，没有经过验证，缺乏功能性评价和科学性。第二代功能性食品是指经过动物和人体实验，证实其确实具有生理调节功能。第三代功能性食品是在第二代功能性食品的基础上，进一步研究其功能因子结构、含量和作用机理，保持生理活性成分在食品中以稳定形态存在（图7-1）。

图7-1　功能食品与保健食品的区别与联系

二、功能食品的分类

功能食品的产品可以按照多种形式来分类。

（一）按照消费群体方式分类

按照消费群体方式可以将功能食品分为营养功能性食品、专用功能性食品、防病功能性食品三类（图7-2）。

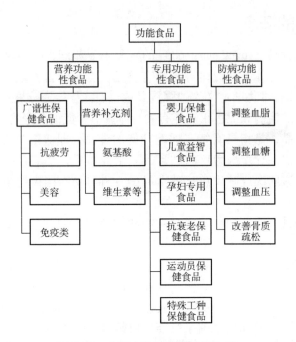

图7-2　功能食品按消费群体分类

（二）按照食物种类方式分类

按照食物种类方式可以将功能食品分为软饮料、乳制品、谷类及烘焙食品、糖果、休闲食品等，其中软饮料和乳制品是占比最大、发展较快的两个大类。

功能性软饮料，又称健康饮料，通常指通过调整饮料中营养素的成分和含量比例，在一定程度上调节人体功能的饮料。分为营养素饮料、运动饮料和其他特殊用途饮料三类。按照类别分为多糖类饮料（含有大量膳食纤维，可调节肠胃功能，缓解和治疗便秘，具有整肠功能），维生素饮料（补充人体所需维生素），矿物质饮料（补充所需铁、锌、钙等矿物质，增强人体体质，抗疲劳），运动类饮料（针对运动员及锻炼人群及时补充电解质，使运动后体液达到平衡状态），益生菌饮料（改善肠道功能，帮助消化），免疫类饮料（增强人体免疫功能，抗感染，增强排毒能力），低能量饮料（针对肥胖等亚健康人群，调节膳食结构，增强抵抗力）等。近两年来功能性软饮料逐渐受到消费者喜爱，中国逐渐成为功能性饮料的消费大国。代表产品有红牛、脉动、农夫山泉尖叫、健力宝A8、佳得乐、娃哈哈启力、宝矿力水特等。

功能性乳制品，是指天然的原料乳或以原料乳为载体进行后续的加工（如脱脂、发酵、添加植物甾醇等），以促进或改善某些或全部消费者身体健康的乳类产品。其具有调整肠道菌群、免疫调节、抗菌、抗滤过性病毒、抗癌、抗炎等生理活性。功能性乳制品可分为基础性功能乳制品（如液体乳、发酵乳、干酪、冰淇淋等），对乳成分进行调整、具有附加值的产品（如无乳糖产品、强化奶粉、强化乳制品等），已经被证实有益健康的功能性乳制品（如具有特定功能的乳制品、强化乳源性成分产品，代表产品有养乐多、伊利每益添、蒙牛冠益乳等）。

功能性谷物及烘焙食品，代表性产品为百事旗下的 Quaker 麦片，具有降低胆固醇、降低心脏病发病概率的功效。此外，法国 Meadow 烘焙公司已经推出一系列低碳食品，其口味和正常产品相差无几，但产品卡路里超低。法国烘焙公司 Paul 采用了富含 $\omega-3$ 的亚麻油制成 "Lin – dispensable" 面包，作为功能食品在法国销售，来迎合法国消费者对健康生活方式的追求。比利时 Puratos 公司推出的 Puravita 系列健康烘焙原料，其中有 Puravita $\omega-3$ & $\omega-6$、Puravita fibers & Vitamins、Puravita Acai Energy 等，均从功能性平衡膳食类和营养强化类予以创新。

功能性糖果代表性产品为 Snickers 士力架，能够快速补充能量。此外还有 Power Bar & Gel 能量快速补充食品等。

（三）按功效方式

按功效方式可将功能食品分为两大类，一类是为提高身体某项机能，如补充能量；一类是降低患病风险，如改善肠道消化功能、降低胆固醇、强化骨骼等。功能性食品之所以具有一定功效是因为食品本身或加工过程中加入了特定营养成分。功能性食品中含有的成分很多，潜在功效也不尽相同，表 7 – 2 简单列举了部分功能性食品成分及其功效。

表 7 – 2　　　　　　　　　　功能性食品成分及其功效举例

成分	潜在功效
番茄红素	降低前列腺癌患病风险
茶多酚	降低患癌风险、抗衰老、降脂减肥等
大豆异黄酮	降低心血管疾病患病风险，降低胆固醇
乳酸杆菌	助消化，改善肠道菌群
维生素 C、维生素 E	抗氧化
咖啡碱	兴奋、减肥
β – 胡萝卜素	抗氧化、降低患癌风险等

三、茶功能食品

（一）茶功能食品概况

世界上茶叶饮料的消费量仅次于水，远远高于啤酒、咖啡、碳酸饮料和葡萄酒。近年来，随着社会发展，饮食文化的改变、环境的变化导致了疾病模式的改变，生命科学的发展和进步促进了保健功能食品的发展。就我国来说，2003 年保健功能食品销售额达 60 亿元，2009 年销售额已达 134 亿美元，且还在逐年增加。2004—2014 年在国家食品药品监督管理总局批准注册并在网站上予以公布的茶功能食品共 196 个，且茶保健食品的注册增加速度高于保健食品注册总数，可见其发展的热度之高。就部分地区来看，北京和广东省注册产品数十年间占了全国批准产品总量的40.82%。

目前，茶叶功能食品中茶的添加形式主要是茶叶和茶叶活性提取物两大类。茶叶主要以茶粉或茶汁的形式添加。茶叶活性提取物可分为主要功能成分（包括茶多酚、茶多糖、茶氨酸、茶色素、茶皂素、咖啡碱、茶膳食纤维等）和次要功能成分（包括茶蛋白、维生素、脂肪、微量元素、挥发性芳香物质、γ-氨基丁酸等）两个方面。茶叶功能食品中添加的茶叶活性提取物主要指茶多酚、茶多糖、茶氨酸、咖啡碱、茶色素等，其他功能成分虽也有一定研究，但由于其在茶叶中含量较低，提取制备较困难，导致其开发利用价值较低，开发利用相对较少。

2004—2014年期间，我国约70.92%的茶叶功能食品中直接添加茶叶，29.08%的产品中添加茶叶活性提取物，其中以绿茶提取物最多（周继红，2015）。由此可见，国内茶功能食品原料仍以茶叶占主导，特别是绿茶，而添加茶叶提取物的茶功能食品比例较小；但是，茶功能食品的开发必将逐渐从传统原料向活性提取物利用转变。

从近两年数据来看，茶功能食品产业总体规模相对较小，产品数量较少，缺乏创新，除茶多酚外，其他茶叶提取物应用较少，科技含量不高。从茶功能食品的保健功效来看，目前单一功效的茶功能食品占到84.69%，其功能主要为辅助降血脂、减肥、增强免疫力、通便和缓解体力疲劳。随着现代生活节律的加快，生活压力的增加，免疫力下降、心脑血管疾病、肥胖、代谢综合征等发生率逐年攀升，茶功能产品在这些方面的功效使其具有强大的发展潜力和前景，具有多种保健功效的茶饮料、茶食品必将受到青睐。

（二）茶功能食品产品

茶功能食品可分为三大类，一类是以茶叶为原料，经现代工艺技术提取茶活性成分用以加工调配的茶功能产品；另一类是从茶叶源头入手，通过育种、栽培管理、基因工程、加工技术等手段定向提高或者降低茶叶中某种功能性成分的含量，强化茶叶的保健功能，开发的新型茶功能产品；第三类为以茶叶为原料，通过接种微生物发酵开发的茶生物制品。

1. 基于茶叶活性成分提取物的茶功能产品

茶多酚是茶叶中含量最丰富、最具特征性的次生代谢产物，是茶叶中多酚类化合物的总称，包括黄烷醇类、黄酮及黄酮苷类、花青素和花白素类、酚酸和缩酚酸类等。茶树各器官中都含有茶多酚，但主要集中在嫩叶和芽中。茶多酚在茶叶中约占干物质总量的18%~36%，主要为黄烷醇（儿茶素）类，约占多酚类总量的80%。茶多酚无毒副作用，无异味；具有较强的抗氧化、清除自由基活性；在降脂减肥、抗衰老、防癌抗癌、防治心脑血管疾病等方面具有一定功效；具有较好的杀菌、抗病毒、解毒等作用（如解蛇毒）。因此，国内外许多保健食品（片剂、胶囊、含片、糕点、油脂等产品）或膳食补充剂中添加茶多酚，将其作为茶功能食品添加剂来使用。产品主要有左旋肉碱茶多酚减肥产品、茶多酚减肥茶、茶多酚功能饮料、茶多酚速溶粉、含茶多酚防龋高级儿童牙膏、健齿牙膏、茶多酚防龋齿口香糖、茶多酚漱口水等。

茶多糖是具有生物活性的高分子化合物，常与蛋白质结合形成酸性多糖或酸性糖蛋白。其蛋白部分主要由约20种常见的氨基酸组成；糖部分主要由阿拉伯糖、木糖、岩藻糖、葡萄糖、半乳糖等组成；矿质元素主要由钙、镁、铁、锰等元素组成。茶多糖一般为水溶性多糖，含量因茶类、茶叶产地、品种、等级、海拔等不同而不同。茶多糖一般在红茶中含 0.40% ~ 0.80%，在绿茶中含 0.81% ~ 1.41%，也有较高的含4.17% ~ 6.35%；在乌龙茶中含 2.36% 左右；在普洱茶中含 1.09% ~ 4.00%。茶多糖在降血糖、防治糖尿病、降血脂、抗动脉粥样硬化、降血压、抗凝血、抗血栓、防治心血管疾病等方面具有一定的保健作用。一些企业针对茶多糖的保健功效，开发出多种具有降血糖、降血压、降血脂、增强免疫力、升白、抗辐射、增加冠脉流量、增强耐缺氧、抗炎等功效的降糖茶、功能性茶饮料等。

茶氨酸是日本学者酒户弥二郎于 1920 年首次从玉露茶中分离得到并命名的，它是茶叶中的一种特有氨基酸，占茶叶干重的 0.4% ~ 3.0%，占茶叶 26 种游离氨基酸总量的 50% 以上。茶氨酸是茶叶的重要滋味因子，具有焦糖的香味和类似味精的鲜爽味，能缓解茶的苦涩滋味，增强甜味。且因茶氨酸安全、无毒，1960 年日本就将其列为食品添加剂。1985 年美国 FDA 将其定为一般公认安全物质（GRAS），无使用限量。经数十年的研究发现，茶氨酸具有多种保健功能，如抗抑郁、抗焦虑、镇静安神、增强免疫力、松弛神经、增强记忆、保肝护肾、预防经前综合征等作用（Du 等，2005）。因此，茶氨酸既可用作茶饮料的品质改良剂，缓冲咖啡碱的苦味和茶多酚的苦涩味，改善茶饮料的品质和风味；也可用来制作功能性茶饮料或者新型休闲食品的添加剂。目前，日本、美国、欧洲已经开发出数十种茶氨酸功能产品，如利用茶氨酸具有增强脑中 α 波强度的作用，被用于一些益智食品中，以增强记忆力、提高学习效率；利用茶氨酸的松弛效果，用于开发改善睡眠作用的茶氨酸产品等。目前国内外也有一些添加茶氨酸的普通食品，如烘焙点心、冷冻点心、糖果、饮料、巧克力、果冻、布丁、口香糖、保健茶和各种茶饮料等。

茶叶色素包括茶鲜叶及成品茶中所包含的水溶性色素和脂溶性色素（叶绿素、叶黄素和类胡萝卜素）两种。其中水溶性色素有两个来源，一是鲜叶中的天然色素、花青素和花黄素等；二是成品茶加工中形成的色素，这类色素是茶多酚类物质及其衍生物经氧化聚合形成的产物，主要有茶黄素、茶红素、茶褐素等物质。目前对茶黄素、茶红素两类色素研究报道较多，对茶褐素类物质近年来也有了相关研究报道。现代科学研究表明，茶色素具有防治心脑血管疾病的能力，可预防和治疗心血管疾病，如高脂血症、脂代谢紊乱、脑梗死等疾病（Liu 等，2002）。茶色素中的茶黄素和茶红素具有较高的色价，以及较高的生物活性，已经作为健康、高效的天然食用色素，正在逐步取代对人体健康有害的合成食用色素，被广泛应用于食品、医药等领域。目前，国内外以茶色素为主要功能成分开发的新型食品有片剂、软胶囊、口香糖、奶茶、保健茶、功能性茶饮料等，如中国农业科学院茶叶研究所率先开发出以高活性茶黄素为主要功能成分的新型食品茶黄素片。

茶皂素研究始于 1931 年青山新次郎的首次分离，至今有近 80 多年的历史。茶皂素是一类较复杂的苷类衍生物（又称茶皂苷），属于三萜皂苷中的齐墩果烷型，由配基和糖体两部分组成。茶叶皂苷的茶皂素具有降低胆固醇、溶血、抗菌、表面活性剂等作用，广泛应用于建材、日用、化工、食品、农业、医药等领域。在食品行业，茶皂素主要应用于啤酒发泡稳定剂（张建勇，2011）。

咖啡碱，又名咖啡因，是茶叶中最主要的生物碱，占茶叶干重的 1%～5%，普洱茶中咖啡碱含量一般在 3%～4%。它不仅是构成茶汤滋味的重要组分，而且具有兴奋中枢神经，消除疲劳，助消化，减弱酒精、烟碱、吗啡等物质毒害，增加肾脏血流量、利尿、解毒、平喘等功效（吴录萍，2004）。现代科学研究认为，咖啡碱低剂量时有利于人体机能更好地发挥，而高剂量时可对人体产生毒害。咖啡碱作为食品添加剂，主要用于可乐型饮料和含咖啡因的饮料。另外，咖啡碱与茶多酚对人体的防癌抗癌作用有协同作用。因此，利用咖啡碱的功能开发新型功能性食品时必须严格控制产品中咖啡碱的含量。

茶蛋白、γ-氨基丁酸、维生素、脂肪、微量元素、芳香物质等茶叶次要功能成分虽然功效相对不够显著，提取制备较困难，开发利用价值相对较低，但是仍然可以用来开发合适的新型食品，增加产品的多样性和丰富性。

茶蛋白一般占茶叶干物质重的 20%～30%，绝大多数不溶于水，只有 1%～2% 为水溶性蛋白。谷蛋白、白蛋白、球蛋白和精蛋白等非水溶性蛋白难以直接被人体消化吸收，因此，茶蛋白的研究开发进展比较缓慢。李燕等研究了茶蛋白防辐射的效果发现，茶蛋白具有清除超氧阴离子的功效，对预防放射治疗时引起的致突变效应有保护作用。茶蛋白中氨基酸组成丰富、合理，含有人体必需氨基酸。茶蛋白经适当改性，有望成为消化吸收性较好的防辐射新型食品、饲用蛋白源、食用乳化剂、胶凝剂等产品。

γ-氨基丁酸是一种天然活性成分，也是目前研究较为深入的一种重要的抑制性神经递质，参与人体多种代谢活动，具有很高的生理活性，广泛分布于动植物体内，也是茶叶的多种氨基酸组分之一。γ-氨基丁酸在茶树中含量极低，一般占茶叶干物质的0.025%～0.300%，因此，提取制备较困难，其终端产品较少。

维生素具有防止坏血病、抗氧化、抗癌等功效，占茶叶鲜重的 0.6%～1.0%。微量元素以氟、锌、硒等为主，具有抗氧化、抗癌、预防龋齿、提高免疫等功效。芳香物质是茶叶中含量低而种类多的挥发性物质的总称，其香味取决于芳香物质的组分和含量。具有清香和新茶香的主要成分为正己醇、异戊醇、反式青叶醇等物质，可提取出来作为饮料、糕点等食品的天然香料成分。有香甜玫瑰香气的香叶醇、百合花或玉兰花香气的芳樟醇和有特殊气味的正辛醇，均具有较高的抗菌活性，可防止食品变质，这些都可以用来开发新型食品添加剂。

2. 基于茶叶品质改良的茶功能产品

（1）富硒茶　人类发现硒始于 1817 年，经历了一个半世纪后人类才对硒的营养保健作用有所认识。1973 年联合国卫生组织宣布硒是动物生命中必需的微量元素（于观亭，1997）。国内外大量临床实验证明，人体缺硒可引起某些重要器官的功能失调，导致许多严重疾病发生，如克山病、大骨节病、癌症、儿童智力低下、老年痴呆、缺血性心脏病、心血管疾病、高血压、白内障、甲状腺肿大、免疫缺失、视网膜斑点退化、肌营养不良、关节炎以及人体衰老等。现代研究表明，硒主要具有抗氧化、抗衰老，保护、修复细胞，提高红细胞的携氧能力，提高人体免疫能力，解毒、排毒，防癌、抗癌六大保健功效。硒与维生素 E、大蒜素、亚油酸、锗、锌等营养素还具有协同抗氧化的功效，增加抗氧化活性。

中国茶几乎都含硒，变幅为 $0.017 \sim 6.590 \text{mg/kg}$（翁蔚等，2005）。茶树是一种吸收、富集硒元素能力很强的植物。茶树通过生物富集和转化作用，能把非生物活性和毒性高的无机硒转化为安全有效、毒性低的有机硒。在众多富硒农产品中茶叶具有一定优势，茶树的利用部位——叶片是硒积累的主要器官（含硒量以老叶最多）。茶叶中的硒主要以有机态形式存在，有机硒占硒总量的 80%，利于人体吸收。茶叶加工过程对茶叶含硒量几乎没有影响，鲜叶加工为成茶，硒的含量变化仅为 $\pm 0.1\%$。因此，茶叶是理想的补硒资源。硒元素含量远高于其他茶叶的茶被称为富硒茶。

硒摄入并非越多越好。中国营养学会提出每日允许摄入量（ADI）为 $50 \mu\text{g}$，中国医学科学院克山病研究所认为 ADI 为 $50 \sim 150 \mu\text{g}$，国际硒学会提出成人 ADI 为 $60 \mu\text{g}$，美国国家科学院食品营养委员会认为成人 ADI 为 $50 \sim 200 \mu\text{g}$（陈宗懋，1988）。日本东京大学和田攻认为食品中含硒 2.0mg/kg 为危险水平，含硒 5.0mg/kg 为中毒水平（陈宗懋，1988）。针对富硒茶标准，1982 年我国程静毅等提出含量大于等于 5.00mg/kg 的茶为高硒茶，$0.35 \sim 5.00 \text{mg/kg}$ 为富硒茶，$0.10 \sim 0.35 \text{mg/kg}$ 为中硒茶，低于 0.10mg/kg 为低硒茶（程良斌，2001）。随后又有多重不同划分，直至 2002 年农业部颁布了 NY/T 600—2002《富硒茶》行业标准，规定富硒茶含硒量范围为 $0.25 \sim 4.00 \text{mg/kg}$。

影响茶叶含硒量的因素很多，主要有茶树品种、茶树部位、采摘季节、土壤类型、施肥时间与方式、施硒量及采摘鲜叶标准与时间等。茶树品种是影响茶叶含硒量的内部因素，也是影响茶叶含硒量的首要因素。同一地区不同茶树品种的茶叶含硒量差异很大。沙济琴等（1996）研究表明，在相同条件下，不同茶树品种的鲜叶含硒量相差可达 4 倍多，如福安社口品种园中的铁观音与黄旦含硒量相差达到 3.6 倍，安溪县茶科所各品种间含硒量的差距最高可达 1.5 倍。因此，筛选富硒能力强的茶树品种可提高茶叶硒含量。

在不施硒肥的情况下，茶叶中的硒主要来源于土壤，土壤含硒量及土壤类型对茶叶硒的含量影响较大。中国茶区土壤高硒地区主要有湖北恩施、陕西紫阳、安徽石台大山村（富硒村）及贵州开阳、四川万源、江西丰城等地，这些茶区已形成中国富硒茶生产地带。比较有名的富硒茶有：湖北恩施富硒茶（恩施被誉为"世界硒都"，其代表性产品如恩施玉露），陕西紫阳富硒茶（如紫阳翠峰），贵州六盘水富硒茶（如银剑）等。沙济琴等（1996）对土壤有效态硒及土壤类型与鲜叶含硒量的相关性进行研究，结果表明土壤有效态硒含量与茶叶硒含量显著相关，是影响茶叶含硒量的主要因素之一；同一品种在不同类型土壤的含硒量也不同，顺序为：红黄壤＞砖红壤性红壤＞红壤＞酸性紫色土＞潮土＞褐土＞棕壤土。

施硒肥是提高茶树鲜叶硒含量的有效途径，主要通过土壤施硒或茶树喷硒的方式进行。土壤适量施硒对茶树生长有促进作用，也可达到富硒的目的。叶面喷硒后可明显提高茶叶硒含量。颜玉华等（2002）研究表明，茶树叶面喷施 Na_2SeO_3，鲜叶硒含量可比对照高 7.6 倍。

除了市场上的各类富硒成品茶外，近年来还出现了各类以富硒茶为原料开发的新产品，如应用微胶囊技术、超细粉碎技术和微波干燥技术制成的富硒袋泡红茶、富硒袋泡花旗参绿茶、富硒袋泡冰茶等袋泡茶，及富硒可乐、富硒酒、富硒茶粉等（吕心泉等，1999）。

（2）低咖啡碱茶　茶叶含有咖啡碱、茶叶碱和可可碱等生物碱类化合物，其中咖啡碱含量最高，占茶叶干重的 2%～4%，是茶叶重要的风味物质及生理活性特征成分。人们通过日常饮茶摄入适量咖啡碱，可兴奋中枢神经、使心率加快、促进血液循环、利尿、提神醒脑、抗疲劳等。然而，当咖啡碱一次摄入量超过 0.01g 时，部分敏感人群、孕妇、儿童、心脏病及神经衰弱患者会产生不适症状。20 世纪 60 年代，还曾有咖啡碱可能致癌、致突变，诱发多动症，抑制十二指肠钙吸收而导致中老年人骨质疏松甚至骨折等的报道。因此，开发各类低咖啡碱茶引起研究者的广泛兴趣。

低咖啡碱茶是指在茶叶生产过程中，采取各类咖啡碱脱除手段，使茶制品中的咖啡碱含量降低至一定水平而制成的茶叶精深加工产品。研发低咖啡碱茶的目的在于满足特殊人群的茶叶消费需求，并保障他们的饮茶安全性。

近年来国内外对低咖啡碱茶及相关制品进行了大量的研究，归纳起来主要集中在茶叶脱咖啡碱技术和降低咖啡碱在茶树中的生物合成与积累两方面。

国内外脱除茶叶咖啡碱的方法主要有热水浸提法、有机溶剂法和超临界流体萃取法。对低咖啡碱茶产品的研究主要针对脱咖啡碱传统茶和脱咖啡碱速溶茶两类产品。脱除传统茶叶中咖啡碱的方法主要有热水浸提法、超临界 CO_2 萃取法和升华法。脱咖啡碱速溶茶的研究多集中在采用二氯甲烷（大须博文和竹尾忠一将乌龙茶液用硅藻土吸附，用二氯甲烷洗脱，可去除 99.8% 的咖啡碱）、三氯甲烷、植物油提取（Saeed 和 Husaini 等将茶提取液与玉米油在 80℃ 条件下逆流混合，真空蒸馏，脱除了 95% 咖啡碱）、真空蒸馏法、单宁沉淀法和吸附剂洗脱法（大颗粒活性炭加入 0.1% 月桂酸成膜，可脱除 82.22% 咖啡碱）、超临界萃取（Vitzthum 和 Hubert 采用二氧化碳超临界法使得茶叶中的咖啡碱含量降低到 0.07%）去除茶叶中的咖啡碱。超临界 CO_2 萃取法的优点是咖啡碱脱除率高，基本上保持了茶叶原有的品质风味；缺点是设备投资大，生产成本高，目前在我国推广还有一定的困难。

从茶树栽培和育种学的角度降低咖啡碱在茶树中的生物合成与积累可以从根本上降低茶叶咖啡碱。目前相关研究主要有：①通过常规育种方法筛选低咖啡碱茶树新品种或品系，如杨亚军对云南、贵州、广东等地的大量茶树资源进行筛选，在云南东南野生茶资源中发现两份低咖啡碱茶资源，分别命名为 7 - 27（*C. crassicolumna*）和 7 - 28（*C. crassicolumlla*），其春茶一芽二叶咖啡碱含量分别仅为 0.19%～1.0%、0.07%～0.26%（杨亚军等，2003）。②利用茶树栽培技术手段降低咖啡碱在茶树中的合成与积累，如通过过度遮阳来降低茶树咖啡碱的合成。③利用基因工程方法可加快筛选低咖啡碱茶树资源，如 Fire 发明的 dsRNA（double - stranded RNA）技术可以特异性抑制咖啡碱合成酶基因的表达，从而阻断咖啡碱生物合成；印度科学家 Mohanpuria 等（2011）将含咖啡碱合成酶基因片段的 RNAi 载体分别导入茶树子叶的胚性愈伤组织和种子萌发一个月的茶树幼苗的根系，分别成功获得了 11 株和 7 株含该载体的转基因植株，该转基因植株的咖啡碱和可可碱含量分别比对照低 44%～61% 和 46%～67%。

（3）高茶氨酸茶　茶氨酸是日本学者酒户弥二郎1950年首次从绿茶中分离得到的。具有焦糖的香味和类似味精的鲜爽味，是绿茶滋味的重要组成成分，与绿茶品质的相关系数达0.787~0.876，能缓解茶的苦涩滋味，增强甜味。目前有关茶氨酸生理活性及药理作用的相对研究较为深入，已报道的功能主要有降压、拮抗咖啡碱引起的副作用、镇静安神、松弛效用、提高学习能力和记忆力、保护神经细胞等，在功能食品开发方面得到了广泛的认可。

不同品种茶树中茶氨酸含量差异很大。岳婕（2010）采用高效液相色谱（HPLC）技术分析手段对湖南农业大学长安实习基地的29个茶树品种春茶进行了研究，发现安吉白茶（图7-3）茶氨酸含量最高，达4.8%；茶氨酸含量超过2%的有福毫（2.751%）、金萱（2.335%）、福大六一（2.124%）、黄金茶（2.108%）、玉笋（2.059%）、湘妃翠（2.023%）六个品种。在生产高茶氨酸茶方面可重点选育这些茶树资源。此外，还可以通过改善茶叶加工技术（鲜叶适当摊放，采用蒸汽杀青）、栽培管理技术（70%遮荫处理和施用有机肥）等来增加茶叶中的茶氨酸含量。

图7-3　安吉白茶

（4）γ-氨基丁酸茶　γ-氨基丁酸是一种天然存在的非蛋白质氨基酸，是哺乳动物中枢神经系统中重要的抑制性神经传达物质，约30%的中枢神经突触部位以γ-氨基丁酸为递质。γ-氨基丁酸在人体大脑皮质、海马、丘脑、基底神经节和小脑中起着重要作用，具有镇静神经、抗焦虑、降血压、降血氨、提高脑活力、促进乙醇代谢等功能。

一般茶叶中γ-氨基丁酸含量达到1.5mg/g时（日本标准），可称之为γ-氨基丁酸茶，简称为γ-氨基丁酸茶、伽马茶，日本人习惯称之为Gabaron茶。由于这种茶喝起来非常顺口，日本人又称之为顺口茶；又因喝了这种茶令人元气十足，精神百倍，不易疲劳，所以日本人又称之为打气茶。

日本人津志田藤二朗博士在1987年研究茶树氨基酸代谢变化时，无意间发现当新鲜茶青处于长时间无氧状态下，会产生高含量的γ-氨基丁酸。由于该茶具有良好的降血压和解酒功效，及制造工艺简单和成本低廉等特点，立即引发日本许多学者的重视与兴趣。1988年开始对γ-氨基丁酸茶的制造及其功效进行动物试验，随后商品化γ-

氨基丁酸茶上市；肯尼亚、斯里兰卡等国也在1998年开始着手研究提高CTC红茶中 γ – 氨基丁酸的含量。之后便一发不可收拾，γ – 氨基丁酸茶在世界范围内逐渐变热。

目前，国内外对 γ – 氨基丁酸茶的加工技术进行了大量研究，较有成效的成果主要有以下几个。

①低氧/真空缺氧处理技术：通过人为制造低氧/真空缺氧条件可增加L – 谷氨酸脱羧酶的活性，降低 γ – 氨基丁酸转氨酶和琥珀酸半醛脱氢酶的活性，从而使茶鲜叶富集 γ – 氨基丁酸。如津志田藤二郎等（1987）研究表明，茶鲜叶在氮气处理5h后，其 γ – 氨基丁酸含量可达173.9mg/100g；处理10h后其 γ – 氨基丁酸含量达233.9mg/100g，比对照提高8.2倍。有研究表明连续长时间厌氧处理茶鲜叶生产 γ – 氨基丁酸茶，会导致成品茶品质降低。因此，日本学者澤井祐典等（1999年）通过嫌气和好气条件轮流处理茶鲜叶，可将 γ – 氨基丁酸含量提高1.5倍以上。

②茶树品种选育与原料鲜叶选用技术：不同茶树品种、不同季节和不同采摘标准的鲜叶原料加工成的 γ – 氨基丁酸茶的 γ – 氨基丁酸含量也不相同。谷氨酸含量代表了 γ – 氨基丁酸的生物合成潜力，在没有外源谷氨酸进入茶树叶片时，谷氨酸含量可作为选择适制 γ – 氨基丁酸茶的茶树品种与原料鲜叶的一个重要生化指标。因此，采用氨基酸含量高，特别是谷氨酸含量高的茶树品种鲜叶为原料加工成的 γ – 氨基丁酸茶，γ – 氨基丁酸含量较高；采用春季鲜叶为原料可加工 γ – 氨基丁酸含量较高的 γ – 氨基丁酸茶；新梢嫩茎中 γ – 氨基丁酸含量最高，其次是一芽一叶，因此，γ – 氨基丁酸茶的加工与精制过程中，梗不可弃去。

③微波及红外线照射技术：白木与志也（1998）以0.3~0.4kW的微波照射鲜叶10~20min，茶叶 γ – 氨基丁酸含量可增加达0.84~1.6mg/g；1997年Yoshiga采用波长650~2500nm的红外线照射鲜叶20~60min，照射温度45~46℃，制出的 γ – 氨基丁酸茶中 γ – 氨基丁酸含量提高25.4%。

④外源谷氨酸处理技术：鲜叶用谷氨酸钠溶液处理，一方面增加了 γ – 氨基丁酸生物合成的底物，另一方面由于溶液处理造成了低氧条件，导致L – 谷氨酸脱羧酶被迅速激活，促使 γ – 氨基丁酸的大量合成而在茶叶内富集。如白木与志也（1998）用0.1~0.2mol/L谷氨酸钠溶液处理鲜叶3h，可使鲜叶中 γ – 氨基丁酸含量提高近1倍。

⑤其他技术：利用外源pH调控技术处理茶鲜叶或采用低温冷激鲜叶，及叶面喷施适宜的氨基酸叶面肥，均有利于提高 γ – 氨基丁酸在茶叶中的合成与富集。

（5）高花青素茶　花青素是一类广泛存在于植物中的水溶性类黄酮天然色素，存在于27科33属植物中，其基本结构母核是2 – 苯基苯吡喃，即花色基元。大多数花青素花色基元的3 – 位、5 – 位、7 – 位碳原子上有取代基，根据B环各碳位上取代基的不同，可形成不同的花青素。目前已知的花青素有20多种，而在植物体内常见的有天竺葵色素、矢车菊色素、飞燕草色素、芍药色素、牵牛花色素、锦葵色素等6种。

自然条件下花青素一般不以单体形式存在，大部分通过糖苷键与一个或多个葡萄糖、鼠李糖、半乳糖、阿拉伯糖等形成稳定的花色苷（Cassidy等，2013）。由于花青素分子结构中存在高度分子共轭，有多种互变异构，能在不同酸碱度的溶液中表现出不同颜色。在酸性条件（pH<7.0）下呈红色，中性条件（pH7.0~8.0）下呈紫色，

碱性条件（pH＞11.0）下呈蓝色。

花青素是目前为止所知晓的最有效的天然抗氧化剂，抗氧化性能比维生素 E 高出 50 倍，比维生素 C 高出 20 倍。据有关文献报道，花青素具有抗氧化、抗衰老、改善肝功能损伤、预防心脑血管疾病、抗癌、抗炎、抗感染和保护视力等多种生理保健功能。

一般茶叶中花青素含量占干物质的 0.01%，主要是天竺葵色素、矢车菊色素、飞燕草色素三种，而紫芽茶中含量可达 0.5%～1.0%。云南选育成功的紫芽型茶树品种"紫娟"，其花青素含量高达 2% 以上，为目前茶叶中唯一富含足量花青素的茶叶。

"紫娟"属于普洱茶变种（*C. var. assamica*），是云南大叶群体茶树品种中的一个特异品种。1985 年，云南省茶叶科学研究所科技人员在该所 200 多亩栽有 60 多万株云南大叶种茶树的茶园中发现一株芽、叶、茎都为紫色的茶树，由其鲜叶加工而成的烘青绿茶色泽为紫色，汤色亦为紫色，香气纯正，滋味浓强。因该茶树具有紫芽、紫叶、紫茎，并且所制烘青绿茶和茶汤皆为紫色，特取名为"紫娟"。

龚加顺等（2012）研究对比了"紫娟"晒青绿茶与大叶晒青绿茶色素的差异。"紫娟"晒青绿茶的茶多酚、原花青素、花青素、茶褐素、总儿茶素含量分别为 21.83%、20.23%、1.16%、2.38%、7.25%，较大叶晒青绿茶分别高 5.03%、2.47%、1.16%、0.85%、0.88%，两者的儿茶素单体组成也有较大差异；"紫娟"晒青绿茶的挥发性物质中，醇类、醛类分别比大叶晒青绿茶高 5.18% 和 4.15%，酯类、羧酸类化合物分别比大叶晒青绿茶低 3.00% 和 3.29%。

"紫娟"茶有较好的降血压功效。1991 年经云南省药物研究所高级工程师林咏月等人用体重 2.5～3.5kg 的家猫进行多次降压实验，结果表明，紫娟绿茶降压幅度为 35.53%，优于云南大叶种绿茶（29.04%）。目前，云南省茶叶研究所在开发出紫娟降压保健茶的基础上，正加大紫鹃茶树品种的繁殖，并期望在减肥、降血脂、降血糖、抗癌等方面加以开发、利用。

（6）高茶多酚茶　茶多酚（tea polyphenols）是茶叶中多酚类物质的总称，包括黄烷醇类、黄酮及黄酮苷类、花青素和花白素类、酚酸和缩酚酸类等。茶树各器官中都含有茶多酚，但主要集中在嫩叶和芽中。茶多酚在茶叶中约占干物质总量的 18%～36%，主要为黄烷醇（儿茶素）类，约占多酚类总量的 80%。

茶多酚是形成茶叶色香味的主要成分之一，也是茶叶具有保健功能的主要成分之一。研究表明茶多酚具有抗氧化、清除自由基、抗癌、抗辐射、降血脂、降血压、减肥、杀菌等功效，被广泛应用于食品、医药、日化等行业。

目前，有关高茶多酚茶的开发利用主要集中在茶树资源品种选育上。唐一春等（2009）对保存于国家种质基地勐海茶树分圃的 100 份茶树资源进行鉴定评价，筛选出了 4 份茶多酚含量高于 38% 的特异茶树种质，分别为公弄茶 43.15%、弄岛野茶 41.48%、河头白毛尖茶 40.79% 和马鞍大茶 38.80%。徐丕忠等人对云南省农业科学院茶叶研究所品种试验基地的 10 个茶树品种进行了内在化学成分、加工品质、生物学特性鉴别，筛选出了 3 个茶多酚含量高于 38% 的品质，分别为 1－1（41.15%）、3－1（41.75%）、5－1（39.30%），既可制成绿茶也可适制高档红茶（徐丕忠，2014）。李家贤等对高茶多酚茶树品种的生物成分与品质性状进行了研究，发现通过人工杂交育成的优选 5 号、优选 8 号、优选 9 号 3 个高茶多酚茶树品种的一芽二叶中茶多酚含量均高于对照品种云南大叶，其中 3 品种夏茶的茶多酚含量在 42.63% ~ 43.46%；这 3 个特异种质适制高档红茶，茶香气鲜爽带花香、滋味浓强，汤色红亮或红艳，品质审评优于云南大叶。因此，可以选用高茶多酚茶树种质的鲜叶为原料，制作富有特色的高茶多酚红、绿茶。

（7）高儿茶素茶　茶叶中的儿茶素属于黄烷醇类化合物，是茶叶多酚类化合物的主体，约占多酚类总量的 80%，占茶叶干物质量的 12% ~ 24%。茶叶中的儿茶素主要有 EC、EGC、ECG、EGCG 四种，其中以 L – EGCG 为重要组成，占黄烷醇总量的50%。4 种儿茶素抗氧化能力为：EGCG ＞ EGC ＞ ECG ＞ EC ＞ BHA。

不同茶树品种 EGCG 的含量差异很大。在高 EGCG 茶树种质筛选方面，国内科研者做了大量的研究工作。尚卫琼、唐晓波、林金科、金孝芳以及蒋塑分别对云南省、四川省、福建省、湖北省以及陕西省（主要是陕南地区）的高 EGCG 茶树种质进行了筛选，筛选出了多个高 EGCG 含量的茶树种质，如林金科等筛选出了 11 个品种或株系的特异资源，其中 2 个为极特异资源，可以作为育种材料或提取 EGCG、酯型儿茶素的特异株系，具有广阔的应用前景。

除品种因素外，原料的老嫩度、不同的生态环境对茶叶 EGCG 含量的影响也较大。EGCG 含量随着新梢成熟度的增加而逐步降低，一般在单芽或者一芽一叶中含量较高。茶树的生长地域、海拔高度及茶叶加工技术也对茶叶 EGCG 含量有很大的影响。由于EGCG 的自然降解或者异构化等化学反应，在茶鲜叶的摊放过程以及高温处理过程中（如杀青）都会促使茶叶中的 EGCG 含量降低，因此，宜开发一些针对性的加工技术来有效保持茶叶中的 EGCG 含量从而开发高 EGCG 茶（谷记平等，2014）。

茶叶中的 GCG 在某些方面所表现出来的生理活性要强于 EGCG，如抗过敏、对环氧酶和酪氨酸酶等酶的抑制作用等。茶叶 GCG 含量的提高，在一定程度上能增强茶叶这些方面的保健功能，可通过筛选茶树品种和改善加工工艺来提高茶叶 GCG 含量。一般茶树种质资源中 GCG 的含量普遍都很低，介于痕量（高效液相色谱仪基本检测不到）和 0.2% 之间，但有少数特异种质资源含有较高的 GCG。目前已发现有 5 个特异种质中 GCG 含量高于 1.5%。在加工工艺方面，研究发现绿茶加工过程中 GCG 含量有持续增加的趋势，温度是影响茶叶 GCG 含量的关键因素（吕海鹏等，2008）；茶鲜叶经过高压高温蒸汽处理，也可以有效促进 EGCG 转化为 GCG，提高绿茶中的 GCG 含量。

（−）−表没食子儿茶素 3 – O（3 – O – 甲基）没食子酸酯（EGCG3″Me）是茶叶中甲基化的儿茶素化合物，与茶叶主要儿茶素 EGCG、EGC、ECG 和 EC 等相比，它具有更强的抗过敏等药理作用；此外，它在动物血液中的稳定性明显高于 EGCG，口服吸收率比 EGCG 高 9 倍，具有很大的医学价值和开发应用前景。

茶叶中 EGCG3″Me 含量普遍较低，只有少数茶树品种中 EGCG3″Me 含量在 1% 以上，天然资源非常有限。吕海鹏等（2006）从我国 200 份高茶多酚茶树种质资源中筛选出 6 份高 EGCG3″Me 含量（＞1%）的茶树种质；王冬梅、罗正飞、唐娜等也分别在我国广东省、西南地区以及湖南省的茶树种质中筛选出了一些高 EGCG3″Me 茶树种质。在加工工艺方面，研究发现随着茶鲜叶成熟度的增加，叶片中 EGCG3″Me 含量有增加的趋势，一般在第 3 叶（或第 4 叶）含量达到最高；一天之中，茶鲜叶中 EGCG3″Me 含量在中午达到最高；采用红茶和黑茶的加工工艺，茶叶中的 EGCG3″Me 含量急剧降低，而采用白茶、绿茶和乌龙茶的加工工艺可使茶叶中的 EGCG3″Me 含量得到有效的保持。因此，可以采用这些特异的茶树种质，结合适当的加工方式，开发高 EGCG3″Me 含量的特色茶产品等。

3. 基于微生物发酵的茶生物制品

（1）红茶菌　红茶菌是以糖茶水为原料，经乳酸菌、酵母菌及醋酸菌等多种微生物共同发酵而成的一种保健饮品，味道酸甜可口。微生物的聚合体即菌膜，漂浮在液面上，呈乳白色，酵母呈黄褐色和棕红色，漂浮在膜下或菌液中。因红茶菌的菌膜酷似海蜇皮，故又称为"海宝"；由于它能帮助消化，对多种胃病有一定的医疗保健作用，所以在有些地方又称其为"胃宝"（吴燕等，2012）。

红茶菌发酵液中不仅含有活的微生物及其代谢产物，还含有一部分茶叶浸出物。这些物质主要包括氨基酸、蛋白质、茶多酚、咖啡碱、有机酸（醋酸、乳酸、柠檬酸、葡萄糖酸、葡萄糖醛酸）、D - 葡萄糖二酸 - 1，4 - 内酯、糖类（葡萄糖、果糖、半乳糖）、维生素、微量元素、乙醇等。因此，红茶菌具有多种营养保健功能。研究表明红茶菌具有清理肠胃、帮助消化，抑制有害菌生长、促进有益菌生长、防治消化道疾病，防癌抗癌、抗氧化、清除自由基，预防心血管疾病，提高免疫力等多种功效（吴薇等，2003）。王国增等（2015）采用自行分离获得的酿酒酵母、葡萄糖醋杆菌和植物乳杆菌进行纯菌混合发酵生产红茶菌，并对其抑菌作用及抗氧化性能展开研究，结果表明，红茶菌发酵液对 6 种常见致病菌（大肠杆菌、肠炎沙门菌、痢疾志贺菌、单增李斯特菌、荧光假单胞菌和金黄色葡萄球菌）均有较好的抑制作用，抑菌成分除茶多酚外，还含有代谢过程产生的酸性物质（主要为醋酸）等；抗氧化活性结果表明，红茶菌发酵液具有较强的抗氧化能力，对羟自由基、DPPH（1，1 - 二苯基 - 2 - 三硝基苯肼）自由基和超氧阴离子自由基均具有一定清除活性，且其对自由基的清除能力与茶多酚含量相关。

红茶菌是一种发酵饮品，不同的发酵条件对发酵液品质有显著影响，因此，开展红茶菌发酵的研究对推动红茶菌这种保健饮品发展有重要意义。袁磊等（2016）研究表明将水煮沸后，加 0.5% 醇香红茶浸提 15min 后，加入 7% 糖，冷却后加 8% 红茶菌膜，于 30℃ 发酵 10d，得到的产品感官品质好，发酵液呈清澈淡黄色，酸甜适中，微酸，口味纯；茶汤经发酵后风味物质显著改变，共检测到醇类、酯类和酸类等 19 种风味成分。

鉴于人们对红茶菌保健功效的不断揭示，目前除红茶菌饮料外，已相继开发出系列红茶菌产品，如红茶菌酒、红茶菌面包、红茶菌酸奶等，这必将推动红茶菌产业的发展，丰富人们的饮食文化。

（2）茶酒　茶酒是以茶叶为主要原料，辅以其他的原料发酵或者配制而成的各种饮用酒的统称。茶酒酒度低，色泽鲜明透亮，入口软绵，不刺喉，不上头，同时富含茶多酚、氨基酸、茶多糖、蛋白质等物质，兼具茶与酒的特点与保健功能，是一种集营养、保健为一体的低醇低糖饮料酒（邱新平等，2011）。

　　卫春会等（2008）研究了用茶汁进行液态发酵生产茶酒的工艺。结果表明，以1：70的茶水比在90℃水中恒温浸提冷水预处理过的茶叶，茶汁灭菌后按1：30的比例加入活化的酿酒活性干酵母，恒温培养7d后灭菌，过滤即可。研制出的茶酒不但融合了茶和酒的香气，口感柔和，而且酒体色泽晶莹透亮，品质好，并具有一定的保健功能。

　　邱新平等（2011）研究发现由于茶叶中高含量的酚类和氨基酸等物质，使发酵型茶酒极易产生严重的浑浊和沉淀，极难自然澄清，影响了茶酒的品质和货架寿命，必须对发酵型茶酒进行后期的澄清处理；除聚乙烯聚吡咯烷酮外，皂土、明胶、壳聚糖、干酪素、硅藻土均可作为茶酒澄清剂，其中以壳聚糖为最佳。在澄清过程中，壳聚糖表现了很好的降酚、去糖、增亮的功能；经过壳聚糖澄清处理后的茶酒，酒体澄清，色泽金黄，酒香浓郁，苦涩味适中，感官评分较高。

　　（3）茶醋　茶醋是以茶提取液、麦汁（或蔗糖等）为原料，经酵母菌发酵后，再经醋酸菌发酵、调配而成（成剑峰等，2001）；或以茶提取液、食用酒精（或白酒）为原料，经醋酸菌发酵、调配而成（廖湘萍等，2007）。茶醋既可是一种食醋，也可是一种发酵饮料，具有风味纯正、营养丰富、酸甜适口、回味悠长的特点。作为一种保健型醋，茶醋不仅具有调酸、防腐杀菌、增进食欲等传统的功能，还具有抗衰老，防治心脑血管疾病、癌症等现代"文明病"的功效（廖湘萍等，2007）。

思考题

1. 什么是茶疗？
2. 举例阐明茶疗的分类。
3. 什么是功能食品？
4. 茶功能食品的种类与功能各是什么？
5. 举例阐明现代茶药品与经典茶疗方的优劣。

参考文献

　　[1] 陈文华. 中国茶文化学［M］. 北京：中国农业出版社，2006.

　　[2] 周路红. 从《本草纲目》的视角探寻咏茶诗的医学意义［J］. 时珍国医国药，2014，25（2）：417 - 418.

　　[3] 王家葵，张瑞贤. 神农本草经研究［M］. 北京：北京科学技术出版社，2001：2.

　　[4] 蔡镇楚，曹文成，陈晓阳. 茶祖神农［M］. 长沙：中南大学出版社，2007：23.

　　[5] 鲁迅. 古小说钩沉［M］. 北京：国家图书馆古籍馆，2008：6.

　　[6] 陆羽. 茶经［M］. 北京：中华书局，2010.

　　[7] 南怀瑾. 漫谈中国文化［M］. 上海：东方出版社，2008：186.

　　[8] 陈宗懋. 中国茶叶大辞典［M］. 北京：中国轻工业出版社，2008：328 - 332.

　　[9] 陈宗懋. 中国茶经［M］. 上海：文化出版社，1992：133.

　　[10] 周继红，应乐，徐平，等. 茶相关保健食品的开发现状［J］. 中国茶叶加工，2015（4）：26 - 30.

　　[11] 杨贤强，王岳飞，陈留记. 茶多酚化学［M］. 上海：上海科学技术出版

社，2003．

[12] DU X，WANG X S，HE C L． A review of theanine in tea ［C］//Proceedings of 2005 international symposium on innovation in tea science and sustainable development in tea industry． Hangzhou：TRICAAS，2005：639 – 646．

[13] LIU Z H，ZHANG S，HUANG J A． Overview of medicinal functions of tea extracts ［J］． Natural Products and Human Health，2002（1）：13 – 20．

[14] 张建勇，江和源，崔宏春，等． 茶叶功能成分与新型食品开发 ［J］． 湖南农业科学，2011（3）：104 – 108．

[15] 吴录萍． 茶的保健功能 ［J］． 中国食物与营养，2004（6）：52 – 53．

[16] 张建勇，江和源，崔宏春，等． 茶叶功能成分与新型食品开发 ［J］． 湖南农业科学，2011（3）：104 – 108．

[17] 于观亭． 谈富硒茶的利用与开发 ［J］． 中国茶叶加工，1997（4）：11 – 14．

[18] 翁蔚，白堃元． 中国富硒茶研究现状及其开发利用 ［J］． 茶叶，2005，31（1）：24 – 27．

[19] 吕心泉，安辛欣． 富硒袋泡茶的加工 ［J］． 食品工业科技，1999，20（6）：36 – 37．

[20] 颜玉华，任黎． 富硒绿茶含硒量及硒形态的研究 ［J］． 南京农专学报，2002，18（3）：56 – 59．

[21] 陈宗懋． 也谈茶硒素与人体健康 ［J］． 中国茶叶，1988，8（4）：14 – 15．

[22] 阮宇成． 茶叶矿质元素与人体健康 ［J］． 中国茶叶，1988，8（6）：16 – 18．

[23] 程良斌． 紫阳富硒茶品质、含硒水平及保健作用研究报告 ［C］． 紫阳富硒茶文集，2001．

[24] CASSIDY A，MUKAMAL K J，LIU L，et al． High anthocyanin intake is associated with a reduced risk of myocardial infarction in young and middle – aged women ［J］． Circulation，2013，127（2）：188 – 196．

[25] 王秋萍，龚加顺，张惠． 云南"紫娟"晒青绿茶和大叶晒青绿茶的化学成分比较研究 ［J］． 中国食品学报，2012，12（1）：213 – 220．

[26] 赖兆祥，黄国滋，庞式，等． 陈香茶适制品种筛选研究 ［J］． 广东农业科学，2009（10）：54 – 55．

[27] 唐一春，宋维希，季鹏章，等． 高茶多酚茶树种质资源的鉴定及评价 ［J］． 西南农业学报，2009，22（5）：1271 – 1273．

[28] 徐丕忠，梁名志，田易萍，等． 云南省高茶多酚茶树品种的理化性质及生物特性研究 ［J］． 湖南农业科学，2014（13）：6 – 8．

[29] 谷记平，赵淑娟． 功能型（特种茶）茶产品的开发和研究现状 ［J］． 中国茶叶，2014（11）：20 – 13．

[30] 吕海鹏，谭俊峰，郭丽，等． 绿茶中的 GCG 研究 ［J］． 茶叶科学，2008，28（2）：179 – 184．

[31] 吕海鹏，谭俊峰，林智． 茶树种质资源 EGCG3″Me 含量及其变化规律研究

［J］. 茶叶科学，2006，26（4）：232－236.

　　［32］孙世康. 复方心脑健片的质量标准初探［J］. 中成药，2003，25（1）：64－66.

　　［33］林乾良，陈小艺. 中国茶疗［M］. 2版. 北京：中国农业出版社，2006.

　　［34］沙济琴，郑达贤. 茶树鲜叶含硒量影响因素分析［J］. 茶叶科学，1996，16（1）：25－30.

　　［35］杨亚军，虞富莲，陈亮，等. 茶树优质资源评价与遗传稳定性研究［J］. 茶叶科学，2003，23（增刊1）：1－8.

　　［36］MOHANPURIA P，KUMAR V，AHUJA P S，et al. Producing low caffeine tea through post－transcriptional silencing of caffeine synthase mRNA［J］. Plant Molecular Biology，2011，76（6）：523－534.

　　［37］岳婕. 高茶氨酸茶树品种筛选及栽培技术研究［D］. 长沙：湖南农业大学，2010.

　　［38］津志田藤二郎，村井敏信，大森正司，等. γ－アミノ酪酸を蓄積させた茶の制造とその特征［J］. 日本农芸化学会誌，1987，61（7）：817－822.

　　［39］泽井祐典，许斐健一，小高保喜，等. 嫌气－好气交互处理による茶叶のγ－アミノ酪酸の增加［J］. 日本食品科学工学会誌，1999，46（7）：462－466.

　　［40］YOSHIYA S. Method for accumulation of γ－aminobutyric acid in tea［J］. Kanagana Pretecture，1997，8（17）：23－31.

　　［41］白木与志也. チャへのマイクロ波照射によるγ－アミノ酪酸の蓄積［J］. 神奈川县农业科学研究所报告，1998，139：49－55.

　　［42］白木与志也. γ－アミノ酪酸の效率的蓄積方法のかいはっ［J］. 茶叶研究报告，1998，87（增刊1）：130－131.

　　［43］吴燕，阮晖，何国庆. 红茶菌的研究和应用进展［J］. 食品工业科技，2012，33（8）：436－443.

　　［44］吴薇，籍保平. 红茶菌国内外研究应用概况［J］. 食品科技，2003（12）：9－11.

　　［45］王国增，林娟，叶秀云，等. "红茶菌"的抑菌作用及抗氧化性［J］. 中国食品学报，2015，15（9）：173－178.

　　［46］袁磊，张国华，FAIZAN A Sadiq 等. 发酵条件对红茶菌发酵品质及风味的影响［J］. 食品科学，2017，38（2）：92－97.

　　［47］邱新平，李立祥，倪媛，等. 发酵型茶酒澄清剂的筛选［J］. 茶叶科学，2011，31（6）：537－545.

　　［48］卫春会，罗惠波，黄治国，等. 液态发酵茶酒的研制［J］. 中国酿造，2008，195（18）：90－92.

　　［49］廖湘萍，吴长春，付三乔. 茶醋的研制［J］. 中国酿造，2007，173（8）：75－77.

　　［50］成剑峰，田莉. 茶醋饮品的研制［J］. 山西食品工业，2001（4）：21－22.

第八章　科学饮茶与健康

第一节　合理选择茶叶

一、茶叶产品的选择与保藏

（一）茶叶产品选择的标准

我国茶区辽阔，茶叶品种繁多。以产地分，有祁门茶、平水茶和武夷茶等；以销路分，有内销茶、边销茶和外销茶；以制茶季节分，有春茶、夏茶和秋茶；以制法分，有发酵茶和不发酵茶；以色泽分，有红茶、绿茶、青茶、白茶、黄茶和黑茶；以茶叶形态分，有珠茶、眉茶、片茶、尖茶等。现多以安徽农业大学陈椽教授提出的按照加工工艺的不同和品质上的差异，将茶叶分为绿茶、红茶、青茶（乌龙茶）、黑茶、白茶、黄茶六大类。

消费者选购茶叶时首先要确定茶类。茶类的选择可以依据自己的个人爱好、饮茶习惯、经济实力，也可根据茶叶的特性来选择。如绿茶维生素含量高，注重补充营养的消费者可首先考虑绿茶。红茶性温，滋味甜醇，尽管也有一定的收敛性，但喝时可加牛乳，能减少其刺激性，肠胃不好，又喜欢喝茶的消费者，可首选红茶。乌龙茶降血脂、减肥的功效明显，且品质风格独特，有特殊的花香、果香及韵味，期望降血脂、减肥，又想品尝其特别韵味的消费者可优先选择。平常饮食结构以肉制品为主的消费者可选择黑茶类，如湖南的茯砖茶、黑砖茶，湖北的青砖茶、米砖茶或云南的沱茶、紧压茶、普洱茶等。黑茶加工时因经过后发酵工序，茶性更温润，去油腻、降血脂、减肥功效更显著，非常受边疆少数民族的喜爱，有"宁可三日无粮，不可一日无茶"之说。

茶类确定后，就开始挑选茶叶的品质。挑选方法归纳起来就是干看评外形，湿看识内质。干看评外形主要从茶叶的嫩度、条索、色泽、整碎和净度等五个方面来看，嗅茶叶香气的高低、香味的纯正，看干茶的色泽、嫩度、条索、粗细，凡香气高、气味正、色泽匀整、嫩度高、条索紧实、粗细一致、碎末茶少的必然是优质茶。湿看，就是开汤审评。开汤俗称泡茶或沏茶，开汤后，嗅其香气，尝其滋味，观其汤色及茶渣嫩度、色泽。总体而言，茶叶品质感官鉴别可以从嫩度、条索、色泽、整碎、净度、香气、滋味、汤色这八个方面来认识。

1. 嫩度

嫩度是决定茶叶品质的基本因素。所谓"干看外形，湿看叶底"，就是指嫩度。一般嫩度好的茶叶，容易符合该茶类的外形要求（如龙井茶之"光、扁、平、直"）。茶叶的嫩度还可以从茶叶有无锋苗去鉴别。锋苗好，白毫显露，表示嫩度好，做工也好。如果原料嫩度差，做工再好，茶条也无锋苗和白毫。然而，茶叶的嫩度不能仅从茸毛多少来判断，因各种茶的具体要求不一样（如极好的狮峰龙井是体表无茸毛的），且茸毛容易假冒。

2. 条索

条索是各类茶具有的一定外形规格，如炒青条形、珠茶圆形、龙井扁形、红碎茶颗粒形等。一般长条形茶，看松紧、弯直、壮瘦、圆扁、轻重；圆形茶看颗粒的松紧、匀正、轻重、空实；扁形茶看平整光滑程度是否符合规格。一般来说，条索紧、身骨重、圆（扁形茶除外）而挺直，说明原料嫩，做工好，品质优；如果外形松、扁（扁形茶除外）、碎，并有烟、焦味，说明原料老，做工差，品质劣。

3. 色泽

茶叶色泽与原料嫩度、加工技术有密切关系。各种茶均有一定的色泽要求，如红茶乌褐油润、绿茶翠绿、乌龙茶青褐色、黑茶黑油色等。无论何种茶类，好茶均要求色泽一致，光泽明亮，油润鲜活。如果色泽不一，深浅不同，暗而无光，说明原料老嫩不一，做工差，品质劣。当然，茶叶的色泽还与茶树的品种、产地以及季节有很大关系，如高山绿茶，色泽绿而略带黄，鲜活明亮；低山茶或平地茶色泽深绿有光。

4. 整碎

整碎是指茶叶的外形和断碎程度，以匀整为好，断碎为次。比较标准的茶叶审评，是将茶叶放在盘中（一般为木质），使茶叶在旋转力的作用下，依形状大小、轻重、粗细、整碎形成有次序的分层。其中粗壮的在最上层，紧细重实的集中于中层，断碎细小的沉积在最下层。各茶类，都以中层茶多为好，上层一般是粗老叶子多，滋味较淡，汤色较浅；下层碎茶多，冲泡后往往滋味过浓，汤色较深。

5. 净度

净度主要看茶叶中混有的茶片、茶梗、茶末、茶籽和制作过程中混入的竹屑、木片、石灰、泥沙等夹杂物的多少。净度好的茶，不含任何夹杂物。

6. 香气

每种茶都有自己特定的香气，干香和湿香也不同。无论哪种茶都不能有异味，青气、烟焦味和熟闷味均不可取。先通过茶的干香来鉴别，再闻湿香。好的茶叶，干嗅香气充足，一嗅即可闻到清香或烘焙香或花香等。茶叶经开水冲泡 5min 后，倾出茶汁于审评碗内，嗅其香气。质量好的茶叶一般都香味纯正，沁人心脾；茶香以栗香、花香、果香、蜜糖香等令人喜爱的香气为佳。若茶叶香味淡薄或根本无香味，甚至有异味（烟、馊、霉等），则不是好的茶叶。

7. 滋味

凡茶汤醇厚、鲜浓者表示水浸出物含量多而且成分好；茶汤苦涩、粗老表示水浸出物成分不好；茶汤淡薄表示水浸出物含量不足。

8. 汤色

审评茶的汤色主要鉴别茶品质的新鲜程度和鲜叶的老嫩程度。最理想的汤色是绿茶清碧浓鲜，红茶红艳而明亮，低级或变质的茶叶则水色浑浊而晦暗。

通过审评茶叶冲泡后的茶汤色泽、口感滋味、香气以及叶底形态，比较容易鉴别茶叶质量。因此，如果条件允许，购茶时尽量冲泡品饮后再选购，容易买到心仪的茶叶。

（二）部分茶的选购举例

1. 西湖龙井

西湖龙井属绿茶类，为中国十大名茶之一，产于浙江省杭州市西湖龙井村周围群山。选购西湖龙井茶以新茶为贵，最好是"明前"茶（清明前采制），次为"雨前"茶（谷雨前采制）。特级西湖龙井茶，外形扁平光滑挺直，色泽嫩绿光润，香气鲜嫩馥郁、清高持久，滋味鲜爽甘醇，叶底细嫩呈朵。西湖龙井素以"色绿、香郁、味甘、形美"四绝称著（图 8 – 1）。

2. 洞庭碧螺春

洞庭碧螺春属绿茶类，为中国十大名茶之一，产于江苏省苏州市吴县太湖的洞庭山一带。碧螺春的品质特点是条索纤细，卷曲成螺，茸毛披覆，银绿隐翠，清香文雅，浓郁甘醇，鲜爽生津，回味绵长。特级碧螺春茶，采于早春，条索纤细，卷曲成螺，满身批毫，银绿隐翠，色泽鲜润，香气嫩香清幽，汤色嫩绿清澈明亮，滋味甘醇鲜爽，回甘持久，叶底嫩匀多芽（图 8 – 2）。

图 8 – 1　西湖龙井　　　　　　**图 8 – 2　洞庭碧螺春**

3. 黄山毛峰

黄山毛峰属绿茶类，为中国十大名茶之一，产于安徽省黄山一带。特级黄山毛峰茶采制于清明至谷雨前，以一芽一叶初展为标准，当地称"麻雀嘴稍开"；外形微卷，尖芽紧偎叶中，形似"雀舌"；白毫显露、色似象牙、鱼叶金黄；汤色清澈明亮，滋味鲜浓、醇厚，回味甘甜；叶底嫩黄，肥壮成朵。其中"金黄片"和"象牙色"是特级黄山毛峰外形与其他毛峰不同的两大明显特征，可用"香高、味醇、汤清、色润"八个字来形容黄山毛峰的品质特点（图 8 – 3）。

4. 安溪铁观音

安溪铁观音属青茶类，为中国十大名茶之一，产于福建泉州市安溪县西坪镇。其品质特征：茶条卷曲，肥壮圆结，沉重匀整，色泽砂绿，整体形状似蜻蜓头、螺旋体、青蛙腿。冲泡后汤色金黄浓艳似琥珀，滋味醇厚甘鲜，有天然馥郁的兰花香，香气馥郁持久，俗称有"观音韵"（图8-4）。

图8-3 黄山毛峰

图8-4 安溪铁观音

5. 武夷大红袍

武夷大红袍属青茶类，产于福建武夷山。武夷大红袍是中国茗苑中的奇葩，素有"茶中状元"之美誉，乃岩茶之王，堪称国宝。其品质特征：外形条索紧结、匀整，色泽绿褐鲜润，冲泡后汤色橙黄明亮，清澈艳丽；叶片红绿相间，典型的叶片有绿叶红镶边之美感。香气馥郁，有兰花香，香高而持久，"岩韵"明显。大红袍很耐冲泡，冲泡七、八次仍有香味（图8-5）。

6. 茉莉花茶

图8-5 武夷大红袍

茉莉花茶又称茉莉香片，属于花茶，以福州茉莉花茶、广西茉莉花茶、苏州茉莉花茶为代表。茉莉花茶是将绿茶毛茶和茉莉鲜花进行拼和、窨制，使茶叶吸收花香而成的茶叶，其茶香与茉莉花香交互融合，有"窨得茉莉无上味，列作人间第一香"的美誉。好的茉莉花茶条索紧细匀整，色泽绿而油润，香气鲜灵持久，滋味醇厚鲜爽，汤色黄绿明亮，叶底嫩匀柔软。

（三）新茶与陈茶的区别

人们常说，饮茶要新，喝酒要陈，这是有一定道理的。茶叶长时间贮存，在光、热、水、空气等的作用下，其所含的酚、酯、酸及维生素等物质会发生化学反应而导致茶叶品质下降或变质，如茶叶色泽变暗、香气沉闷、茶汤浑浊泛黄、茶叶条索松散，从而降低了茶叶品质。

新茶与陈茶是相比较而言的。习惯上，将当年或当季采制的茶叶称为新茶；上一年或上几年采制的茶叶称为陈茶。对绿茶、白茶、黄茶、花茶、轻发酵的乌龙茶等茶类来说，以新为贵，应喝新茶；对于黑茶类（如普洱茶、紧压茶等）则以陈为佳，香气纯熟、滋味醇滑。红茶、重发酵的乌龙茶（如武夷岩茶），隔年品质也很好；白茶如作为清凉解毒药用时，也以陈年白茶为好，疗效更佳。

新茶与陈茶的鉴别主要是看它的色、香、味。

（1）色泽　新茶色泽油润，有光泽，有鲜活感，汤色澄清透明；陈茶外观色泽显暗，无光泽，汤色浑暗。如绿茶由新茶的青翠嫩绿逐渐变得枯灰，红茶由新茶的乌润变成灰褐。

（2）香气　新茶香气充足。绿茶有清香或烘焙香，红茶有醇香或甜香，花茶有浓郁的鲜花香，乌龙茶有烘焙香或稍有清花香。陈茶香气低沉或带酸气，陈变严重的立即就能闻到明显的陈气。

（3）滋味　新茶滋味醇厚、鲜爽；陈茶滋味淡薄，同时茶叶的鲜爽味减弱，变得"滞钝"而难以吞咽。

此外，还可以鉴别茶叶的干燥度。新茶摸上去较干燥，用手指一捻，便成粉末；陈茶湿度较高，软而重，不易捻碎。

上述区别是对大多数茶叶品种而言的。若贮存条件良好，这种差别就会相对缩小，甚至有的茶保存后品质并未降低，那就另当别论了。

（四）窨花茶与拌花茶的鉴别

花茶，又称窨花茶、熏花茶、香花茶、香片，是我国特有的香型茶，属再加工茶之列。花茶是利用鲜花吐香和茶坯吸香的特性，将鲜花与茶坯拼合，让茶吸花香，增益香味，形成花茶特有的风味品质。用于窨制花茶的香花有茉莉花、白兰花、珠兰花、玳玳花、桂花、玫瑰花等，其中以茉莉花为主，被宋代诗人江奎赞曰："他年我若修花史，列作人间第一香。"用于窨制花茶的茶坯主要有绿茶，其次是青茶、红茶。

窨花茶集茶味与花香于一体，茶引花香，花增茶味，相得益彰；既保持了浓郁爽口的茶味，又鲜灵芬芳的花香；冲泡品吸，花香袭人，甘芳满口，令人心旷神怡。花茶不仅有茶的功效，而且还具有良好花香的药理作用。

花茶加工分为窨花和提花两道工艺。花茶经窨花后，已经失去花香的花干要经过筛分剔除，越是高级花茶越是不能留下花干。窨过的茶叶留有浓郁的花香，香气鲜纯，冲泡多次仍可闻到。窨的次数多，茶叶中花香更明显，更持久，品质就更好。因鲜花含有大量水分，茶在吸香的过程中也会吸收水分，窨花后必须再次烘干。

在一些低级花茶中，有时为了增色，人为地夹杂着少许花干，但这无益于提高花茶的香气。还有一些未经窨花、提花，仅在低级劣等茶叶中拌些已经窨制过的花干冒充花茶。这种茶的品质没有发生质的变化，只是形似花茶，为了与窨花茶相区别，通常称这种茶为拌花茶。

花茶既有茶叶的爽口浓醇之味，又兼具鲜花的纯清馥郁之气，所以，自古以来人们对花茶就有"引花香，益茶味"之说。拌花茶常常有意夹杂花干作点缀，但闻起来只有茶味，没有花香，冲泡后也只是第一泡时有些低浊的香气。还有一些拌花茶会喷入化学香精，但化学香精有别于天然花香的清鲜，也只能维持很短时间。因此，要区别窨花茶与拌花茶并不难。用双手捧上一把茶，送入鼻端闻一下，有浓郁花香者，为窖花茶；仅有茶味，无花香或花香不正者，则属拌花茶。开水冲沏后，只要一闻一饮，更易检测。一般来说，头次冲泡花茶，花香扑鼻，这是提花使茶叶表面吸附香气的结果；第二、第三次冲泡，仍可闻到不同程度的花香，乃是窖花的结果。拌花茶仅在头次冲泡时，能闻到一些低沉的花香。少数在茶叶表面喷上从香花植物中提取的香精，再掺上些花干冒充窖花茶的，增加了区别的难度。不过，这种花茶的香气仅能维持 1 ~ 2 个月，即使在香气有效期内，其香气也有别于天然鲜花的纯清，带有闷浊之感；用热水冲沏，也只是一饮有香，二饮逸尽。

（五）茶叶的贮藏与保管

茶叶吸湿、吸味性很强，极易吸附空气中的水分与异味；同时，高温、高湿、阳光照射及氧气充足等条件会加速茶叶内含成分的变化，降低茶叶的品质，甚至使茶叶在短时间内发生陈化变质；而且，越是清发酵、高清香的名贵茶叶，越是难以保存。要使茶叶在较长时间内保持品质不变，必须要做到防潮、防高温、避光、避氧气、远离异味等。

1. 茶叶变质的原因

茶叶在贮藏期间之所以会发生质的变化，主要是茶叶中某些化学成分发生变化的结果。

（1）色素的变化　叶绿素是一种很不稳定的物质，在光、热、pH 和微生物等的作用下易发生脱镁、脱植基而生成脱镁和脱植基叶绿素，产物再经氧化裂解而生成一系列小分子水溶性无色物质，尤其是受到紫外线照射时能加速叶绿素褪色，从而影响绿茶、黄茶等茶的干茶、叶底和茶汤的色泽。茶叶所含的花黄素类物质（黄酮和黄酮醇及其苷类化合物）在贮藏过程中容易氧化，形成茶黄素、茶红素等化合物，导致茶叶的色泽和滋味劣变。类胡萝卜素在贮藏过程中易发生光敏氧化和降解，也会对茶叶的色泽和风味有一定影响（宛晓春，2003）。

（2）香气物质的变化　在茶叶贮藏过程中，吸附于干茶表面和细胞孔隙中的香味物质，缓慢地解吸，使一部分香味物质散失，尤其是新茶特有的清香散失，使香气日渐低落；同时，一些不饱和脂肪酸自动氧化形成大量难闻气味的挥发物质，使陈味显露。

（3）多酚类物质的变化　多酚类物质是茶叶的主要内含物之一，与茶叶的汤色和滋味关系密切。茶叶中多酚类物质（尤其是酯型儿茶素）含量的高低决定着茶汤的滋味浓度和收敛性。多酚类物质在绿茶、黄茶、白茶及轻发酵的铁观音等茶中保留量高，贮藏中酚类物质易发生氧化，生成醌类，进而氧化成茶黄素、茶红素等化合物，从而使茶汤变褐。这些氧化产物还会和氨基酸等进一步反应，使茶汤滋味劣变，因此，这些茶不易保存。

（4）脂类物质的变化　脂类物质暴露于空气中，会被空气中的氧慢慢氧化，生成醛、酮等物质，产生酸败的臭味。脂类物质在贮藏过程中会分解生成游离脂肪酸，随着贮藏时间延长，茶叶游离脂肪酸含量不断增加。脂肪酸既是形成茶叶香气的重要基质，其氧化程度又间接地反应了茶叶的劣变程度。茶叶所含的不饱和脂肪酸在氧气参与下会自动氧化生成有难闻气味的醛、酮、醇等物质，是茶叶贮藏期间品质劣变的主要原因之一（宛晓春，2003）。

脂肪酸的自动氧化受到氧气、水分、温度和光照等因素的影响。过低的含水量会加速脂肪酸的氧化；过高的含水量又会对残存的酶有活化作用，加速脂肪酸的降解。温度高加速脂肪酸自动氧化速度，紫外光会导致不饱和脂肪酸中的不饱和键能氧化。

（5）维生素 C 的变化　维生素 C 不仅是茶叶所含的功效成分之一，还与茶叶品质的变化程度关系密切。维生素 C 很易被氧化，好的茶叶维生素 C 含量很高，这也是高级绿茶等难以保存的原因之一。维生素 C 被氧化后不仅降低了茶叶的营养价值，还会使颜色发生褐变。因此，如果维生素 C 含量下降明显，表明茶叶品质变化较大。

（6）氨基酸的变化　在茶叶贮藏过程中，一方面，水溶性蛋白质水解，使游离氨基酸积累（但这些氨基酸一般不能改善茶叶滋味）；另一方面，茶氨酸、谷氨酸、天冬氨酸和精氨酸（这些氨基酸对茶叶品质起重要作用）等氨基酸发生氧化、降解等变化。红茶贮存中，氨基酸还能与茶黄素、茶红素等作用形成深暗色的高聚物。因此，氨基酸的变化趋势为高低起伏的变化状态，但由于茶叶在贮藏过程中氨基酸的组成和比例发生了变化，导致茶叶滋味劣变。

2. 不同茶类的贮藏

绿茶是未发酵茶叶，是所有茶类中最易陈化变质的茶。绿茶含有大量的茶多酚、维生素 C 及叶绿素等成分，如果贮藏不当，极易导致茶多酚、维生素 C 的氧化及叶绿素的分解等而失去光润的色泽及特有的香气，因此，绿茶贮藏必须要防潮、避光、阻氧、冷藏。

白茶是微发酵茶叶，萎凋过程中酚类化合物仅发生了缓慢的酶促氧化；黄茶是轻发酵茶叶，加工工艺近似绿茶，只是在干燥前有闷黄工艺，使酚类化合物在湿热作用下发生了非酶自动氧化和异构化。因此，白茶、黄茶的贮藏与绿茶类似，都需要防潮、避光、阻氧、低温贮藏。

红茶属于全发酵茶，酚类化合物等氧化彻底，无需冷藏。但红茶贮藏仍要密封，避免潮湿、高温、光照及异味，于阴暗、干爽的地方保存。黑茶虽然是后发酵茶，但也属于全发酵茶，酚类化合物等氧化彻底。黑茶贮藏需要一定的湿度加速陈化，但是如果放置不当茶叶受潮，易发生霉变。因此，黑茶贮藏需要保持避光、通风、干燥、无异味的条件。

青茶中发酵程度低的茶叶（如铁观音、台湾的文山包种等）贮藏仍需要防潮、避光、阻氧、低温贮藏；重发酵的乌龙茶（如福建的武夷岩茶、广东的凤凰水仙、台湾的白毫乌龙）贮藏可与红茶保持一致。

3. 贮藏方法

茶叶贮藏方法很多，在我国很早就有石灰、木炭密封贮藏法等，现今新的包装材料与干燥剂、除氧剂、真空技术、抽气充氮等被广泛用于茶叶的贮藏中。

（1）工业贮藏方法

①石灰块保存法：将小口陶坛洗净晾干，下垫白纸；生石灰块装于白细布做的袋内；将绿茶等茶叶装入白棉纸袋内，外套牛皮纸袋，然后将茶叶袋置于小口陶坛内，

中间嵌 1~2 只石灰袋；用数层草纸密封坛口，最后用砖头或者厚木板压实，以减少空气交换量。此后，要经常检查石灰吸潮情况，及时更换。这种方法利用生石灰的吸湿性能，使茶叶不受潮，效果较好，能在较长时间内保持茶叶品质。

②木炭密封贮藏法：利用木炭极能吸潮的特性来贮藏茶叶。先将木炭烧燃，立即用火盆或铁锅覆盖，使其熄灭，待凉后用干净白布将木炭包裹起来，放于盛茶叶的干净瓦缸中，如石灰块保存法封口。木炭袋和茶叶袋的容量可视容器大小而增减；缸内木炭要根据回潮情况及时更换。

③冷藏法：将绿茶等茶叶装入镀铝复合袋，用呼吸式抽气机抽气、封口后，送入低温冷藏库贮藏。这是目前科技水平条件下最佳的茶叶保存法。保存量大、时间久。

红茶、重发酵的乌龙茶等无需冷藏的茶叶可贮藏于镀铝复合袋中，内置干燥剂、除氧剂或抽真空后贮藏于干燥、阴凉处。一般来说，黑茶类茶叶的贮藏只要将茶叶用牛皮纸、皮纸等通透性较好的包装材料进行包装后贮藏于不受阳光直射和雨淋，环境清洁卫生，通风无其他杂味、异味的地方即可。如存放数量多，可设专门仓库保管；如数量少，存放在家中即可。

（2）家庭保存方法　家庭保存茶叶多采取以下方法。

①陶瓷坛（瓦罐）贮藏法：选用干燥无异味、密闭的陶瓷坛（瓦罐）一个，用牛皮纸把茶叶包好，分置于坛的四周，中间嵌放石灰袋一只，上面再放茶叶包，装满坛后，用棉花包盖紧。石灰隔 1~2 个月更换一次。

②罐藏法：将干燥的茶叶装入塑料袋内，将茶袋放入金属听、罐、盒内，罐要装实装严，袋要封口。此法简便，取存方便，但茶不宜长期贮存。

③塑料袋贮茶法：选用密度高、高压、厚实、强度好、无异味的食品包装袋，茶叶先用洁净无异味柔软的白纸包好，轻轻挤压，将袋内空气挤出，置于食品袋内，将食品袋封口，贮藏于干燥无异味的环境中。

④热水瓶贮茶法：选用保暖性良好的热水瓶，将干燥的茶叶装入瓶内，装实装足，尽量减少瓶内空气存留量，瓶口用软木塞盖紧，塞缘涂白蜡封口，再裹以胶布。由于瓶内空气少，温度稳定，这种方法保持效果也比较好，且简便易行。

⑤冰箱保存法：将绿茶等茶叶装入密度高、高压、厚实、强度好、无异味的食品包装袋，置于冰箱冷冻室冻藏。此法保存时间长、效果好，但袋口一定封牢，否则会回潮或者串味；茶叶从冰箱中拿出来后要放至室温再开封。

二、四季饮茶有别

中国地域广阔，大部分地区一年四季气相不同，春温、夏热、秋凉、冬寒，四季极为分明。由于茶的性味不同，一年四季节令气候不同，喝茶种类宜做相应调整。中医学主张：春饮花茶，夏饮绿茶，秋饮青茶，冬饮红茶。

（一）春季宜喝花茶

春天春风复苏，阳气生发，给万物带来生机。但此时人们却普遍感到困倦乏力，表现为"春困"现象。花茶是集茶味之美、鲜花之香于一体的茶中珍品。"花引茶香，相得益彰"，它是利用烘青毛茶及其他茶类毛茶的吸味特性和鲜花的吐香特性的原理，将茶叶和鲜花拌和窨制而成，其中以茉莉花茶最为有名。因为茉莉花香气清婉，入茶饮之浓醇爽口，馥郁宜人。花茶甘凉而具有芳香辛散之气，春饮花茶有利于散发积聚在人体内的冬季寒邪，促进体内阳气生发，令人神清气爽，心情舒畅，能缓解春困带来的不良影响。

（二）夏季宜喝绿茶

夏季天气燥热，骄阳似火，人在其中，挥汗如雨，体内津液消耗大，极易导致体力消耗过度、精神不振而出现"夏乏"。绿茶味苦性寒，具有清热、消暑、解毒、去火、止渴、生津、促消化、防止腹泻等功能；且绿茶还富含氨基酸、维生素以及矿物质。因此，夏饮绿茶既能消暑解渴，又可保健，一举两得。饮绿茶时还可加入几朵杭白菊、金银花，增强其清凉消暑的功能。

（三）秋季宜喝青茶

秋季秋高气爽，花木凋落，气候干燥，令人口干舌燥，嘴唇干裂，中医称之"秋燥"，此时宜饮用乌龙、铁观音等青茶。青茶属半发酵茶，茶性介于绿茶、红茶之间，不寒不热，温热适中，香气浓郁持久，有生津润喉，彻底消除体内的积热，让机体适应自然环境变化的作用，适合秋天气候。秋季常饮青茶能润肤、益肺、生津、润喉，有效清除体内余热，恢复津液，对金秋保健大有益处。

（四）冬季宜喝红茶

冬天天寒地冻，万物蛰伏，寒邪袭人。人体生理功能减退，阳气渐弱，对能量与营养要求较高。中医认为："时届寒冬，万物生机闭藏，人的机体生理活动处于抑制状态。养生之道，贵乎御寒保暖"。因此，冬季宜喝祁红、滇红等红茶。红茶味甘性温，暖胃驱寒，善蓄阳气，可以增强人体的抗寒能力。此外，人们在冬季食欲增强，进食油腻食品增多，饮用红茶还有开胃口、助消化、祛油腻、助养生等功效。英国人普遍有饮"午后茶"的习惯，常将祁红和印度红茶拼配，再加牛乳、糖饮用。在我国一些地方，也有将红茶加糖、乳、芝麻饮用的习惯，这样既能生热暖腹，又可增添营养，强身健体。

三、因人而异选茶

茶类不同，茶性也不同。家庭选购茶叶时，可根据所属的季节、各成员的身体状况，结合不同的茶性，选购不同的茶类。

（一）根据体质选茶

中医认为人的体质有实、热、虚、寒之别。"寒体质"的人，产热能量低，手足冰冷，较怕冷，脸色比一般人苍白，易出汗，大便稀，小便清白，肤色淡，口淡无味，喜喝热饮。这类体质的人饮食上宜选择偏温热者；若食用寒凉性食物，会使其冷症更严重。"热体质"的人，产热能量高，身体较有热感，脸色红赤，容易口渴舌燥，小便色黄赤而量少。这类体质的人不宜选用温热性质的饮食，而宜吃一些寒凉滋润的食物，方能维持身体之平衡，减少全身性的热感。"体质虚"是生命活动力衰退所造成的，人的精神比较萎靡。"体质实"则容易发热、腹胀、烦躁、呼吸气粗，容易便秘。

茶叶经过不同的制作工艺也有凉性及温性之分，根据不同体质可选用不同茶叶。绿茶是未发酵茶，多酚类物质含量较高，氨基酸、维生素等营养成分丰富，滋味鲜爽，收敛性强，香气清鲜高长，汤色碧绿。绿茶味苦、微甘、性寒，有清热、去火、生津止渴等作用，适合体形较胖、容易上火的燥热体质者饮用；有抽烟喝酒习惯、平时容易上火的人，也比较适合饮用绿茶；而肠胃虚寒的人或体质较虚弱者则不宜服用绿茶。

黄茶是微发酵茶，性凉微寒；在黄茶加工闷黄的过程中会产生大量的消化酶，对消化不良、食欲不振、懒动肥胖者，能起到调理保健的作用，适宜胃热者饮用。

白茶是轻度发酵茶，味道清淡，性清凉，是民间常用的降火凉药，具有消暑生津、退热降火、解毒的功效。与其他茶相比，白茶里的茶氨酸比较高，可改善睡眠、增强记忆力，舒缓神经、消除紧张的情绪，比较适合小孩、女性及中年人饮用。

青茶是半发酵茶，性味介于绿茶、红茶之间，不寒不热，辛凉甘润；既能消除体内余热，又能恢复津液。青茶是一种中性茶，适合大多数人饮用。

红茶是全发酵茶，味甜，性温热，能散寒、暖胃、温阳，适合冬季饮用。寒凉性体质者（虚寒、内寒）或肠胃虚寒的虚寒体质者适宜饮用红茶，女性及老年人也较宜饮用。

黑茶是后发酵茶，味苦、甘，性平和，既能清火，又能温胃散寒。黑茶适宜大多数人群，但不太适合阴虚内热的人。

花茶具有疏肝解郁、理气调经的功效，较适宜妇女饮用。如茉莉花茶有助于产妇顺利分娩，玳玳花茶有调经理气的功效，妇女在经期前后和更年期，性情烦躁，饮用花茶可减缓这些症状。

（二）根据疾病选茶

人体机能处于不断变化之中，饮茶需重视体感变化，根据身体情况选用茶叶。肥胖病、高血脂、脂肪肝等，中医认为湿痰重，宜首选乌龙茶；同是消化道疾病，胃溃疡、慢性胃炎等胃病患者较宜红茶，而肠炎、痢疾等肠道疾病较宜绿茶；肠胃不适时，饮绿茶会加强不适感，但饮普洱或砖茶则可消食通气；肥胖病可饮乌龙茶、普洱茶、沱茶。绿茶含有大量的茶多酚，茶多酚有较强的抗氧化、清除自由基活性，有较好的抗癌功能，癌症病患者可多饮用。茶都有降血压的功能，尤以绿茶降血压效果明显；但由于茶叶含有咖啡碱，有兴奋中枢神经的作用，使心率加快，心脏负担加重，饮过浓的茶水会加重这些副作用，对高血压病人不利。高血压病人应适当喝茶，避免喝浓茶，可适当选用 γ-氨基丁酸茶。神经衰弱者不宜喝高级名优茶，尤其是云南大叶种的中高档夏茶，因为这些茶含咖啡碱的量大，兴奋强度大、持久，会影响神经衰弱者的精神自我调控和睡眠时间及质量。心血管病及心、肾功能不全的患者，一般也不宜喝高档茶，尤其是咖啡碱、茶多酚含量高的大叶种茶；每次适量地饮，以免增加心脏和肾脏的负担。一般以中、低档茶为宜，且要淡饮、持久，这样可利于心血管病的改善，降低血脂、胆固醇，增进血液抗凝固性，增加毛细血管的弹性。白茶可给小儿当退烧药，尤其是陈年白茶可用作患麻疹幼儿的退烧药，其退烧效果比抗生素更好。糖尿病患者适宜饮用茶鲜叶采后经自然风干、不经任何加热等特殊加工的茶及白茶等，坚持饮用3个月以上会有降低血糖的作用。

（三）根据特殊需要选茶

　　还可根据自己身体的特殊需要来选用茶叶。热爱派对和饮酒者，可选用乌龙茶。乌龙茶不仅醒酒效果非常好，且还能够预防身体虚冷，减少酒精和胆固醇在体内沉积。工作繁忙、用脑过多的人，可以选择乌龙茶、绿茶、茉莉花茶来提神醒脑；牙痛病人可以饮陈年白茶解痛；体力劳动或运动过后，可以选择乌龙茶、红茶来解渴和补充热量；空气污染严重，可以选择绿茶来抗污染；长期电脑操作者及其他长时间暴露于辐射源下的人，可以选择绿茶来抗辐射；想减肥的人，比较适合饮用青砖茶、普洱茶、乌龙茶等；血脂高的人，可以选用绿茶、普洱茶、乌龙茶来降血脂；血压高的人可以通过饮 γ - 氨基丁酸茶来降血压；体内暑热淤积时，可饮陈年白茶退热祛暑解毒。

第二节　科学泡茶

　　茶是中国的"国饮"。据史料记载，饮茶是从鲜叶生吃咀嚼开始，后才渐渐形成生叶煮饮的方式，形成比较原始的煮茶法。唐朝时饮茶开始由粗放走向精工，尤以茶圣陆羽为杰出代表。陆羽煮茶法讲究技艺，注重情趣，要求茶、水、火、器"四合其美"，开创了饮茶新风尚。宋代饮茶多为点茶法。明代以后饮茶方式简化，多为冲泡饮用。现代爱茶人士饮茶多采取泡茶方式。

　　泡茶本质上就是将茶叶内含成分充分浸出至茶汤中的过程。水的质量、茶叶的选择、冲泡的方法等直接影响茶叶内含成分的浸出含量，影响茶汤色、香、味及其保健效果。

一、水质对泡茶效果的影响

（一）水的选择

　　"水为茶之母"，水的品质对茶汤质量起着决定性的作用。明代张大复在《梅花草堂笔谈》中说："茶性必发于水，八分之茶，遇十分之水，茶亦十分矣；八分之水，试十分之茶，茶只八分耳。"可见，水质直接影响汤质，如泡茶水质不好，就不能很好地反映出茶叶的色、香、味。

　　好茶还需好水泡。"龙井茶，虎跑水"、"扬子江心水，蒙山顶上茶"，皆是古人为之追求的茶与水的最佳组合。对烹茶用水古人总结出五个字"清、活、轻、甘、洌"，即水质的"清、活、轻"和水味的"甘、洌"。"清"要求水"澄之无垢、挠之不浊"；"活"要求水"有源有流"，不是静止水；"轻"是指分量轻，好水"质地轻，浮于上"，劣水"质地重，沉于下"；"甘"是指水含口中有甜美感；"洌"是指水含口中有清凉感。

　　水有泉水、井水、江水、湖水、河水、雨水、雪水和自来水等，各种水质不同，泡出来的茶就不一样。陆羽《茶经》中明确指出"其水，用山水上，江水中，井水下"，认为山水（即山泉）为泡茶用水之上品。现代科学认为：泉水涌出地面前为地下水，经地层反复过滤涌出地面时，其水质清澈透明；沿溪间流淌时又吸收了空气，增加了溶氧量；在二氧化碳的作用下，溶解了岩石和土壤中的钠、钙、钾、镁等矿物元素，具有矿泉水的营养成分，用山泉水来泡茶是最为理想的。科学试验也证实泡茶用水，泉水第一，雪水、雨水、清洁的江河水和井水次之，经人工净化的湖水和江河水，即自来水最差，盐碱地区的地下水和平地的池塘水则不宜用之。

现代泡茶用水一般要求水源没有病原体污染，没有工业污染；水的感官性状良好，即无色、无臭、透明、无异味、无悬浮物，舌尝有清凉甜润的感觉，水的 pH 为中性7，煮沸后永久硬度不超过 8 度，符合我国 GB 5749—2006《生活饮用水卫生标准》的要求即可。城市用自来水煮沸驱氯后也能满足要求。

（二）水质的影响

不同的水，水质不同。江春柳（2010）对蒸馏水、纯净水、软化水、矿泉水和自来水的电导率、硬度与 pH 进行了研究，结果表明蒸馏水、纯净水的硬度小（<0.01mg/L），电导率低；软化水的硬度较小（<1mg/L），但电导率高达 124.43μS/cm；矿泉水（21.50mg/L）、自来水（34.08mg/L）的硬度较高，电导率也高（119.17μS/cm；139.80μS/cm）。蒸馏水与纯净水 pH 低，分别为 5.93、5.31，属于酸性水；软化水、矿泉水与自来水 pH 分别为 7.10、7.15、7.05，属中性水。水质对泡茶品质的影响主要体现在以下几方面。

1. 水的 pH

无论什么茶类，正常的茶汤 pH 都属酸性或弱酸性，只是茶类不同茶汤的 pH 有所差异而已。因此，泡茶用水的 pH 都不能超过 7，否则将降低茶汤的品质。我国生活饮用水卫生标准的 pH 指标是 6.5~8.5，并不是很适用泡茶用水（纪荣全等，2015）。

茶汤颜色对水的 pH 敏感。当泡茶用水的 pH 大于 7 时，茶汤中的多酚类物质易发生不可逆的氧化反应，形成橙黄色的茶黄素类、棕红色的茶红素类和暗褐色的茶褐素类等物质，进而改变茶汤的汤色和口感；当 pH 超过 7.5 时会加速氧化（江春柳，2010）。茶汤所含的另一种重要色素物质——花青素，有多种互变异构体，会在不同 pH 溶液中呈现出不同的颜色。茶红素的分子结构中有两个羧基，显酸性，茶红素阴离子的颜色较没离解的酸颜色深，故泡茶用水的 pH 会影响茶汤颜色的深度。

刘盼盼（2014）研究表明 pH 对清香型和栗香型绿茶影响较大，对花香型绿茶影响较小。当 pH 在 3~4 时，清香型和栗香型绿茶都表现为弱酸味，而花香型绿茶仅花香减弱，呈现清香；当 pH 为 9 时，香气整体表现为闷、钝。

2. 水的硬度

水的硬度取决于水中钙离子、镁离子的含量。我国测定饮水硬度是将水中溶解的钙、镁换算成碳酸钙，以每升水中碳酸钙含量为计量单位，当水中碳酸钙的含量低于 150mg/L 时称为软水，达到 150~450mg/L 时为硬水，450~714mg/L 时为高硬水，高于 714mg/L 时为特硬水。一般习惯把水中钙离子、镁离子的含量用"硬度"来表示。硬度 1 度相当于每升水中含有 10mg 氧化钙。低于 8 度的水称为软水，高于 17 度的称为硬水，介于 8~17 度之间的称为中度硬水。

水的硬度可分为暂时硬度和永久硬度，两种硬度合称为总硬度。水中含有碳酸氢钙和碳酸氢镁而形成的硬度，经煮沸后可把硬度去掉，这种硬度称为暂时硬度，又称碳酸盐硬度。由于含有钙离子或者镁离子的硫酸盐或盐酸盐（氯化物）而产生的硬度，经煮沸后不能去除，称作永久硬度。暂时性硬水可用于泡茶，但永久性硬水则不宜用于泡茶。

水的硬度会影响水的 pH，而 pH 对茶汤的色泽及滋味有影响。水的硬度还影响茶叶有效成分的溶出，导致茶味淡。因此，用硬水泡茶，会使茶汤变暗，茶味带涩，茶香不正，有失茶叶本色；用软水泡茶，汤色清澈明亮，香气高爽馥郁，滋味醇正甘洌。

除蒸馏水外，目前自然水中可能只有雨水和雪水可称得上软水。由于现代环境污染严重，都或多或少会降低这些软水的水质。江水、河水、泉水、湖水、井水及城市自来水等一般都属硬水，而且随着现代排污物的污染，都会增加水质的硬度（纪荣全等，2015）。因此，人们日常泡茶用水多为硬水。

3. 水中的矿物质

水中都含有一定数量的可溶性矿物质，这些矿物质多为钙、镁、铝、锌、铁、锰等金属离子。如果用矿物质离子含量高的水泡茶，会对茶汤品质产生不良影响。

（1）产生颜色反应 茶汤中含量最高的成分是多酚类化合物及其氧化产物，这些物质易与金属离子配合，尤其是易与三价铁离子配合形成黑褐色酚铁配合物。研究已表明用含有 0.3mg/L 铁离子的水泡茶时，茶汤颜色变深；当铁离子含量达 5mg/L 时，茶汤就变成黑褐色。

（2）产生沉淀反应 泡茶用水中的钙、铝、锌、铁等离子及其他重金属离子可与茶汤中的茶多酚、咖啡碱等物质配合生成沉淀，从而降低茶汤品质。李小满等用不同水质对绿茶茶汤品质的影响展开研究，结果表明麦饭石矿泉水的电导率最大。电导率是溶液中离子含量多少的反应，说明矿泉水中矿质离子含量最多，其次依次为自来水、雪水、麦饭石萃取水、重蒸水。用重蒸水萃取茶汤的亮度最高，而用自来水与麦饭石矿泉水萃取的茶汤亮度最低，说明用含矿质离子较多的水萃取的茶汤比较浑浊。这种浑浊主要是由于茶汤多酚、咖啡碱等成分与各种离子作用形成沉淀所致。

（3）改变茶汤滋味 据 Punnett 和 Fridman 的试验证明：当水中含有 0.1mg/L 低价铁时，能使茶汤发暗，滋味变淡；如水中含有的是高价铁，其影响更大。当茶汤中含 0.2mg/L 铝时，茶汤会产生苦味。茶汤中含 2mg/L 钙时，茶汤变坏带涩；含量为 4mg/L 时，滋味发苦。茶汤中含 2mg/L 镁时，茶味变淡。茶汤中铅含量少于 0.4mg/L 时，茶味淡薄而有酸味；超过 0.4mg/L 时产生涩味。茶汤中含 2mg/L 锰时，茶汤有明显苦味等。当茶汤中加入 1~4mg/L 硫酸盐时，茶味略淡薄；当加入 6mg/L 时，稍带涩味。当茶汤中加入氯化钠 16mg/L 时，茶味略显淡薄；但当茶汤中加入碳酸盐 16mg/L 时，似有提高茶味的效果，会使滋味醇厚，这一点值得深入研究。

（4）影响香味 水中所含的矿物质还影响茶汤的香气。刘盼盼（2014）研究表明钙离子对清香型绿茶影响最大，感官表现为闷，清香不够清爽；对栗香型绿茶香气也有影响。镁离子在 20mg/L 以下对香气影响不大，但当加入量超过 20mg/L 也会表现出闷。

4. 水的含气量

水的含气量对泡茶茶汤品质的影响主要是指溶氧量和溶二氧化碳量。水中溶氧量高会改变茶汤风味，因为茶汤中含一些容易被氧化的物质，含氧量高会促使其氧化变质速度加快。水中二氧化碳的含量高，则会增加对口腔的刺激，给人以爽口的感觉；且当二氧化碳从茶汤中溢出时会带出香味。当用空气全部被驱除后的水泡茶时，会使茶汤失去应有的新鲜滋味。因此，忌用过沸的水泡茶，因为过沸的水中空气（尤其是二氧化碳）全部被驱除了。

泡茶用水应以刚刚沸腾起泡为度，不宜用沸滚过度的水或没有沸滚的水。陆羽在《茶经·五之煮》中说："其沸，如鱼目，微有声，为一沸；缘边如涌泉连珠，为二沸；腾波鼓浪，为三沸。已上水老，不可食也。"这里的"三沸"，目的就是为了防止水"嫩"（水未沸）或水"老"（过沸）。泡茶的水应达到沸滚而起泡为度，这样的水冲泡茶叶才能使茶汤的香味更多地发挥出来，水浸出物也溶解得较多，泡出来的茶汤色清纯、味浓甘鲜。

5. 水的色度和浊度

水的色度和浊度也会影响茶汤品质，是泡茶用水水质的重要指标。水的色度是由溶解于水中的有机物及其分解产物所形成的，因此，它不仅影响茶汤色泽，也直接影响茶汤的香气和滋味。水的浊度是由不溶于水的淤泥、黏土、有机物、生物及矿物质等微粒形成的。水的浊度大，会直接影响茶汤色泽，间接影响茶叶的品质。

二、茶具对泡茶效果的影响

茶具又称茶器具，茶器，有广义和狭义之分。广义来说，是指完成泡饮全过程所需设备、器具、用品及茶室用品。狭义来说，仅指泡和饮的用具。茶具对泡茶效果的影响多指狭义的茶具。"水为茶之母，皿为茶之父"，名茶与茶具总是珠联璧合。范仲淹的"黄金碾畔绿尘飞，碧玉瓯中翠涛起"，梅尧臣的"小石冷泉留翠味，紫泥新品泛春华"，都是用赞誉茶具的珍奇来烘托佳茗的优美。

不同的茶具泡出来的茶效果不尽相同。不同的茶，为使其泡出最佳效果，应选不同的茶具。茶具对泡茶效果的影响主要有两个方面：一方面是茶具颜色对茶汤色泽的衬托；另一方面是茶具的材料对茶汤滋味和香气的影响。茶具材质既要坚而耐用，还要不损害茶的品质。如高白瓷盖碗，表面光滑不吸味，用盖杯闻香又方便；其导热快，不产生闷味；打开盖杯之后，可以欣赏到茶叶逐渐舒展的形状，产生美感。

（一）茶具的分类

我国茶具，种类繁多，造型优美，除实用价值外，还有颇高的艺术价值，因而驰名中外，为历代茶爱好者青睐。茶具因制作材料和产地的不同而分为陶土茶具、瓷器茶具、玻璃茶具、漆器茶具、金属茶具和竹木茶具等，现常用茶具材质主要有陶土茶具、瓷器茶具和玻璃茶具三种。

1. 陶土茶具

最负盛名的陶土茶具是紫砂茶具。紫砂壶胎质特有的双重气孔结构使其具有很好的透气性，能吸附茶汁、蕴蓄茶味；同时，紫砂茶具还有胎质细腻、不易渗漏，传热不快、不致烫手，热天盛茶、不易酸馊，即使冷热剧变也不会破裂等特点。用紫砂茶具泡茶，既不夺茶真香，又无熟汤气，能较长时间保持茶叶的色、香、味（图8-6）。

图 8 - 6　紫砂茶具

2. 瓷器茶具

瓷器茶具主要分为白瓷茶具、青瓷茶具、黑瓷茶具和彩瓷茶具四种，其中，以江西景德镇的青花瓷茶具最负盛名，是当今最为普及的茶具之一。白瓷茶具具有坯质致密，上釉、成陶火度高，无吸水性，音清而韵长等特点；因其色白如玉，能清楚显示出茶汤色泽，传热、保温性能适中而备受喜爱。该茶具表面光滑，几乎没有气孔，不会吸收任何茶香，与紫砂茶具形成鲜明的对比（图 8 - 7）。

图 8 - 7　瓷器茶具

3. 玻璃茶具

玻璃茶具使用玻璃材质制作而成，质地透明、光泽夺目，外形可塑性大，形态各异。玻璃茶具与陶瓷茶具相似，不吸收任何茶香，保证茶汤的原味。其透明的特点，便于清晰地看到茶具内的一切，增加美感，比较适合绿茶、黄茶、白茶的冲泡。用玻璃茶具冲泡茶叶，茶汤的鲜艳色泽，茶叶的细嫩柔软，茶叶在整个冲泡过程中的上下穿动，叶片的逐渐舒展等一览无余。尤其是冲泡各类名茶，茶具晶莹剔透，杯中轻雾缥缈，澄清碧绿，芽叶朵朵，亭亭玉立，观之赏心悦目，别有风趣。玻璃茶具价廉物美，深受广大消费者的欢迎。但是玻璃器具容易破碎，比陶瓷烫手（图 8 - 8）。

图8-8　各式玻璃茶具

（二）茶具的选择

泡饮绿茶，评饮内质的同时侧重外形的欣赏，应首选透明玻璃杯。用透明玻璃杯冲泡绿茶，如龙井、碧螺春、君山银针等名茶，因其质地致密，不吸香，可使茶之清香、嫩香充分显露；同时，因其透明，能尽观芽叶优美地舒展，可谓赏心悦目。高档名优绿茶芽叶较幼嫩，所选玻璃杯宜小不宜大，避免大杯所盛水量多、热量大，将幼嫩芽叶"烫熟"；就器型而言，宜用宽口、敞口的器具，可避免温度过高。冲泡白茶、黄茶与绿茶类似，首选玻璃杯，也可选用白瓷盖碗。

乌龙茶用紫砂壶泡饮最佳。因为紫砂壶透气性好，保温性高，能较好地促进茶叶品质的发挥；用其泡茶不易变味、变馊，能较长时间保持茶的色、香、味。泡饮红茶，也首选紫砂壶，尤其是工夫红茶，便于品评红茶高雅的芬芳以及香醇的味道。红茶，尤其是高档红茶，也比较适合用白瓷盖碗冲泡，尤其是用青花瓷泡红茶，红艳瑰丽的红茶汤色清晰可见，韵味十足，为泡红色之上选。

花茶多用绿茶作茶坯窨制而成，融茶味花香于一身。评饮高档花茶，为提高艺术欣赏价值，通常采用透明玻璃杯冲泡，但要加盖，以防花香散失较多。对于中低档的花茶，用白瓷盖碗冲泡即可。

砖茶等紧压茶类，多是敲碎放入锅中煮熟饮用，所以对茶具的选择不太讲究。

三、科学泡茶方法

科学泡制一杯口感佳而且能充分溶出茶叶活性成分的茶，除了需要挑选茶具、水质外，还要考虑冲泡时间、水温、茶水比等因素。

（一）影响茶叶内含成分溶出的因素

1. 内含成分的溶解性

茶叶含有多种化学成分，泡茶时能溶于水的成分主要有茶多酚、氨基酸、咖啡碱、无机盐、水溶性果胶、可溶糖、水溶性色素、水溶性维生素和水溶性蛋白等。不同成分在水中的溶出性不同，如茶氨酸极易溶于水，冲泡时溶出非常快；黄酮及黄酮醇难溶于水。冲泡条件不同，这些成分的浸出率是不同的。一般来说，溶质分子愈小，亲水性越大，在茶叶中含量越高，扩散常数愈大；温度越高，茶多酚、咖啡碱等的溶出也越多。

2. 茶水比

冲泡过程中，茶水比对茶汤滋味的浓淡有很大影响，不同茶类茶水比不同。一般来说，若用茶量相同，冲泡时间相同，水少，则茶汤浓；反之，水多，则汤淡。因此，审评红茶、绿茶、花茶，一般采用的茶水比例为1:50，即3g茶叶用150mL水去泡；审评岩茶、铁观音等乌龙茶，因品质要求着重香味并重视耐泡次数，用特制钟形茶瓯审评，其容量为110mL，投茶量5g，茶水比例为1:22。在生活饮茶中水可稍微多用点，如3g绿茶用180~200mL水去泡，比较适合大众的口味。

3. 水的温度

水温的高低与品茶的口感有很大的关系。一般来说，水温越高，茶叶中的活性成分（比如儿茶素、咖啡碱等）溶出越充分，溶出速率越快。温度也影响茶叶可溶物质在茶/水两相之间的分离常数和扩散系数。温度升高，分子运动加速，溶液的黏度降低，从而扩散速率加快。因此，泡茶水温度高，茶汤的浓度、厚度会明显提高，茶味才能真正体现出来。如用80℃的水冲泡西湖龙井时，尽管感官审评时鲜爽度较好，但浓度和厚度都很低，滋味淡薄，得分较低；用80℃的水冲泡南京雨花茶时，茶汤的浓度与鲜爽度都好，但浓而不厚，有缺乏内容物之感。

冲泡水温对茶香气也有影响，但影响较复杂。一般温度高有利于香气的挥发，热嗅香气好；但对一些原料特别幼嫩的清香型茶叶则表现为水温稍低的香气优于水温高的，冲泡温度高，香型则有所变化，鲜爽度也随之降低。

茶类不同，对冲泡水的温度要求不同。绿茶是未发酵茶，茶多酚、维生素C含量高，用沸水冲泡易导致氧化，多用90℃左右的水冲泡。红茶是全发酵茶，适合用温度较高的水冲出茶香，一般用95℃水来冲泡。乌龙茶、普洱茶和沱茶等，冲泡时用茶量较多，且茶叶较粗老，必须用100℃的沸滚开水冲泡。要注意的是，沸水冲到未经预热的茶杯中，水温会迅速下降。2min后，紫砂壶、瓷盖碗和玻璃杯的水温各降为82.5、82.0℃和85.4℃；4min后，降为了79.2、78.8、81.2℃。因此，古人泡茶多有协盏程序，尤其是泡饮乌龙茶等茶时，通常先将茶瓯、茶壶或饮茶小杯以开水烫热以便于提高泡茶水温，准确鉴评其香味优次。

不仅如此，冲泡水温的高低，还与原料的老嫩度关系密切。一般来说，较粗老原料加工而成的茶叶，宜用沸水直接冲泡；用细嫩原料加工而成的茶叶，宜用温度较低的水来泡茶。单芽和一芽一叶初展制成的细嫩绿茶，冲泡的水温宜控制在75~85℃，如特级碧螺春等；一芽一叶初展至一芽二叶初展制成的绿茶，冲泡水温宜控制在85~95℃；一芽二叶初展及更成熟的鲜叶制成的茶叶，水温控制在95~100℃。如高档细嫩绿茶用100℃沸水冲泡，茶汤易变黄发暗，滋味苦涩，维生素C遭大量破坏，造成熟烫失味。各种花茶也可用100℃的沸水冲泡，如果是高档花茶，冲泡时需降低水温，可用90℃左右的水冲泡。

4. 冲泡时间与次数

冲泡时间对茶汤品质有明显影响。冲泡时间不同，茶叶内含成分的溶出不同。金恩惠（2012）研究报道，相同温度下，普洱茶与铁观音茶汤中茶多酚、氨基酸、咖啡碱、总糖、茶黄素、茶褐素、茶红素的浸出量都随冲泡时间的延长而逐渐增加；相同时间下，冲泡水温越高，茶汤中可溶性物质浓度上升曲线的斜率越大；短时间内，氨基酸和咖啡碱比茶多酚更容易被浸出。

冲泡时间与冲泡水温、次数密切相关。在水温稍高的情况下（90~100℃），冲泡时间越短，汤色越好，明亮度高；然而，对一些内含物不易泡出的茶（如开化龙顶等），冲泡时间延长，反而对汤色有利。童梅英等（1996）研究表明，若用温度85℃的水冲泡高级绿茶，冲泡4min最佳；若水温为100℃，则冲泡2min为宜；若水温为70℃，则冲泡时间需4~6min。茶叶内含成分浸出速率不同，在多次冲泡时，绿茶泡出量以头泡最多，而后直线剧降。因此，在分次冲泡时，每次持续较短时间，以达到每泡茶汤中内含成分含量及比例最佳的效果。

冲泡时间与茶类关系密切。研究证明，一般冲泡红茶、绿茶、花茶的时间以5min为宜。不足5min，汤色浅，滋味淡，且红茶汤色缺乏明亮度；多于5min，汤色深，滋味差。因此，审评红茶、绿茶，一般取3g茶叶用150mL水冲泡5min。审评乌龙茶，取5g茶叶用110mL加盖冲泡2~4次，第一次冲泡2min，第二次冲泡3min，第三、四次各冲泡5min，重复审评。审评黑茶用高水温冲泡，不宜长时间浸泡，否则苦涩味重。金恩惠（2012）研究报道，普洱茶与铁观音在100℃、4min的条件下冲泡，茶汤滋味、香气和汤色还处于较好的品质，如果时间过长，茶多酚与咖啡碱等的苦涩味物质浸出增多，口味明显苦涩。

（二）科学泡茶要点

生活中饮茶，红茶多用白瓷盖碗，绿茶用玻璃杯冲泡。取茶3g左右，加开水150~200mL；最好分步加水，即将茶叶放入杯中，先加三分之一的开水，数秒后再加开水至150~200mL，高档茶2min、普通茶3min后即可饮用；若是袋装红茶，40~90s即可。高档细嫩绿茶需将沸水温度降低至80℃左右，普通绿茶用90℃左右开水；高档红茶适宜水温在95℃左右，普通红茶用95~100℃开水即可。当茶水还剩三分之一时，加水泡第二次。普通茶叶冲泡3~4次，高档茶叶2~3次。红碎茶冲泡1~2次后，茶叶中的可溶性有效成分如茶多酚、氨基酸、咖啡碱等90%以上都泡出了，因此，茶叶冲泡的次数不宜太多。泡好后的茶汤马上品饮，不要久放，因为茶汤中的茶多酚等会迅速氧化，导致茶味变涩。

黄茶、白茶的冲泡与绿茶类似。

乌龙茶多用紫砂壶冲泡。一般用茶6~10g，冲泡前先用100℃沸水温烫茶壶，再放入茶叶，加沸水200mL左右。乌龙茶每次冲泡的时间较短，冲泡次数可以多一些，第一次冲泡1min后，就可将茶水倒至配套的小杯中饮用；第二次冲泡1.5min，第三次2min，第四次2.5min，时间随次数而增加，以保持前后每一次茶汤浓度均匀。

普洱茶多选用紫砂壶、陶瓷壶或瓷盖碗等来冲泡。一般用茶5~7g，按1:30~1:50的茶水比冲入沸水，15s后出茶，将茶汤用来洗杯、留香；重新加入沸水进行第二次冲泡，20~30s后出茶，即可品饮茶汤。普洱茶可以多次冲泡，第三次及以后冲泡每次时间可适当延长，以每次能较好地表现出普洱茶的色、香、味品质为宜。

花茶的冲泡宜选用瓷盖碗，水温宜高，可接近100℃；先将茶盏置于茶盘，用沸水高冲茶盏；烫盏后去水，加茶2~3g，按茶水比1:50或略大冲沸水入茶盏至八分满，随即加上杯盖，以防香气散失；冲泡 3~5min 后即可品饮，冲泡 2~3 次为宜。冲泡特种造型工艺茉莉花茶和高级茉莉花茶，常用透明的玻璃杯冲泡，水温 85~90℃为宜。

第三节 科学饮茶

一、隔夜茶与健康

所谓隔夜茶一般是指茶叶浸泡超过 12h，或者是搁置了一晚上的茶。人们常说："隔夜茶，毒如蛇"，认为茶水久放会馊，还能产生大量的亚硝酸盐，甚至还有人认为茶水放置过夜后，会产生致癌物质亚硝胺，从而对人体产生危害。因此，很多人都选择喝刚泡好的茶，而把前一天泡的茶水倒掉。那么，隔夜茶真的对人体有害吗？

亚硝酸盐是亚硝胺类化合物的前体物质，在特定条件下，包括适宜的酸碱度、温度和微生物（梭状芽孢肉毒杆菌），亚硝酸盐易和胺发生化合反应生成亚硝胺。因此，通常条件下膳食中的亚硝酸盐不会对人体健康造成危害。只有过量摄入亚硝酸盐，体内又缺乏维生素 C 的情况下，才会对人体引起危害。茶叶中亚硝酸盐的含量比较低。邱贺媛等（2009）研究报道，茶叶亚硝酸盐含量最高为 3.56~6.87mg/kg，远低于腌制食品、肉类罐头等。茶汤中的大量茶多酚、丰富的维生素 C 对亚硝酸盐有较强的清除活性（周才琼，2004），因此，茶汤中亚硝酸盐含量更低。赵振军等（2014）研究报道，普洱茶茶汤中亚硝酸盐含量在 0.082~0.089μg/mL。

茶汤中亚硝酸盐含量随茶汤放置时间延长而增加，且亚硝酸盐含量的变化受存放温度与开放条件影响较大。赵振军等（2014）研究表明，普洱茶茶汤在 25℃开放条件下存放，亚硝酸盐含量的增加高于在 4℃开放条件下存放；在 25℃开放条件下存放 12h 后，亚硝酸盐含量仅略有增加；但存放 60h 后，亚硝酸盐含量较初始值增加 206.1%，含量为 0.251μg/mL，但仍远低于 GB/T 5749—2006《生活饮用水卫生标准》规定的可允许最低标准（≤1μg/mL）。人体要吸收 100~2000mg/kg 体重亚硝胺才有可能致癌，而且是常年持续性大剂量地服用。因此，不用担心隔夜茶会导致大量亚硝胺的产生而致癌。

然而，这并不表示隔夜茶是最适合饮用的。一方面，冲泡好的茶水放置时间过久，微生物的数量会增加。赵振军等（2014）研究报道，普洱茶茶汤中微生物种群数量随放置时间延长而显著增加。普洱茶是一种发酵茶类，干茶本身含有一定数量的微生物。所用普洱茶样经沸水冲泡后，初始茶汤中所含微生物种群数量为 0.2×10^3 CFU/mL，在 25℃开放条件下存放 12h 后，微生物种群数量增至 4.8×10^3 CFU/mL，60h 后微生物数量可达 7.0×10^7 CFU/mL，远超出 GB/T 19296—2003《茶饮料卫生标准》规定的标准（≤100CFU/mL）。普洱茶茶汤中微生物种群数量也受存放温度影响，25℃开放条件下存放微生物种群数量高于 4℃开放条件下存放微生物种群数量。

另一方面，冲泡好的茶水放置时间过久，茶水中所含的茶多酚、维生素等物质会因放置时间过久而发生氧化作用；茶水中所含的茶多酚及其氧化产物还会与茶汤中的咖啡碱、可溶性蛋白质、氨基酸等物质配合，导致茶水中所含的功能成分、营养下降，令其营养和保健功能降低。贾俊辉等（2003）研究表明，绿茶、红茶、乌龙茶茶汤中主要成分如茶多酚、氨基酸等大都随存放时间的延长呈先增加后降低的变化趋势，但存放10h后它们的含量都是显著降低。不仅如此，刚泡好的茶水香气馥郁，时间放久了，茶香味也淡了；且放置过久的茶必然是冷茶，对胃部的刺激也比较大。因此，要发挥茶的功效，品尝茶的真正味道，以即泡即喝为佳，不要喝隔夜茶。

当然，未变质的隔夜茶在医疗上还是有独特的作用的。如隔夜茶中含有丰富的多酚类物质，可以加速血液的凝聚。患口腔炎、牙龈出血、疮口脓疡等时可以含漱，皮肤出血可用其洗浴；隔夜茶中的茶多酚有抗菌消炎作用，眼睛出现红丝或常流泪时，每天可用隔夜茶洗眼几次；每天早上刷牙前后或吃饭以后，用隔夜茶含漱，不仅可使口气清新、除口臭，还有固齿效果等。

二、饮茶量、饮茶时间与饮茶温度

（一）合理的饮茶量

喝茶并不是"多多益善"，而宜适量。饮茶过量，尤其是过度饮浓茶，对健康非常不利。因为茶中的咖啡碱等会使人体中枢神经兴奋过度，心跳加快，增加心、肾负担，晚上还会影响睡眠；高浓度的茶多酚类物质在人体胃肠中易与金属离子配合，影响人体对食物中铁等金属离子的吸收；高浓度的咖啡碱和茶多酚类等物质还会刺激肠胃，抑制胃液分泌，影响消化功能。

合理的饮茶量是由饮茶习惯、年龄、健康状况、生活环境、习俗等诸多因素决定的，成年人的饮茶量以每天泡饮干茶 5～15g 为宜。对于体力劳动者，运动量大、消耗多、进食量也大的人，尤其是高温环境、接触毒害物质较多的人，一日饮茶 20g 左右也是适宜的；以肉类为主食的人，或食用油腻食物较多，烟酒消耗量大的人，也可适当增加茶叶用量；对长期生活在缺少蔬菜、瓜果的海岛、高山、边疆等地区的人，饮茶数量也可多些，以弥补维生素等摄入的不足；对孕妇、儿童及那些身体虚弱或患有神经衰弱、缺铁性贫血、心动过速等疾病的人，一般应少饮甚至不饮茶。

（二）合理的饮茶时间

饮茶对人体有多种保健功能，但饮茶要考虑适宜的饮茶时间。茶有提神醒脑的作用，早上和午后饮茶可以提高工作效率。饭前饭后饮茶会冲淡胃液，影响食物的消化；还有可能影响食物中营养成分的吸收，因此，饭后 1h 饮茶最佳。经过一整晚的休息，人体消耗了大量的水分，血液变稠。早上饮一杯淡茶，能快速补充身体所需的水分，清理肠胃；还可稀释血液，降低血压；对便秘也能起到预防和治疗效果。晚饭后饮茶宜选后发酵程度较高的、咖啡碱和茶多酚含量较低的普洱茶或黑茶类，既可消食理气，又不影响睡眠。对咖啡碱敏感的人，午后不宜再饮绿茶，可选择红茶，加奶或加糖，配少许点心，以补充营养；对咖啡碱特别敏感的人，则建议不要饮茶，可选择一些代茶饮品，如荷叶、枸杞、荞麦等，同样享受品饮乐趣，又不影响机体的正常状态。

在人体不同的生长期，饮茶也不同。幼童对咖啡碱比较敏感，喝茶后会影响睡眠；且茶能利尿，晚上喝茶，尿量会增多，也会影响睡眠，因此一般不推荐婴幼儿饮茶。

儿童处在生长发育阶段，需要不断地从饮食中补充铁、钙、锌等营养物质。茶中的多酚类物质易与食物中的铁、锌等金属离子配合，影响肠道对它们的吸收，引起贫血等。但是，茶中的多酚类物质、咖啡碱可消食解腻，促进肠道蠕动和消化液的分泌，帮助儿童消化；茶中含有的茶多酚、氟有保护牙齿，防治龋齿的作用；茶中含有的维生素、氨基酸及其他矿物质元素对生长发育期儿童有利，因此，儿童少量饮茶或饮淡茶有益健康。

老年人适当喝茶有益身体健康。老年人味觉开始退化，嗜好滋味浓烈的茶汤，这样会导致摄入较多的咖啡碱，从而引起老年人失眠、耳鸣、眼花、心律不齐、大量排尿等症状。老年人饮浓茶还会影响食物中钙、铁离子的吸收利用，长期嗜饮浓茶而又未能及时补充足量的钙、铁等营养素，则会导致机体钙失衡，形成骨质疏松，或铁缺乏，造成缺铁性贫血。部分心肺功能有所减退的老年人如果大量饮茶，较多的水分被胃肠吸收后进入人体的血液循环，可使血容量突然增加，增加心脏负担，导致心慌、气短、胸闷等不舒服现象。如果老人有冠心病、肺心病等，过量饮茶可以诱发心力衰竭，或使原有的心衰加重。因此，老年人需要避免长期大量饮用浓茶。

（三）合理的饮茶温度

茶一般都是用温度较高的水冲泡的，但茶汤不能在水温过热时饮用。与日常饮水喝汤类似，水温过高的茶汤不但易烫伤口腔、咽喉及食管黏膜，长期的高温刺激还会引起器官病变，如导致口腔和食管肿瘤。国外研究也显示，经常饮温度超过 62℃ 的茶汤，胃壁较易受损，易出现胃病的病症。茶汤冷饮要视具体情况而定。浓茶忌冷饮，老年人及脾胃虚寒者，也应当忌饮冷茶。因为茶叶本身性偏寒，加上冷饮其寒性得以加强，这对脾胃虚寒者会产生聚痰、伤脾胃等不良影响，对口腔、咽喉、肠道等也会有副作用。饮茶的适宜温度在 56℃ 以下。老人及脾胃虚寒者可以喝些性温的茶类，如红茶、普洱茶等。

三、特殊时期的饮茶

喝茶对身体有诸多益处，但是并不是任何时期都适宜饮茶。有些疾病患者、处在特殊生理期的女人就不适合饮茶，不然对身体有很大的影响。神经衰弱患者临睡前也不要饮茶，因为神经衰弱者的主要症状是失眠，茶叶含有的咖啡碱具有兴奋作用，临睡前喝茶有碍睡眠。

（一）女性特殊时期饮茶

1. 生理期

生理期女性因经血会消耗掉体内大量的铁质，此时要多多补充含铁质丰富的蔬菜水果。如果在生理期过度饮茶，茶所含的大量茶多酚类物质在胃肠中与铁离子发生配合反应形成不溶性沉淀物，影响人体肠黏膜对铁质的吸收；同时，大量多酚类物质的存在还会抑制胃肠的活动，进而减少对铁等营养元素的吸收，使处于生理期的女性易患贫血症。茶中咖啡碱对中枢神经和心血管的刺激作用，还会使经期基础代谢增高，引起痛经、经血过多或经期延长等。因此，处于经期的妇女最好不饮茶、少饮茶或只饮淡茶。为了防止缺铁性贫血，成人提倡避开用餐时间饮茶，幼儿等特殊人群宜少饮茶。

2. 怀孕期、临产前和产褥期

由于怀孕、哺乳导致怀孕期和产褥期的妇女对铁质的需求量明显增加。此时，如果女性大量饮浓茶，一方面会因茶叶中的茶多酚与铁离子配合，影响铁质的吸收，导致怀孕期和产褥期的妇女贫血；另一方面，由于浓茶中一般含大量咖啡碱，咖啡碱具有兴奋、利尿作用，可能会影响孕妇的睡眠，增加孕妇的排尿和心跳次数与频率，加重孕妇心与肾的负荷，严重的可能会导致妊娠中毒症；孕妇吸收的咖啡碱经血液循环进入腹中胎儿体内，胎儿对咖啡碱的代谢速度要比成人慢得多，这对胎儿的生长发育是不利的；如果孕妇产前睡眠不够，还会导致分娩的时候精疲力竭，甚至还会造成难产的情况出现。哺乳期妇女如果饮大量浓茶，茶中所含的大分子多酚类物质会被黏膜给吸收，进而影响乳腺的血液循环，会抑制乳汁的分泌，造成奶水分泌不足；茶中的咖啡碱还会通过哺乳而进入婴儿体内，使婴儿兴奋过度或者发生肠痉挛。因此，孕期和产褥期的妇女最好也不饮茶、少饮茶或只饮淡茶。

3. 更年期

正值更年期的女性，易出现头晕、浑身乏力、心跳加快、脾气不好、睡眠品质差、月经功能紊乱等症状。如果此时饮茶，尤其是饮浓茶，会加重这些症状，不利于顺利度过更年期。

（二）服药期饮茶

从中医的角度来看，茶本身就是一味中药。茶所含的多酚类、嘌呤碱类、茶氨酸、茶多糖等成分，都具有很好的药理功能；但是，这些成分也可以与体内同时存在的其他药物或化学成分发生各种化学反应，影响药物疗效，甚至产生毒副作用。因此，用茶汤服药一般来说是不合适的，尤其是一些内服汤剂和中成药（除特别医嘱或特殊情况下须用茶冲服的外，如川芎茶调散），以免茶中的一些成分与中药有效成分发生反应或改变其配伍平衡。常用的补品如人参、黄芪、首乌、熟地等，都含有较多的生物碱和其他活性物质，在服用这些补药时，不宜同时喝茶。

含有金属离子的药物，如钙剂类（如葡萄糖酸钙）、锌剂类（如葡萄糖酸锌）、铝剂类（如胃舒平），特别是补铁药物（如乳酸亚铁），也不能用茶汤送服。因茶中的茶多酚类物质易与金属离子配合，在肠道中产生沉淀，不仅影响药效，且会刺激胃肠道，引起胃部不适，严重时还可引起胃肠绞痛、腹泻或便秘等。

助消化药是用于帮助消化作用一类药的统称，多为消化液中的成分，如胃蛋白酶、胰酶、多酶片等。茶中的多酚类物质能与蛋白质配合形成不溶于水的配合物，进而会改变助消化药的性质和作用，达不到助消化效果。

茶中所含的咖啡碱、茶叶碱、可可碱具有兴奋大脑中枢神经的作用，在服用镇静、催眠、安神类药物（如眠尔通、安定等）时饮茶，会抵消这些药物的作用，因此，在服用此类药物时不可饮茶。

此外，服用一些抗生素类药物（如链霉素、新霉素、先锋霉素等），喹诺酮类抗菌类药物（如诺氟沙星、培氟沙星等），含有氨基比林、安替比林的解热镇痛类药物（如安乃近、散痛片、去痛片等），生物碱类药物（如小檗碱、麻黄碱等）时，也不适合用茶汤服用。

当然，茶叶本身具有兴奋、利尿、清热解毒、降血脂、降血糖等功能，有些药物如解热镇痛药、维生素类、兴奋剂、利尿剂、降血脂、降血糖、升白类药物等，用茶水送服有增效作用，一般可用茶水送服。如服乙酰水杨酸（阿司匹林）、对乙酰氨基酚（扑热息痛）及贝诺酯等药物时，茶水可增强它们的解热镇痛效果；服用维生素C后饮茶，茶叶中的儿茶素可以帮助维生素C在人体内的吸收和积累。用茶水服药时，应使用清淡的茶水，且水温不宜过高，温水即可。

四、茶叶中铝的安全性

铝是人体非必需的微量元素，其在体内的过量蓄积会对人体的神经系统、骨骼、血液系统、生殖系统和肝肾等带来一定程度的损害（孙中蕾等，2013）。联合国粮农组织/世界卫生组织（FAO/WHO）早在1989年便将铝归为食品污染物，并规定人体每周摄入铝量应少于7mg/kg体重，2011年将每周允许摄入量修订为2mg/kg体重。但调查显示我国居民平均每天铝的摄入量为34mg，普遍偏高。

茶树是典型的富铝植物。茶树根系从土壤中吸收大量铝离子，然后输送到地上的枝叶中，并在成熟叶片中逐渐累积，待叶片老化后，所累积的铝逐渐向叶的表皮和栅栏组织富集，然后慢慢聚集在细胞壁的表皮细胞内，直至趋于稳定状态（罗虹等，2006）。茶叶中铝主要以有机态形式存在，且随着成熟度的增加分布于细胞壁上的铝比例增加。马士成（2012）研究报道茶树新梢及成熟叶中的铝主要分布在细胞壁中，分别占64.40%和83.24%。

影响茶树体内铝含量及分布的因素较多。Fung等（2009）研究报道，茶树不同器官对铝的积累能力表现为：叶＞根＞茎。王翔（2012）表明同一器官中不同部位铝的含量也有较大差异，主要呈老叶＞成熟叶＞嫩叶、侧根＞主根、细茎＞粗茎的规律。谢忠雷等（1998）报道了我国安徽、江苏、浙江等地13个茶园不同叶龄茶叶中铝的含量：老叶为1790～4381mg/kg，成叶为873～3637mg/kg，嫩叶为156～596mg/kg。因此，一般用嫩叶加工制作的红茶、绿茶含铝量低，用粗老的茶叶制作的砖茶含铝高。铝在茶树体内的含量及其分布还与生长的年周期和总发育周期的不同阶段有关。茶树体内的铝通常随树龄的增大而逐渐增加，幼龄茶树的铝含量相对较少；同等嫩度鲜叶中铝的含量是秋茶＞夏茶＞春茶。

尽管茶叶中铝的含量较高，但在茶叶冲泡时铝的溶出相对较少，溶出率约为30%（林婷婷，2016）。影响茶叶铝溶出的因素较多，品种、原料老嫩度、茶类和茶粉粒径等均显著影响茶叶铝的溶出。林婷婷研究表明（2016）原料越老，茶叶总铝量和溶出铝量越高；茶叶粒径越小，铝越易溶出；不同茶类间，黑茶的总铝和溶出铝含量显著高于绿茶、红茶和乌龙茶。

茶汤中铝的溶出还受冲泡条件的影响。李海龙等（2011）研究表明，在相同浸出条件下，熬煮法砖茶中铝的浸出率要比冲泡法高50%；无论是熬煮法，还是冲泡法，时间越长砖茶中铝的浸出率越大；熬煮和冲泡的第1次浸出时铝的浸出量比较高，分别占3次总浸出量的80.25%和68.53%。林婷婷（2016）研究表明，随浸提时间的延长，铝溶出量显著增加，浸提 20min 时茶汤铝的浓度最大；随浸提温度的升高，铝溶出量显著增加，水温 90℃时，茶汤铝的浓度最大；随着冲泡水量的增加，茶汤铝的浓度显著下降；随着冲泡次数的增加，茶汤铝的溶出显著降低，4 次浸提得到的总茶汤铝溶出量约 68.5% 的铝量是在第一泡中溶出的。这四个因素对铝溶出的影响力度依次为：次数 > 茶水比 > 时间 > 温度；牛乳、蔗糖、柠檬酸的添加能显著降低茶汤铝的含量。因此，日常饮茶时适当降低泡茶水的温度、缩短冲泡时间及增加泡茶水量可以降低茶汤铝的含量；泡茶前先洗茶，也能显著降低茶汤铝含量。

铝在茶叶组织中多与儿茶素、有机酸等化合物形成配合物，也可与氟在细胞壁中形成稳定态化合物，因此，茶汤中铝的溶出率低，浓度约在 1 ~ 10mg/L，且茶汤中 90% 以上的铝是与有机物质结合的，能被人体吸收的量极为有限（Street 等，2007），少量被吸收的铝在机体中的生物利用率也极低（Mehra 等，2007）。林婷婷（2016）研究也表明，尽管茶汤铝在胃部的生物可接受率较高，为 94.6% ~ 97.9%，但进入肠部后生物可接受率显著降低，仅为 4.6% ~ 5.4%，而铝的吸收部位主要在肠部；牛乳、蔗糖和柠檬酸的添加还可分别降低铝体外消化后胃部和肠部的生物可接受率。因此，铝的生物利用率极低，科学饮茶是安全的。国外流行病学研究分别通过英国 109 例、澳大利亚 170 例和加拿大 258 例阿尔茨海默病患者饮茶习惯调查表明，茶不是阿尔茨海默病的强危险因子。不同国家人体铝摄入量测定研究也表明，通过饮用饮料（包括茶、咖啡等）摄入的铝量占每天摄入铝总量的 5% ~ 10%，远低于通过食用粮食和粮食制品所摄入的量（29% ~ 49%）。由于砖茶不仅含铝量高，含氟量也高，长期大量饮砖茶要注意氟铝联合中毒。

五、茶叶中氟的安全性

（一）氟概述

1. 氟在人体的含量与分布

氟在正常成年人体中含量约为 2.6g，主要分布在牙齿、骨骼、指甲以及毛发中，其中骨骼和牙齿中的氟含量占人体含氟总量的 90% 以上。人体氟主要来源于每天摄入的饮食，从膳食中摄取的氟 50% ~ 80% 可被吸收，饮水中的氟可完全被吸收，因此水是机体摄入氟的主要来源。世界卫生组织规定，人均每天适宜的氟摄入量为 2.5 ~ 4mg，美国和德国提出的推荐标准是成人每日摄入量为 1.5 ~ 4.0mg，日本标准为 2.1 ~ 2.3mg。我国提出的摄氟量标准是成人低于 3.5mg/d，儿童低于 2.4mg/d。人体每日摄入量 4mg 以上会造成中毒，损害健康。

2. 氟的生理功能

（1）保护牙齿　氟是牙齿的组成部分，能被牙釉质中的羟磷灰石吸附，形成坚硬的氟磷灰石保护层。这一保护层能增加牙齿的硬度和抗酸能力，并能抑制嗜酸细菌的活性，及对抗某些酶对牙齿的损害，从而防治龋齿的发生。

（2）保护骨骼　机体摄入的氟能很快被吸收并转移到血液中，立即与钙反应形成氟化钙，并以氟化钙的形式进入硬组织中加速骨骼的硬度；适量的氟有利于人体对钙和磷的吸收及在骨骼中沉积，加速骨骼的形成，增强骨骼的硬度；氟还能促进骨细胞的有丝分裂，提高活性成骨细胞的数量。因此，氟对儿童的生长发育有促进作用，对预防老年人骨质疏松症也有益。

（3）其他　氟可以通过对某些酶的作用而造成对神经系统兴奋的影响；氟能促进肠道对铁的吸收，有利于防治贫血；适量的氟还可以改善人体甲状腺、胰腺、肾上腺、性腺等的内分泌功能，使各种脏器和器官免受损伤，对生长发育和繁殖意义重大。

3. 氟对人体健康的危害

氟是人体必需的一种微量元素，对人体健康意义重大。然而，缺氟对人体的危害不易被人们注意，其危害表现较明显的是龋齿的发生。临床研究发现缺氟导致牙釉质的坚硬度下降，牙齿易被酸腐蚀，增加龋齿的易感性。缺氟对骨骼的健康也有一定影响，可抑制骨基质及骨盐合成，导致骨营养不良、长骨过早停止发育、关节增粗等，使儿童易患佝偻病、成人易患骨质疏松症等病。流行病学研究也报道低氟地区居民患骨质疏松症者较多。

人体对氟含量十分敏感，一旦摄入过量氟就可引起氟中毒。氟中毒是一种严重危害人类健康的疾病，是一种以牙齿和骨骼损害为主并波及到心血管及神经系统的全身性疾病。儿童氟中毒的主要表现为氟斑牙，成人主要表现为氟骨症。

（1）氟牙症　又称氟斑牙或斑釉牙（dental fluorosis），是色素牙的一种。氟牙症轻症者牙齿表面失去正常透明度，出现白垩色斑点或条纹；重症者牙面呈黄色、黄褐色或棕黄色，直接影响容貌美观。一般处于牙齿发育期的儿童（6～7岁前），长期摄入过量的氟，使牙胚的成釉细胞受到损害，可导致牙釉质的形成和矿化发生障碍，造成牙釉质的发育不全，发生氟牙症。氟牙症是慢性氟中毒的早期表现，长期居住于高氟地区的儿童，一般均出现不同程度的氟斑牙，因此，氟牙症是一种典型的地方病（图8-9）。

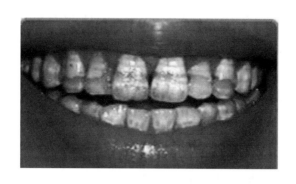

图8-9　氟斑牙

（2）氟骨症　氟骨症（skeletal fluorosis）是指长期摄入过量氟化物引起氟中毒而累及骨组织的一种慢性侵袭性全身性骨病。过量的氟主要通过破坏正常的钙磷代谢，影响体内氟、磷、钙的正常比例，可导致骨骼畸形，关节病变。氟与钙结合形成氟化钙，沉积于骨组织中使之硬化，引起血钙降低；血钙降低使甲状腺激素分泌增加，可导致骨钙入血以维持血钙浓度，引起骨基质溶解，最终而致骨质疏松和软化，易发生骨折。氟骨症主要临床表现为腰腿关节疼痛、关节僵直、骨骼变形、活动受限，严重的甚至造成脊柱硬化、断折等（图8-10）。

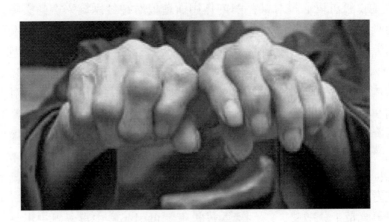

图8-10　关节病变

（3）其他　长时间过量摄入氟还会对消化系统、泌尿系统、神经系统、内分泌和免疫功能等产生一系列不良影响；高氟还会损害人体肝脏、大脑，导致肝大、儿童发育迟缓、智力低下等。

（二）氟与茶叶安全性

1. 茶叶氟含量及其影响因素

茶树是一种高氟植物，茶叶中氟含量一般为32~390mg/kg，少数茶叶氟含量可高达1000mg/kg以上（程启坤等，1995）。茶树又是一种典型的富氟植物，对环境中的氟有很强的富集作用。茶树富集的氟主要累积于叶片内。茶树根部从土壤中吸收氟，向叶片运输，经过茎部，茎本身基本不积累氟。一般茶树各器官含氟量顺序为：叶＞花蕾＞籽＞皮＞细枝＞骨干枝＞细根＞茎主轴＞茎主干＞主根＞侧根，全叶氟积累量占全株茶树氟积累量的98.1%（王雁等，2002）。

茶树的富氟作用不仅受到茶树品种、土壤、大气、水源和季节等多因素的影响，还受到树龄与叶片成熟度的影响。老龄树茶叶氟含量远远大于低龄树茶叶氟含量；老叶氟含量远远大于嫩叶氟含量。一般来说，茶树嫩叶氟含量为100~200mg/kg，成熟叶氟含量可达400mg/kg，而老叶的平均氟含量超过1000mg/kg。

茶叶氟含量还与茶类有关。梁月荣等（2001）对全国18个省（市）9种茶叶128个样品的氟含量分析，结果表明不同茶类之间氟含量差异很大，茉莉花茶氟含量最低，平均35.54mg/kg，其次为烘青绿茶，乌龙、红茶居中，砖茶氟含量最高，平均159.14mg/kg。茶类氟含量差异可能与原料的成熟度有关。一般绿茶多选用较嫩的原料，氟的积累较少；花茶多以绿茶作为茶坯；黑茶原料粗老，生长期长，累积相应较多。

2. 茶叶氟的溶出

茶叶中的氟以水溶性为主，很易被浸出。李珍（2010）研究报道，茶叶冲泡后氟的溶出率达52.0%~72.3%，熬煮后溶出率可达63.6%~95.8%。因此，适当饮茶是人体摄入氟的有效方法之一。

茶叶中氟的含量直接影响茶汤中的含氟量，即茶叶中氟含量越高，其茶汤的含氟量也越高。茶叶的形态及冲泡方式对茶汤氟的浸出影响较大。李珍（2010）利用氟离子选择电极法研究茯砖茶氟的溶出，结果表明茶叶粒度越小，越有利于茯砖茶氟的溶出；茯砖茶氟的溶出率随煮熬（或冲泡）时间增加而增加，两者间呈对数函数曲线关系；茶水比越小，茯砖茶氟溶出率越高，茶水比越大，氟溶出率越低；随煮熬（或冲泡）次数增多，茯砖茶氟的溶出率显著减小，氟大部分在第一泡中溶出。

3. 饮茶氟中毒

茶叶富氟，饮茶是人体摄入氟的重要途径之一。但长期大量饮用砖茶，会导致氟摄入过多，引起砖茶型氟中毒。刘学慧等（2007）研究证实饮茶型氟中毒病区居民摄入的氟，90%以上来源于普通高氟砖茶。饮茶型氟中毒是地方性氟中毒的一种类型，是由于长期大量饮用高氟砖茶引起的以骨骼、牙齿损坏为主的一种全身性慢性疾病。病区主要分布在我国西部有常年饮用砖茶习惯的少数民族居住地区，如内蒙古牧区，新疆哈萨克族居住地区，四川省阿坝、甘孜州等藏族居住地区，甘肃省部分哈萨克族居住地区等。饮茶型氟中毒临床表现为不同程度的氟斑牙（儿童）和氟骨症（成人）。由于儿童饮茶量少于成人，因此，饮茶型氟中毒的流行特征为成人病情重，儿童病情相对较轻。氟骨症主要表现为骨关节病，以骨硬化为主，并伴有骨质疏松和骨间膜改变。

卫生部饮茶型氟中毒专家调查组（2000）研究了饮茶型氟骨症病情的影响因素，结果表明砖茶消耗量、年龄、性别、民族是饮茶型氟骨症的主要危险因素；调查发现阿坝县的 I、II、III 度氟骨症患者从饮砖茶中日人均氟摄入量分别为 6.26、9.92mg 和 12.80mg，表明氟骨症患者的病情程度与从饮砖茶中摄入的氟量呈正相关。

4. 氟铝联合中毒

茶树是少数几种可以在体内同时蓄积氟和铝元素的植物之一。与氟类似，铝主要积聚于茶树的粗老枝叶中，故由粗老枝叶制成的砖茶不仅含氟高，含铝也高。由于氟和铝对机体作用的靶器官及危害有相似之处，如均蓄积于骨骼，对骨骼、神经系统等可产生危害。因此，有研究认为饮茶型氟中毒是饮茶型氟铝联合中毒。

戴国友等（1990）通过骨组织形态计量学检查，表明铝是氟的拮抗剂，但拮抗能力有限；氟是铝的促进剂，促进铝在组织中蓄积并增强其毒性；氟铝联合可表现为独立作用也可表现为协同作用。韩丽红等（2008）通过复制砖茶型氟铝联合中毒动物模型证明，长期大量饮用砖茶水可导致砖茶型氟铝联合中毒，高氟可促进铝吸收并蓄积在骨组织中。袁华兵（2009）研究表明，氟、铝可协同促进大鼠海马 CA3 区神经细胞凋亡的发生。长期饮用氟、铝浓度相对高的红碎茶水可导致海马神经细胞凋亡，这种神经毒性并不是单独的氟或铝作用的结果，可能与氟、铝联合作用有关。张华等则认为氟铝联合作用具有普遍性，铝是影响氟中毒病情及氟骨症表现类型的因素之一。

5. 降低茶叶氟的措施

黑茶是少数民族人民的主要饮品，但由于砖茶原料粗老、含氟量过高，已经严重威胁到身体健康，因此，有必要采取有效的降氟措施来降低砖茶等的含氟量。目前主要的降氟措施有：选择土壤含氟量低、空气环境好、无氟污染的茶园小气候环境，筛选低氟品种，控制砖茶原料嫩度，对原料进行适当拼配，采用蛇纹石、沸石、负载硅胶、石英砂、黏土等吸附茶汤中的氟，或以化学试剂氯化铝、氯化钙等作为降氟剂。合理施肥（施用石灰）也可以降低茶树氟的含量。乳中含有的钙质能与茶汤中的氟形成难溶的盐，饮茶时加入牛乳或羊乳，能有效降低茶汤中的氟含量。

六、茶叶中硒的安全性

（一）硒概述

1. 硒在人体的分布与存在形式

硒广泛分布于人体内除脂肪外的所有组织中，其中以肾、肝、心、脾中含量较高，肌肉、骨骼和血液中含量相对较低。硒在机体内多以含硒氨基酸和含硒蛋白质等有机硒化合物的形式存在。人体主要通过饮食摄入硒，人体硒营养水平的高低取决于人体摄取食物的含硒量的多少。各地食物硒含量不同，导致人群硒的摄入量也不同。世界卫生组织明确规定人体最低需求量 $17\mu g/d$，膳食硒供给量 $50 \sim 250\mu g/d$。

2. 硒的生物学功能

硒是人体必需的微量元素，具有多种生物学功能，被称为"生命保护剂"。

（1）抗癌　人类流行病学研究发现，硒的摄入量与癌症的发生率呈负相关。人体缺硒易患前列腺癌、肝癌、肺癌、宫颈癌、直肠癌及乳腺癌等。

（2）抗氧化　硒是谷胱甘肽过氧化物酶的活性中心，缺硒会影响谷胱甘肽过氧化物酶的合成，致酶活力降低；缺硒还会影响超氧化物歧化酶的合成，致超氧化物歧化酶活力降低。因此，硒是一种重要的抗氧化物质，有较好的抗氧化活性。缺硒会使机体处于抗氧化应激态，产生大量自由基，自由基及其诱导的脂质过氧化容易造成细胞膜系统的损伤、线粒体 DNA 的损伤等，导致机体衰老、基因突变，甚至细胞凋亡。

（3）增强人体免疫力　缺硒会导致人和动物机体的细胞免疫抑制，不仅影响淋巴细胞的增殖、分化与成熟，还影响自然杀伤细胞和杀伤细胞的杀伤力，使机体抗感染力下降；同时，缺硒还可使白细胞功能下降、数量减少，影响机体内抗体的合成。因此，缺硒可使人体的免疫能力降低。

（4）解毒与排毒　硒被誉为"天然解毒剂"。硒作为带负电荷的非金属离子，具有很强的与金属离子结合的能力，形成金属硒蛋白复合物，拮抗铅、砷、镉等重金属离子对机体的毒害。缺硒易引发铅、砷、镉等金属的中毒症状。

（5）增强生殖功能　在动物或人体中，精子的形成和正常发育需要硒。缺硒导致精子受损，精子活力低下，从而影响受精能力和胚胎发育。

（6）防治心脑血管方面的疾病　硒是维持心脏正常功能的重要元素，对心脏肌体有保护和修复的作用。人体血硒水平低，机体清除自由基能力减退，可导致有害物质沉积增多，血压升高、血管壁变厚、血管弹性降低、血流速度变慢，诱发心脑血管疾病的发病。

（7）其他　硒还能够调节蛋白质的合成，调节维生素 A、维生素 C、维生素 E、维生素 K 的吸收与利用等作用。

3. 硒缺乏与硒中毒

正常情况下，人体硒含量处于一个平衡状态。但当人体血硒和发硒浓度分别高于 0.1~0.44μg/mL 或低于 0.2~3.76μg/g 时，就会产生人体硒营养异常，表现为人体硒缺乏或硒中毒。

（1）硒缺乏　缺硒是克山病（地方性心肌病）和大骨节病这两种地方性疾病的主要病因。补硒对这两种病和关节炎患者都有很好的预防和治疗作用。缺硒还能引发近视、白内障、视网膜病、眼底疾病、老年黄斑变性等疾病。

（2）硒中毒　硒虽然是人体必需的微量元素，但摄入过多会致机体中毒。慢性硒中毒表现为脱发、掉指甲、四肢僵硬、跛行、心脏萎缩、肝脏受损等，严重者造成四肢瘫痪，并可导致死亡。急性硒中毒表现为神经过敏、呼吸困难、胃肠紊乱、嗜睡、腹痛、流涎、肌肉痉挛等。1959—1963 年在中国湖北省恩施地区暴发了人畜脱发、脱甲症疾病，经检测发现发病人群中人发和血液中硒含量均很高，通过高硒玉米动物试验证实了脱发脱甲症状的病因是人体硒中毒，使恩施地区成为中国乃至世界上最典型的硒中毒病区。硒的营养性和毒性并不矛盾，因为硒的生物效应与硒的浓度范围有关。

（二）茶叶中硒的安全性

1. 茶叶中硒的含量及其影响因素

茶树是天然富硒能力较强的植物，含硒量为 0.017~6.590mg/kg（翁蔚等，2005）。茶树的根、茎、叶、果中均含有硒，但叶片是硒积累的主要器官。茶树富集的硒主要以有机态硒的形式存在。胡秋辉等（1999）分析了不同产地、不同来源富硒茶的硒成分，结果表明茶叶中 80% 以上的硒是有机硒，且这部分有机硒主要是与蛋白质结合，占有机硒总量的 79.56%~88.70%。

影响茶叶含硒量的因素主要有茶树品种、老嫩度以及土壤。茶树品种是影响茶叶含硒量的首要因素，同一地区不同茶树品种的茶叶含硒量差异很大。沙济琴等（1996）研究了福建闽东、闽南、闽北 3 大茶区茶鲜叶含硒量的影响因素，结果表明在同一立地条件、相同的鲜叶采摘期和采摘标准情况下，不同品种茶树鲜叶含硒量相差近 4 倍。鲜叶老嫩度对茶叶含硒量影响也较大，硒含量随叶片嫩度下降而升高，老叶硒含量可达嫩芽的 3 倍多（顾谦等，1994）。

在不施硒肥的情况下，茶叶中的硒主要来源于土壤。因此，土壤硒含量显著影响茶树内总硒量的高低。研究表明我国最大的高硒区——恩施的土壤含硒量达 20~30mg/kg，高的可达 40mg/kg，其含硒量为地壳硒克拉克值的 1682 倍，恩施茶硒含量达很多地区的 9~30 倍以上（刘阳阳，2014）。沙济琴等（1996）研究表明土壤有效态硒含量是直接影响茶叶含硒量的主要因素之一，同一品种在有效硒含量不同的土壤上种植，茶叶鲜叶含硒量可相差 11~18 倍。施用硒肥也对茶叶硒含量有显著影响。许春霞等（1996）研究表明在茶树新梢生长过程中，叶面喷施亚硒酸钠可以显著提高茶叶的含硒量，且提高幅度与亚硒酸钠的喷施浓度呈线性正相关。

2. 硒与茶叶安全性

饮茶摄入的硒量主要决定于茶叶的含硒量和硒的溶出率。茶叶中的硒主要以有机态形式存在，因此，茶叶硒的溶出率很低。胡秋辉（1999）等研究报道，传统工艺生产的富硒茶硒的浸出率为 12.40% ~ 19.58%，采用新工艺生产的富硒茶硒的浸出率为 19.41% ~ 29.38%，茶叶硒的溶出量不到茶叶总硒的 1/3。茶叶硒的溶出主要与冲泡方式有关。王美珠（1991）研究报道，冲泡水温和冲泡次数对茶叶硒的溶出影响较大，冲泡水温高，茶叶硒一次浸出率高，冲泡水温低，一次浸出率低；第一次冲泡所得茶汤含硒量最高，占总浸出量的 50.95%，第二次冲泡的茶汤，含硒占总浸出量的 27.25%。冲泡时间对茶叶硒的溶出影响不大。

根据 2002 年农业部颁布的 NY/T 600—2002《富硒茶》规定，富硒茶含硒量范围为 0.25 ~ 4.00mg/kg。假如成人每日饮用 10g 富硒茶，按浸出率 20% 计算，通过饮茶摄入的硒量最多不超过 8μg，远远低于规定的硒摄入量最低标准 50μg。不仅如此，通过饮茶摄入的硒大多为有机硒。研究表明对人和动物而言，有机硒比无机硒安全有效，因为摄入无机硒易导致人体中毒，且无机硒比有机硒的吸收和利用率要低得多。因此，通过适量饮茶摄入硒是健康安全的；合理饮富硒茶可补充人体对硒的需求，对人体健康是有益的。

当然，由于硒对人体健康具有双重影响，只有适宜剂量的硒对人体才具有营养保健作用，过量硒会导致人体中毒。如杨光圻等（1982）报道过 1961—1964 年在恩施高硒地区曾发生过大规模的硒中毒事件。人体在日常生活中除了饮茶，还会通过其他饮食摄入硒，因此，富硒茶要适量饮用，尤其是高硒地区人群。

七、茶叶中其他元素的安全性

（一）铅

铅是一种人体并不需要、过量会致人体中毒的重金属元素。铅可通过消化道及呼吸道进入体内，长期积累而不能全部排泄（在体内的半衰期可达 5 年），造成慢性中毒。铅几乎对人体所有重要的器官和系统都会产生毒害，如中枢神经系统、免疫系统、生殖系统和内分泌系统等，其中对中枢神经系统的毒害尤为严重，最主要的是影响婴幼儿的智力发育、儿童的学习记忆功能等。铅中毒会导致人体贫血、高血压、脑溢血、骨骼变化、生殖能力和智力下降等病症。世界卫生组织对铅每周的允许摄入量有严格的标准，铅不得超过 0.025mg/kg 体重（FAO/WHO，2000）。

铅是茶叶中主要的重金属污染物。GB 9679—1988《茶叶卫生标准》曾规定，茶叶中铅的最高允许含量为 2mg/kg（紧压茶 3mg/kg）。2004 年农业部行业标准 NY 5244—2004《无公害食品茶叶》中修订了茶叶中铅的最高限值，无公害茶叶中铅的含量（以 Pb 计，下同）不得超过 5.0mg/kg。国家食品卫生标准仍规定茶叶中铅含量不得超过 2.0mg/kg。

茶叶鲜叶中铅含量一般在 0.3 ~ 0.6mg/kg（陈宗懋等，2000）。茶叶中铅的来源主要集中在几个方面：一是茶树从土壤中吸收；二是肥料中含的铅；三是大气沉降物中的铅逐渐沉降到茶树上；四是加工过程中不清洁的摊放或堆放，及茶叶加工机械的合金中的铅污染；五是在茶叶中非法添加色素（铅铬绿等），是导致铅含量成倍超标，甚至严重超标的主要因素。随着环境污染的日益严重，茶叶中铅的含量有逐渐增加的趋势。

不同的茶树品种在同一立地条件下生长，对铅的吸收不同，从而导致茶叶铅含量不同。茶树不同部位对铅的积累也有差异。石元值等（2003）研究发现，铅元素在茶树体内活性较低，根部吸收的铅元素大部分被吸收根所固定，向地上部运输的比例较低。正常状况下，铅元素在茶树体内的分布次序为：吸收根＞茎（生产枝）＞老叶（当年生成熟叶）＞主根＞新梢（一芽二叶）。

茶树新梢中铅元素的含量随着新梢成熟度的增加呈现出逐渐升高的趋势。茶树嫩叶中铅含量一般在 0.3～0.6mg/kg，老叶中铅含量一般都在 1mg/kg 以下，有的含量较高，甚至超过 5mg/kg。新鲜嫩叶铅含量比老叶铅含量低，一方面是由于植物具有蓄积作用，生长期越长，植物蓄积量越多；另一方面空气沉降物可能也是引起茶树铅含量升高的重要原因之一。

茶叶中铅的含量与茶鲜叶的采摘时间也有关系，一般春茶茶叶铅含量高于夏秋茶茶叶铅含量。这是由于茶树在冬季处于非活动时期，铅在茶树体内富集时间长，茶树芽萌动期，茶树中的铅随着营养元素大量运输到芽叶中，因而春季抽出的新叶铅含量高；而夏秋季富集时间短，体内铅含量相对较低，因而夏秋茶铅含量相对也较低。

尽管我国茶叶中铅含量状况不容乐观，但茶叶中铅含量与消费者饮茶摄入人体的铅量是不能完全等同的。铅在茶汤中的溶解和毒性取决于其形态，铅主要以离子态被溶解、吸收进入血液循环。茶叶中的铅一般以有机结合态、无机盐态、残渣态等存在，因而茶叶中铅的溶出率不高。大多数研究表明，茶叶中铅仅能微量地溶出。中国农业科学院茶叶研究所的石元值研究表明，茶叶经两次冲泡后，茶叶中铅的两次总溶出率在 30% 以内，茶汤中铅的质量浓度在 50ng/mL 内，即茶汤中铅的浓度未超过国家饮用水中铅含量的标准（50ng/mL）。

与其他元素类似，铅的溶出也与泡茶方式有关。李霄等（2005）研究表明，茶叶中铅的溶出率随冲泡温度升高呈显著上升趋势，100℃ 冲泡时铅的溶出率近 30%，而 20、40℃ 冲泡时铅的溶出率则不足 5%。冲泡时间越长，茶叶中铅的溶出率越高；冲泡 20min 后，铅的溶出趋于平缓。茶水比越小，即冲泡时用水量越大，茶叶中铅的溶出率越大。在 80℃、1∶50、5min 的常规冲泡条件下，茶叶中铅的溶出率为 20% 左右。

假设每次用 150mL 水冲泡铅超标 50% 的茶叶 3g，即含铅量 3mg/kg，冲泡时铅的溶出率为 20%，则茶汤中的含铅量为 12ng/mL，低于我国饮用水对铅规定的允许标准 30ng/mL，日本和世界贸易组织规定的标准为 50ng/mL，完全符合饮用的标准。由此可见，茶叶中的铅对正常人的健康是不会构成威胁的，茶叶作为一种饮料是安全的、健康的。

当然，在目前重金属元素污染日趋严重的情况下，世界不少发达国家和地区对茶叶重金属项目都提出了更严格的限量要求，我国的茶叶出口因此而遭受了较大的冲击。我国是世界茶叶主要生产和出口国之一，为了提高我国茶在世界上的竞争力，要尽量控制茶叶铅含量。

（二）锰

锰是人体必需的微量元素，人体大脑皮层、肾、胰、乳腺都含有锰。锰可激活体内大量的酶类，参与多种物质代谢；锰还具有促进骨骼的生长发育、保持正常的脑功能、抗氧化及预防贫血等多种生理功能。儿童缺锰可导致生长停滞和骨骼异常；成人缺锰可导致食欲不振、生殖功能下降，甚至出现中枢神经症状等（黄永光等，1991）。因此，锰含量与人体健康有着密切的关系。然而，摄入过高的锰可以使人体产生慢性锰中毒现象，主要表现为神经毒性和生殖毒性，还能引起人体肝、肺等脏器的损害（荆俊杰等，2008）。

茶树是一种富锰植物。茶叶中的锰含量比其他植物高出十余倍时，茶树仍表现良好的生长发育状况，故被称为聚锰植物。茶叶中积累了大量的锰，成品茶叶锰含量可高达 2500mg/kg（Falandysz 等，1990），且茶叶中近 30% 的锰能以二价锰的形态溶入茶水中（Ozdemir 等，1998），因此，饮茶是人体摄取锰的重要来源。

茶树各器官和组织中含锰量有明显差异。沙济琴等（1996）研究表明，锰在茶树花蕾中的含量为侧根的 7.93 倍。谢忠雷等（2001）研究表明，土壤活性锰含量与土壤 pH 值呈显著负相关，茶叶锰含量与土壤活性锰含量呈显著正相关；不同叶龄茶叶锰含量变化规律为：老叶 > 成叶 > 嫩叶。

茶叶中锰的溶出率不高，且锰的溶出也与冲泡条件有关。高舸等（2000）采用电感耦合等离子体 - 光发射光谱法测定市售茶叶中锰沸水冲泡的平均溶出率为 45%，且锰在茶水中有机态与无机态的比例为 0.002。孟君等（2011）研究表明，茶叶中锰的含量及溶出与茶类有关，锰含量为福建铁观音 > 信阳毛尖 > 云南普洱，三种茶的溶出率分别为 19.1%、37.4% 和 53.3%。周亶等（2010）研究表明，茶汤中锰的溶出率随着冲泡时间的延长、水温的升高而分别增加，在浸泡 60min 后，锰的溶出趋于稳定；在水温为 90℃时，溶出量和溶出率也近最大值。随着浸泡次数的增加，锰的溶出量和溶出率都变小，第一次浸泡液中锰的溶出量和溶出率最大。

茶叶中锰能清除自由基，抑制脂质过氧化，因而，饮茶有一定延年益寿等功效。根据《中国居民膳食营养素参考摄入量》推荐，成人每天需要锰量为 2.5～5.0mg，最高可耐受摄入量为每天 10mg。一杯浓茶锰含量最高可达 1mg，因此，成人每天饮茶 5～6 杯，基本能满足人体对锰需要的 45% 左右（杨志洁，2004）。由于人体每天还可能从饮食等其他途径摄入锰，如果长期饮浓茶，尤其是高锰浓茶，可能会影响人体健康。

（三）稀土元素

稀土元素是指化学元素周期表中镧系元素，即镧（La）、铈（Ce）、镨（Pr）、钕（Nd）、钷（Pm）、钐（Sm）、铕（Eu）、钆（Gd）、铽（Tb）、镝（Dy）、钬（Ho）、铒（Er）、铥（Tm）、镱（Yb）、镥（Lu），及与镧系的 15 种元素密切相关的 2 种元素，钪（Sc）和（Y）钇，共 17 种元素。

适量摄入稀土元素有益人体健康，如抗肿瘤、抗动脉硬化、消炎杀菌、治疗烧伤等（高锦章等，2002）；但稀土元素摄食过量会给人体健康或体内代谢带来不良后果，如损害大脑功能、加重肝肾负担、损害免疫功能、影响女性生殖功能、损害心脏功能、引起血液成分变化、辐射及引发多种急性中毒现象等（杨秀芳等，2012）。因此，稀土元素的生物效应日益引起人们的重视。

依据动物毒理学及生理学研究结果，学者们提出了稀土的人均日膳食摄入量为 4.2mg（秦俊法等，2002）。现行国家标准 GB 2762—2012《食品安全国家标准　食品中污染物限量》规定，茶叶中稀土总量的限量指标为不高于 2mg/kg（以稀土氧化物计），业界一般以茶叶中 Pr、La、Ce、Sm、Nd 五种稀土元素氧化物含量计算稀土元素总量。

茶是一种很特殊的植物，对铝、氟、硒、铅、锰、稀土等元素都存在积累。茶叶中稀土元素的来源与土壤、肥料、农药等密切相关。茶园土壤稀土元素含量高，茶叶中稀土元素含量也就相应地高。陈磊等（2011）研究证明，土壤中的有效稀土含量与茶叶中的稀土含量呈极显著相关，认为土壤是茶叶中稀土的主要来源。茶树生长过程中施用含有稀土元素的肥料、农药也是茶叶中稀土总量的来源之一。茶叶加工过程中，使用制茶机械的合金中含有稀土元素也会对茶叶造成稀土污染。

在相同的立地条件下，茶叶中稀土元素的含量因生长部位、原料老嫩度的不同而不同。陈磊等（2011）研究发现，稀土在茶树体内自顶端向根部有明显的累积，各部位中稀土总量大小为：根＞茎＞老叶＞成熟叶＞叶柄＞芽头。杨秀芳等（2008）研究报道，茶树新梢中稀土元素的含量高低与茶树叶片的生长期密切相关，即在同样的生态条件下，生长期越长，叶片越老，其对稀土元素的积累就越高。茶类对茶叶稀土元素含量的影响主要是因不同茶类对原料的要求不同。乌龙茶、黑茶、紧压茶通常采摘成熟度较高的开面叶，而绿茶、红茶通常采摘相对较嫩的芽叶（花茶多用绿茶加工而成），这就导致了不同种类茶叶稀土含量的明显差别。嫩度较好的高档茶稀土总量一般不会超标，以成熟叶为原料做成的茶叶，其稀土含量一般高于以芽头做成的茶叶；而原料成熟度较高的铁观音产品，大部分样品测定结果在限量值（≤2.0mg/kg）附近，个别存在稀土超标现象（石元值等，2011）。

可溶于热水的稀土元素主要有镨、镧、铈、钕等，但因其稀土氧化物多与大分子物质如碳水化合物、蛋白质等结合，以缔合态存在于细胞壁及细胞器中，因此，稀土元素的水溶性较低，难溶于茶汤中。汪东风等（1999）研究表明，茶叶中的稀土元素四分之三以上是不溶于热水而残存在茶渣中的，因此，人们喝茶时摄入的稀土元素不足茶叶中稀土含量的四分之一（约 0.48mg/kg，远低于 2.0mg/kg 的国家允许标准）。杨秀芳等（2012）也研究了不同稀土含量的茶叶在不同浸提条件下稀土元素的溶出，结果表明茶叶中稀土元素的浸出率和浸出量均很低，进入到茶汤中的稀土总量平均值为 7.2%，最大值为 17%，最小值为 0，均低于 20%。根据通过生物效应研究提出的成人稀土 ADI 值为 0.07mg/kg 体重（朱为方等，1997），中国工程院院士陈宗懋研究员以此为评估标准，推算出通过饮茶而摄入的稀土量即使按最极端的数字计算，也只有 ADI 值的 2.55%，不会影响消费者的健康。

八、饮茶禁忌

（一）忌饮新茶

这里的新茶指刚加工好的茶叶。新茶由于存放时间短，含有较多的未经氧化的多酚类、醛类及醇类等物质，对人的胃肠黏膜有较强的刺激作用，易诱发胃病。因此，存放不足半个月的新茶宜少喝。

（二）忌喝头遍茶

由于环境污染的日趋严重，导致茶叶在栽培与加工过程中会受到有害物的污染，及农药的残留等问题，头遍茶有洗涤作用，最好弃之不喝，尤其是青茶、黑茶类茶叶。

（三）忌空腹喝茶

人空腹时血糖浓度低。空腹时饮茶，易使肠道吸收咖啡碱过多，使人产生心慌、头昏、手脚无力、心神恍惚等症状，即"茶醉"。一旦出现茶醉现象，可以口含糖果或喝些糖水来缓解。空腹饮茶还会稀释胃液，降低消化功能，长期如此会导致胃病。

（四）忌饭前、饭后喝茶

饭前、饭后饮茶不仅会冲淡消化液，且茶中含有的茶多酚类物质还可与消化酶反应，影响消化酶的活力，从而影响食物的消化。茶中含有的茶多酚类物质也可与食物中的蛋白质、铁质等发生反应，影响人体对蛋白质和铁质等的消化吸收，易诱发贫血症、营养不良等。

（五）发烧病人忌喝茶

茶叶所含的咖啡碱等不但能使人体体温升高，而且还会降低退烧药的药效，因此，发烧病人喝茶无异于"火上浇油"。

（六）女性经期忌喝茶

女性月经期间由于经血会消耗掉不少体内的铁质。茶中所含的茶多酚类物质可与食物中的铁配合生成难溶解的物质，影响铁质吸收。如果女性此时饮茶，特别是喝浓茶，可引起缺铁性贫血，甚至诱发或加重经期综合征。孕期、哺乳期和更年期妇女也应慎重饮茶。

（七）忌喝浓茶、放置过久的茶及烫茶

浓茶与放置过久的茶汤，都容易刺激肠胃。泡茶水温度过高，会破坏茶叶（尤其是绿茶）的维生素；长期喝烫茶，还会伤害口腔、消化道和胃壁。

（八）忌睡前喝茶

茶叶含有的咖啡碱、茶叶碱等对中枢神经系统有兴奋作用，睡前喝茶容易使人精神兴奋，影响睡眠，甚至导致失眠，尤其神经衰弱或失眠的人尽量不要睡前饮用。

（九）忌用茶水服药

茶叶所含的茶多酚、咖啡碱等物质可与一些药物所含的化学成分发生反应而降低药效，因此，忌用茶水服药，尤其是中草药中的土茯苓、威灵仙、麻黄、黄连、人参、钩藤等，西药中含有铁、钙、铝等成分，蛋白类的酶制剂和微生物类的药品。茶叶所含的咖啡碱等物质有兴奋作用，因此，茶叶也不宜与安神、止咳、止哮喘、助眠等类起镇静作用的药类同服，以免抵消或降低药效。相反，维生素类、兴奋剂及降血糖、降血脂、利尿药及提高白血球等的药则可以用茶水服用。

（十）忌饮久泡茶

茶叶所含有益成分大多易溶于水，茶叶冲泡 $5 \sim 7min$，$2 \sim 3$ 次后，大多数营养成分及功效成分已经溶出，无需长时间、多次冲泡（乌龙茶、普洱茶等可多泡饮几次）。相反，茶叶冲泡过久，茶叶所含的茶多酚、维生素C等成分易氧化，且易被细菌污染；茶叶冲泡次数过多，还可能将茶叶所含的有害物质浸提出来。因此，茶叶忌久泡，忌冲泡次数过多。

思考题

1. 如何根据身体情况合理选择茶叶？
2. 影响泡茶效果的因素有哪些？
3. 茶叶为什么最好即泡即饮？
4. 简述茶叶中氟对身体的利弊。
5. 简述茶叶中硒对身体的利弊。
6. 家庭如何存放茶叶？
7. 如何养成科学饮茶的习惯？
8. 为什么说"水为茶之母"？

参考文献

［1］宛晓春．茶叶生物化学［M］．北京：中国农业出版社，2003．

［2］纪荣全，张凌云．论泡茶用水［J］．福建茶叶，2015（1）：4-7．

［3］江春柳．不同水质浸提、调配茶饮料品质技术的研究［D］．福州：福建农林大学，2010．

［4］李小满．不同水质对绿茶饮料品质影响的研究［J］．中国茶叶加工，2001（2）：28-30．

［5］刘盼盼．主要水质因子对清香型绿茶茶汤呈香特性及其稳定性影响研究［D］．北京：中国农业科学院，2014．

［6］金恩惠．冲泡条件对铁观音和普洱茶的浸出规律和感官品质影响［D］．杭州：浙江大学，2012．

［7］童梅英，张泽生，王镇恒．冲泡水温和时间对高级绿茶滋味的影响［J］．茶叶科学，1996，16（1）：57-62．

［8］赵振军，高静，邹万志，等．普洱茶茶汤存放过程中主要成分变化及饮用安全性分析［J］．河南农业科学，2014，43（1）：144-148．

［9］贾俊辉，沈生荣．茶汤放置过程中茶叶品质成分动态变化的研究［J］．茶叶，2003，29（3）：151-154．

［10］邱贺媛，严赞开，黄瑞香．凤凰茶中硝酸盐与亚硝酸盐的含量测定［J］．安徽农业科学，2009，37（32）：15827-15828．

［11］周才琼，周张章，范勇，等．不同茶样冲泡浸出液对NO_2^-清除作用的体外试验研究［J］．茶叶科学，2004，24（3）：201-206．

［12］孙中蕾，陈瑶，白静．铝中毒研究进展［J］．医学综述，2013，19：2723-2741．

［13］罗虹，刘鹏，谢忠雷，等．铝对茶树叶片显微结构的影响［J］．浙江师范大学学报：自然科学版，2006，29（4）：439-442．

［14］FUNG K F，CARR H P，POON B H T，et al．A comparison of aluminum levels in tea products from Hong Kong markets and in varieties of tea plants from Hong Kongand India [J]. Chemosphere, 2009 (7): 5955 – 5962.

［15］王翔. 皖南山区茶园土壤 – 茶树系统重金属迁移特征及健康风险评价研究 [D]. 芜湖：安徽师范大学，2012.

［16］林婷婷. 茶叶铝的形态及生物可接受率研究 [D]. 武汉：华中农业大学，2016.

［17］李海龙，吴巧丽，王五一. 砖茶中铝的溶出规律研究 [C]. 中国环境科学学会学术年会论文集，2011：3811 – 3813.

［18］STREET R, DRABEK O, SZAKOVA J, et al. Total content and speciation of aluminum in tea leaves and tea infusions [J]. Food Chemistry, 2007, 104: 1662 – 1669.

［19］MEHRA A, BAKER C L. Leaching and bioavailability of aluminum, copper and manganese from tea (*Camellia sinensis*) [J]. Food Chemistry, 2007, 100: 1456 – 1463.

［20］谢忠雷，董德明，杜尧国，等. 茶叶铝含量与茶园土壤 pH 值的关系 [J]. 吉林大学学报：理学版，1998 (2): 89 – 92.

［21］马士成. 铝对茶树氟吸收、累积、分布特性的影响及其机理研究 [D]. 杭州：浙江大学，2012.

［22］袁华兵. 氟和铝在茶型氟中毒大鼠海马神经细胞凋亡中的联合作用及机制 [D]. 长沙：中南大学，2009.

［23］梁月荣，傅柳松，张凌云，等. 不同茶类和产区茶叶氟含量研究 [J]. 茶叶，2001, 27 (2): 32 – 34.

［24］程启坤，庄雪岚. 世界茶叶 100 年 [M]. 上海：上海科技教育出版社，1995.

［25］王雁，彭镇华. 植物对氟化物的吸收积累及抗性作用 [J]. 东北林业大学学报，2002, 30 (3): 100 – 106.

［26］李珍. 茯砖茶氟的安全性评价 [D]. 长沙：湖南农业大学，2010.

［27］刘学慧，李海蓉，刘庆斌，等. 内蒙古陈巴尔虎旗饮茶型氟中毒病区牧民氟铝总摄入量调查 [J]. 中国地方病防治杂志，2007, 22 (2): 133 – 134.

［28］卫生部饮茶型氟中毒专家调查组. 饮茶型氟骨症病情与砖茶氟摄入剂量的关系 [J]. 中国地方病学杂志，2000, 19 (4): 266 – 268.

［29］阮建云，杨亚军，马立锋. 茶叶氟研究进展：累积特性含量及安全性评价 [J]. 茶叶科学，2007, 27 (1): 1 – 7.

［30］李张伟，高润芝. 5 种茶类茶叶中氟含量及茶氟浸出规律的试验研究 [J]. 江苏农业科学，2012 (6): 510 – 512.

［31］韩丽红，陈瑶. 砖茶型氟铝联合中毒的实验研究 [J]. 内蒙古医学杂志，2008, 40 (5): 534 – 536.

［32］戴国友，周琳业，魏赞道，等. 氟铝联合作用实验研究 [J]. 贵阳医学院学报，1990, 15 (2): 81 – 88.

［33］胡秋辉，潘根兴，丁瑞兴. 富硒茶硒的浸出率及其化学性质的研究 [J]. 中

国农业科学，1999，32（5）：69 - 72.

［34］沙济琴，郑达贤. 茶树鲜叶含硒量影响因素分析［J］. 茶叶科学，1996，16（1）：25 - 30.

［35］顾谦，赵慧丽，童梅英. 茶叶中总硒量及其影响因素的研究［J］. 生物数学学报，1994，9（5）：108 - 113.

［36］许春霞，李向民，肖永绥. 喷施亚硒酸钠对茶叶硒量的影响［J］. 茶叶科学，1996，16（1）：19 - 23.

［37］刘阳阳. 富硒茶中硒的分布及硒多糖的研究［D］. 上海：上海师范大学，2014.

［38］王美珠. 茶叶含硒量的研究［J］. 浙江农业大学学报，1991，17（3）：250 - 254.

［39］翁蔚，白堃元. 中国富硒茶研究现状及其开发利用［J］. 茶叶，2005，31（1）：24 - 27.

［40］杨光圻，周瑞华，孙淑庄. 人的地方性硒中毒和环境及人体硒水平［J］. 营养学报，1982（2）：81 - 89.

［41］Joint FAO/WHO Expert Committee on Food Addivives. Safety evaluation of certain food additives and contaminants［C］. WHO Food Additives Series 44" World Health Organization，2000.

［42］陈宗懋，吴洵. 关于茶叶中的铅含量问题［J］. 中国茶叶，2000，22（5）：3 - 5.

［43］李霄，侯彩云，张世湘. 茶叶冲泡中铅浸出规律研究［J］. 食品工业科技，2005，26（6）：165 - 167.

［44］石元值，马立峰，韩文炎，等. 铅在茶树中的吸收累积特性［J］. 中国农业科学，2003，36（11）：1272 - 1278.

［45］黄永光，胡国瑜，章有余. 关于微量元素锌、铜、锰、镁的研究［J］. 国外医学：口腔医学分册，1991，18（5）：294 - 296.

［46］荆俊杰，谢吉民. 微量元素锰污染对人体的危害［J］. 广东微量元素科学，2008，15（2）：6 - 9.

［47］FALANDYSZ J，KOTECKA W. Contents of manganese，copper，zinc and iron in black tea［J］. Frzemysl Spozywczy，1990，44（9）：223 - 233.

［48］OZDEMIR Y，GUCER S. Speciation of manganese in tea leaves and tea infusions［J］. Food Chemistry，1998，61（3）：313 - 317.

［49］沙济琴，邓达贤. 黄棪品种茶树不同器官中矿质元素的分布［J］. 茶叶科学，1996，16（2）：141 - 146.

［50］谢忠雷，董德明，李忠华，等. 茶园土壤 pH 值对茶叶从土壤中吸收锰的影响［J］. 地理科学，2001，21（3）：278 - 231.

［51］高舸，陶锐. 茶叶中微量元素 Cr、Cu、Fe、Mn、Ni、Zn 的溶出率及化合态研究［J］. 卫生研究，2000，29（4）：231 - 233.

［52］周亶，蒋东云，崔林影. 茶叶水中重金属铅、铜、锌、锰的浸出率试验研究 [J]. 食品科技，2010，35（1）：285 - 288.

［53］孟君，郭全海，王花俊. 茶叶及其茶水中铁、铜、锰的含量测定 [J]. 贵州农业科学，2011，39（4）：61 - 63.

［54］杨志洁，陈国风. 茶叶中锰的研究进展 [J]. 中国茶叶加工，2004（2）：38 - 39.

［55］高锦章，龙全江，杨韬. 中国稀土药物研究进展 [J]. 西北师范大学学报：自然科学版，2002，38（1）：108 - 111.

［56］秦俊法，陈祥友，李增禧. 稀土的毒理学效应 [J]. 广东微量元素科学，2002，9（5）：1 - 10.

［57］陈磊，林锻炼，高志鹏，等. 稀土元素在茶园土壤和乌龙茶中的分布特性 [J]. 福建农林大学学报：自然科学版，2011，40（6）：595 - 601.

［58］杨秀芳，徐建峰，翁昆，等. 茶树成熟新梢不同部位元素含量研究 [J]. 中国茶叶加工，2008（3）：18 - 20.

［59］杨秀芳，孔俊豪，赵玉香，等. 不同稀土含量水平茶叶中稀土浸出率研究 [J]. 中国茶叶加工，2012，（1）：14 - 17.

［60］汪东风，赵贵文，叶盛. 茶叶中稀土元素的组成及存在状态 [J]. 茶叶科学，1999，19（1）：41 - 46.

［61］朱为方，徐素琴，邵萍萍，等. 赣南稀土区生物效应研究——稀土日允许摄入量 [J]. 中国环境科学，1997，17（1）：63 - 65.

［62］石元值，韩文炎，马立锋，等. 茶叶中稀土氧化物总量现状及其溶出特性研究 [J]. 茶叶科学，2011，31（4）：349 - 354.